農地法の解説　改訂第4版　正誤表

左記の通り誤りがありました。お詫びして訂正いたします。

訂正箇所	誤	正
５０２頁上段２行目（第四十七条の三第一項第三号）	（以下この号及び**第五十七条の三第二号**において「整備計画案公告」という。）	（以下この号及び**第五十七条の三第三号**において「整備計画案公告」という。）
５０２頁上段５行目（第四十七条の三第一項第三号）	（同法第十三条第四項において準用する場合を含む。**同号において同じ。**）	（同法第十三条第四項において準用する場合を含む。~~同号において同じ。~~（削除））
５１９頁上段１５行目（[illegible]六十条の二第三項第一号）	**同条第五項第二号**に掲げる要件に該当しない場合	**同条第五項第三号**に掲げる要件に該当しない場合
[illegible]７頁上段１３行目（[illegible]百四条第一項第二号）	第八号及び**第九号**に掲げる事項	第八号及び**第十号**に掲げる事項

農地法の解説

改訂第４版

全国農業委員会ネットワーク機構
一般社団法人　全国農業会議所

はじめに

「農地法」は私ども農業委員会ネットワーク機構、農業委員、農地利用最適化推進委員、職員等が携わってきた仕事の原点です。農地法が昭和二十七年に制定されてから、同法を中心とする農地制度は、これまでに幾度となく制度改正等が行われ、その都度運用の指針、パンフレット等で対応してきました。このこともあって、系統組織として体系的に取りまとめた解説書を出版するに至ったのは、昭和四十六年に農林省農地課で取りまとめ、全国農業会議所で出版した『農地法の解説』が最初ということになります。

その後、農地制度は、農地法の数次にわたる改正、農用地利用増進法の制定・農業経営基盤強化促進法への発展・拡充と大きな変貌をしてきました。

平成二十一年の農地法の改正では解除条件付き賃借による一般法人等の参入が認められ、さらに平成二十三年の農地法の改正では第三条の耕作目的の権利移動の許可権限が全て農業委員会になりました。

また平成二十五年には、農地中間管理事業の推進に関する法律が制定され、農地中間管理機構による農用地の利用の効率化及び高度化を促進することとされ、これと併せて農業の構造改革を推進するための農業経営基盤強化促進法等の一部を改正する等の法律により農地法が改正されました。

平成二十七年には「地域の自主性及び自立性を高めるための改革の推進を図るための関係法律の整備に関する法律」による改正で、四ヘクタールを超える農地転用の許可権限を農水大臣から都道府県知事へ移譲し、「農業協同組合法等の一部を改正する等の法律」による改正では、農業生産法人の名称を農地所有適格法人に変更し、その要件を緩和するなどの改正が行われました。

平成三十年の農地法改正では「農作物栽培高度化施設」の設置に当たって、農地をコンクリート等で覆う行為を農地転用に該当しないものとして取り扱えるよう規定が整備されました。また、所有者不明農地について、簡易な手続きで農地中間管理機構を通じて最大二十年間担い手に利用権等を設定できる制度へ改正されました。

令和元年の農地法改正では、農地の集積・集約化を促進するため、農地転用の不許可要件として、地域における担い手に対する農地の集積に支障を及ぼすおそれがあると認められる場合等が追加されました。

令和四年には「農業経営基盤強化促進法等の一部を改正する法律」による改正で、農地法第三条の許可要件の一つである「下限面積要件」が廃止されました。

改訂版の作成に当たっては、法律の所要の改正に加えこれまでの簡明な解説、実務者が知っておきたいこと、既に出されている照会回答、判例等も挿入し、分かりやすさと便利さを兼ね備えたものとなるように努めました。本書が、農地制度の現場で実務に当たっている方々をはじめ多くの皆様方のお役に立てれば幸いです。

なお、本書の刊行に当たっては、関係者に多大なご協力とご尽力をいただきました。心より御礼を申し上げます。

令和五年十二月

全国農業委員会ネットワーク機構
一般社団法人　全国農業会議所

目　次

第五章　雑　則

第六章　罰　則

凡　例

本書では、法律の名称として略称を用いることをなるべく避けたが、次のような略称を用いている場合がある。

1　法令の名称

法令の名称	略称
農地法	法
農地法施行令	施行令
農地法施行規則	施行規則
農業振興地域の整備に関する法律	農振法
農業経営基盤強化促進法	基盤法
農地中間管理事業の推進に関する法律	農地中間管理事業法
農業法人に対する投資の円滑化に関する特別措置法	投資円滑化法

2　判例の記載

〈記載例〉

（最高二小、昭四十二・十一・一〇、四二（オ）四九五、判時五〇七―二七）

↑ 裁判所　↑ 判決年月日　↑ 事件番号　↑ 登載資料

① 裁判所の略称

最高大……最高裁判所大法廷
最高一小……最高裁判所第一小法廷
最高二小……最高裁判所第二小法廷
最高三小……最高裁判所第三小法廷
高裁……高等裁判所
地裁……地方裁判所

② 登載資料の略称

民集……最高裁判所民事判例集
刑集……最高裁判所刑事判例集
下民集……下級裁判所民事判例集
行裁集……行政事件裁判例集
判時……判例時報
判タ……判例タイムス

農　地　法

（昭和二十七年法律第二百二十九号）
最終改正令和四年五月二十七日令和四年法律第五十六号

農地は、例えば工場の敷地等とは異なり、それ自体が生産力を持つものであり、農業における重要な生産基盤であるとともに国民のための限られた資源であり、かつ、地域の貴重な資源でもある。特に、我が国のように、国土が狭く、かつ、その三分の二は森林が占めるという自然条件の中で、食料の安定的な供給を図るためには、優良な農地を確保するとともに、それを最大限効率的に利用する必要がある。

このような観点から、農地法は、耕作者の地位の安定と国内農業生産の増大を図ることを目的として、次のような仕組みをとっている。

農地法の仕組み

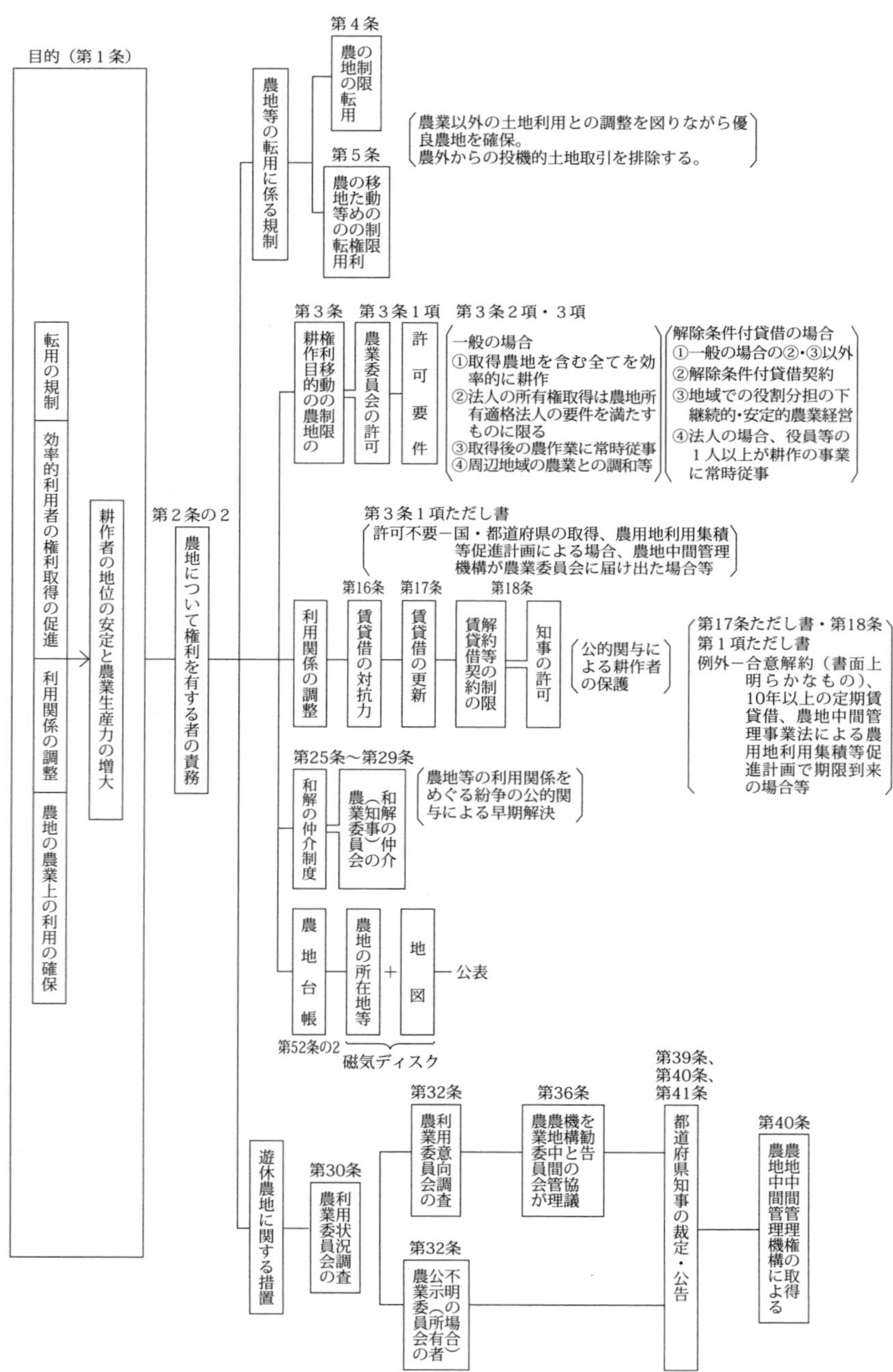
目的（第１条）
転用の規制
効率的利用者の権利取得の促進
利用関係の調整
農地の農業上の利用の確保
耕作者の地位の安定と農業生産力の増大
第２条の２
農地について権利を有する者の責務
農地等の転用に係る規制
第４条
農地の転用の制限
第５条
農地等の転用のための権利移動の制限
農業以外の土地利用との調整を図りながら優良農地を確保。
農外からの投機的土地取引を排除する。
第３条
耕作目的の農地の権利移動の制限
第３条１項
農業委員会の許可
第３条２項・３項
許可要件
一般の場合
①取得農地を含む全てを効率的に耕作
②法人の所有権取得は農地所有適格法人の要件を満たすものに限る
③取得後の農作業に常時従事
④周辺地域の農業との調和等
解除条件付貸借の場合
①一般の場合の②・③以外
②解除条件付貸借契約
③地域での役割分担の下継続的・安定的農業経営
④法人の場合、役員等の１人以上が耕作の事業に常時従事
第３条１項ただし書
許可不要－国・都道府県の取得、農用地利用集積等促進計画による場合、農地中間管理機構が農業委員会に届け出た場合等
利用関係の調整
第16条
賃貸借の対抗力
第17条
賃貸借の更新
第18条
賃貸借の解約等の制限
知事の許可
公的関与による耕作者の保護
第17条ただし書・第18条第１項ただし書
例外－合意解約（書面上明らかなもの）、10年以上の定期賃貸借、農地中間管理事業法による農用地利用集積等促進計画で期限到来の場合等
第25条～第29条
和解の仲介制度
農業委員会（知事）の和解の仲介
農地等の利用関係をめぐる紛争の公的関与による早期解決
農地台帳
農地の所在地等
＋
地図
公表
第52条の２
磁気ディスク
遊休農地に関する措置
第30条
農業委員会の利用状況調査
第32条
農業委員会の利用意向調査
第32条
農業委員会の公示（所有者不明の場合）
第36条
農業委員会と農地中間管理機構の協議を勧告
第39条、第40条、第41条
都道府県知事の裁定・公告
第40条
農地中間管理機構による農地の利用権の取得

第一章 総則

本章では、第一条でまず農地法の目的を規定している。目的では、これまで「農地はその耕作者みずから所有することを最も適当であると認めて、耕作者の農地の取得を促進し、……」としていたものを、平成二十一年に「農地を効率的に利用する耕作者による地域との調和に配慮した農地についての権利の取得を促進し、……」に改正している。

次に、第二条で農地法で用いる「農地」、「採草放牧地」、「世帯員等」（住居及び生計を一にする親族並びに当該親族の行う耕作又は養畜の事業に従事するその他の二親等内の親族）及び法人で所有権又は賃借権等の使用及び収益を目的とする権利の取得が認められる「農地所有適格法人」について『定義』している。

また、第二条の二で『農地の権利を有する者の責務』として、農地の農業上の適正かつ効率的な利用を確保するよう規定している。

（目的）

第一条 この法律は、国内の農業生産の基盤である農地が現在及び将来における国民のための限られた資源であり、かつ、地域における貴重な資源であることにかんがみ、耕作者自らによる農地の所有が果たしてきている重要な役割も踏まえつつ、農地を農地以外のものにすることを規制するとともに、農地を効率的に利用する耕作者による地域との調和に配慮した農地についての権利の取得を促進し、及び農地の利用関係を調整し、並びに農地の農業上の利用を確保するための措置を講ずることにより、耕作者の地位の安定と国内の農業生産の増大を図り、もって国民に対する食料の安定供給の確保に資することを目的とする。

本条は、この法律全体の目的を示すものである。

我が国のような狭小な国土条件の下では、優良な農地を確保し、その適正かつ効率的利用を促進することは国民に対する食料の安定的な供給を確保するために必要不可欠である。

平成二十一年の改正前の農地法では、農地は耕作者自らが所有することを最も適当であると認める立場から農地が不耕作目的あるいは投機目的で取得されることを防止して、耕作者による農地の権利取得を促進し、その権利を保護するとともに、土地の農業上の利用と農業以外との調整を行い、優良な農地の確保を図ることとしていた。当時、農地法が「農地はその耕作者自らが所有することを最も適当であると認めて」との考え方をとったのは、戦前からの寄生地主的な土地所有の解体及び農村の民主化を目的とする農地改革の成果を維持することを目的として制定されたからである。制定以降、何回かの改正で借地を含めた農地の権利移動に広げてきたが、この基本を変えることはなかった。

平成二十一年の改正では、次のような理由から、この基本を含めて大幅な改正が行われた。

①　昨今、世界的な穀物価格の高騰、諸外国における輸出規制など、世界の食糧事情が一変している中で、食料の多くを海

外に依存している我が国においては食料の安定供給の確保のための国内の食料供給力の強化等が喫緊の課題となっている。そのためには、最も基礎的な食料生産基盤である農地の確保とその最大限の有効利用を図ることが極めて重要である。

② 一方、今日における農地をめぐる状況をみると農業労働力の減少、高齢化の進展等が著しく農業の担い手が確保できない地域が広汎に存在し、農業生産の基盤である農地について耕作放棄の増加に歯止めがかかっていない状況にある。

③ また、農地法制定当初と異なり、農地所有者が借り手に対して支配的な立場に立つようなかつての寄生地主的土地所有が復活する状況ではなくなっており、他方、生産性の高い営農を行うためには相当程度大規模な経営が必要であり、農地の価格が高水準で推移していることを考えると、農地等の所有権の取得のみにより大規模な経営を実現することは非現実的である。このため、所有農地による農業経営を優位とする考え方は、現実的な対応として農地の貸借による流動化を加速していく上で適当でなくなっている。

④ さらに、農地の流動化は利用権の設定を中心として進んだものの、認定農業者等の担い手が経営する農地面積は全農地面積の約四割に過ぎないことに加えて、面としてまとまった形での利用集積が進まず、分散錯圃（さくほ）の状態にある。このため、担い手は規模拡大のメリットを享受できないのみならず、これ以上の規模拡大にも限界が生じている状況にある。

平成二十一年に改正された農地法では、第一条の目的で農地は国内の農業生産の基盤で、現在及び将来における国民のための資源であり、かつ、地域における貴重な資源であることにかんがみ、と明確に位置づけしている。そして、耕作者自らによる農地の所有が果たしてきている重要な役割も踏まえつつ、ⅰ「農地を農地以外のものにすることを規制」して農地を確保するとともに、ⅱ農地については、「効率的に利用する耕作者による地域との調和に配慮した農地についての権利の取得を促進」し、ⅲ「農地の利用関係を調整」し、ⅳ「農地の農業上の利用を確保するための措置を講ずる」ことにより、耕作者の地位の安定と国内農業生産の増大を図り、もって国民に対する食料の安定供給の確保に資することを目的としている。

なお、傍線の部分は国会の修正で加えられたものである。

この場合の具体的な規定としては、
ⅰについては、農地の転用の制限（第四条）、農地又は採草放牧地の転用のための権利移動の制限（第五条）、違反転用に対する処分（第五十一条）、違反転用に対する措置の要請（第五十二条の四）
ⅱについては、農地又は採草放牧地の権利移動の制限（第三条～第三条の三）、農地所有適格法人が農地所有適格法人でなくなった場合の買収等（第六条～第十五条）
ⅲについては、農地又は採草放牧地の賃貸借の保護等（第十六条～第二十一条）、和解の仲介（第二十五条～第二十九条）、借賃の動向その他の情報の提供等（第五十二条）
ⅳについては、遊休農地に関する措置（第三十条～第四十二条）
などが設けられている。

（定義）

第二条　この法律で「農地」とは、耕作の目的に供される土地をいい、「採草放牧地」とは、農地以外の土地で、主として耕作又は養畜の事業のための採草又は家畜の放牧の目的に供されるものをいう。

2　この法律で「世帯員等」とは、住居及び生計を一にする親族（次に掲げる事由により一時的に住居又は生計を異にしている親族を含む。）並びに当該親族の行う耕作又は養畜の事業に従事するその他の二親等内の親族をいう。

一　疾病又は負傷による療養
二　就学
三　公選による公職への就任

四　その他農林水産省令で定める事由

3　この法律で「農地所有適格法人」とは、農事組合法人、株式会社（公開会社（会社法（平成十七年法律第八十六号）第二条第五号に規定する公開会社をいう。）でないものに限る。以下同じ。）又は持分会社（同法第五百七十五条第一項に規定する持分会社をいう。以下同じ。）で、次に掲げる要件の全てを満たしているものをいう。

一　その法人の主たる事業が農業（その行う農業に関連する事業であつて農畜産物を原料又は材料として使用する製造又は加工その他農林水産省令で定めるもの、農業と併せ行う林業及び農事組合法人にあつては農業と併せ行う農業協同組合法（昭和二十二年法律第百三十二号）第七十二条の十第一項第一号の事業を含む。以下この項において同じ。）であること。

二　その法人が、株式会社にあつては次に掲げる者に該当する株主の有する議決権の合計が総株主の議決権の過半を、持分会社にあつては次に掲げる者に該当する社員の数が社員の総数の過半を占めているものであること。

イ　その法人に農地若しくは採草放牧地について所有権若しくは使用収益権（地上権、永小作権、使用貸借による権利又は賃借権をいう。以下同じ。）を移転した個人（その法人の株主又は社員となる前にこれらの権利をその法人に移転した者のうち、その移転後農林水産省令で定める一定期間内に株主又は社員となり、引き続き株主又は社員となつている個人以外のものを除く。）又はその一般承継人（農林水産省令で定めるものに限る。）

ロ　その法人に農地又は採草放牧地について使用収益権に基づく使用及び収益をさせている個人

ハ　その法人に使用及び収益をさせるため農地又は採草放牧地について所有権の移転又は使用収益権の設定若しくは移転に関し第三条第一項の許可を申請している個人（当該申請に対する許可があり、近くその許可に係る農地又は採草放牧地についてその法人に所有権を移転し、又は使用収益権を設定し、若しくは移転することが確実と認められる個人を含む。）

ニ　その法人に農地又は採草放牧地について使用貸借による権利又は賃借権に基づく使用及び収益をさせている農地中間管理機構（農地中間管理事業の推進に関する法律（平成二十五年法律第百一号）第二条第四項に規定する農地中間管理機構をいう。以下同じ。）に当該農地又は採草放牧地について使用貸借による権利又は賃借権を設定している個人

ホ　その法人の行う農業に常時従事する者（前項各号に掲げる事由により一時的にその法人の行う農業に常時従事することができない者で当該事由がなくなれば常時従事することとなると農業委員会が認めたもの及び農林水産省令で定める一定期間内にその法人の行う農業に常時従事することとなることが確実と認められる者を含む。以下「常時従事者」という。）

ヘ　その法人に農作業（農林水産省令で定めるものに限る。）の委託を行つている個人

ト　その法人に農業経営基盤強化促進法（昭和五十五年法律第六十五号）第七条第三号に掲げる事業に係る現物出資を行つた農地中間管理機構

チ　地方公共団体、農業協同組合又は農業協同組合連合会

三　その法人の常時従事者たる構成員（農事組合法人にあつては組合員、株式会社にあつては株主、持分会社にあつては社員をいう。以下同じ。）が理事等（農事組合法人にあつては理事、株式会社にあつては取締役、持分会社にあつては業務を執行する社員をいう。次号において同じ。）の数の過半を占めていること。

四　その法人の理事等又は農林水産省令で定める使用人（いずれも常時従事者に限る。）のうち、一人以上の者がその法人の行う農業に必要な農作業に一年間に農林水産省令で定める日数以上従事すると認められるものであること。

4　前項第二号ホに規定する常時従事者であるかどうかを判定すべき基準は、農林水産省令で定める。

本条は、この法律で用いられる重要な用語について定義をしている。すなわち、Ⅰ「農地」と「採草放牧地」、Ⅱ「世帯員等」、Ⅲ「農地所有適格法人」の用語がどのような意味を有し、どう適用されるかを明らかにしている。

Ⅰ 「農地」と「採草放牧地」

1 農地

① 「農地」とは、「耕作の目的に供される土地」とされている（第一項）。

この場合の「耕作」とは、土地に労働及び資本を投じ、肥培管理を行って作物を栽培することをいう。また、「肥培管理」とは、作物の生育を助けるための農作業一般をいい、肥培といっても必ずしも施肥が要件になっているわけではない。従って果樹園、牧草栽培地、苗圃、わさび田、はす池等も肥培管理が行われている限り農地である。

② 「耕作の目的に供される土地」には、現に耕作されている土地のほか、現在は耕作されていなくても耕作しようとすればいつでも耕作できるような、客観的にみてその現状が耕作の目的に供されるものと認められる土地（例えば、休耕地、不耕作地等）も含まれる。

③ 農地であるかどうかは、その土地の現況によって判断するのであって、土地登記簿の地目によって判断するものではない。また、所有者の取得目的や将来の使用目的は、その土地の事実状態を客観的に判断する場合の一つの参考資料になるにすぎない。

④ なお、第四十三条第一項の届出に係る同条第二項に規定する農作物栽培高度化施設の用に供される土地は、「農地」と同様に取り扱われるので留意が必要である。

（注）〈具体的には、次のように取り扱われている〉

・桐樹栽培→近い将来肥培管理を廃し、樹木の様相が森林と異ならないものと予想されるようなとき→転用
　農地が非農地となる時期は肥培管理を必要としなくなったとき。それまでに許可目的以外のものに転用しようとするときは更に転用許可が必要。（昭和三二・二・五回答）
・芝生栽培→芝生栽培でも整地、散水、施肥、刈込等の肥培管理を行っていれば→農地（昭和四〇・三・二七回答）
・庭木造成のための成木栽培→農地の定義により判断、一般的に成木栽培については肥培管理が行われていない場合が多いと考えられるので、実情を十分調査の上処理。（同右回答）
・樒（しきみ）栽培用地→果樹園等のように肥培管理がその育成について本質的要素となっていると認められる場合→農地（昭和四一・一・二〇回答）
・特用樹の栽培→栽培以後継続して肥培管理が施され果樹園等のように肥培管理がその育成の本質的要素となっている場合→農地（昭和三一・一一・一二回答）
・種実の収穫を目的とした特用樹→肥培管理の点から同様に判断、当初の植栽のときに限らず、以後の収穫を上げるために相当の労力を加え、肥料を施し、消毒をする等果樹園形態で管理するならばその土地は依然として→農地（同右回答）
・草地開発事業により造成肥培管理された草地→草地開発事業の所定の工事により造成された草地→農地（昭和四八・八・二〇回答）
・永年性の植物→作物は、穀類、蔬菜にとどまらず、花卉、桑、茶、たばこ、梨、桃、りんご等の植物を広く含み、その対象が林業の対象となるようなものでない限り、永年性の植物でも妨げない。（最高二小、昭和四〇・八・二、三八（オ）一〇六五、民集一九―六―一三三七）

【農地の判断に関連するもの】

農地以外への地目変更 ↓ 登記簿上の地目が農地である土地の農地以外への地目変更登記の申請で、申請者に農地法の転用許可等又は都道府県若しくは農業委員会の現況証明書等農地に該当しない旨の証明書が添付されていない場合には、登記官は必ず農業委員会に農地法の転用許可等の有無、現況が農地であるか否か等について照会し、その回答をまって処理することとされている（「登記簿上の地目が農地である土地の農地以外への地目変更登記に係る登記官からの照会の取扱いについて」昭和五十六年八月二十八日五六構改B第一三四五号構造改善局長通知）。

非農地証明 ↓ 登記簿上の地目が田又は畑となっている土地であっても現況が宅地等農地以外のもので農地法の許可を要しないものについての登記簿の地目変更の登記申請の際の添付情報として提供等されている。農地法の運用とも深い関わりがあるので、この非農地証明を出すに当たっては厳重な審査をして、明らかに農地法上の農地、採草放牧地以外であると認められるものに限って出されている。非農地証明は、農地法等の法律に基づく行政処分ではなく、農業委員会（ところによっては都道府県知事）が慣例若しくは都道府県の通知等に基づいて事実上の証明行為として行っている、いわゆる行政上のサービス行為である。

なお、非農地証明は、全国的に行われているが、具体的には都道府県ごと等で発行手続等を定めており、その内容も異なっているので、地元農業委員会又は都道府県の農地担当課で確認する必要がある。

2 採草放牧地

① 「採草放牧地」とは、「農地以外の土地で、主として耕作又は養畜の事業のための採草又は家畜の放牧の目的に供されるものをいう」とされている（第一項）。この場合、「耕作又は養畜の事業」とは、耕作又は養畜の行為が反覆継続的に行われることであって、事業といっても必ずしも営利の目的であることを要しない。また、「耕作又は養畜の事業のた

めの採草」であって、屋根ふき用や燃料用、炭俵用のための採草は含まれない。

② 注意すべきは「主として」供されるということである。これはその土地の主たる機能に着目して判断する。従って河川敷、堤防、道路などは、耕作又は養畜のための採草又は放牧の用に事実上供されていても、これらの土地の主たる目的が採草又は放牧の目的に供されているとは認められないので、農地法上の採草放牧地ではない。なお、林木育成の目的に供されている土地が併せて採草放牧の目的に供されており、そのいずれが主であるのかの判定が困難な場合には、樹冠の疎密度が〇・三以下の土地は主として採草放牧の目的に供していると判断される（処理基準第1(1)②）。

③ 「農地以外の土地」であるから農地法上「農地」に該当すれば「採草放牧地」ではない。例えば、牧草を肥培管理して栽培している土地は、主として養畜のための採草の目的に供される土地であるが、農地法上は農地であって採草放牧地ではない。

④ なお、現況によって判断すべきことは農地の場合と同じである。

3　各法律における農地等の定義

我が国の農業関係の土地の概念としては、農地法に規定する「農地」及び「採草放牧地」（これらを一般に「農地等」といっている場合がある。）を基本として定められている。例えば農業振興地域の整備に関する法律（以下「農振法」という。）、農業経営基盤強化促進法（以下「基盤法」という。）や農地中間管理事業の推進に関する法律（以下「農地中間管理事業法」という。）においては、農地法における「農地」と「採草放牧地」を合わせたものを「農用地」と定義している。

なお、土地改良法においては農地と採草放牧地のうちから肥料用の「主として耕作の事業のための採草の目的に供される土地」を除いたものを「農用地」と定義している。

（参考一）各法律における農地等の定義

土地の利用目的＼法律名	農地法	農振法	農業経営基盤強化促進法	農地中間管理事業法	土地改良法
耕作の目的に供される土地	「農地」	「農用地」	「農用地」	「農用地」	「農用地」
養畜の事業のための採草又は家畜の放牧の目的に供される土地	「採草放牧地」				
耕作の事業のための採草の目的に供される土地					／

（参考二）不動産登記法における地目（不動産登記事務取扱手続準則）

田（農耕地で用水を利用して耕作する土地）、**畑**（農耕地で用水を利用しないで耕作する土地）、**山林**（耕作の方法によらないで竹木の生育する土地）、**牧場**（家畜を放牧する土地）、**原野**（耕作の方法によらないで雑草、かん木類の生育する土地）、

このほか**宅地**、**塩田**、**鉱泉地**、**池沼**、**墓地**、**境内地**、**運河用地**、**水道用地**、**用悪水路**、**ため池**、**堤**、**井溝**、**保安林**、**公衆用道路**、**学校用地**、**鉄道用地**、**公園**、**雑種地**（以上のいずれにも該当しない土地）

Ⅱ　世帯員等（第二項）

1　我が国の農業経営は、農家世帯が家族ぐるみで営んでいることがほとんどで、農地についての権利関係の当事者には世帯主がなり、耕作の事業を行うのは息子夫婦であるといった場合が多くみられる。このような実態の中で、世帯の中で農地の権利を有している者と耕作している者を区別して、これらの者の間で許可を受けて権利の設定移転をすることは実態に合わないことから、これまで農地法での判断に当たっては、農地の権利を取得しようとする者又はその世帯員としてきた。

この場合の世帯員は、住居及び生計を一にする親族とされている。

2　しかし、農地法が制定された当時に比べて、現在では、農家世帯も変化してきており、家族ぐるみで農業経営を行っていても、息子（後継者）の結婚等を機に住居又は生計を別とすることが多くみられるようになってきている。このような場合は、住居が別、生計が別、あるいはこの両方が別となり、従来定義してきた住居及び生計を一にする親族に該当しなくなり、これまでの農地法の定義では世帯員に該当しなくなる。だが、家族で行っている農業経営の関係の実態は従来と何ら変わらないものであるので、このような場合も農地法上世帯員と同様に扱うことが適当とされた。このため、住居又は生計を異にする親族であっても、二親等内の親族の行っている農業に従事する者については、世帯員と同様の取扱いとすることとされている。

二親等内の親族とされたのは、親族には、六親等内の血族、三親等内の姻族まで含まれ、家族ぐるみとするにはその範囲が広すぎるためである（民法第七二五条、一六頁参照）。

「三親等内の姻族」とは、本人の「配偶者の血族の三親等まで」、及び本人の三親等までの血族の「配偶者」をいう。

また、このように農地法が世帯員等を対象としているのは、前述のように我が国の農業経営の大部分が世帯員等の単位で行われているのが実態であるので、この実態に即して法律を適用しようとしているからであり、これは法律の適用に当たっての技術的な規定にすぎず、同一世帯員等間での使用貸借による権利、賃借権の設定等を禁止しているものではない。なお、このような権利の設定等をする場合にも農地法第三条の許可を受ける必要がある。

（参考）親族の範囲（数字は親等を表す）

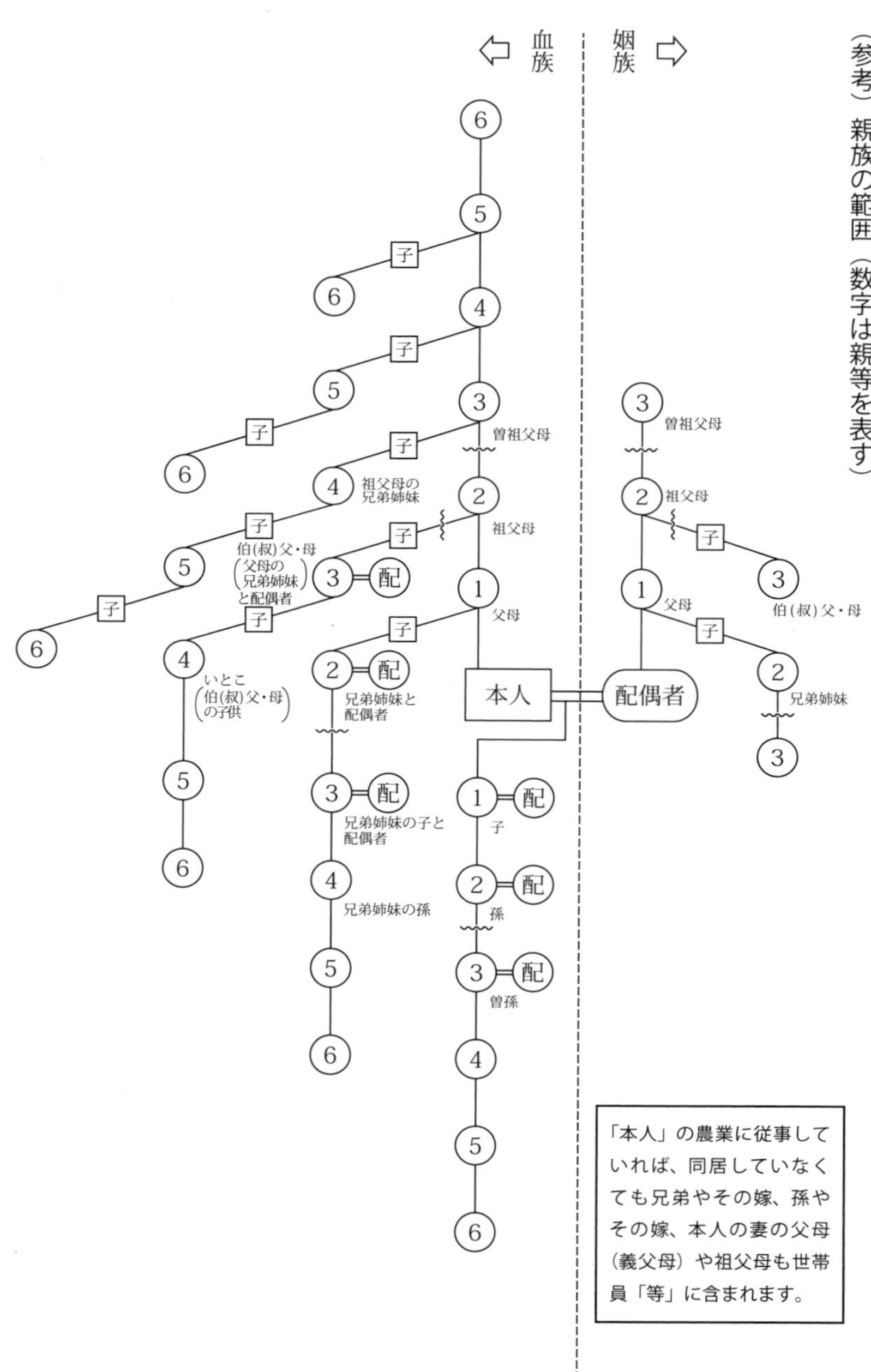

「本人」の農業に従事していれば、同居していなくても兄弟やその嫁、孫やその嫁、本人の妻の父母（義父母）や祖父母も世帯員「等」に含まれます。

3　次に掲げる事由により世帯員が一時的に住居又は生計を異にしても、世帯員に含まれる（法第二条第二項・施行規則第一条）。

①　疾病又は負傷による療養

②　就学

③　公選による公職への就任

この場合の「公選による公職」とは、人事院規則十四―五（公選による公職）第一項に定める公職（衆議院議員、参議院議員、地方公共団体の長、地方公共団体の議会の議員及び海区漁業調整委員会の委員（選任委員を除く。））である。

④　懲役刑若しくは禁錮刑の執行又は未決勾留（施行規則第一条）

Ⅲ　農地所有適格法人

「農地所有適格法人」とは、農事組合法人、株式会社（会社法第二条第五号に規定する公開会社でないものに限る。）又は同法第五百七十五条第一項に規定する持分会社（合名会社、合資会社、合同会社）で、次の三つの要件の全てを満たしているものである（法第二条第三項）。

株式会社にあっては、その発行する全部の株式の内容として、譲渡による当該株式の取得について当該株式会社の承認を要する旨の定款の定め（株式譲渡制限）を設けている場合に限り、認められる。

例えば、株式の譲受人が従業員以外の者である場合に限り承認を要する等の限定的な株式譲渡制限は、これに当たらない（処理基準第1(4)①）。

1　農地所有適格法人の要件

①　事業の限定

その法人の主たる事業が農業（その行う農業に関連する事業であって農畜産物を原料又は材料として使用する製造又は加工その他省令で定めるもの、農業と併せ行う林業及び農事組合法人にあっては農業と併せ行う農業協同組合法第七十二条の十第一項第一号の事業（農業に係る共同利用施設の設置（当該施設を利用して行う組合員の生産する物資の運搬、加工又は貯蔵の事業を含む。）又は農作業の共同化に関する事業）を含む。）であること（第三項第一号）。

（注）〈省令（施行規則第二条）では、この他農業に関連する事業として次のように定められている〉

ア　農畜産物の貯蔵、運搬又は販売

イ　農畜産物若しくは林産物を変換して得られる電気又は農畜産物若しくは林産物を熱源とする熱の供給

ウ　農業生産に必要な資材の製造

エ　農作業の受託

オ　農山漁村滞在型余暇活動のための基盤整備の促進に関する法律第二条第一項に規定する農村滞在型余暇活動に利用されることを目的とする施設の設置及び運営並びに農村滞在型余暇活動を行う者を宿泊させること等農村滞在型余暇活動に必要な役務の提供

カ　農地に支柱を立てて設置する太陽光を電気に変換する設備の下で耕作を行う場合における当該設備による電気の供給

i　「法人の主たる事業が農業」であるかの判断は、その判断の日を含む事業年度前の直近する三か年（異常気象等により、農業の売上高が著しく低下した年が含まれている場合には、当該年を除いた直近する三か年）におけるその農業（関連事業を含む。）に係る売上高がその法人の事業全体の売上高全体の過半を占めているかによる（処理基準第1(4)②）。

ii　法人の行う事業が、法人の行う農業と一次的な関連を持ち農業生産の安定発展に役立つものである場合には、「その行う農業に関連する事業」に該当するものである（処理基準第1(4)③）。

具体的には、例えば次のようなことが想定される。

ア「農畜産物を原料又は材料として使用する製造又は加工」とは、りんごを生産する法人が、自己の生産したりんごに加え、他から購入したりんごを原料として、りんごジュースの製造を行う場合、野菜を生産する法人が、料理の提供、弁当の販売若しくは宅配又は給食の実施のため、自己の生産した野菜に加え、他から購入した米、豚肉、魚等を材料として使用して製造又は加工を行う場合等である。

イ「農畜産物の貯蔵、運搬又は販売」とは、りんごの生産を行う法人が自己の生産したりんごに加え、他の農家等が生産したりんごの貯蔵、運搬又は販売を行う場合等である。

ウ「農畜産物若しくは林産物を変換して得られる電気又は農畜産物若しくは林産物を熱源とする熱の供給」とは、法人が自己の生産した農畜産物若しくは林産物又はその生産若しくは加工に伴い副次的に得られた物品（動植物に由来するものであって、エネルギー源として利用できるものに限る。以下このウにおいて同じ。）を原料（他から購入した物品を併せて用いる場合も含む。）として製造した燃料を用いて電気又は熱の供給を行う場合である。

エ「農業生産に必要な資材の製造」とは、法人が自己の農業生産に使用する飼料に加え、他の農家等への販売を目的とした飼料の製造を行う場合等である。

オ「農作業の受託」とは、水稲作を行う法人が自己の水稲の刈取りに加え、他の農家等の水稲の刈取りの作業の受託を行う場合等である。

カ「農村滞在型余暇活動に利用されることを目的とする施設」とは、観光農園や市民農園（農園利用方式によるものに限る。）等、主として都市の住民による農作業の体験のための施設のほか、農作業の体験を行う都市の住民等が宿泊又は休養するための施設、これらの施設内に設置された農畜産物等の販売施設等である。また、「必要な役務の提供」とは、これらの施設において行われる各種サービスの提供を行うことである。

なお、都市の住民等による農作業は、法人の行う農業と一次的関連を有する必要があることから、その法人の行う農業に必要な農作業について行われる必要がある。

キ　「農地に支柱を立てて設置する太陽光を電気に変換する設備の下で耕作を行う場合における当該設備による電気の供給」とは、法人が「支柱を立てて営農を継続する太陽光発電設備等についての農地転用許可制度上の取扱いについて」（平成三十年五月十五日付け三〇農振第七八号農村振興局長通知（最終改正令和四年三月三十一日付け四農振第二八八七号））の2の⑵に掲げる事項について許可権者の確認を受けたものとして法第四条又は法第五条の規定に基づき許可を得て設置した太陽光発電設備又は法人が法第四十三条の規定に基づき農業委員会に届け出て設置した農作物栽培高度化施設に設置した太陽光発電設備により電気の供給を行う場合である。

②　議決権の要件

その法人が、株式会社にあっては次に掲げる者に該当する株主の有する議決権の合計が総株主の議決権の過半を、持分会社にあっては次に掲げる者に該当する社員の数が社員の総数の過半を占めているものであること（第三項第二号）。

i　その法人に農地又は採草放牧地について所有権若しくは使用収益権（地上権、永小作権、使用貸借による権利又は賃借権をいう。）を移転した個人又はその一般承継人（第二号イ）

この場合の「移転」には、譲渡のほか出資等が含まれる（処理基準第1⑷⑥）。

なお、この個人（個人以外のものは除かれている。）のうちその法人の株主又は社員となる前にこれらの権利をその法人に移転した者については、その移転後六月内に株主又は社員となり、引き続き株主又は社員となっているものに限られている（施行規則第三条）。

また、「一般承継人」とは、被承継人の権利義務を一括して承継する者で、ここでは相続人及び包括受遺者をいう。一般承継人については次のものに限られ、これらの者は農地等の所有権又は使用収益権を移転した個人と同様に取り扱われる（施行規則第四条）。

ア　その法人の構成員でその法人に農地等について所有権又は使用収益権を移転したものの死亡した日の翌日から起算して六月以内にその法人の構成員となり、引き続き構成員となっているもの

イ　ア又はこのイに規定する者の一般承継人で、それぞれに規定する者の死亡の日の翌日から起算して六月以内にその法人の構成員となり、引き続き構成員となっているもの

ii　その法人に農地等について使用収益権に基づく使用及び収益をさせている個人（第二号ロ）

この場合の個人には、その法人のために使用収益権を設定した個人のほか、その使用収益権を設定した農地等を相続又は遺贈により承継した個人が含まれる。ただし、iの農地等の所有権等を移転した場合とは異なり、一般承継人であってもその使用収益権を設定した農地等を承継した者以外のものは、設定した個人とみなさない（処理基準第1(4)⑧）。

iii　まだ農地等を提供はしていないが、これから提供するための手続を進めている個人。すなわち、法第三条第一項の許可申請を行っていること、またはその許可があって、近く権利の設定・移転をすることが確実と認められる場合である（第二号ハ）。

iv　その法人に農地等について使用貸借による権利又は賃借権に基づく使用及び収益をさせている農地中間管理機構に当該農地等について使用貸借による権利又は賃借権を設定している個人（第二号ニ）

この場合の個人には、農地中間管理機構を通じてその法人に使用貸借による権利又は賃借権を設定した個人及びこれらの権利が設定されている農地等を相続又は遺贈により承継した個人が含まれる。なお、一般承継人についてはiiと同様に取り扱われる（処理基準第1(4)⑨）。

v　その法人の行う農業に常時従事する者（第二号ホ）

この法人の農業に常時従事する構成員には、次の者が含まれる。

ア　疾病又は負傷による療養、就学、公選による公職への就任、懲役刑若しくは禁錮刑の執行又は未決勾留の事由により一時的にその法人の農業に常時従事することができない者で、その事由がなくなれば常時従事することとなると農業委員会が認めたもの

イ　その法人の構成員となった日の翌日から起算して六月以内にその法人の農業に常時従事することが確実と認められる者

なお、常時従事者であるかどうかの判定基準は、次のいずれかに該当する者を常時従事者とするものとされている（施行規則第九条）。

A　その法人の行う農業に年間百五十日以上従事すること。

B　その法人の農業に従事する日数が年間百五十日未満である者にあっては、その日数が年間次の㋐の算式により算出される日数（その日数が六十日未満のときは、六十日）以上であること。

C　その法人の農業に従事する日数が年間六十日未満である者にあっては、その法人に農地等を提供しており、かつ、その法人の農業に従事する日数が次の㋐又は㋑の算式で算出される日数のいずれか大きい方の日数以上であること。

㋐　$\frac{2}{3} \times \frac{L}{N}$

Nは、その法人の構成員数

Lは、その法人の行う農業に必要な年間総労働日数

㋑　$\frac{a}{A} \times L$

Lは、その法人の行う農業に必要な年間総労働日数
Aは、その法人の耕作又は養畜の事業の用に供している農地又は採草放牧地の面積
aは、当該構成員がその法人に所有権若しくは使用収益権を移転し、又は使用収益権に基づく使用及び収益をさせている農地又は採草放牧地の面積

「常時従事する」の判定基準である㋐、㋑の算式における構成員がその法人に年間従事する日数及び法人の行う農業に必要な年間総労働日数は、過去の実績を基準とし、将来の見込みを勘案して判断する（処理基準第1(4)⑩）。なお、常時従事者たる構成員がその法人から脱退した場合であって、その者がその法人に移転等した農地等が現物出資の払戻の特約等によりその者に返還されるときは法第三条第一項の許可が必要である（処理基準第1(4)⑪）。

vi　その法人に農作業の委託を行っている個人（第二号ヘ）
この場合の農作業は、農産物を生産するために必要となる基幹的な作業となる（施行規則第六条）。
「農産物を生産するために必要となる基幹的な作業」とは、水稲にあっては耕起・代かき、田植及び稲刈り・脱穀の基幹三作業、麦又は大豆にあっては耕起・整地、播種及び収穫、その他の作物にあっては水稲及び麦又は大豆に準じた農作業をいう（処理基準第1(4)⑫）。

vii　その法人に農業経営基盤強化促進法第七条第三号に掲げる事業（農地所有適格法人出資育成事業）に係る現物出資を行った農地中間管理機構（第二号ト）

viii　地方公共団体、農業協同組合又は農業協同組合連合会（第二号チ）
農業経営基盤強化促進法により市町村等から認定を受けた経営改善計画に基づいて関連事業者等が農地所有適格法人に出資する場合は、農業者等（農地法第二条第三項第二号の「次に掲げる者」）による出資に含めるとの農地法の特例

が設けられている（基盤法第十四の二条第一項）。ただし、経営改善計画の認定基準として、関連事業者の議決権は総議決権の二分の一未満であることが求められている（基盤法施行規則第十四条第一項第二号ロ）ため、一般の関連事業者が二分の一以上の出資を行うことは、経営改善計画に位置づけることができない。他方で、この制限は農業者個人と農地所有適格法人については除外されている（基盤法施行規則第十四条第一項第二号の括弧書き）ため、例えば農業者個人が「のれん分け」のために、研修先の農地所有適格法人が過半の出資を行って卒業生を中核とした農地所有適格法人を設立することは可能となっている。

（注）農林漁業法人等に対する投資の円滑化に関する特別措置法第十条による特例承認会社であって、地方公共団体、農業協同組合、農業協同組合連合会、農林中央金庫又は株式会社日本政策金融公庫がその総株主の議決権の過半数を有しているものは、（ⅰ）～（ⅷ）と同等の扱いとなる。

◎農事組合法人にあっては、

$$\frac{\text{関連事業者＋農民とみなされている者}}{\text{組合員数}} \leqq 1／3$$

とされている（農業協同組合法第72条の13第3項）。

→「農民とみなされている者」とは、農業協同組合法第72条の13第2項において、農業経営を行う農事組合法人の組合員が農民でなくなり、又は死亡した場合で、その農民でなくなった者又は相続人で農民でない者でも、その法人との関係においては農民とみなされている者をいう。

このように、議決権の要件は、農業関係者以外の者が議決権の行使により会社の支配権を有することとならないよう設けているものであり、配当に関して優先的な取扱いをする株式（配当優先株）で定款で議決権を認めないと定めたものを制限するものではない（処理基準第1(4)④）。

③　経営責任者に関する要件

その法人の行う農業に常時従事する者である構成員（農事組合法人にあっては組合員、株式会社にあっては株主、持分会社にあっては社員）が理事等（農事組合法人にあっては理事、株式会社にあっては取締役、持分会社にあっては業務を執行する社員）の数の過半を占めていること（第三号）

「理事等の数の過半」とは、理事等の定数の過半ではなく、その実数の過半である（処理基準第1(4)⑬）。

なお、令和元年の農業経営基盤強化促進法の改正により、農地所有適格法人の構成員かつ常時従事者である役員であって、当該法人が出資している農地所有適格法人（子会社）の役員を兼務する者（兼務役員）について、子会社の作成する農業経営改善計画に位置付けた場合、兼務役員は、子会社の農業に年間三十日以上従事すれば、子会社の構成員かつ常時従事者である役員と同様に取り扱うとの特例が設けられている（基盤法第十四条の二第二項）。

④　その法人の事業の常時従事者である理事や取締役、農林水産省令で定める使用人のうち、一人以上がその法人の行う農業に必要な農作業に一年間に農林水産省令で定める日数以上従事すること（第四号）

省令で定める使用人とは、当該法人の行う農業に関する権限及び責任を有する者（施行規則第七条）であり、支店長、農場長、農業部門の部長その他いかなる名称であるかを問わず、その法人の行う農業に関する権限及び責任を有し、地域との調整役として責任をもって対応できる者をいう。権限及び責任を有するか否かの確認は、当該法人の代表者が発行する証明書、当該法人の組織に関する規則（使用人の権限及び責任の内容及び範囲が明らかなものに限る。）等で行う（処理基準第1(4)⑮）。

「その法人の行う農業に必要な農作業」とは、耕うん、整地、播種、施肥、病害虫防除、刈取り、水の管理、給餌、敷わらの取替え等耕作又は養畜の事業に直接必要な作業をいい、農業に必要な帳簿の記帳事務、集金等は農作業には含まれない（処理基準第1(4)⑭）。

（注）〈省令（施行規則第八条）では、農作業に従事する日数として次のように定められている〉

ア　六十日

イ　理事等がその法人の行う農業に年間従事する日数の二分の一を超える日数のうち最も少ない日数が六十日未満のときは、その日数

この要件は、農地所有適格法人の経営支配力を農業者に確保しておくための要件である。

（農地について権利を有する者の責務）

第二条の二　農地について所有権又は賃借権その他の使用及び収益を目的とする権利を有する者は、当該農地の農業上の適正かつ効率的な利用を確保するようにしなければならない。

本条は、農地の所有者又は賃借権その他の使用及び収益を目的とする権利を有する者の責務について規定している。

農地は、現在及び将来における国民のための限られた資源であり、かつ、地域における貴重な資源であることに鑑み、こ

れを優良な状態で確保し、最大限に利用されるようにしていくことが重要である。

このため、農地について権利を有する全ての者を対象として、農地の農業上の適正かつ効率的な利用を確保する責務があることが明確にされている。

特に、①農地について所有権を有する者は、当該農地の農業上の適正かつ効率的な利用を確保することについて第一義的責務を有することを深く認識し、自ら農地を耕作の事業に供するとともに、自らその責務を果たすことができない場合においては、所有権以外の権原に基づき当該農地が耕作の事業に供されることを確保することにより、当該農地の農業上の適正かつ効率的な利用を確保するようにしなければならないものとすること。

②農地について賃借権その他の使用及び収益を目的とする権利を有する者は、その権利に基づき自ら当該農地を耕作の事業に供することにより当該農地の農業上の適正かつ効率的な利用を確保するようにしなければならないものとすること。とされている。

この、農地について権利を有する者の責務の考え方については、平成二十一年の農地法等の一部を改正する法律の国会審議の際、衆・参両院で附帯決議（傍線の部分）がなされている（処理基準第2）。

第二章　権利移動及び転用の制限等

本章では、耕作目的等転用以外での農地等の権利移動及び農地の転用の制限等を規定している。これらの概要は、次のとおりである。

I　耕作目的等転用以外の農地の権利移動制限（法第三条）

耕作目的での権利移動については、不耕作目的での農地の取得等望ましくない権利移動を規制し、農地を効率的に利用する耕作者による地域との調和に配慮した権利の取得を促進するため、農地の権利移動の機会を捉えて、土地利用の効率化を期することとしている。このため、農地等（農地又は採草放牧地）について、所有権を移転し、又は地上権、永小作権、質権、使用貸借による権利、賃借権若しくはその他の使用及び収益を目的とする権利を設定し、若しくは移転する場合には、農林水産省令（施行規則第十条）で定める手続に従い、その当事者が農業委員会の許可を受けなければならないこととされている（法第三条第一項本文、農地法施行令第一条）。

また、これに違反した場合には、罰則の適用がある（法第六十四条）ほか、許可を受けないでした権利の設定又は移転についての法律行為は、その効力を生じない（法第三条第六項）こととされている。

Ⅱ　農地転用等の制限（法第四条・第五条）

農地の農業上の利用と農業外の土地利用との調整を図りつつ、優良農地を確保するとともに、住宅、工場、学校、病院等の無秩序な立地による農業環境の悪化を防止して農業上の土地利用が合理的に行われるようにするため、農地の転用又は農地等の転用のための権利移動について都道府県知事等の許可（市街化区域内にあっては農業委員会への届出）を受ける必要があるとしている（法第四条・第五条）。

すなわち、農地を農地以外のものにする場合には第四条の、農地を農地以外のものにするため又は採草放牧地を採草放牧地以外のもの（農地を除く）にするため、所有権を移転し、地上権、永小作権、質権、使用貸借による権利、賃借権その他の使用及び収益を目的とする権利を設定し、又は移転する場合には第五条の都道府県知事等の許可を受けなければならないこととされている。

Ⅲ　Ⅰ及びⅡのほかこの章では、農地所有適格法人について、事業の状況等の報告、農地所有適格法人でなくなった場合における国による買収及びその手続等を定めている（法第六条―第十五条）。

（**農地又は採草放牧地の権利移動の制限**）

第三条　農地又は採草放牧地について所有権を移転し、又は地上権、永小作権、質権、使用貸借による権利、賃借権若しくはその他の使用及び収益を目的とする権利を設定し、若しくは移転する場合には、政令で定めるところにより、当事者が農業委員会の許可を受けなければならない。ただし、次の各号のいずれかに該当する場合及び第五条第一項本文に規定する場合は、この限りでない。

一　第四十六条第一項又は第四十七条の規定によつて所有権が移転される場合
二　削除
三　第三十七条から第四十条までの規定によつて農地中間管理権（農地中間管理事業の推進に関する法律第二条第五項に規定する農地中間管理権をいう。以下同じ。）が設定される場合
四　第四十一条の規定によつて同条第一項に規定する利用権が設定される場合
五　これらの権利を取得する者が国又は都道府県である場合
六　土地改良法（昭和二十四年法律第百九十五号）、農業振興地域の整備に関する法律（昭和四十四年法律第五十八号）、集落地域整備法（昭和六十二年法律第六十三号）又は市民農園整備促進法（平成二年法律第四十四号）による交換分合によつてこれらの権利が設定され、又は移転される場合
七　農地中間管理事業の推進に関する法律第十八条第七項の規定による公告があつた農用地利用集積等促進計画の定めるところによつて同条第一項の権利が設定され、又は移転される場合
八　特定農山村地域における農林業等の活性化のための基盤整備の促進に関する法律（平成五年法律第七十二号）第九条第一項の規定による公告があつた所有権移転等促進計画の定めるところによつて同法第二条第三項第三号の権利が設定され、又は移転される場合
九　農山漁村の活性化のための定住等及び地域間交流の促進に関する法律（平成十九年法律第四十八号）第八条第一項の規定による公告があつた所有権移転等促進計画の定めるところによつて同法第五条第八項の権利が設定され、又は移転される場合
九の二　農林漁業の健全な発展と調和のとれた再生可能エネルギー電気の発電の促進に関する法律（平成二十五年法律第八十一号）第十七条の規定による公告があつた所有権移転等促進計画の定めるところによつて同法第五条

第四項の権利が設定され、又は移転される場合

十　民事調停法（昭和二十六年法律第二百二十二号）による農事調停によつてこれらの権利が設定され、又は移転される場合

十一　土地収用法（昭和二十六年法律第二百十九号）その他の法律によつて農地若しくは採草放牧地又はこれらに関する権利が収用され、又は使用される場合

十二　遺産の分割、民法（明治二十九年法律第八十九号）第七百六十八条第二項（同法第七百四十九条及び第七百七十一条において準用する場合を含む。）の規定による財産の分与に関する裁判若しくは調停又は同法第九百五十八条の三の規定による相続財産の分与に関する裁判によつてこれらの権利が設定され、又は移転される場合

十三　農地中間管理機構が、農林水産省令で定めるところによりあらかじめ農業委員会に届け出て、農業経営基盤強化促進法第七条第一号に掲げる事業の実施によりこれらの権利を取得する場合

十四　農業協同組合法第十条第三項の信託の引受けの事業又は農業経営基盤強化促進法第七条第二号に掲げる事業（以下これらを「信託事業」という。）を行う農業協同組合又は農地中間管理機構が信託事業による信託の引受けにより所有権を取得する場合及び当該信託の終了によりその委託者又はその一般承継人が所有権を取得する場合

十四の二　農地中間管理機構が、農林水産省令で定めるところによりあらかじめ農業委員会に届け出て、農地中間管理事業（農地中間管理事業の推進に関する法律第二条第三項に規定する農地中間管理事業をいう。以下同じ。）の実施により農地中間管理権又は経営受託権（同法第八条第三項第三号ロに規定する経営受託権をいう。）を取得する場合

十四の三　農地中間管理機構が引き受けた農地貸付信託（農地中間管理事業の推進に関する法律第二条第五項第二

号に規定する農地貸付信託をいう。）の終了によりその委託者又はその一般承継人が所有権を取得する場合

十五　地方自治法（昭和二十二年法律第六十七号）第二百五十二条の十九第一項の指定都市（以下単に「指定都市」という。）が古都における歴史的風土の保存に関する特別措置法（昭和四十一年法律第一号）第十九条の規定に基づいてする同法第十一条第一項の規定による買入れによつて所有権を取得する場合

十六　その他農林水産省令で定める場合

2　前項の許可は、次の各号のいずれかに該当する場合には、することができない。ただし、民法第二百六十九条の二第一項の地上権又はこれと内容を同じくするその他の権利が設定され、又は移転されるとき、農業協同組合法第十条第二項に規定する事業を行う農業協同組合又は農業協同組合連合会が農地又は採草放牧地の所有者から同項の委託を受けることにより第一号に掲げる権利が取得されることとなるとき、同法第十一条の五十第一項第一号に掲げる場合において農業協同組合又は農業協同組合連合会が使用貸借による権利又は賃借権を取得するとき、並びに第一号、第二号及び第四号に掲げる場合において政令で定める相当の事由があるときは、この限りでない。

一　所有権、地上権、永小作権、質権、使用貸借による権利、賃借権若しくはその他の使用及び収益を目的とする権利を取得しようとする者又はその世帯員等の耕作又は養畜の事業に必要な機械の所有の状況、農作業に従事する者の数等からみて、これらの者がその取得後において耕作又は養畜の事業に供すべき農地及び採草放牧地の全てを効率的に利用して耕作又は養畜の事業を行うと認められない場合

二　農地所有適格法人以外の法人が前号に掲げる権利を取得しようとする場合

三　信託の引受けにより第一号に掲げる権利が取得される場合

四　第一号に掲げる権利を取得しようとする者（農地所有適格法人を除く。）又はその世帯員等がその取得後において行う耕作又は養畜の事業に必要な農作業に常時従事すると認められない場合

五　農地又は採草放牧地につき所有権以外の権原に基づいて耕作又は養畜の事業を行う者がその土地を貸し付け、又は質入れしようとする場合（当該事業を行う者又はその世帯員等の死亡又は第二条第二項各号に掲げる事由によりその土地について耕作、採草又は家畜の放牧をすることができないため一時貸し付けようとする場合、当該事業を行う者がその土地をその世帯員等に貸し付けようとする場合、その土地を水田裏作（田において稲を通常栽培する期間以外の期間稲以外の作物を栽培することをいう。以下同じ。）の目的に供するため貸し付けようとする場合及び農地所有適格法人の常時従事者たる構成員がその土地をその法人に貸し付けようとする場合を除く。）

六　第一号に掲げる権利を取得しようとする者又はその世帯員等がその取得後において行う耕作又は養畜の事業の内容並びにその農地又は採草放牧地の位置及び規模からみて、農地の集団化、農作業の効率化その他周辺の地域における農地又は採草放牧地の農業上の効率的かつ総合的な利用の確保に支障を生ずるおそれがあると認められる場合

3　農業委員会は、農地又は採草放牧地について使用貸借による権利又は賃借権が設定される場合において、次に掲げる要件の全てを満たすときは、前項（第二号及び第四号に係る部分に限る。）の規定にかかわらず、第一項の許可をすることができる。

一　これらの権利を取得しようとする者がその取得後においてその農地又は採草放牧地を適正に利用していないと認められる場合に使用貸借又は賃貸借の解除をする旨の条件が書面による契約において付されていること。

二　これらの権利を取得しようとする者が地域の農業における他の農業者との適切な役割分担の下に継続的かつ安定的に農業経営を行うと見込まれること。

三　これらの権利を取得しようとする者が法人である場合にあつては、その法人の業務を執行する役員又は農林水産省令で定める使用人（次条第一項第三号において「業務執行役員等」という。）のうち、一人以上の者がその法人の行う耕作又は養畜の事業に常時従事すると認められること。

4　農業委員会は、前項の規定により第一項の許可をしようとするときは、あらかじめ、その旨を市町村長に通知するものとする。この場合において、当該通知を受けた市町村長は、市町村の区域における農地又は採草放牧地の農業上の適正かつ総合的な利用を確保する見地から必要があると認めるときは、意見を述べることができる。
5　第一項の許可は、条件をつけてすることができる。
6　第一項の許可を受けないでした行為は、その効力を生じない。

（参考）構造改革特別区域法（平成十四年法律第百八十九号）最終改正令和五年五月八日令和五年法律第二十号（抄）
第二十四条　地方公共団体が、その区域内において、農地等（農地法（昭和二十七年法律第二百二十九号）第二条第一項に規定する農地（同法第四十三条第一項の規定により農作物の栽培を耕作に該当するものとみなして適用する同法第二条第一項に規定する農地を含む。）又は採草放牧地をいう。以下この条において同じ。）の効率的な利用を図る上で農業の担い手が著しく不足しており、かつ、従前の措置のみによっては耕作（同法第四十三条第一項の規定により耕作に該当するものとみなされる農作物の栽培を含む。第三号及び第四項において同じ。）の目的に供されていない農地等その他その効率的な利用を図る必要がある農地等の面積が著しく増加するおそれがあることから、その設定する構造改革特別区域内において、農地等の効率的な利用を通じた地域の活性化を図るため同法第二条第三項に規定する農地所有適格法人以外の法人が農地等の所有権を取得して農業経営を行うことが必要であると認めて内閣総理大臣の認定を申請し、その認定を受けたときは、当該認定の日以後は、当該構造改革特別区域内にある農地等を管轄する農業委員会（農業委員会等に関する法律（昭和二十六年法律第八十八号）第三条第一項ただし書又は第五項の規定により農業委員会を置かない市町村にあっては、市町村長。第三項及び第四項において同じ。）は、当該認定構造改革特別区域計画に定められた別表第十四号に掲げる事業の実施主体である当該法人のうち次の各号に掲げる要件の全てを満たしているもの（以下この条及び同表第十四号において「特定法人」という。）が当該構造改革特別区域内にある

農地等について当該地方公共団体から所有権を取得しようとする場合には、農地法第三条第二項（第二号及び
分に限る。）の規定にかかわらず、同条第一項の許可をすることができる。

一　当該法人が、その農地等の所有権の取得後において第四項の規定による通知が行われた場合その他その農地等を適正に利用していないと当該地方公共団体が認めた場合には当該地方公共団体に対し当該農地等の所有権を移転する旨の書面による契約を当該地方公共団体と締結していること。

二　当該法人が地域の農業における他の農業者との適切な役割分担の下に継続的かつ安定的に農業経営を行うと見込まれること。

三　当該法人の業務執行役員等（農地法第三条第三項第三号に規定する業務執行役員等をいう。第四項第四号において同じ。）のうち、一人以上の者が当該法人の行う耕作又は養畜の事業に常時従事すると認められること。

2　前項の認定の日以後は、当該認定を受けた地方公共団体（都道府県を除く。）が、同項の構造改革特別区域内にある農地等について、認定構造改革特別区域計画に定めるところにより特定法人に所有権を移転するために所有権を取得する場合又は同項第一号の契約に基づき所有権を取得する場合には、農地法第三条第一項本文の規定は、適用しない。

3　農業委員会は、第一項の規定により農地法第三条第一項の許可をする場合には、同条第五項の規定により、当該許可を受けて農地等の所有権を取得した特定法人が、農林水産省令で定めるところにより、毎年、その農地等の利用の状況について、農業委員会に報告しなければならない旨の条件を付けるものとする。

4　農業委員会は、次の各号のいずれかに該当する場合には、その旨を、第一項の規定により前項に規定する特定法人に農地等の所有権を移転した地方公共団体に対し、通知するものとする。

一　当該特定法人がその農地等を適正に利用していないと認める場合

二　当該特定法人がその農地等において行う耕作又は養畜の事業により、周辺の地域における農地等の農業上の効率的かつ総合的な利用の確保に支障が生じている場合

三　当該特定法人が地域の農業における他の農業者との適切な役割分担の下に継続的かつ安定的に農業経営を行っていないと認める場合

四　当該特定法人の業務執行役員等のいずれもが当該特定法人の行う耕作又は養畜の事業に常時従事していないと認める場合
5　次に掲げる事由が生じた場合においては、政令で、当該事由の発生に伴い合理的に必要と判断される範囲内において、所要の経過措置（罰則に関する経過措置を含む。）を定めることができる。
一　第六条第一項の規定による認定構造改革特別区域計画の変更（第一項の構造改革特別区域の範囲若しくは別表第十四号に掲げる事業の実施主体を変更するもの又は第四条第二項第二号に規定する特定事業として同表第十四号に掲げる事業を定めないこととするものに限る。）の認定
二　第九条第一項の規定による認定構造改革特別区域計画（第四条第二項第二号に規定する特定事業として別表第十四号に掲げる事業を定めたものに限る。）の認定の取消し
6　第一項中市町村又は市町村長に関する部分（農業委員会に関する特例に係る部分に限る。）の規定は、特別区のある地にあっては特別区又は特別区の区長に、地方自治法第二百五十二条の十九第一項の指定都市（農業委員会等に関する法律第四十一条第二項の規定により区（総合区を含む。以下この項において同じ。）ごとに農業委員会を置かないこととされたものを除く。）にあっては区又は区長（総合区長を含む。）に適用する。

本条は、農地等（農地又は採草放牧地）についての権利移動の許可の基準、手続等を規定している。

Ⅰ　第三条許可の対象

第三条の許可を受けなければならないとされている行為は、農地等について、これを転用（採草放牧地を農地とするときは第三条許可）する目的以外で、所有権を移転し、又は地上権、永小作権、質権、使用貸借による権利、賃借権若しくはその他の使用及び収益を目的とする権利を設定し、若しくは移転する法律行為である。したがって、これらの法律行為のときにおいて、その法律行為の対象となる土地が農地法上の「農地」又は「採草放牧地」に該当する土地でなければならないことはいうまでもない。また、この法律行為には、私法上の契約に基づく場合ばかりでなく、強制競売又は担保権の実行とし

ての競売（その例による競売を含む。）若しくは公売による場合、遺贈その他の単独行為、公法上の契約又は行政処分に基づくものも、全て含まれる（法第五条についても同様である。）（処理基準第3・1）。

しかし、相続によって被相続人の権利を相続人が承継するのは、被相続人の死亡という事実によって法律上当然に生ずる効果であって権利の移転ではないので、第三条の許可制度の対象にはならない。法人の合併による権利の包括的な承継についても相続の場合と同様である。また、売買契約後にその契約を債務不履行を理由として解除する場合や、共有持分の放棄をする場合も、権利の設定又は移転のための法律行為ではないので第三条の対象にはならないが、民法第五百七十九条の規定による買戻しの特約に基づく買戻しの実行や共有持分の譲渡は、第三条許可の対象となるものと解せられる。

（注）〈具体的な場合における第三条許可対象の考え方〉

1　相続、法人の合併

相続は、被相続人の死亡による財産上の地位の包括承継であり、相続による権利の承継は被相続人の死亡という事実によって法律上当然に生ずる効果であって、権利移動のための行為があるわけではないから、本条の規制対象にならない。法人の合併の場合、合併する法人の全部（新設合併の場合）又は一部（吸収合併の場合）が解散して消滅し、同時に消滅した法人の権利義務は新設法人又は存続法人に包括的に承継されるものであって、個々の土地について権利移動を目的とする行為があるわけではないから、本条の規制対象とならない。

2　無効、取消し

農地等につき本条の許可を得て所有権移転登記を経由した後、前提たる法律行為が虚偽表示等により無効であった場合、当初から所有権は移転していないのであるから、所有名義を回復する場合については、本条の規制対象にはならない（最高三小、昭二四・四・二六、二三(オ)一二八、民集三—五—一五三)。また、農地等の所有権移転後、前提たる売買等の法律行為が取り消された場合、取消しの効果（民法第百二十一条）により、法律行為ははじめから無効であったものとみなされることから売主への所有権の復帰については、本条の規制対象にならない（詐害行為による取消につき、最高三小、昭三五・二・九、三二(オ)七五八、民集一四—一—九六)。

3　契約の解除

契約の解除には、①履行遅滞等債務不履行を理由とする法定解除と、②当事者が契約によってあらかじめ解除を留保しておき、その行使として行われる約定解除、③当事者の新たな合意によって既存の契約を解消して契約がなかったと同様の状態を作り出そうとする合意解除とがある。①の債務不履行による解除は「取消の場合と同様に初めから売買のなかった状態に戻すだけのことであって、新たに所有権を取得せしめるわけでない」（最高二小、昭三八・九・二〇、三八(オ)四〇、民集一七—八—一〇〇六）から、本条の規制対象とならない。これに対し、②の約定解除や③の合意解除による所有権の復帰については、当事者の任意の意思により新たに権利移動の合意をしたものと考えられることから、本条の規制対象になる。

4　共有物の分割、持分の譲渡、持分の放棄

共有物の分割は、実質的に意思表示に基づく持分の交換又は売買と考えられるので、本条の規制対象となる。持分の譲渡は、持分の移転そのものであるから、本条の規制対象となる。これに対し、共有者の一人が持分を放棄したとき又は死亡して相続人がいないときは、その持分は他の共有者に帰属する（民法第二百五十五条）が、この場合は、意思表示による権利の移動行為ではなく法律の規定によって生ずるものであるから、本条の規制対象にならない（青森地裁、昭三七・六・一八、三三(ワ)二三四、下民集一三—六—一二一五)。

5　買戻権の行使

買戻特約付きで農地等が移転した後、売主が買戻権を行使する場合には、新たな売買による権利移動が行われることになるので、本条の規制対象となる（最高一小、昭四二・一・二〇、四一（オ）八五九、判時四七六―三一、判タ二〇四―一一一）。

6　予約完結権の行使

農地等に係る売買予約に基づく予約完結権を行使する場合には、新たな権利移動が行われることになるので、本条の規制対象となる。

7　譲渡担保

譲渡担保とは、債権担保のために債務者等の物の所有権等を債権者に移転させ、弁済期に債務の弁済をしなかった場合に、物の所有権等から優先弁済を受けるという担保形式をいう。譲渡担保は、信用の授受を売買の形式によって行い債権債務関係を残さない「売渡担保」と、信用の授受を消費貸借の形で行い債権債務の関係を残しておく「狭義の譲渡担保」とがあるが、いずれにしても所有権移転の行為があるので、本条の規制対象になる。

8　遺贈

遺贈には、遺産の全部又は抽象的割合を示している「包括遺贈」と、遺産の中で目的物を特定してする遺贈の「特定遺贈」とがある。包括遺贈においては、包括受遺者は相続人と同一の権利義務を有し（民法第九百九十条）、相続と同様の関係にあることから本条の許可除外とされている（本条第一項第十六号・施行規則第十五条第五号）。これに対し、特定遺贈については、かつては適用があるとされてきたが、平成二十四年十二月十四日の農地法施行規則の改正により、「相続人に対する特定遺贈は、直接の遺産分割と異ならないことから許可除外」とされた（同施行規則第十五条第五号に追加された）。相続人以外への特定遺贈には本条の適用があるとされている。

9　遺留分侵害額の請求（遺留分の減殺）

遺留分侵害額の請求は、遺留分侵害額に相当する金銭債権が発生することであり、金銭に代えて農地を給付する場合の当該農地の権利移転は、代物弁済（民法第四百八十二条）による新たな権利移転に該当する。このため、令和元年七月一日以降に開始された相続に係る、遺留分侵害額の請求による農地を給付する場合の権利移転については、本条の規制対象になる。（なお、令和元年六月末日以前に開始された相続に係る権利移転については、遺留分権利者が、遺留分減殺請求権の行使によって被相続人のした贈与等の効力を失わせるのは、本来、移転すべからざるものが移転していたのを元に復することであるから、本条の規制対象にならない。）

10　時効取得

時効による所有権の取得は、いわゆる原始取得であって、新たに所有権を移転する行為ではないから、本条の規制対象にならない（最高一小、昭五〇・九・二五、四九(オ)三九八、判時七九四―六六）。また、農地等についての賃借権の時効取得も認められる（高松高裁、昭五二・五・一六、五一(ネ)一四七、判時八六六―一四四）。

なお、登記上の地目が田又は畑の土地について、時効取得を原因とした権利取得又は設定の登記申請があった場合の取扱いとして、昭和五十二年に農林省構造改善局長から法務省民事局長に、登記官から関係農業委員会に通知するよう指導の協力方依頼をし、同民事局長から登記官に協力方配慮するよう通知がされた。これを受けて、農林省構造改善局長から、次のような通知が出された。

①　農業委員会は、登記官から前述の通知を受けた場合には、速やかに、当該通知に係る事案が取得時効完成の要件を備えているか否かにつき調査するものとし、【登記前の場合】時効が要件を備えておらず農地法違反と判断されたときは、登記官に通知するとともに登記申請者に取り下げ、農地法の許可を受けるよう指導。【登記完了後の場合】登記抹消、農地返還等是正指導、是正を行わない場合は都道府県知事に報告。

②　都道府県知事は、是正を行うよう通知、通知内容の履行が遅滞しているときは相当な理由があるときを除き、告発する。

なお、取得時効完成の要件を備えているか否かの判断に当たっては、農地に係る権利の取得が、農地法所定の許可を要するものであるにもかかわらず、その許可を得ていない場合には、占有（準占有）の始めに無過失であったとはいえず、このような場合の農地に係る権利の時効取得には、二十年間所有の（自己のためにする）意思をもって平穏かつ公然と他人の農地を占有（農地に係る財産権を行使）することを要するものと解される（「時効取得を原因とする農地についての権利移転又は設定の登記の取扱いについて」昭和五十二年八月二十五日五二構改B第一六七三号農林省構造改善局長通知）。

また、第三条許可の対象とならない場合で農地等について第三条第一項本文に掲げる権利を取得した者は、第三条の三により農地等の存する市町村の農業委員会にその旨を届け出なければならない。

その法律行為が第三条許可を要するか否かは、その契約等の名目、形式等によって判断されるのではなく、その農地等について耕作の事業を実質的に主宰する者がその契約等により変わる場合には、第三条許可を要するものである。したがって、請負耕作、委託耕作等といわれている耕作関係であっても、そのことによって、請け負わせた者等が単にその農地等の耕作の事業の結果として損益の帰属主体になるだけにとどまるような場合には、それが賃貸借関係でないとしても、請け負った者等に耕作の事業についての主宰権が移転し、その権利に係る農地について「使用及び収益を目的とする権利」が設定されるものといわざるを得ないので、第三条許可を受けないでこのような耕作関係を形成することは第三条第一項に違反することになる。

賃貸借、使用貸借、農業経営の受委託及び農作業の受委託の違いは、次のようになる。

	農地等についての使用収益権の設定の有無	主宰権	生産物の所有権	生産物の処分権	危険負担	当事者間の経済関係
賃貸借	有	賃借人	賃借人	賃借人	賃借人	賃借人からの借賃の支払
使用貸借	有	使用貸借による借人	使用貸借による借人	使用貸借による借人	使用貸借による借人	無償
農業経営の受委託	有	受託者	受託者	受託者	委託者	委託者に帰属する損益の決済
農作業の受委託	無	委託者	委託者	委託者	委託者	委託者からの作業料金の支払

Ⅱ　制限の例外

Ⅰのような第三条許可の対象になる法律行為であっても、次に掲げる場合には、例外として第三条許可を受けなくてもよいこととされている（第三条第一項各号）。

①　第四十六条第一項（耕作目的での売払い）又は第四十七条（耕作目的以外の売払い、又は所管換若しくは所属替）の規定によって所有権が移転される場合

②　第三十七条（裁定の申請）から第四十条（裁定の効果等）までの規定によって農地中間管理権（農地中間管理事業法第二条第五号に規定する農地中間管理権をいう。以下同じ。）が設定される場合

③　第四十一条（所有者等を確知することができない場合における農地の利用）の規定によって同条第一項に規定する利用権が設定される場合

④　これらの権利を取得する者が国又は都道府県である場合

⑤　土地改良法、農振法、集落地域整備法又は市民農園整備促進法による交換分合によってこれらの権利が設定され、又は移転される場合

⑥　農地中間管理事業法第十八条第七項の規定による公告があった農用地利用集積等促進計画の定めるところによって賃借権・使用賃借による権利又は経営受託権（中間管理事業法第八条第三項三号ロに規定する経営受託権をいう。以下同じ。）が設定され、又は移転される場合

農地中間管理事業法では、農地中間管理機構が事業開始前に農地中間管理権又は経営受託権（以下「農地中間管理権等」という。）の取得の基準等を内容とする事業規程を定め都道府県知事の認可を受けることとされている。農地中間管理機構は、農地中間管理権等を取得するとともに担い手等に貸付等を行うため、この規程に基づき農用地利用集積等促進計画を作成するが、作成に際しては、農業委員会等の意見を聴くとともに、都道府県知事の認可を受けなければならないとされている。このため、同計画による権利の設定移転については、農地法第三条の許可を受ける必要がないこととされている

⑦　特定農山村地域における農林業等の活性化のための基盤整備の促進に関する法律第九条第一項の規定による公告があった所有権移転等促進計画の定めるところによって同法第二条第三項第三号の権利が設定され、又は移転される場合。

⑧　農山漁村の活性化のための定住等及び地域間交流の促進に関する法律第九条第一項の規定による公告があった所有権移転等促進計画の定めるところによって同法第五条第十項の権利が設定され、又は移転される場合

⑨　農林漁業の健全な発展と調和のとれた再生可能エネルギー電気の発電の促進に関する法律（平成二十五年法律第八十一号）第十七条の規定による公告があった所有権移転等促進計画の定めるところによって同法第五条第四項の権利が設定され、又は移転される場合

⑩　民事調停法による農事調停によってこれらの権利が設定され、又は移転される場合

⑪　土地収用法その他の法律によって農地若しくは採草放牧地又はこれらに関する権利が収用され、又は使用される場合
　土地収用法第百十八条（協議の確認）の規定による協議の確認が行われた場合には、同法第百二十一条（確認の効果）の規定により、収用又は使用の裁定があったものとみなされるので、第三条許可を受けなくてもよい場合に該当するが、単なる協議が成立して権利が設定され、又は移転される場合は該当しない。

⑫　遺産の分割、民法第七百六十八条第二項（協議上の離婚における家庭裁判所の処分による財産分与の請求）（同法第七百四十九条（婚姻の取消しにおける協議上の離婚の規定の準用）及び第七百七十一条（裁判上の離婚における協議上の離婚の規定の準用）で準用する場合を含む。）の規定による財産の分与に関する裁判若しくは調停又は民法第九百五十八条の二（被相続人と特別の縁故があった者への相続財産の分与）の規定による相続財産の分与に関する裁判によってこれらの権利が設定され、又は移転される場合

⑬　農地中間管理機構が、農地法施行規則第十二条（農地中間管理機構の届出）及び第十三条で定めるところによりあらかじめ農業委員会に届け出て、農業経営基盤強化促進法第七条第一号に掲げる事業〈農地売買等事業〉の実施によりこ

れらの権利を取得する場合

農地中間管理機構の行う事業の特例は、都道府県の定める農業経営基盤強化促進基本方針に定められたものであり、事業の実施に当たっては事業の実施に関する事業規程を定め、都道府県知事の承認を受けることとされている。

農地売買等事業は、この事業規程に基づいて実施するものであることから、農地中間管理機構があらかじめ農業委員会に届け出て農地売買等事業の実施によって農地等を取得する場合は第三条許可を受ける必要がないこととされている。

なお、第三条の規制の対象外とせず、届出としたのは、農地中間管理機構による農地等の取得は同事業に限定されず、他の目的で取得する場合があることから、当該取得が同事業によるものであることを確認する必要があるためである。

⑭　農業協同組合法第十条第三項の信託の引受けの事業又は基盤法第七条第二号に掲げる事業（以下これらを「信託事業」という。）を行う農業協同組合又は農地中間管理機構が信託事業による信託の引受けにより所有権を取得する場合及び当該信託の終了によりその委託者又はその一般承継人が所有権を取得する場合

信用事業（資金の貸付けと貯金又は定期積金の受入れの両方の事業をいう。）を行う農業協同組合は、農業協同組合法第十条第三項の規定により、組合員の委託を受けて、その農地等を貸付の方法により運用すること又は売り渡すことを目的とする信託の引受けを行うことができることとされている。この規定は、農地等の権利移動が農業構造の改善に資するようにするために設けられたものであり、この信託の引受けの事業を行おうとする農業協同組合は、行政庁の承認を受けた信託規程を定める等、その事業の運営に関し信託法とは別に行政庁の特別の監督を受けることになっている（農業協同組合法第十条第三項、第十一条の四十二から第十一条の四十七まで）。そこで、信託の引受けの事業を行う農業協同組合がその信託の引受けによって所有権を取得し、又は、その信託の終了によりその委託者若しくはその一般承継人に所有権を移転する場合には、法第三条許可を受けなくてよいこととしている。

また、農地中間管理機構が行う農用地等を売り渡すことを目的とする信託の引受けを行い、及び当該信託の委託者に

対し当該農用地の価格の一部に相当する金額の貸付けを行う事業については、その目的が構造改革を

i 信託行為によって農業経営の規模拡大等農用地の保有の合理化を図ろうとするものであり、その目的が構造改革を推進するものであること

ii 事業の実施に関する事項を定めた事業規程を定め、都道府県知事の承認を受けることとなっており、その方法が明確になっていること

iii 信託の引受けによる所有権の取得は利用を目的とするものではなく、形式的なことであること

という性格を有していることから、農地売渡信託等事業を行う農地中間管理機構が農地等の信託の引受けにより所有権を取得し、又は、その信託の終了によりその委託者若しくはその一般承継人に所有権を移転する場合には、第三条許可は要しないものとしている。

⑮ 農地中間管理機構があらかじめ農業委員会に届け出て、農地中間管理事業の実施により農地中間管理権又は経営受託権を取得する場合

農地中間管理事業法で農地中間管理機構の行う農地中間管理事業の中心をなすのが農用地等についての農地中間管理権の取得及びこの権利を有する農用地等の貸付けを行うことである。

農地中間管理権は、貸し付けることを目的として農地中間管理機構が取得する次の権利である。

一 賃借権又は使用貸借による権利

二 所有権（農地貸付信託の引受けにより取得するものに限る。）

三 農地法第四十一条（所有者等を確知することができない場合における農地の利用）第一項に規定する利用権

このうち三は、都道府県知事の裁定による利用権の設定であることから農地法第三条第一項第四号で許可を受ける必要がないこととされている。

一、二及び経営受託権については、農地中間管理事業が、都道府県知事の指定した農地中間管理機構が農地中間管理規程を定め、都道府県知事の認可を受けて行われるものであり、農地中間管理権等の取得は、この規程に基づいて実施するものであることから、農地中間管理機構があらかじめ農業委員会に届け出て同事業の実施によって農地等を取得する場合は法第三条許可を受ける必要がないこととされている。

なお、法第三条の規制の対象外とせず、届出としたのは、農地中間管理機構による農用地等の取得は同事業に限定されず他の目的で取得する場合があることから、当該取得が同事業によるものであることを確認する必要があるためである。

⑯　農地中間管理機構が引き受けた農地貸付信託の終了によりその委託者又はその一般承継人が所有権を取得する場合

農地中間管理機構による農地貸付信託は農用地等を貸付けることを目的とする信託で、農用地等の利用の効率化及び高度化の促進を図るための事業の一つであり、農地中間管理事業法第二十七条、第二十八条、第二十九条で信託法の特例が設けられている。この農地貸付信託の終了によりその委託者若しくは一般承継人に所有権を移転する場合には、法第三条の許可は受けなくてよいこととされている。

⑰　地方自治法第二百五十二条の十九第一項の指定都市が古都における歴史的風土の保存に関する特別措置法第十九条の規定に基づいてする同法第十一条第一項（特別保存地区内の土地についての買い入れるべき旨の申出による買入れ）の規定による買入れによって所有権を取得する場合

⑱　その他農林水産省令で定める場合

農林水産省令で定める場合としては、次に掲げる場合が規定されている（施行規則第十五条）。

i　法第四十五条第一項の規定により農林水産大臣が管理することとされている農地等の貸付けにより法第三条第一項本文の権利が設定される場合

ii　土地収用法、都市計画法又は鉱業法による買受権に基づいて農地等が取得される場合

iii 法第四十七条の規定による売払いに係る農地等についてその売払いを受けた者がその売払いに係る目的に供するため法第三条第一項の権利を設定し、又は移転する場合

iv 株式会社日本政策金融公庫又は沖縄振興開発金融公庫（以下「公庫」という。）が、公庫のための抵当権の目的となっている農地等を競売又は国税徴収法による滞納処分（その例による滞納処分を含む。）による公売によって買い受ける場合

v 包括遺贈又は相続人に対する特定遺贈により法第三条第一項の権利が取得される場合

vi 都市計画法第五十六条第一項（市街地開発事業等の施行区域内における土地の申出による買取り）又は第五十七条第三項（市街地開発事業等の施行区域内における土地の先買い）の規定によって市街化区域（農林水産大臣との協議を要する場合は当該協議が調ったものに限る。）内にある農地等が取得される場合

vii 電気事業法第二条第一項第十七号に規定する電気事業者（同項第三号に規定する小売電気事業者を除く。）が送電用若しくは配電用の電線又はプロペラ式の発電用風力設備のブレードを設置するため民法第二百六十九条の二第一項の地上権又はこれと内容を同じくするその他の権利（地下又は空間にその範囲を定め電線を設置する賃借権等）を取得する場合

viii 独立行政法人都市再生機構又は独立行政法人中小企業基盤整備機構が国又は地方公共団体の試験研究又は教育に必要な施設の造成及び譲渡を行うため当該施設の用に供する農地等を取得する場合

ix 電気通信事業法第百二十条第一項に規定する認定電気通信事業者が有線電気通信のための電線を設置するため民法第二百六十九条の二第一項の地上権又はこれと内容を同じくするその他の権利を取得する場合

x 国有財産法第二十八条の二第一項の規定による信託（農地若しくは採草放牧地を農地及び採草放牧地以外のものにして売り渡すこと又は農地若しくは採草放牧地を農地及び採草放牧地以外のものにするため売り渡すことにより終了

するものに限る。）の引受けによって市街化区域内にある農地等が取得される場合

xi　成田国際空港株式会社が公共用飛行場周辺における航空機騒音による障害の防止等に関する法律第九条第二項（買入申し出による土地の買入れ）又は特定空港周辺航空機騒音対策特別措置法第八条第一項（土地の買入れ）若しくは第九条第二項（移転の補償等による土地の買入れ）の規定により農地等を取得する場合

xii　東日本大震災復興特別区域法（平成二十三年法律第百二十二号）第四条第一項に規定する特定地方公共団体である市町村又は大規模災害からの復興に関する法律（平成二十五年法律第五十五号）第十条第一項に規定する特定被災市町村が、東日本大震災又は特定大規模災害からの復興のために定める防災のための集団移転促進事業に係る国の財政上の特別措置等に関する法律（昭和四十七年法律第百三十二号）第三条第一項に規定する集団移転促進事業計画に係る同法第二条第一項に規定する移転促進区域内にある農地等を、当該集団移転促進事業計画に基づき実施する同条第二項に規定する集団移転促進事業により取得する場合

xiii　独立行政法人水資源機構が水路を設置するため民法第二百六十九条の二第一項の地上権又はこれと内容を同じくするその他の権利を取得する場合

Ⅲ　法第三条許可の許可権者

法第三条許可の許可権者は、農業委員会である（法第三条第一項）。

法第三条の規定に基づく権利移動に係る許可権限は、平成二十四年四月一日から全て農業委員会となった。

なお、農業委員会は、「農業委員会等に関する法律」に基づき市町村に置かれる行政委員会で、市町村に二以上の農業委員会が置かれている場合は、それぞれの区域の農業委員会となる。

許可権者を誤って申請があった場合には、不適法な申請として却下されるが、仮にこれに気づかず許可処分がなされた場

合には、「行政庁はその権限として与えられた範囲に限り行政権を発動しうるものであるから、その権限外の事項に関する行政処分は無効」と解されている（最高裁判所事務総局編「続行政事件訴訟十年史」三一五頁）。

Ⅳ　第三条許可の申請手続

1　第三条許可の申請は、次に掲げる場合を除き、その農地等の権利を取得しようとする者とその農地等の権利の譲渡等をしようとする者が連署するものとされている（施行規則第十条）。

許可申請後当事者の一方から取下げ書の提出があった場合には当該提出者には取下げ書を受理した旨を通知し、当事者の他方には、他方の当事者の申請取下げにより申請がその要件を欠くに至ったことを理由に申請に対し、却下処分をすることが相当と考える。この場合、許可申請の取下げは、行政庁が取下げ書を受理したときに、効力を生ずるものであって、取下げ書の受理通知は便宜的措置にすぎない（昭和三十九年二月十五日付け三九―三九四農林水産省農地局管理部長名・中国四国農政局農政部長あて）。

2　当事者が連署しなくてよい場合の申請者

(1)　その申請しようとする権利の設定又は移転が、強制競売、担保権の実行としての競売若しくは公売による場合には買受人

（注）〈買受適格証明書の交付〉

強制執行又は担保権の実行としての競売により最高価買受申出人又は次順位買受申出人となってもその者が農地法の規定による権利移動の許可を受けられなければ所有権を取得することができない。したがって、もし、この許可を受け

ることができなかった場合には、結局もう一度競売をやり直さなければならなくなり、裁判所のみならず、債権者、買受申出人にとっても時間的、経済的な浪費になることから、このような不都合を未然に防止し、競売の進行を円滑にするため、農地の競売の場合は、買受けの申し出ができる者を買受適格証明書を有している者に限定する取扱いがされている（民事執行規則第三十三条）。この買受適格証明書は、法第三条第一項の許可の権限若しくは法第三条第一項第十三号、法第五条第一項第六号の届出の受理の権限を有する農業委員会、又は法第五条第一項の許可の権限を有する都道府県知事等が交付する。

買受適格証明書の交付は、農地法の許可又は届出の手続に準じて行うことになっているので、農地等の競売に参加しようとする者は農業委員会等に買受適格証明願を提出する。農業委員会等は、農地法のそれぞれの許可等ができるか否かの判断をし、適当であるとされるものについて、買受適格証明書を交付する。

この買受適格証明書の交付は、農地法の許可・届出の受理そのものではないので、競売の結果最高価買受申出人又は次順位買受申出人となった者は、この旨の証明書を添付して農地法の許可又は届出の手続きをすることになるが、既に実質的な判断が済んでいることから許可等に要する日時も少なくなり、また、添付書類も省略できることになる。裁判所は、この許可証又は届出の受理証が提出された後に売却許可決定をすることになる（平成二十四年三月三〇日二三経営第三四七五号・二三農振第二六九七号農林水産省経営局長・農村振興局長通知、平成二十四年三月三〇日最高裁民三第〇〇〇二二二号（訟ろ―〇二）最高裁判所事務総局民事局長通知）。

(2)　遺贈その他の単独行為によって農地等の権利が設定され又は移転される場合には単独行為をする者（例えば、遺贈の場合には、遺言者又はその相続人若しくは遺言執行者）。

なお、遺贈（特定遺贈・（注）相続人に対する特定遺贈は許可不要）による農地等についての農地法第三条第一項の許可申請は、遺贈者の死後遺言執行者又は相続人が行うよう指導することが望ましい。この場合、遺贈による所有権移転は許可の時と解されるから、許可時までの間は、相続人が当該農地を相続するとともに、遺贈義務を継承する。

また、遺贈は遺贈者の単独行為であるから、受遺者による許可の申請は却下すべきである（昭和四十二年二月二十日付け四一―二八四農林省農地局農地課長名・北陸農政局農政部長あて）。

(3) その申請をしようとする権利の設定又は移転に関し、判決が確定し、裁判上の和解若しくは請求の認諾があり、民事調停法により調停が成立し、又は家事事件手続法により審判が確定し、若しくは調停が成立した場合には、権利を取得しようとする者。

3 このように、法第三条許可の申請は、原則として当事者がこれを行うこととされているので、農地法上の許可を条件として売買等の契約をしたが、その後当事者の一方が許可申請に応じない場合には、その申請に応ずべき旨の訴えの提起を行い、判決が確定した後等でなければ許可の申請をすることができないことになる。

また、許可の申請後にその当事者の一方が単独でその申請を取り下げる旨の意思表示をした場合には、前述（五一頁）のようにその申請は単独申請となり、申請の要件を欠くものとして却下される。このような場合には、当事者間で、その申請に応ずべき義務の有無について裁判等により明確にした上で、判決の確定等を証する書面を添付して単独で許可の申請をしなければならない。

なお、当事者が許可申請に協力しないときには、これを理由に売買等の契約を解除することができるものと解されている。

4 許可申請書

(1) 様式例

第三条第一項の許可申請書については、次のように様式例が示されている。なお、参考までに記載例を青色で示している。

農地法第３条の規定による許可申請書

令和５年 ４ 月 １ 日

農業委員会会長　殿

当事者

〈譲渡人〉

住所　××市××町３丁目３番３３号

氏名　田川　一郎

〈譲受人〉

住所　××市××町５丁目５番５５号

氏名　株式会社　畑山農産

代表取締役　畑山二郎

下記農地（~~採草放牧地~~）について｛所有権／○賃借権／使用貸借による権利／その他使用収益権（　　）｝を｛○設定（期間 ５ 年間）／移転｝

したいので、農地法第３条第１項に規定する許可を申請します。（該当する内容に○を付してください。）

記

1　当事者の氏名等

当事者	氏名	年齢	職業	住所	国籍等	在留資格又は特別永住者
譲渡人	田川一郎	65歳	農業	××市××町3丁目3番３３号	＼	＼
譲受人	株式会社 畑山農産 代表取締役 畑山二郎		農業	××市××町5丁目5番５５号	×××	×××

2　許可を受けようとする土地の所在等（土地の登記事項証明書を添付してください。）

所在・地番	地目		面積（㎡）	対価、賃料等の額（円）〔10ａ当たりの額〕	所有者の氏名又は名称〔現所有者の氏名又は名称（登記簿と異なる場合）〕	所有権以外の使用収益権が設定されている場合	
	登記簿	現況				権利の種類、内容	権利者の氏名又は名称
○○市○○町大字××字××　333番	田	田	3,000	30,000	田川一郎		
〃　334番	〃	〃	1,700	17,000	〔　〕		
〃　335番	〃	〃	500	5,000			
〃　503番	〃	〃	300	3,000 〔10,000／10a〕			

3　権利を設定し、又は移転しようとする契約の内容

①　権利の設定時期　令和５年５月１日
②　土地の引渡しを受ける時期　令和５年５月１日
③　契約期間　５年間

（記載要領）

1　法人である場合は、住所は主たる事務所の所在地を、氏名は法人の名称及び代表者の氏名をそれぞれ記載し、定款又は寄付行為の写しを添付（独立行政法人及び地方公共団体を除く。）してください。

2　国籍等は、住民基本台帳法（昭和42年法律第81号）第30条の45に規定する国籍等（日本国籍の場合は、「日本」）を記載するとともに、中長期在留者にあっては在留資格、特別永住者にあってはその旨を併せて記載してください。法人にあっては、その設立に当たって準拠した法令を制定した国（内国法人の場合は、「日本」）を記載してください。

3　競売、民事調停等による単独行為での権利の設定又は移転である場合は、当該競売、民事調停等を証する書面を添付してください。

4　記の3は、権利を設定又は移転しようとする時期、土地の引渡しを受けようとする時期、契約期間等を記載してください。また、水田裏作の目的に供するための権利を設定しようとする場合は、水田裏作として耕作する期間の始期及び終期並びに当該水田の表作及び裏作の作付に係る事業の概要を併せて記載してください。

農地法第３条の規定による許可申請書（別添）

Ⅰ　一般申請記載事項

〈農地法第３条第２項第１号関係〉

１－１　権利を取得しようとする者又はその世帯員等が所有権等を有する農地及び採草放牧地の利用の状況

<table>
<tr><td rowspan="6">所有地</td><td></td><td>農地面積（㎡）</td><td>田</td><td colspan="2">畑</td><td>樹園地</td><td>採草放牧地面積（㎡）</td></tr>
<tr><td>自作地</td><td>52,000</td><td>20,000</td><td colspan="2">32,000</td><td></td><td></td></tr>
<tr><td>貸付地</td><td></td><td></td><td colspan="2"></td><td></td><td></td></tr>
<tr><td rowspan="2"></td><td colspan="2" rowspan="2">所在・地番</td><td colspan="2">地目</td><td rowspan="2">面積（㎡）</td><td rowspan="2">状況・理由</td></tr>
<tr><td>登記簿</td><td>現況</td></tr>
<tr><td>非耕作地</td><td colspan="2"></td><td></td><td></td><td></td><td></td></tr>
</table>

<table>
<tr><td rowspan="6">所有地以外の土地</td><td></td><td>農地面積（㎡）</td><td>田</td><td colspan="2">畑</td><td>樹園地</td><td>採草放牧地面積（㎡）</td></tr>
<tr><td>借入地</td><td>75,000</td><td>75,000</td><td colspan="2"></td><td></td><td></td></tr>
<tr><td>貸付地</td><td></td><td></td><td colspan="2"></td><td></td><td></td></tr>
<tr><td rowspan="2"></td><td colspan="2" rowspan="2">所在・地番</td><td colspan="2">地目</td><td rowspan="2">面積（㎡）</td><td rowspan="2">状況・理由</td></tr>
<tr><td>登記簿</td><td>現況</td></tr>
<tr><td>非耕作地</td><td colspan="2"></td><td></td><td></td><td></td><td></td></tr>
</table>

（記載要領）

1　「自作地」、「貸付地」及び「借入地」には、現に耕作又は養畜の事業に供されているものの面積を記載してください。

なお、「所有地以外の土地」欄の「貸付地」は、農地法第３条第２項第６号の括弧書きに該当する土地です。

2 「非耕作地」には、現に耕作又は養畜の事業に供されていないものについて、筆ごとに面積等を記載するとともに、その状況・理由として、「賃借人○○が○年間耕作を放棄している。」、「～であることから条件不利地であり、○年間休耕中であるが草刈り・耕起等の農地としての管理を行っている」等耕作又は養畜の事業に供することができない事情等を詳細に記載してください。

1－2 権利を取得しようとする者又はその世帯員等の機械の所有の状況、農作業に従事する者の数等の状況

⑴ 作付（予定）作物、作物別の作付面積

	田	畑			樹園地	採草放牧地
作付（予定）作物	水稲	花木				
権利取得後の面積（㎡）	100,500	32,000				

⑵ 大農機具又は家畜

数量＼種類	トラクター	田植機（４条植）	コンバイン（４条刈）	
確保しているもの 所有（○）・リース	50ps １台 30ps １台 20ps １台	２台	２台	
導入予定のもの 所有（○）・リース（資金繰りについて）		１台（４条植）		○○農業協同組合から資金を借入

（記載要領）

1 「大農機具」とは、トラクター、耕うん機、自走式の田植機、コンバイン等です。「家畜」とは、農耕用に使役する牛、馬等です。

2 導入予定のものについては、自己資金、金融機関からの借入れ（融資を受けられることが確実なものに限る。）等資金繰りについても記載してください。

⑶ 農作業に従事する者

① 権利を取得しようとする者が個人である場合には、その者の農作業経験等の状況
農作業暦○○年、農業技術修学暦○○年、その他（ ）

② 世帯員等その他常時雇用している労働力（人）	現在： 4 （農作業経験の状況：15～30年の農作業従事 ）
	増員予定：1 （農作業経験の状況：オペレーター見習として農業高校卒業者を採用予定 ）
③ 臨時雇用労働力（年間延人数）	現在： 130 （農作業経験の状況：主に花木出荷作業３～５年の経験者 ）
	増員予定： （農作業経験の状況： ）

④ ①～③の者の住所地、拠点となる場所等から権利を設定又は移転しようとする土地までの平均距離又は時間

５㎞

〈農地法第３条第２項第２号関係〉（権利を取得しようとする者が農地所有適格法人である場合のみ記載してください。）

２　その法人の構成員等の状況（別紙に記載し、添付してください。）

別紙のとおり

〈農地法第３条第２項第３号関係〉

３　信託契約の内容（信託の引受けにより権利が取得される場合のみ記載してください。）

〈農地法第３条第２項第４号関係〉（権利を取得しようとする者が個人である場合のみ記載してください。）

４　権利を取得しようとする者又はその世帯員等のその行う耕作又は養畜の事業に必要な農作業への従事状況

（「世帯員等」とは、住居及び生計を一にする親族並びに当該親族の行う耕作又は養畜の事業に従事するその他の２親等内の親族をいいます。）

農作業に従事する者の氏名	年齢	主たる職　業	権利取得者との関係（本人又は世帯員等）	農作業への年間従事日数	備考

（記載要領）

備考欄には、農作業への従事日数が年間150日に達する者がいない場合に、その農作業に従事する者が、その行う耕作又は養畜の事業に必要な行うべき農作業がある限りこれに従事している場合は○を記載してください。

〈農地法第３条第２項第５号関係〉

５　農地又は採草放牧地につき所有権以外の権原に基づいて耕作又は養畜の事業を行う者（賃借人等）が、その土地を貸し付け、又は質入れしようとする場合には、以下のうち該当するものに印を付してください。

□　賃借人等又はその世帯員等の死亡等によりその土地について耕作、採草又は家畜の放牧をすることができないため一時貸し付けようとする場合である。

□　賃借人等がその土地をその世帯員等に貸し付けようとする場合である。

□　その土地を水田裏作（田において稲を通常栽培する期間以外の期間稲以外の作物を栽培すること。）の目的に供するため貸し付けようとする場合である。

（表作の作付内容＝　　　　　　　、裏作の作付内容＝　　　　　　　）

□　農地所有適格法人の常時従事者たる構成員がその土地をその法人に貸し付けようとする場合である。

〈農地法第３条第２項第６号関係〉

6　周辺地域との関係

権利を取得しようとする者又はその世帯員等の権利取得後における耕作又は養畜の事業が、権利を設定し、又は移転しようとする農地又は採草放牧地の周辺の農地又は採草放牧地の農業上の利用に及ぼすことが見込まれる影響を以下に記載してください。

（例えば、集落営農や経営体への集積等の取組への支障、農薬の使用方法の違いによる耕作又は養畜の事業への支障等について記載してください。）

①　取得する田の周囲は水稲作地帯であり、取得後もこれまでどおり水稲の栽培をします。 ②　地域の水利調整に参加し、取り決めを遵守します。 ③　地域の農地の利用調整に協力します。 ④　農薬の使用方法等について、地域の防除基準に従います。

Ⅱ　使用貸借又は賃貸借に限る申請での追加記載事項

権利を取得しようとする者が、農地所有適格法人以外の法人である場合、又は、その者又はその世帯員等が農作業に常時従事しない場合には、Ⅰの記載事項に加え、以下も記載してください。

（留意事項）

農地法第３条第３項第１号に規定する条件その他適正な利用を確保するための条件が記載されている契約書の写しを添付してください。また、当該契約書には、「賃貸借契約が終了したときは、乙は、その終了の日から〇〇日以内に、甲に対して目的物を原状に復して返還する。乙が原状に復することができないときは、乙は甲に対し、甲が原状に復するために要する費用及び甲に与えた損失に相当する金額を支払う。」、「甲の責めに帰さない事由により賃貸借契約を終了させることとなった場合には、乙は、甲に対し賃借料の〇年分に相当する金額を違約金として支払う。」等を明記することが適当です。

〈農地法第３条第３項第２号関係〉

7　地域との役割分担の状況

地域の農業における他の農業者との役割分担について、具体的にどのような場面でどのような役割分担を担う計画であるかを以下に記載してください。

（例えば、農業の維持発展に関する話し合い活動への参加、農道、水路、ため池等の共同利用施設の取決めの遵守、獣害被害対策への協力等について記載してください。）

〈農地法第３条第３項第３号関係〉（権利を取得しようとする者が法人である場合のみ記載してください。）

8　その法人の業務を執行する役員のうち、その法人の行う耕作又は養畜の事業に常時従事する者の氏名及び役職名並びにその法人の行う耕作又は養畜の事業への従事状況

⑴　氏名

⑵　役職名

⑶　その者の耕作又は養畜の事業への従事状況

その法人が耕作又は養畜の事業（労務管理や市場開拓等も含む。）を行う期間：
年　か月

そのうちその者が当該事業に参画・関与している期間：　年　か月（直近の実績）
年　か月（見込み）

Ⅲ　特殊事由により申請する場合の記載事項

9　以下のいずれかに該当する場合は、該当するものに印を付し、Ⅰの記載事項のうち指定の事項を記載するとともに、それぞれの事業・計画の内容を「事業・計画の内容」欄に記載してください。

(1)　以下の場合は、Ⅰの記載事項全ての記載が不要です。

□　その取得しようとする権利が地上権（民法（明治29年法律第89号）第269条の２第１項の地上権）又はこれと内容を同じくするその他の権利である場合
（事業・計画の内容に加えて、周辺の土地、作物、家畜等の被害の防除施設の概要と関係権利者との調整の状況を「事業・計画の内容」欄に記載してください。）

□　農業協同組合法（昭和22年法律第132号）第10条第２項に規定する事業を行う農業協同組合若しくは農業協同組合連合会が、同項の委託を受けることにより農地又は採草放牧地の権利を取得しようとする場合、又は、農業協同組合若しくは農業協同組合連合会が、同法第11条の31第１項第１号に掲げる場合において使用貸借による権利若しくは賃借権を取得しようとする場合

□　権利を取得しようとする者が景観整備機構である場合
（景観法（平成16年法律第110号）第56条第２項の規定により市町村長の指定を受けたことを証する書面を添付してください。）

(2)　以下の場合は、Ⅰの１－２（効率要件）、２（農地所有適格法人要件）以外の記載事項を記載してください。

□　権利を取得しようとする者が法人であって、その権利を取得しようとする農地又は採草放牧地における耕作又は養畜の事業がその法人の主たる業務の運営に欠くことのできない試験研究又は農事指導のために行われると認められる場合

□　地方公共団体（都道府県を除く。）がその権利を取得しようとする農地又は採草放牧地を公用又は公共用に供すると認められる場合

□　教育、医療又は社会福祉事業を行うことを目的として設立された学校法人、医療法人、社会福祉法人その他の営利を目的としない法人が、その権利を取得しようとする農地又は採草放牧地を当該目的に係る業務の運営に必要な施設の用に供すると認められる場合

□　独立行政法人農林水産消費安全技術センター、独立行政法人種苗管理センター又は独立行政法人家畜改良センターがその権利を取得しようとする農地又は採草放牧地をその業務の運営に必要な施設の用に供すると認められる場合

(3)　以下の場合は、Ⅰの２（農地所有適格法人要件）以外の記載事項を記載してください。

□　農業協同組合、農業協同組合連合会又は農事組合法人（農業の経営の事業を行うものを除く。）がその権利を取得しようとする農地又は採草放牧地を稚蚕共同飼育の用に供する桑園その他これらの法人の直接又は間接の構成員の行う農業に必要な施設の用に供すると認められる場合

□　森林組合、生産森林組合又は森林組合連合会がその権利を取得しようとする農地又は採草放牧地をその行う森林の経営又はこれらの法人の直接若しくは間接の構成員の

行う森林の経営に必要な樹苗の採取又は育成の用に供すると認められる場合

□　乳牛又は肉用牛の飼養の合理化を図るため、その飼養の事業を行う者に対してその飼養の対象となる乳牛若しくは肉用牛を育成して供給し、又はその飼養の事業を行う者の委託を受けてその飼養の対象となる乳牛若しくは肉用牛を育成する事業を行う一般社団法人又は一般財団法人が、その権利を取得しようとする農地又は採草放牧地を当該事業の運営に必要な施設の用に供すると認められる場合

（留意事項）

上述の一般社団法人又は一般財団法人は、以下のいずれかに該当するものに限ります。該当していることを証する書面を添付してください。

- その行う事業が上述の事業及びこれに附帯する事業に限られている一般社団法人で、農業協同組合、農業協同組合連合会、地方公共団体その他農林水産大臣が指定した者の有する議決権の数の合計が議決権の総数の４分の３以上を占めるもの
- 地方公共団体の有する議決権の数が議決権の総数の過半を占める一般社団法人又は地方公共団体の拠出した基本財産の額が基本財産の総額の過半を占める一般財団法人

□　東日本高速道路株式会社、中日本高速道路株式会社又は西日本高速道路株式会社がその権利を取得しようとする農地又は採草放牧地をその事業に必要な樹苗の育成の用に供すると認められる場合

（事業・計画の内容）

農地所有適格法人としての事業等の状況（別紙）

〈農地法第２条第３項第１号関係〉

１－１　事業の種類

区分	農業		左記農業に該当しない事業の内容
	生産する農畜産物	関連事業等の内容	
現在(実績又は見込み)	米、花木	農産物の販売	造園業
権利取得後（予定）	〃	〃	〃

１－２　売上高

年度	農業	左記農業に該当しない事業
３年前（実績）	32,000 千円	10,000 千円
２年前（実績）	34,000	13,000
１年前（実績）	33,000	15,000

申請日の属する年（実績又は見込み）	37,000	15,000
2年目（見込み）	40,000	15,000
3年目（見込み）	40,000	15,000

〈農地法第2条第3項第2号関係〉

2　構成員全ての状況

⑴　農業関係者（権利提供者、常時従事者、農作業委託者、農地中間管理機構、地方公共団体、農業協同組合、投資円滑化法に基づく承認会社等）

氏名又は名称	住所又は主たる事務所の所在地	国籍等		議決権の数	構成員が個人の場合は以下のいずれかの状況				
					農地等の提供面積（㎡）		農業への年間従事日数		農作業委託の内容
			在留資格又は特別永住者		権利の種類	面積	直近実績	見込み	
畑山　二郎 森　　茂				口 40 5	所有権 貸借権	32,000 20,000	300 250	300 280	

議決権の数の合計　45 口

農業関係者の議決権の割合　93.75 %

その法人の行う農業に必要な年間総労働日数：550日

⑵　農業関係者以外の者（⑴以外の者）

氏名又は名称	住所又は主たる事務所の所在地	国籍等	在留資格又は特別永住者	議決権の数
株式会社 農産物提供 代表取締役　流山進				口 3

議決権の数の合計　3 口

農業関係者以外の者の議決権の割合　6.25 %

（留意事項）

1　構成員であることを証する書面として、組合員名簿又は株主名簿の写しを添付してください。

なお、農林漁業法人等に対する投資の円滑化に関する特別措置法（平成14年法律第

52号）第５条に規定する承認会社を構成員とする農地所有適格法人である場合には、「その構成員が承認会社であることを証する書面」及び「その構成員の株主名簿の写し」を添付してください。

〈農地法第２条第３項第３号及び４号関係〉

3　理事、取締役又は業務を執行する社員全ての農業への従事状況

氏名	住所	国籍等	在留資格又は特別永住者	役職	農業への年間従事日数		必要な農作業への年間従事日数	
					直近実績	見込み	直近実績	見込み
畑山　二郎	××市××町５丁目５番55号			代表取締役	300	300	50	50
森　茂	××市××町４丁目４番44号			取締役	250	280	40	40

4　重要な使用人の農業への従事状況

氏名	住所	国籍等	在留資格又は特別永住者	役職	農業への年間従事日数		必要な農作業への年間従事日数	
					直近実績	見込み	直近実績	見込み
山田　一郎	××市××町6丁目6番66号			農場長	300	300	250	250

（4については、3の理事等のうち、法人の農業に常時従事する者（原則年間150日以上）であって、かつ、必要な農作業に農地法施行規則第8条に規定する日数（原則年間60日）以上従事する者がいない場合にのみ記載してください。）

（記載要領）

1　「農業」には、以下に掲げる「関連事業等」を含み、また、農作業のほか、労務管理や市場開拓等も含みます。

⑴　その法人が行う農業に関連する次に掲げる事業

ア　農畜産物を原料又は材料として使用する製造又は加工

イ　農畜産物若しくは林産物を変換して得られる電気又は農畜産物若しくは林産物を熱源とする熱の供給

ウ　農畜産物の貯蔵、運搬又は販売

エ　農業生産に必要な資材の製造

オ　農作業の受託

カ　農村滞在型余暇活動に利用される施設の設置及び運営並びに農村滞在型余暇活動を行う者を宿泊させること等農村滞在型余暇活動に必要な役務の提供

キ　農地に支柱を立てて設置する太陽光を電気に変換する設備の下で耕作を行う場合における当該設備による電気の供給

⑵　農業と併せ行う林業

⑶　農事組合法人が行う共同利用施設の設置又は農作業の共同化に関する事業

2　「1－1事業の種類」の「生産する農畜産物」欄には、法人の生産する農畜産物のうち、粗収益の50％を超えると認められるものの名称を記載してください。なお、いずれの農畜産物の粗収益も50％を超えない場合には、粗収益の多いものから順に3つの農畜産物の名称を記載してください。

3　「1－2売上高」の「農業」欄には、法人の行う耕作又は養畜の事業及び関連事業等の売上高の合計を記載し、それ以外の事業の売上高については、「左記農業に該当しない事業」欄に記載してください。

「1年前」から「3年前」の各欄には、その法人の決算が確定している事業年度の売上高の許可申請前3事業年度分をそれぞれ記載し（実績のない場合は空欄）、「申請日の属する年」から「3年目」の各欄には、権利を取得しようとする農地等を耕作又は養畜の事業に供することとなる日を含む事業年度を初年度とする3事業年度分の売上高の見込みをそれぞれ記載してください。

4　「2⑴農業関係者」には、農林漁業法人等に対する投資の円滑化に関する特別措置法第5条に規定する承認会社が法人の構成員に含まれる場合には、その承認会社の株主の氏名又は名称及び株主ごとの議決権の数を記載してください。

複数の承認会社が構成員となっている法人にあっては、承認会社ごとに区分して株主の状況を記載してください。

5　農地中間管理機構を通じて法人に農地等を提供している者が法人の構成員となっている場合、「2⑴農業関係者」の「農地等の提供面積（㎡）」の「面積」欄には、その構成員が農地中間管理機構に使用貸借による権利又は賃借権を設定している農地等のうち、当該農地中間管理機構が当該法人に使用貸借による権利又は賃借権を設定している農地等の面積を記載してください。

6　2の住所又は主たる事務所の所在地及び国籍等並びに3の国籍等並びに4の国籍等の各欄については、所有権を移転する場合のみ記載してください（ただし、2の住所又は主たる事務所の所在地及び国籍等の各欄については、総株主の議決権の100分の5以上を有する株主又は出資の総額の100分の5以上に相当する出資をしている者に限る。）。

国籍等は、住民基本台帳法第30条の45に規定する国籍等（日本国籍の場合は、「日本」）を記載するとともに、中長期在留者にあっては在留資格、特別永住者にあってはその旨を併せて記載してください。法人にあっては、その設立に当たって準拠した法令を制定した国（内国法人の場合は、「日本」）を記載してください。

なお4については、3の理事等のうち、法人の農業に従事する者（原則年間150日以上）であって、かつ、必要な農作業に農地法施行規則第8条に規定する日数（原則年間60日）以上従事する者がいない場合にのみ記載してください。

(2) 添付書類

第三条第一項の許可申請書を提出する場合には、次に掲げる書類を添付しなければならないこととされている（施行規則第十条第二項）。

① 土地の登記事項証明書（全部事項証明書に限る。）

② 権利を取得しようとする者が法人（独立行政法人通則法第二条第一項に規定する独立行政法人及び施行令第二条第一項第一号ロ（地方公共団体（都道府県を除く。））に規定する法人を除く。）である場合には、その定款又は寄附行為の写し

③ 権利を取得しようとする者が農地所有適格法人（農事組合法人又は株式会社であるものに限る。）である場合には、その組合員名簿又は株主名簿の写し

④ 権利を取得しようとする者が農林漁業法人等に対する投資の円滑化に関する特別措置法第五条に規定する承認会社が構成員となっている農地所有適格法人である場合には、その構成員が承認会社であることを証する書面及びその構成員の株主名簿の写し

⑤ いわゆる畜産公社が、乳牛又は肉用牛の育成牧場の用に供する場合には、施行規則第十六条第二項（地方公共団体等の議決権等の割合）の要件を満たしていることを証する書面

(注)「いわゆる畜産公社」とは、畜産農家に対して乳牛又は肉用牛を育成して供給し、又は畜産農家から委託を受けて乳牛又は肉用牛を育成する一般社団法人・一般財団法人で、

ア 農業協同組合、農業協同組合連合会、地方公共団体等の有する議決権の数の合計が四分の三以上を占める一般社団法人

イ 地方公共団体の有する議決権の数が過半を占める一般社団法人

ウ　地方公共団体の拠出した基本財産の額が総額の過半を占める一般財団法人のいずれかに該当するものをいう（施行令第二条第二項第三号、施行規則第十六条第二項）。

⑥　解除条件付の使用貸借による権利又は賃借権の設定（法第三条第三項）を受けようとする者にあっては、適正な利用を確保するための条件が付されている契約書の写し

⑦　権利を取得しようとする者が景観法第九十二条第一項に規定する景観整備機構である場合には、同法第五十六条第二項の規定により市町村長の指定を受けたことを証する書面

⑧　構造改革特別区域法第二十四条第一項の規定の適用を受けて法第三条第一項の許可を受けようとする者にあっては、同法第二十四条第一項第一号に規定する契約の契約書の写し

⑨　連署しないで申請書を提出する場合（施行規則第十条第一項ただし書）には、強制競売、担保権の実行としての競売若しくは公売又は遺贈その他の単独行為並びに確定判決、裁判上の和解若しくは請求の認諾、民事調停法により成立した調停、又は家事事件手続法により確定した審判、若しくは調停の成立のいずれかに該当することを証する書類

⑩　その他参考となるべき事項

この規定により、営農計画書、損益計算書の写し、総会議事録の写し等を添付させる場合には、申請者の負担軽減の観点から、特に次のことに留意する（事務処理要領第1・1(3)）。

ア　許可申請書の記載事項の真実性を裏付けるために必要不可欠なものであるかどうか

イ　申請の却下又は許可若しくは不許可の判断に必要不可欠なものであるかどうか

ウ　既に保有している資料と同種のものでないかどうか

Ⅴ　農業委員会の処理

①　農業委員会は、許可申請書の提出があったときは、その記載事項及び添付書類について審査するとともに、必要に応じて実情を調査し、その申請が適法なものであるかどうか、法第三条の規定に違反しないかどうか、及び許可基準に該当しないかどうかを判定する。この場合において、申請者又はその世帯員等が法第三条第一項本文に掲げる権利を有している農地等に他の農業委員会の区域内にある農地等が含まれている場合は、当該区域を管轄する農業委員会と連携してその実情を確認することが望ましい。また、農地所有適格法人以外の法人等（法第三条第三項の規定の適用を受けて同条第一項の許可を受けようとする法人及び個人をいう。）にあっては、あらかじめその農地等の所在する市町村長に農地所有適格法人以外の法人等に許可しようとする旨を通知し、当該通知に対する市町村長の意見があった場合は当該意見も参考の上判定する。なお、市町村長が意見を述べる事務が適正かつ迅速に処理されるよう、農業委員会は、農地所有適格法人以外の法人等から許可申請書の提出があった時点において、市町村の担当部局に連絡を行うことが望ましい。

また、この場合において、許可申請書の記載事項又は添付書類に不備があるときは、これの補正又は追完を求める必要がある（事務処理要領第1・2(1)）。

②　農業委員会は、①の判定によりその申請の却下又は許可若しくは不許可を決定し、指令書を申請者（当事者の連署による申請にあっては、その双方の申請者）に交付するとともに、その内容を申請者（当事者の連署による申請にあっては、その譲受人）の住所地を管轄する農業委員会にも通知することが望ましい（事務処理要領第1・2(2)）。

なお、許可に関する処分の通知は、農業委員会等に関する法律第五条第三項において「会長は、会務を総理し、委員会を代表する」とされており、農業委員会を代表して会長名で行うのが一般的であるが、執行機関である農業委員会名で許可に関する処分の通知をすることを否定されているものではない。

また、一筆の一部につき許可する場合は、ｉあらかじめ分筆の手続をした後、許可申請するよう指導する。ⅱ分筆の手続をせず、一筆の一部について許可するときは登記のために許可書に追記する等の証明を必要とする（昭和三十五年一月一九日付け三五地局第七五号（農）農林省農地局長通知）。

③　標準処理期間は、四週間とされている（事務処理要領第1・3）。

④　農業委員会は、②の処分をしたときは、当該処分について、その内容、その目的となった権利の設定又は移転の種類等に応じて必要な区分をし、その区分ごとに許可申請書を指令書の写しとともに整理して保管する。

また、農地所有適格法人に対して許可を行った場合には、その農地等の権利取得時における要件の適合状況を法第三条第一項の許可申請書等により、農地所有適格法人要件確認書に取りまとめておく（事務処理要領第1・2(3)）。

Ⅵ　市町村長の意見

農業委員会が、農地所有適格法人以外の法人等に許可しようとするときは、あらかじめ農地等の存する市町村長にその旨を通知することとされており、この場合通知を受けた市町村長は、市町村の区域における農地等の農業上の適正かつ総合的な利用を確保する見地から必要があると認めるときは、意見を述べることができるとされている（法第三条第四項）。

この場合の「市町村の区域における農地等の農業上の適正かつ総合的な利用を確保する見地から必要があると認めるとき」とは、例えば、農振法第八条第一項の農業振興地域整備計画のうち農用地利用計画において定められている土地利用区分と異なる権利取得が行われるとき、基盤法第六条第一項の農業経営基盤の強化の促進に関する基本的な構想において定められている農用地利用改善事業等の実施が困難となる権利取得が行われるとき等地域における土地利用計画と整合性等を図る必要があるときをいう。

なお、法第四十三条第一項の規定する届出に係る同条第二項に規定する農作物栽培高度化施設の用に供される土地は、「農地」と同様に取り扱われることに留意する必要がある（「農地法の運用について」第1）。

Ⅶ　法第三条許可の基準

法第三条に関しては、法第三条第二項で農地等の権利移動について許可してはならない場合（法第三条第二項各号）及び同条第三項で解除条件付の使用貸借による権利又は賃借権を設定するときに許可することができる場合（法第三条第三項各号）が法定されている。

これらの許可をしてはならない場合に該当するにもかかわらず、農業委員会が誤って許可をした場合には、その許可は、無効の行政処分になるか、又は違法で取り消されるべき処分となる。なお、無効な行政処分となる場合とは、当該処分に「重大かつ明白な瑕疵」がある場合であるが、「その瑕疵の存在が格別の調査をまつまでもなく何人（なんぴと）の目にも一見して認識されうる場合」だけでなく、「行政庁が特定の処分をするに際してその職務上当然要求されている調査義務を尽くさず、しかも本義務の履行として簡単な調査をすれば容易に判明しうるべき処分要件の存否を誤認するに至った場合」には、「明白な瑕疵がある場合」にあたるとする見解もある。

他方、法第三条第二項の許可基準の適用を受ける場合（農業協同組合又は農業協同組合連合会が組合員から農業経営の委託を受けることにより権利を取得する場合、農業経営のため使用貸借による権利又は賃借権を取得する場合などただし書に該当する場合以外）で第二項各号のいずれにも該当しないときあるいは解除条件付の使用貸借による権利又は賃借権の設定に該当する場合で第三項各号の全てを満たすときには、原則として許可すべきであり、農業委員会に完全な自由裁量権が認められているのではない。しかし、第二項各号のいずれにも該当しない、あるいは第三項各号の全てに該当しているが、それを許可することが農地法の目的その他農地法全体の趣旨に明らかに反すると認められるような場合には、許可しないこととすることも許されると解すべきである（「農地法の施行について」第3条関係7）。

●法第三条第二項関係

1　法第三条第二項ただし書の許可基準

法令の定めによるほか、次によるものとされている。

①　区分地上権等の設定等の場合（処理基準第3・2(1)）

区分地上権（民法第二百六十九条の二第一項の地上権）又はこれと内容を同じくするその他の権利（例えば、電線路、隧道、営農を継続する太陽光発電設備等土地の空中又は地下の一部に工作物を設置することを目的とする賃借権その他の債権契約に基づく権利）の設定又は移転については、その権利の設定又は移転を認めてもその権利の設定又は移転に係る農地等及びその周辺の農地等に係る営農条件に支障が生ずるおそれがなく、かつ、その権利の設定又は移転に係る農地等をその権利の設定又は移転に係る目的に供する行為の妨げとなる権利を有する者の同意を得ていると認められる場合に限り許可する。

なお、営農型発電設備の設置について設置者と営農者が異なる場合には、支柱部に係る転用許可と下部の農地にいわゆる区分地上権又はこれと内容を同じくするその他の権利を設置するための第三条第一項の許可を併せて行う必要がある。これについては次の通知が出されている。

「営農型発電設備の設置についての農地法第三条第一項の許可の取扱いについて」（平成三十年六月二十八日　三十経営第八二三号　農林水産省経営局農地政策課長通知）

a　第五条許可の申請と同時に行うことを指導

b　三条許可申請書の添付書類は五条許可申請書の写し（設備設置後に区分地上権等を第三者に移転・設定する場合は、事業計画変更承認申請書又は五条許可申請書の写し）をもって代えることができることを連絡

c　第五条の意見書作成の際に、併せて第三条許可の可否を判断
d　区分地上権等の設定期間を第五条の一時転用期間と同じ期間とするよう指導
e　第五条と同日付けで第三条許可

②　農業協同組合法第十条第二項に規定する農業経営の受託事業を行う農業協同組合、農業協同組合連合会が、農地等の所有者から委託を受けることによる権利の取得及び同法第十一条の五十第一項第一号に掲げる場合の農業経営のための使用貸借による権利又は賃借権の取得の場合においては、自らこのような農業経営を行う体制が整備されていないと認められる場合等農業協同組合又は農業協同組合連合会がその申請に係る農地等について農業経営を適切に行うと認められないときには、許可しない（処理基準第3・2②）。

2　法第三条第二項第一号の判断基準（処理基準第3・3）

法第三条第二項第一号に該当するか否かの判断に当たっては、法令に定めるほか、次によるものとされている。

①　「耕作又は養畜の事業に供すべき農地及び採草放牧地」とは、法第三条第一項の許可の申請に係る農地等及び農地等の権利を取得しようとする者又はその世帯員等が所有権、地上権、永小作権、質権、使用貸借による権利、賃借権若しくはその他の使用及び収益を目的とする権利を有している農地等をいう。

この場合において、権利取得者等が既に所有し、又は使用及び収益を目的とする権利を有している農地等であって、他の者に使用及び収益を目的とする権利が設定されているものは、第一義的には、当該他の者が耕作又は養畜の事業に供すべきものであるため、当該権利取得者等が「耕作又は養畜の事業に供すべき農地及び採草放牧地」に含まれない。

ただし、農地が適切に耕作されていない、農地の賃借料の滞納が継続しているその他の事情により、権利取得者等が、他の者に使用及び収益を目的とする権利が設定されている農地等の返還を受けて、自ら耕作又は養畜の事業に供する

ことにつき支障がないにもかかわらず、当該他の者に使用及び収益を目的とする権利を設定したまま、他の農地等について法第三条第二項第一号に掲げる権利を取得しようとするときは、「全てを効率的に利用して耕作又は養畜の事業を行う」とは認められない。

また、民法第二百六十九条の二第一項の地上権又はこれと内容を同じくするその他の権利が設定されている農地等は、これらの権利が耕作又は養畜の事業に供することを目的として設定されるものではないため、当該農地等について正当な権限に基づき耕作又は養畜の事業に供することができる者及びその世帯員等が「耕作又は養畜の事業に供すべき農地及び採草放牧地」に含まれる。

なお、法第三十二条第一項各号に該当し、利用意向調査を行うものとされている農地の所有者並びにその農地について使用及び収益をする者並びに法第五十一条第一項各号に該当する違反転用者については、耕作又は養畜の事業に供すべき農地等の全てを効率的に利用して耕作又は養畜の事業を行うと認められないことは当然である。

② 「効率的に利用して耕作又は養畜の事業を行う」と認められるかについては、近傍の自然的条件及び利用上の条件が類似している農地等の生産性と比較して判断する。

この場合において、農地の権利を取得しようとする者又はその世帯員等の経営規模、作付作目等を踏まえ、次の要素等を総合的に勘案する。

i　機械：農地等の権利を取得しようとする者又はその世帯員等が所有している機械のみならず、リース契約により確保されているものや、今後確保すると見込まれるものも含む。

ii　労働力：農地等の権利を取得しようとする者及びその世帯員等で農作業等に従事する人数のみではなく、雇用によるものや、今後確保すると見込まれるものも含む。

iii　技術：農地等の権利を取得しようとする者又はその世帯員等に限らず、農作業等に従事する者の技術をいう。なお、農作業の一部を外部に委託する場合には、農地等の権利を取得しようとする者又はその世帯員等に加え、委託先の農作業に関する技術も勘案する。

なお、農地等の権利を取得しようとする者又はその世帯員等の住所地から取得しようとする農地等までの距離で画一的に判断することは、今日では、農地等の権利を取得しようとする者又はその世帯員等以外の者の労働力も活用して農作業を行うことも多くなっていること、著しく交通が発達したこと等を踏まえ、適当ではない。

また、農地等の権利を取得しようとする者又はその世帯員等が許可の申請の際現に使用及び収益を目的とする権利を有している農地等のうちに、生産性が著しく低いもの、地勢等の地理的条件が悪いものその他の地域における標準的な農業経営を行う者が耕作又は養畜の事業に供することが困難なものが含まれている場合には、当該農地等について、今後の耕作に向けて草刈り、耕起等当該農地等を常に耕作し得る状態に保つ行為が行われていれば、当該農地等については、法第三十二条第一項各号に掲げる農地には該当せず、当該農地等の全てを効率的に利用して耕作又は養畜の事業を行っていると認められる（処理基準第3・3・(2)）。

③　②の判断に当たっては、農地等の効率的な利用が確実に図られるかを厳正に審査する必要があるが、いたずらに厳しく運用し、排他的な取扱いをしないよう留意する。

例えば、新規就農者について、農業高校を卒業しても研修を受けなければ必要な技術が確保されていると認めないとすることと、まずは農地等を借りて実績を作らなければ所有権の取得は認めないとすること等の硬直的な運用は、厳に慎むべきである。

また、賃貸借等による農地等の権利取得については、絶対的な管理・処分権限がある所有権の取得と異なり、仮に不適正な利用があった場合においても、契約の解除等により農地等を所有者に戻すことができること等を踏まえ、特に農地等を利用する者の確保・拡大を図ることを旨として取り扱うことが重要である。

なお、耕作又は養畜の事業以外の土地を利用した事業を行っている者については、審査を特に厳正に行わなければならないことは言うまでもない。

④　一般に、耕作又は養畜の事業を行う者が所有権以外の権原に基づいてその事業に供している農地等につき当該事業を行う者又はその世帯員等以外の者が所有権を取得しようとする場合には、当該農地等は所有権を取得しようとする者及び世帯員等の法第三条第二項第一号の「耕作又は養畜の事業に供すべき農地及び採草放牧地」に該当する。

この場合において、当該農地等で耕作又は養畜の事業を行う者が第三者に対抗することができる権利に基づいてその事業を行っているときであっても、許可の申請の時における所有権を取得しようとする者又はその世帯員等の耕作又は養畜の事業に必要な機械の所有の状況、農作業に従事する者の数等からみて、次のⅰ及びⅱに該当する場合には、不許可の例外となる。

ⅰ　許可の申請の際現にその者又はその世帯員等が耕作又は養畜の事業に供すべき農地等の全てを効率的に利用して耕作又は養畜の事業を行うと認められること。

ⅱ　その土地についての所有権以外の権原の存続期間の満了その他の事由によりその者又はその者の世帯員等がその土地を自らの耕作又は養畜の事業に供することが可能となる時期が明らかであり、可能となった場合において、これらの者が、耕作又は養畜の事業に供すべき農地等の全てを効率的に利用して耕作又は養畜の事業を行うと認められること。

ⅰ及びⅱの判断については、「許可の申請の時における所有権を取得しようとする者又はその世帯員等の耕作又は養畜の事業に必要な機械の所有状況、農作業に従事する者の数等」には、今後確保する見込みの機械、労働力等は含まれず、許可の申請の時に現に所有等しているもので判断する。

また、ⅱについて判断する際には、所有権以外の権原に基づいて耕作又は養畜の事業を行う者に対し、当該農地等での耕作又は養畜の事業の継続の意向を確認する。

なお、その際、その農地等の所有権を取得しようとする者又はその世帯員等が自らの耕作又は養畜の事業に供することが可能となる時期が、許可の申請の時から一年以上先である場合には、所有権の取得を認めないことが適当である。

ただし、農地所有適格法人に使用及び収益を目的とする権利が設定されている農地等について、当該法人の構成員にその所有権を移転しようとする場合にあっては、当該法人が引き続き当該農地等の全てを効率的に利用して耕作又は養畜の事業を行うと認められるときに限り、当該構成員が自らの耕作又は養畜の事業に供することが可能となる時期に関わらず、所有権の取得を認めることができる（処理基準第3・3⑷）。

3　法第三条第二項第二号の判断基準（処理基準第3・4）

①　本号の判断基準に該当するか否かの判断に当たっては、農地等の権利を取得しようとする法人が許可の申請の時点に法第二条第三項各号の農地所有適格法人要件を満たしていても、農地等の権利の取得後に要件を満たし得ないと認められる場合には、許可することができない。

この場合において、例えば、その他事業の種類や規模等からみて、その他事業の売上高見込みが不当に低く評価されていると認められるなど、事業計画が不適切と認められる場合には、その法人に書類の補正等を行わせ、信頼性のある計画に改めさせる等の指導を行う。

②　法人の設立手続中に農地等の現物出資を受ける場合には、当該法人が法第三条第一項の許可を得ることが必要であるが、その場合には、設立しようとする法人が法第二条第三項各号に掲げる農地所有適格法人要件を満たし得ると認められ、かつ、定款を作成している場合には、設立登記前であっても、農地所有適格法人として取り扱うものとする。

なお、この場合の許可申請書には、定款に定めがあるか、又は株主総会若しくは社員総会で選任された理事、取締役その他の代表者の署名を求める。

③　本号は、農地所有適格法人以外の法人が農地等について法第三条第一項に掲げる権利を取得する場合には、許可することができないとしているが、次のⅰからⅷに該当して法人が法第三条第一項に掲げる権利を取得する場合には例外として法第三条第二項第二号及び第四号の基準を適用しないで、許可をすることができるとされている（法第三条第二項ただし書、施行令第二条第二項）。

ⅰ　農業協同組合、農業協同組合連合会又は農事組合法人（農業経営を行うものを除く。）がその権利を取得しようとする農地等を稚蚕共同飼育のための桑園その他これらの法人の直接又は間接の構成員の行う農業に必要な施設（例えば共同育成牧場など）の用に供すると認められること（施行令第二条第二項第一号）

ⅱ　森林組合、生産森林組合又は森林組合連合会がその権利を取得しようとする農地等をその行う森林の経営又はこれらの法人の直接若しくは間接の構成員の行う森林の経営に必要な樹苗の採取又は育成の用に供すると認められること（施行令第二条第二項第二号）

ⅲ　乳牛又は肉用牛の飼育の合理化を図るため、その飼養の事業を行う畜産農家等に対してその飼養の対象となる乳牛若しくは肉用牛の素牛を育成して供給し、又はその飼養の事業を行う畜産農家等の委託を受けてその飼養の対象となる乳牛若しくは肉用牛を育成する事業を行う一般社団法人又は一般財団法人で次のア又はイの要件を満たすものが、その権利を取得しようとする農地等をその事業の運営に必要な施設（育成牧場など）の用に供すると認められること（施行令第二条第二項第三号・施行規則第十六条第二項）

ア　その行う事業がこの事業及びこれに附帯する事業に限られている一般社団法人で、農業協同組合、農業協同組合連合会、地方公共団体その他農林水産大臣が指定した者の有する議決権の数の合計がその法人の議決権の総数の四分の三以上を占めるもの

イ　一般社団法人で地方公共団体の有する議決権の数がその法人の議決権総数の過半を占めるもの又は一般財団法人で地方公共団体の拠出した基本財産の額がその法人の基本財産の総額の過半を占めるもの

iv　東日本高速道路株式会社、中日本高速道路株式会社又は西日本高速道路株式会社がその権利を取得しようとする農地等をその事業に必要な樹苗の育成の用に供すると認められること（施行令第二条第二項第四号）

v　その権利を取得しようとする農地等における耕作又は養畜の事業がその権利を取得しようとする法人の主たる業務の運営に欠くことのできない試験研究又は農事指導のために行われると認められること（農薬会社、肥料会社等の試験圃場など）（施行令第二条第二項第五号・第一項第一号イ）

vi　地方公共団体（都道府県を除く。）がその権利を取得しようとする農地等を試験田、展示ほ、採種ほ等、公用又は公共用に供すると認められること（施行令第二条第二項第五号・第一項第一号ロ）

vii　教育、医療又は社会福祉事業を行うことを目的として設立された学校法人、医療法人、社会福祉法人その他の営利を目的としない法人がその権利を取得しようとする農地等をその目的に係る業務の運営に必要な施設（例えば、教育実習農場、リハビリテーション農場等）の用に供すると認められること（施行令第二条第二項第五号・第一項第一号ハ・施行規則第十六条第一項）

viii　独立行政法人農林水産消費安全技術センター、独立行政法人家畜改良センター又は国立研究開発法人農業・食品産業技術総合研究機構がその権利を取得しようとする農地等をその業務の運営に必要な施設の用に供すると認められること（施行令第二条第二項第五号・第一項第一号ニ）

また、v、vi、vii又はviiiに該当して法人が農地等の権利を取得しようとする場合においては、法第三条第二項第二号及び第四号に加えて第一号の基準も適用されないが、取得後の農地の全てについて耕作の事業を行うと認められることが必要となる（法第三条第二項ただし書き、施行令第二条第一項、第二項）。

また、解除条件付文書契約で使用貸借による権利又は賃借権を取得する場合は、第二号及び第四号を除き第二項の基準が適用されるほか、第三項の基準が適用される。

4　法第三条第二項第三号の判断基準

本号は、信託の引受けにより法第三条第一項に掲げる権利を取得する場合について規定している。

信託会社、信託銀行などが農地等を信託財産とする信託の引受けをしようとする場合には、そのための権利の取得について、第三条第一項の許可を受けなければならないのであるが、この権利の取得については、全て第三条第一項の許可をすることができないこととしている。

ただし、農業協同組合法第十条第三項の信託の引受けの事業又は農業経営基盤強化促進法第七条第二号に規定する売り渡すことを目的とする信託の引受けで、価格の一部に相当する金額を貸し付ける事業を行う農業協同組合又は農地中間管理機構が信託の引受けにより所有権を取得する場合に限り認めることとし、法第三条第一項第十四号で第三条第一項の許可を受けなくてもよいこととしている。

なお、農地中間管理機構が農地貸付信託の引受けにより所有権を取得する場合については、法第三条第一項第十四号の二において、農地中間管理事業による農地中間管理権の取得としてあらかじめ農業委員会に届け出て取得する場合には、法第三条第一項の許可を受けなくてもよいこととしている。

5　法第三条第二項第四号の判断基準（処理基準第3・5）

本号は法第三条第二項第一号に掲げる権利を取得しようとする者（農地所有適格法人を除く。）又はその世帯員等がその取得後において行う耕作又は養畜の事業に必要な農作業に常時従事すると認められない場合について規定している。

①　「耕作又は養畜の事業に必要な農作業」とは、その地域における農業経営の実態からみて通常農業経営を行う者が自ら従事すると認められる農作業をいう。したがって、その地域において農業協同組合その他の共同組織が主体となって処理することが一般的となっている農作業については、自ら常時従事しなければならないわけではなく、それらにその処理を委託しても差し支えない。

②　農地等の権利を取得しようとする者又はその世帯員等の当該農地等についての権利の取得後におけるその経営に係る農作業に従事する日数が年間百五十日以上である場合には「農作業に常時従事する」と認められる。

また、その農作業に要する日数が百五十日未満である場合であっても、その農作業を行う必要がある限り農地等の権利を取得しようとする者又はその世帯員等がその農作業に従事していれば、「農作業に常時従事する」と認められる。このことは、その農作業を短期間に集中的に処理しなければならない時期において不足する労働力を農地等の権利を取得しようとする者又はその世帯員等以外の者に依存していても同様である。

6　法第三条第二項第五号の判断基準

本号は、農地等につき所有権以外の権原に基づいて耕作又は養畜の事業を行う者がその土地を貸し付け、又は質入れしようとする場合（いわゆる転貸等）の禁止について規定している。

ただし、次に掲げる場合には、所有権以外の権原に基づいて耕作又は養畜の事業に供している農地等を貸し付け、又は質入れをすることを認めうることとしている。

①　当該事業を行う者又は世帯員等の死亡又は法第二条第二項各号に掲げる事由によりその土地について耕作、採草又は家畜の放牧をすることができないため一時貸し付けようとする場合

（注）〈法第二条第二項各号に掲げる事由〉

i　疾病又は負傷による療養
ii　就学
iii　公選による公職への就任
iv　懲役刑若しくは禁錮刑の執行又は未決勾留（施行規則第一条）

② 当該事業を行う者がその土地をその世帯員等に貸し付けようとする場合

③ その土地を水田裏作（田において稲を通常栽培する期間以外の期間稲以外の作物を栽培することをいう。）の目的に供するため貸付けようとする場合

この場合、表作における稲を栽培することによる収益よりも裏作における稲以外の作物を栽培することによる収益が高い場合であっても適用する（処理基準第3・6）。

④ 農地所有適格法人の常時従事者たる構成員が、その土地をその法人に貸し付けようとする場合

なお、転貸については、その権利が賃貸借に基づくものであるときには、その土地所有者の同意を得ないで行われれば賃貸借の解除事由になることがある。

また、前記の場合のほか、農地中間管理機構が農地中間管理事業法第十八条第七項の規定による公告があった農用地利用集積等促進計画の定めるところによって貸付けを行う場合については、法第三条一項の許可を受けなくてもよいこととしており、転貸が認められているが（法第三条第一項七号）、この場合は土地所有者の同意は不要としている（農地中間管理事業法第十八条第十項）

7　法第三条第二項第六号の判断基準

本号は、権利を取得しようとする者又はその世帯員等がその取得後において行う耕作又は養畜の事業の内容並びにその農

地等の位置及び規模からみて、農地の集団化、農作業の効率化その他周辺の地域における農地等の農業上の効率的かつ総合的な利用の確保に支障を生ずるおそれがあると認められる場合について規定している。

農業は、周辺の自然環境等の影響を受けやすく、地域や集落で一体となって取り組まれていることも多い。このため、周辺の地域における農地等の農業上の効率的かつ総合的な利用の確保に支障が生ずるおそれがあると認められる場合には、許可をすることができないものとされている。

この判断に当たっては、法令の定めによるほか、次によるものとされている（処理基準第3・7）。

①「周辺の地域における農地等の農業上の効率的かつ総合的な利用の確保に支障を生ずるおそれがあると認められる場合」とは、例えば、

i　基盤法第十九条第一項の規定により定められた農業経営基盤の強化の促進に関する計画（以下この①において「地域計画」という。）の達成に支障が生ずるおそれがあると認められる場合

ii　既に集落営農や経営体により農地が面的にまとまった形で利用されている地域で、小面積等の農地の権利取得によって、その利用を分断するような場合

iii　地域の農業者が一体となって水利調整を行っているような地域で、この水利調整に参加しない営農が行われることにより、他の農業者の農業水利が阻害されるような権利取得

iv　無農薬や減農薬での付加価値の高い作物の栽培の取組が行われている地域で、農薬使用による栽培が行われることにより、地域でこれまで行われていた無農薬栽培等が事実上困難になるような権利取得

v　集落が一体となって特定の品目を生産している地域で、その品目に係る共同防除等の営農活動に支障が生ずるおそれのある権利取得

vi　地域の実勢の借賃に比べて極端に高額な借賃で賃貸借契約が締結され、周辺の地域における農地の一般的な借賃の

著しい引上げをもたらすおそれのある権利取得等のほか、農振法第八条第一項の規定により定められた農業振興地域整備計画、基盤法第六条第一項の規定により定められた農業経営基盤の強化の促進に関する基本的な構想等の実現に支障を生ずるおそれがある権利取得等が該当する。

② 農業委員会は、許可の判断をするに当たっては、人工衛星若しくは無人航空機の利用等の手段により得られる動画若しくは画像を活用すること等による調査又は現地調査を行うこととし、その際に留意すべき点は、次のとおりである。

ⅰ 法第三条第三項の規定の適用を受けて同条第一項の許可を受けようとする法人等による農地等の権利取得だけでなく、法第三条第一項の許可の申請がなされた全ての事案について調査を要する。

ⅱ 法第三条第三項の規定の適用を受けて同条第一項の許可を受けようとする法人等による農地等の権利取得、農地等についての所有権の取得、通常取引されていない規模のまとまりのある農地等についての権利取得等については特に慎重に調査を行う。

ⅲ ①の不許可相当の例示を念頭におき、申請に係る農地等の周辺の農地等の権利関係等許可の判断をするに当たって必要な情報について、現地調査の前に把握しておく。

●法第三条第三項関係（処理基準第3・8）

1　法第三条第三項の考え方

農地等についての権利取得は、法第三条第二項が基本であり、同条第三項は、使用貸借による権利又は賃借権が設定される場合に限って例外的な取扱いができるようにしている。

これは、使用貸借による権利又は賃借権については、不適正な利用があった場合において契約の解除等により所有者に農地等を戻すことが可能であるが、これと異なり、所有権については所有者が絶対的な管理・処分権限を持っており、それぞれの権利の性質の違いに応じて取り扱うものである。

法第一条の目的においては、「耕作者自らによる農地の所有」等が規定され、今後とも農地の所有権の取得については農作業に常時従事する個人と農地所有適格法人に限るべきであることが明確にされている。

2　法第三条第三項の判断基準

①　使用貸借による権利又は賃借権を取得しようとする者がその取得後においてその農地等を適正に利用していないと認められる場合に使用貸借又は賃貸借の解除をする旨の条件が書面による契約において付されていること（第一号）。

②　これらの権利を取得しようとする者が地域の農業における他の農業者との適切な役割分担の下に継続的かつ安定的に農業経営を行うと見込まれること（第二号）。

i　この場合の「適切な役割分担の下に」とは、例えば、農業の維持発展に関する話合い活動への参加、農道、水路、ため池等の共同利用施設の取決めの遵守、獣害被害対策への協力等をいう。

これらについて、例えば、農地等の権利を取得しようとする者は、確約書を提出すること、農業委員会と協定を結ぶこと等が考えられる。

ii　「継続的かつ安定的に農業経営を行う」とは、機械や労働力の確保状況等からみて、農業経営を長期的に継続して行う見込みがあることをいう。

③　これらの権利等を取得しようとする者が法人である場合にあっては、その法人の業務を執行する役員又は農林水産省令で定める使用人のうち、一人以上の者がその法人の行う耕作又は養畜の事業に常時従事すると認められること（第三号）

この場合の「業務を執行する役員又は農林水産省令で定める使用人のうち、一人以上の者がその法人の行う耕作又は養畜の事業に常時従事すると認められる」とは、業務を執行する役員又は当該使用人のうち一人以上の者が、その法人の行う耕作又は養畜の事業（農作業、営農計画の作成、マーケティング等を含む。）の担当者として、農業経営に責任をもって対応できるものであることが担保されていることをいう。

「農林水産省令で定める使用人」とは、施行規則第十七条に基づき「法人の行う耕作又は養畜の事業に関する権限及び責任を有する者」と規定され、支店長、農場長、農業部門の部長その他いかなる名称であるかを問わず、その法人の行う耕作又は養畜の事業に関する権限及び責任を有し、地域との調整役として責任をもって対応できる者をいう。

権限及び責任を有するか否かの確認は、当該法人の代表者が発行する証明書、当該法人の組織に関する規則（使用人の権限及び責任の内容及び範囲が明らかなものに限る。）等で行う。

④　これらのほか、第三条第二項の許可できない基準のうち、第二号（法人の場合は農地所有適格法人以外の法人）及び第四号（取得後の農作業に常時従事しない場合）を除く他の基準に該当しないことが必要である。

3　法第三条第三項の事務処理基準（処理基準第3・9）

①　農業委員会は、法第三条第三項の規定の適用を受けて同条第一項の許可を受けた法人等が撤退した場合の混乱を防止するため、次のⅰからⅳまでの事項が契約上明記されているか、ⅰからⅳまでの事項その他の撤退した場合の混乱を防止するための取決めを実行する能力があるかについて確認する。

ⅰ　農地等を明け渡す際の原状回復の義務は誰にあるか

ⅱ　原状回復の費用は誰が負担するか

ⅲ　原状回復がなされないときの損害賠償の取決めがあるか

ⅳ　貸借期間の中途の契約終了時における違約金支払の取決めがあるか

②　農業委員会は、法第三条第三項の規定の適用を受けて同条第一項の許可を受けた法人等が撤退した場合には、次の利用者が継承できるよう、農地等の権利の設定等のあっせん等（農地中間管理事業法（平成二十五年法律第百一号）第二条第三項に規定する農地中間管理事業等の活用等）について関係機関と十分連携して行う。

③　法第三条第三項の規定の適用を受けて同条第一項の許可を受けようとする法人等による農地等の権利取得について、農業委員会は、許否の判断に当たり疑義があれば、地方農政局（北海道にあっては経営局、沖縄県にあっては内閣府沖縄総合事務局）に積極的に相談する。

また、農地所有適格法人以外の法人による農地等の権利取得の状況について、農業委員会・都道府県・地方農政局の間で情報が共有されるよう配慮する。

4　法第三条第四項の事務処理基準（処理基準第3・10）

本項では、農業委員会は、法第三条第三項の規定により許可しようとするときは農地等の存する市町村長に、その旨を通知するものとされており、この場合において、当該通知を受けた市町村長は、市町村の区域における農地又は採草放牧地の農業上の適正かつ総合的な利用を確保する見地から必要があると認めるときは、意見を述べることができることについて規定している。

「市町村の区域における農地又は採草放牧地の農業上の適正かつ総合的な利用を確保する見地から必要があると認めるとき」とは、例えば、農振法第八条第一項の農業振興整備計画のうち農用地利用計画において定められている土地利用区分と異なる権利取得が行われるとき、基盤法第六条第一項の農業経営基盤の強化の促進に関する基本的な構想において定められている農用地利用改善事業等の実施が困難となる権利取得が行われるとき等地域における土地利用計画との整合性等を図る必要があるときをいう。（「農地法の運用について」第1）

農業委員会は、この通知をする際は、当該通知を受けた市町村長が意見を述べるべき期限を定める（処理基準第３・10）。

5　法第三条第五項の許可条件（処理基準第３・11）

農地等の権利移動についての法第三条第一項の許可には条件を付けることができることとされている。

特に、農地所有適格法人に対し法第三条第一項の許可をするに当たっては、農業委員会は、本項の規定に基づき農地等の権利の取得後において、農地等を正当な理由なく効率的に利用していないと認める場合は許可を取り消す旨の条件を付けるものとされている。

6　法第三条第六項の許可の効力

法第三条第一項の許可を受けないでした農地等の権利の設定又は移転の行為は、その効力を生じない。

しかし、このことは、法第三条第一項の許可を受けることを停止条件として契約を行うなどの私法上の行為をすることまで禁止しているわけではない。したがって、一般に農地法上の許可を受けることを条件として農地等の売買契約などが締結されており、その契約締結後に法第三条の許可申請が行われるのが通常である。

なお､法第三条の許可は､当事者の法律行為を補完してその法的効力を完成させるいわゆる補完的な行為である。したがって、申請当事者の予定した私法上の法律行為が不成立又は無効であるとしても、そのために法第三条第一項の許可の効力に影響はない。また、このような見地から、その対象の農地等が二重譲渡されているかどうかというような一般私法による解決に委ねられていることがらについての判断をせずに、法第三条許可に関する処分をしてもさしつかえない。

（参考）

・農地法第三条または第五条に基づく知事の許可は、農地法の立法目的に照らして当該農地の所有権移転等につき、その権利の取得者が農地法上の適格性を有するか否かのみを判断して決定すべきであり、それ以上に、その所有権の移転等の私法上の効力やそれによる犯罪の成否等の点についてまで判断してなすべきでない（最高二小、昭四二・一一・一〇、四二(オ)四九五、判時五〇七―二七）。

・二重譲渡等に絡む法律関係の安定は、前記のように他の不動産の場合と同様、これを登記制度に俟てばよく、農地法の知事の許可がかかる機能まで果たすべきものではない（広島地裁、昭三一・一一・一三、三一(行)二、行裁集七―一一―二五四一）。

また、法第三条の許可について、詐欺、強迫等によりその意思決定に瑕疵がある場合又は偽りその他の不正行為に基づきなされた場合には、公益上の必要があるときは、当該許可を取り消すことができると解される。

●構造改革特別区域法第二十四条第一項の規定の適用を受けてする法第三条第一項の許可（処理基準第3・12）

構造改革特別区域法では、農地所有適格法人以外の農業経営を行おうとする法人が農地の所有権を取得することが特例として認められている。

農業委員会は、構造改革特別区域法第二十四条第一項の規定の適用を受けて法第三条第一項の許可をするかの判断に当たっては、法令の定めによるほか、次によるものとされている。

①　構造改革特別区域法第二十四条第一項第一号に規定する契約（以下単に「契約」という。）は、当該許可を受けて農地等の所有権を取得した法人が当該農地等を所有している限り、その効力を有する必要がある。このため、例えば、民法第五百七十九条に規定する買戻しの特約は、同法第五百八十条の規定により買戻しの期間が十年を超えることができ

ないことから、契約として不適当である。また、農業委員会は、当該許可をするに当たっては、法第三条第五項の規定に基づき、構造改革特別区域法第二十四条第三項に規定する条件のほか、同条第二項に規定する地方公共団体が、不動産登記法第百十六条第一項に基づき、遅滞なく、契約に係る農地等の所有権の移転請求権の保全のための仮登記を同法第六条第一項に規定する登記所に嘱託しなければならない旨の条件を付ける。

②　区域法第二十四条第一項第二号及び第三号の判断基準は、2の②、③と同様である。

（農地又は採草放牧地の権利移動の許可の取消し等）

第三条の二　農業委員会は、次の各号のいずれかに該当する場合には、農地又は採草放牧地について使用貸借による権利又は賃借権の設定を受けた者（前条第三項の規定の適用を受けて同条第一項の許可を受けた者に限る。次項第一号において同じ。）に対し、相当の期限を定めて、必要な措置を講ずべきことを勧告することができる。

一　その者がその農地又は採草放牧地において行う耕作又は養畜の事業により、周辺の地域における農地又は採草放牧地の農業上の効率的かつ総合的な利用の確保に支障が生じている場合

二　その者が地域の農業における他の農業者との適切な役割分担の下に継続的かつ安定的に農業経営を行つていないと認める場合

三　その者が法人である場合にあつては、その法人の業務執行役員等のいずれもがその法人の行う耕作又は養畜の事業に常時従事していないと認める場合

2　農業委員会は、次の各号のいずれかに該当する場合には、前条第三項の規定によりした同条第一項の許可を取り消さなければならない。

一　農地又は採草放牧地について使用貸借による権利又は賃借権の設定を受けた者がその農地又は採草放牧地を適正に利用していないと認められるにもかかわらず、当該使用貸借による権利又は賃借権を設定した者が使用貸借又は賃貸借の解除をしないとき。

二　前項の規定による勧告を受けた者がその勧告に従わなかつたとき。

3　農業委員会は、前条第三項第一号に規定する条件に基づき使用貸借若しくは賃貸借が解除された場合又は前項の規定による許可の取消しがあつた場合において、その農地又は採草放牧地の適正かつ効率的な利用が図られないおそれがあると認めるときは、当該農地又は採草放牧地の所有者に対し、当該農地又は採草放牧地についての所有権の移転又は使用及び収益を目的とする権利の設定のあつせんその他の必要な措置を講ずるものとする。

本条の規定は、法第三条第三項の規定の適用を受けて同条第一項の許可を受けた者について、事後においても農地等の適正な利用の確保を確認することが重要であることから設けられたものである。

I　必要な措置を勧告することができる判断基準（処理基準第4(1)）

農業委員会は、次のいずれかに該当する場合については、農地等について使用貸借による権利又は賃借権の設定を受けた者に対し、相当の期限を定めて、必要な措置を講ずるべきことを勧告することができる（第一項）。

この場合の「相当の期限」とは、講ずべき措置の内容、生じている支障の除去の緊急性等に照らして、個別具体的に設定されるものであるが、法第三条の二第一項各号の状況を可能な限り速やかに是正するために必要な期限とされている。

1　その者がその農地等において行う耕作又は養畜の事業により、周辺の地域における農地等の農業上の効率的かつ総合的な利用の確保に支障が生じている場合

これに該当する場合とは、法第三条第二項第六号の判断基準に該当する場合であって、例えば、病害虫の温床になっている雑草の刈取りをせず周辺の作物に著しい被害を与えている場合等をいう。

2　その者が地域の農業における他の農業者との適切な役割分担の下に継続的かつ安定的に農業経営を行っていないと認める場合

これに該当する場合とは、法第三条第三項の「適切な役割分担」、「継続的かつ安定的に農業経営を行う」に該当しない場合であって、例えば、担当である水路の維持管理の活動に参加せず、その機能を損ない、周辺の農地の水利用に著しい被害を与えている場合等をいう。

3　その者が法人である場合にあっては、その法人の業務執行役員等のいずれもがその法人の行う耕作又は養畜の事業に常時従事していないと認める場合

これに該当する場合とは、「業務を執行する役員又は農林水産省令で定める使用人のうち一人以上の者がその法人の行う耕作又は養畜の事業に常時従事すると認められる」に該当しない場合であって、例えば、法人の農業部門の担当者が不在となり、地域の他の農業者との調整が行われていないために周辺の営農活動に支障が生じている場合等をいう。

なお、法第三条の二第一項の勧告は、同条第二項第二号の許可取消の前置手続であることから、地域の営農状況等に著しく被害を与えていることを十分確認した上で行うこととし、勧告を受けた者がその勧告に従わなかったときは必ず法第三条第三項の規定の適用を受けてした同条第一項の許可を取り消さなければならない。（処理基準第４本文なお書き）

農業委員会は、次の各号のいずれかに該当する場合には、第三条第三項の規定によりした同条第一項の許可を取り消さなければならない（第二項）。

Ⅱ　取消しの判断基準（処理基準第4(2)）

1　農地等について使用貸借による権利又は賃借権の設定を受けた者がその農地等を適正に利用していないと認められるにもかかわらず、当該使用貸借による権利又は賃借権を設定した者が使用貸借又は賃貸借の解除をしないとき。

① この場合の「農地等を適正に利用していない」とは、法第四条第一項又は第五条第一項の規定に違反して使用貸借による権利又は賃借権の設定を受けた農地等を農地等以外のものにしている場合、使用貸借による権利又は賃借権の設定を受けた農地を法第三十二条第一項第一号（現に耕作の目的に供されておらず、かつ、引き続き耕作の目的に供されないと見込まれる農地）に該当するものにしている場合等をいう。

② 法第四条第一項又は第五条第一項の規定に違反して使用貸借による権利又は賃借権の設定を受けた農地等を農地等以外のものにしている場合には、違反を確認次第直ちに使用貸借による権利又は賃借権を設定した者に対し契約の解除を行う意思の確認を行い、契約の解除が行われない場合には、許可の取消しを行う。この場合の手続については、行政手続法第三章の規定により行う。

③ 使用貸借による権利又は賃借権の設定を受けた農地を法第三十二条第一項第一号に該当するものとしている場合には、その状態が確認された時点から速やかに、使用貸借による権利又は賃借権の設定をした者に対し契約の解除を行う意思の確認を行い、契約の解除が行われない場合には、許可の取消しを行う。この場合の手続については、行政手続法第三章の規定により行う。

2　法第三条の二第一項の勧告を受けた者が勧告に従わなかったとき。

Ⅲ　許可の取消しの手続（事務処理要領第2・2）

1　農業委員会は、Ⅱのいずれかに該当すると判断する場合には、行政手続法第三章の規定により聴聞等の手続を行う。なお、取消しの手続等に疑義があれば、地方農政局（北海道にあっては経営局、沖縄県にあっては内閣府沖縄総合事務局）に積極的に相談する。

2　農業委員会は、聴聞等を行った結果、法第三条の二第二項の規定により法第三条第三項の規定によりした同条第一項の許可を取り消す場合には、指令書（様式例第2号の2）を当該農地等の貸付者及び借受者の双方に交付する。

Ⅳ　賃貸借等の解除又は許可の取消しに伴い講ずるあっせんその他必要な措置

農業委員会は、法第三条第三項第一号に規定する条件に基づき使用貸借若しくは賃貸借が解除された場合又はⅡによる許可の取消しがあった場合において、その農地等の適正かつ効率的な利用が図られないおそれがあると認めるときは、当該農地等の所有者に対し、当該農地等の所有権の移転又は使用及び収益を目的とする権利の設定のあっせんその他の必要な措置を講ずる（第三項）。

「あっせんその他の必要な措置」とは、当該農地等の所有者に対しての当該農地等についての権利の設定等のあっせん等（農地中間管理事業法第二条第三項に規定する農地中間管理事業等の実施等）の働きかけ等を行うことをいう（処理基準第4(3)）。

（農地又は採草放牧地についての権利取得の届出）

第三条の三　農地又は採草放牧地について第三条第一項本文に掲げる権利を取得した者は、同項の許可を受けてこれらの権利を取得した場合、同項各号（第十二号及び第十六号を除く。）のいずれかに該当する場合その他農林水産省令で定める場合を除き、遅滞なく、農林水産省令で定めるところにより、その農地又は採草放牧地の存する市町村の農業委員会にその旨を届け出なければならない。

本条は、農地等について法第三条第一項の許可等を受けた場合以外の相続や法人の合併による権利の包括的な承継等で所有権、地上権、永小作権、質権、使用貸借による権利、賃借権若しくはその他の使用及び収益を目的とする権利を取得した者の届出について規定している。

農地等についての権利取得の届出は、農業委員会が許可等によって把握できない農地等についての権利の移動があっても、農業委員会がこれを知り、その機会をとらえて、農地等の適正かつ効率的な利用のために必要な措置を講ずることができるようにするものである。

農地等について権利を取得した者の届出

農地等について法第三条第一項本文に掲げる権利を取得した者は、次の場合を除き、遅滞なく、その農地等の存する市町村の農業委員会にその旨を届け出なければならない（第三条の三・施行規則第十八条）。

1　届け出を要しない場合（第三条の三、施行規則第二十条）

ア　法第三条第一項の許可を受けてこれらの権利を取得した場合

イ　法第三条第一項各号（第十二号及び第十六号を除く。）のいずれかに該当する場合

（注）〈次の場合は届出が必要〉

①　法第三条第一項第十二号　遺産の分割、民法第七百六十八条第二項（同法第七百四十九条及び第七百七十一条において準用する場合を含む。）の規定による財産の分与に関する裁判若しくは調停又は同法第九百五十八条の二の規定による相続財産の分与に関する裁判によってこれらの権利が設定され、又は移転される場合

②　法第三条第一項第十六号　その他農林水産省令で定める場合（施行規則第十五条）↓キ参照

ウ　法第五条第一項本文に規定する場合（農地法施行規則第十八条）

エ　特定農地貸付けに関する農地法等の特例に関する法律第三条第三項の承認を受けて法第三条第一項本文に掲げる権利を取得した場合（農地法施行規則第十八条）

オ　市民農園整備促進法第十一条第一項の規定により特定農地貸付けに関する農地法等の特例に関する法律第三条第三項の承認を受けたものとみなされて法第三条第一項本文に掲げる権利を取得した場合（農地法施行規則第二十条）

カ　都市農地の貸借の円滑化に関する法律第四条第一項の認定を受けて法第三条第一項本文に掲げる権利を取得した場合（農地法施行規則第十八条）

キ　施行規則第十五条各号（第五号（包括遺贈又は相続人への特定遺贈）を除く。）のいずれかに該当する場合

（注）〈次の場合は届出が必要〉

施行規則第十五条第五号　包括遺贈又は相続人への特定遺贈により法第三条第一項の権利が取得される場合

2　この届出の取扱いについては、法令の定めるほか、次による（処理基準第5）。

ア　法第三条の三第一項に基づき届け出なければならないこととされている農地等についての権利取得は、具体的には、相続（遺産分割、包括遺贈及び相続人への特定遺贈を含む。）、法人の合併・分割、時効等による権利取得をいう。

イ　「遅滞なく」とは、農地等についての権利を取得したことを知った時点からおおむね十か月以内の期間である。

ウ　なお、この届出は、法第三条第一項本文に掲げる権利取得の効力を発生させるものではないことに留意する。例えば、届出をしたことにより時効による権利の取得が認められるというものではない。

3　農地等についての権利取得の届出の方法

法第三条の三の届出は、次に掲げる事項を記載した書面を提出してしなければならない（施行規則第十九条）。

ア　権利を取得した者の氏名及び住所（法人にあっては、その名称及び主たる事務所の所在地並びに代表者の氏名）

イ　権利を取得した農地又は採草放牧地の所在、地番及び面積

ウ　権利を取得した事由及び権利を取得した日

エ　取得した権利の種類及び内容

届出書の様式は、届出者の利便性を考え、農業委員会の窓口に備え付けるほか、市町村の死亡届出書の受付窓口など権利取得が発生する要因を把握できる関係窓口に備え付けることが望ましいとされている（事務処理要領第3・1）。

（農地の転用の制限）

第四条　農地を農地以外のものにする者は、都道府県知事（農地又は採草放牧地の農業上の効率的かつ総合的な利用の

確保に関する施策の実施状況を考慮して農林水産大臣が指定する市町村（以下「指定市町村」という。）の区域内にあつては、指定市町村の長。以下「都道府県知事等」という。）の許可を受けなければならない。ただし、次の各号のいずれかに該当する場合は、この限りでない。

一　次条第一項の許可に係る農地をその許可に係る目的に供する場合

二　国又は都道府県等（都道府県又は指定市町村をいう。以下同じ。）が、道路、農業用用排水施設その他の地域振興上又は農業振興上の必要性が高いと認められる施設であつて農林水産省令で定めるものの用に供するため、農地を農地以外のものにする場合

三　農地中間管理事業の推進に関する法律第十八条第七項の規定による公告があつた農用地利用集積等促進計画の定めるところによつて設定され、又は移転された同条第一項の権利に係る農地を当該農用地利用集積等促進計画に定める利用目的に供する場合

四　特定農山村地域における農林業等の活性化のための基盤整備の促進に関する法律第九条第一項の規定による公告があつた所有権移転等促進計画の定めるところによつて設定され、又は移転された同法第二条第三項第三号の権利に係る農地を当該所有権移転等促進計画に定める利用目的に供する場合

五　農山漁村の活性化のための定住等及び地域間交流の促進に関する法律第五条第一項の規定により作成された活性化計画（同条第四項各号に掲げる事項が記載されたものに限る。）に従つて農地を同条第二項第二号に規定する活性化事業の用に供する場合又は同法第九条第一項の規定による公告があつた所有権移転等促進計画の定めるところによつて設定され、若しくは移転された同法第五条第十項の権利に係る農地を当該所有権移転等促進計画に定める利用目的に供する場合

六　土地収用法その他の法律によつて収用し、又は使用した農地をその収用又は使用に係る目的に供する場合

七　市街化区域（都市計画法（昭和四十三年法律第百号）第七条第一項の市街化区域と定められた区域（同法第二十三条第一項の規定による協議を要する場合にあつては、当該協議が調つたものに限る。）をいう。）内にある農地を、政令で定めるところによりあらかじめ農業委員会に届け出て、農地以外のものにする場合

八　その他農林水産省令で定める場合

2　前項の許可を受けようとする者は、農林水産省令で定めるところにより、農林水産省令で定める事項を記載した申請書を、農業委員会を経由して、都道府県知事等に提出しなければならない。

3　農業委員会は、前項の規定により申請書の提出があつたときは、農林水産省令で定める期間内に、当該申請書に意見を付して、都道府県知事等に送付しなければならない。

4　農業委員会は、前項の規定により意見を述べようとするとき（同項の申請書が同一の事業の目的に供するため三十アールを超える農地を農地以外のものにする行為に係るものであるときに限る。）は、あらかじめ、農業委員会等に関する法律（昭和二十六年法律第八十八号）第四十三条第一項に規定する都道府県機構（以下「都道府県機構」という。）の意見を聴かなければならない。ただし、同法第四十二条第一項の規定による都道府県知事の指定がされていない場合は、この限りでない。

5　前項に規定するもののほか、農業委員会は、第三項の規定により意見を述べるため必要があると認めるときは、都道府県機構の意見を聴くことができる。

6　第一項の許可は、次の各号のいずれかに該当する場合には、することができない。ただし、第一号及び第二号に掲げる場合において、土地収用法第二十六条第一項の規定による告示（他の法律の規定による告示又は公告で同項の規定による告示とみなされるものを含む。次条第二項において同じ。）に係る事業の用に供するため農地を農地以外のものにしようとするとき、第一号イに掲げる農地を農業振興地域の整備に関する法律第八条第四項に規定する農用地

利用計画（以下単に「農用地利用計画」という。）において指定された用途に供するため農地以外のものにしようとするときその他政令で定める相当の事由があるときは、この限りでない。

一　次に掲げる農地を農地以外のものにしようとする場合

イ　農用地区域（農業振興地域の整備に関する法律第八条第二項第一号に規定する農用地区域をいう。以下同じ。）内にある農地

ロ　イに掲げる農地以外の農地で、集団的に存在する農地その他の良好な営農条件を備えている農地として政令で定めるもの（市街化調整区域（都市計画法第七条第一項の市街化調整区域をいう。以下同じ。）内にある政令で定める農地以外の農地にあつては、次に掲げる農地を除く。）

(1) 市街地の区域内又は市街地化の傾向が著しい区域内にある農地で政令で定めるもの

(2) (1)の区域に近接する区域その他市街地化が見込まれる区域内にある農地で政令で定めるもの

二　前号イ及びロに掲げる農地（同号ロ(1)に掲げる農地を含む。）以外の農地を農地以外のものにしようとする場合において、申請に係る農地に代えて周辺の他の土地を供することにより当該申請に係る事業の目的を達成することができると認められるとき。

三　申請者に申請に係る農地を農地以外のものにする行為を行うために必要な資力及び信用があると認められないこと、申請に係る農地を農地以外のものにする行為の妨げとなる権利を有する者の同意を得ていないことその他農林水産省令で定める事由により、申請に係る農地の全てを住宅の用、事業の用に供する施設の用その他の当該申請に係る用途に供することが確実と認められない場合

四　申請に係る農地を農地以外のものにすることにより、土砂の流出又は崩壊その他の災害を発生させるおそれがあると認められる場合、農業用用排水施設の有する機能に支障を及ぼすおそれがあると認められる場合その他の周辺

の農地に係る営農条件に支障を生ずるおそれがあると認められる場合
五　申請に係る農地を農地以外のものにすることにより、地域における効率的かつ安定的な農業経営を営む者に対する農地の利用の集積に支障を及ぼすおそれがあると認められる場合その他の地域における農地の農業上の効率的かつ総合的な利用の確保に支障を生ずるおそれがあると認められる場合として政令で定める場合
六　仮設工作物の設置その他の一時的な利用に供するため農地を農地以外のものにしようとする場合において、その利用に供された後にその土地が耕作の目的に供されることが確実と認められないとき。
7　第一項の許可は、条件を付けてすることができる。
8　国又は都道府県等が農地を農地以外のものにしようとする場合（第一項各号のいずれかに該当する場合を除く。）においては、国又は都道府県等と都道府県知事等との協議が成立することをもつて同項の許可があつたものとみなす。
9　都道府県知事等は、前項の協議を成立させようとするときは、あらかじめ、農業委員会の意見を聴かなければならない。
10　第四項及び第五項の規定は、農業委員会が前項の規定により意見を述べようとする場合について準用する。
11　第一項に規定するもののほか、指定市町村の指定及びその取消しに関し必要な事項は、政令で定める。

（参考）
農林漁業の健全な発展と調和のとれた再生可能エネルギー電気の発電の促進に関する法律（平成二十五年法律第八十一号）（抄）

（農地法の特例）
第九条　認定設備整備者が認定設備整備計画に従って再生可能エネルギー発電設備等の用に供することを目的として農地を農地以外のものにする場合には、農地法第四条第一項の許可があったものとみなす。
２　略

本条は、農地を農地以外のものにする（農地の転用）場合の許可の基準、手続等について規定している。

Ⅰ　法第四条の農地転用の制限

法第四条では、農地を農地以外のものにしようとする者は、都道府県知事等の許可を受けなければならないことを規定している（第一項）。採草放牧地を採草放牧地以外のものにしようとする場合には、この許可を受ける必要はない。

1　「農地を農地以外のものにする」ということは、耕作の目的に供される土地を耕作の目的に供される土地以外の土地にする全ての行為をいう。すなわち、区画形質の変更を伴って農地を住宅・工場・学校・病院等の施設の用地、道路・山林等の用地にしようとする場合はもとより、電気事業者がダムの築造等により流水を堰止め、その結果ダムの後背地が湛水敷となる場合であっても、人の意思によって計画的に農地を湛水敷にしようとするのであるから農地を農地以外のものにする行為に該当し、これらの事業者は、「農地を農地以外のものにする者」に該当することになる。また、農地の形質には何ら変更を加えない場合、例えば、①火薬倉庫等の危険物の取扱い場所において周辺の農地を保安施設にする場合、②農地を公園の花壇の用に供する場合、③農地に用材木の育成を目的として植林する場合等であっても、農地を耕作の目的に供し得ない状態にするのであるから農地を農地以外のものにする場合に該当する。

2　農地の転用に該当するか否かの判断につき運用上問題が多いものに農業用施設の建設、養魚のために利用する養魚池の設置等がある。農地にガラスハウス等の温室等を建築した場合でも、①その敷地を直接耕作の目的に供し農作物を栽培する場合、②敷地の形質に変更を加えないで、棚の設置やシートの敷地など、いつでも農地を耕作できる状態に保ったままで、その棚やシートの上で、鉢・ビニールポット栽培を行う場合等については転用に該当しないものとして取り扱っている。礫耕栽培は、礫を置き作物に必要な栄養分を溶解させた水を灌水、排水するために水を湛える施設を設置するが、その施設がコンクリート等の堅固な永久的構造でその土地の構成物とみられないようなものである場合には転用に当たることとなり、その施設がゴム、ビニール等比較的簡易な構造で土地と一体をなすとみられるような場合には転用に当たらないと解している（一〇二頁〜一〇四頁参照）。

さらに、水田を従前の状態のまま一時的に水を張って稚魚を育成している場合には、転用に当たらないが、当該水田について通常の水田として利用するのに必要な程度を超えた畦畔の補強、土地の掘削等をして養魚池とした場合には転用に該当することとなる（農地を養殖池とする場合の一時転用許可の取扱いは一二五頁参照）。

また、農地に農作物の栽培のため、通路、進入路、機械・施設等を設置する場合、その部分が農作物の栽培に通常必要不可欠なものであり、その農地から独立して他用途への利用又は取引の対象となり得ると認められないときは、当該部分を含めて農地として取り扱われる（一〇五頁、一〇六頁参照）。

なお、一般的に農地の全面をコンクリート等で地固めする場合は転用に該当することになるが、農業委員会に届け出て農作物栽培高度化施設の用に供される農地については、転用に当たらないものとされる（法第四十三条・三一二頁参照）。

（参考）　農地の転用にあたるかどうかの判断基準 ①

1　農地にあたるもの

説　　　明	概　　念　　図
（例） (ア)　温室等を建築した場合でも、その敷地を直接耕作の目的に利用し、農作物を栽培している場合	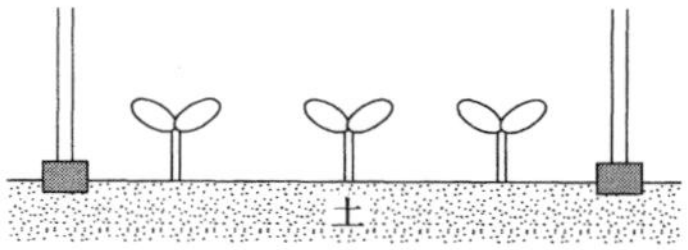 土
(イ)　ビニール等比較的簡易な資材を敷設し、砂、礫等を入れて礫耕栽培等を行っている場合のように、土地と一体をなすとみられるような状態で農作物を栽培している場合	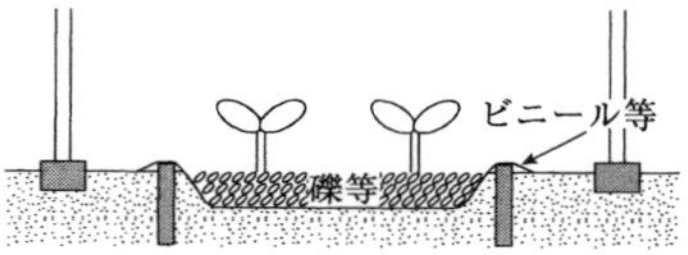 ビニール等 礫等

1　農地にあたるもの（続き）

説　　明	概　念　図
（例） (ウ) 農地の形質変更行為を行わずに、鉢、ビニールポット、水耕栽培等を行う場合（簡易な棚の設置、シート等の敷設等を行って栽培を行う場合を含む。）	  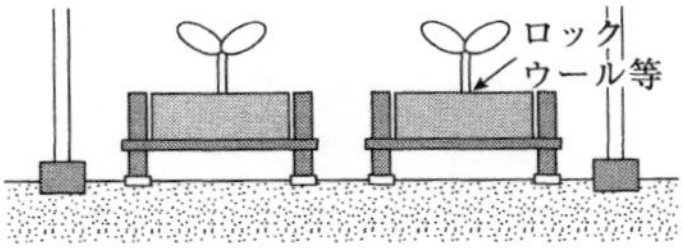 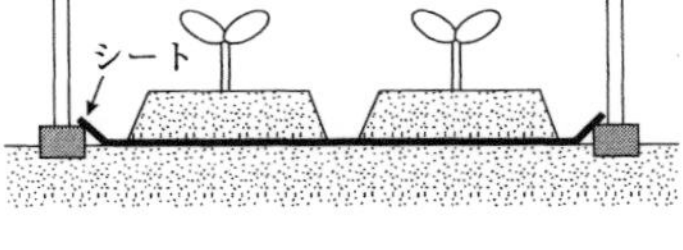 棚 ロックウール等 シート

2　農地にあたらないもの

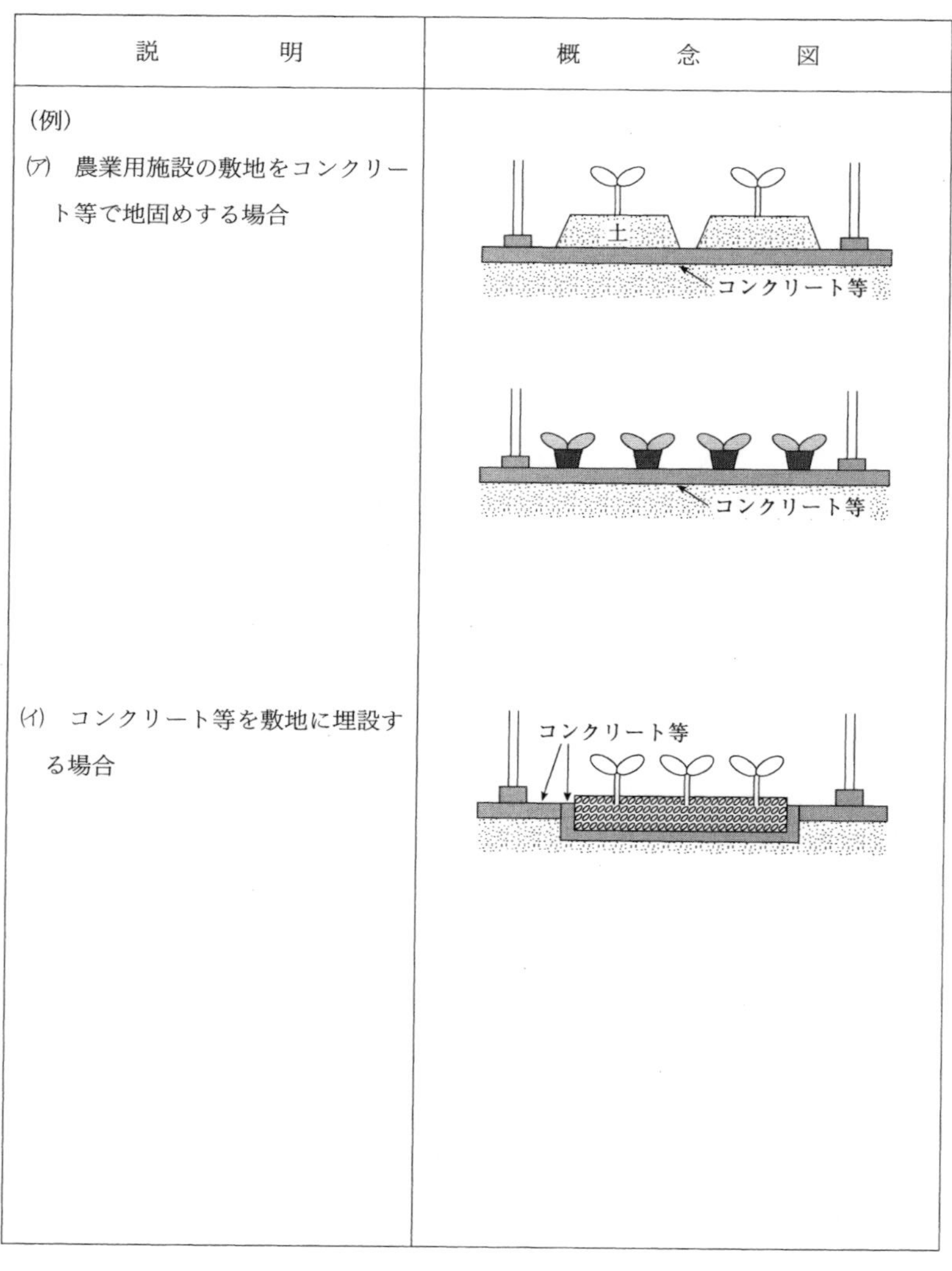

説　　　明	概　　念　　図
（例） (ア)　農業用施設の敷地をコンクリート等で地固めする場合 (イ)　コンクリート等を敷地に埋設する場合	

（参考）　農地の転用にあたるかどうかの判断基準 ②

1　その農地の農作物の栽培のために必要不可欠な通路等（全体を農地として取り扱うもの）

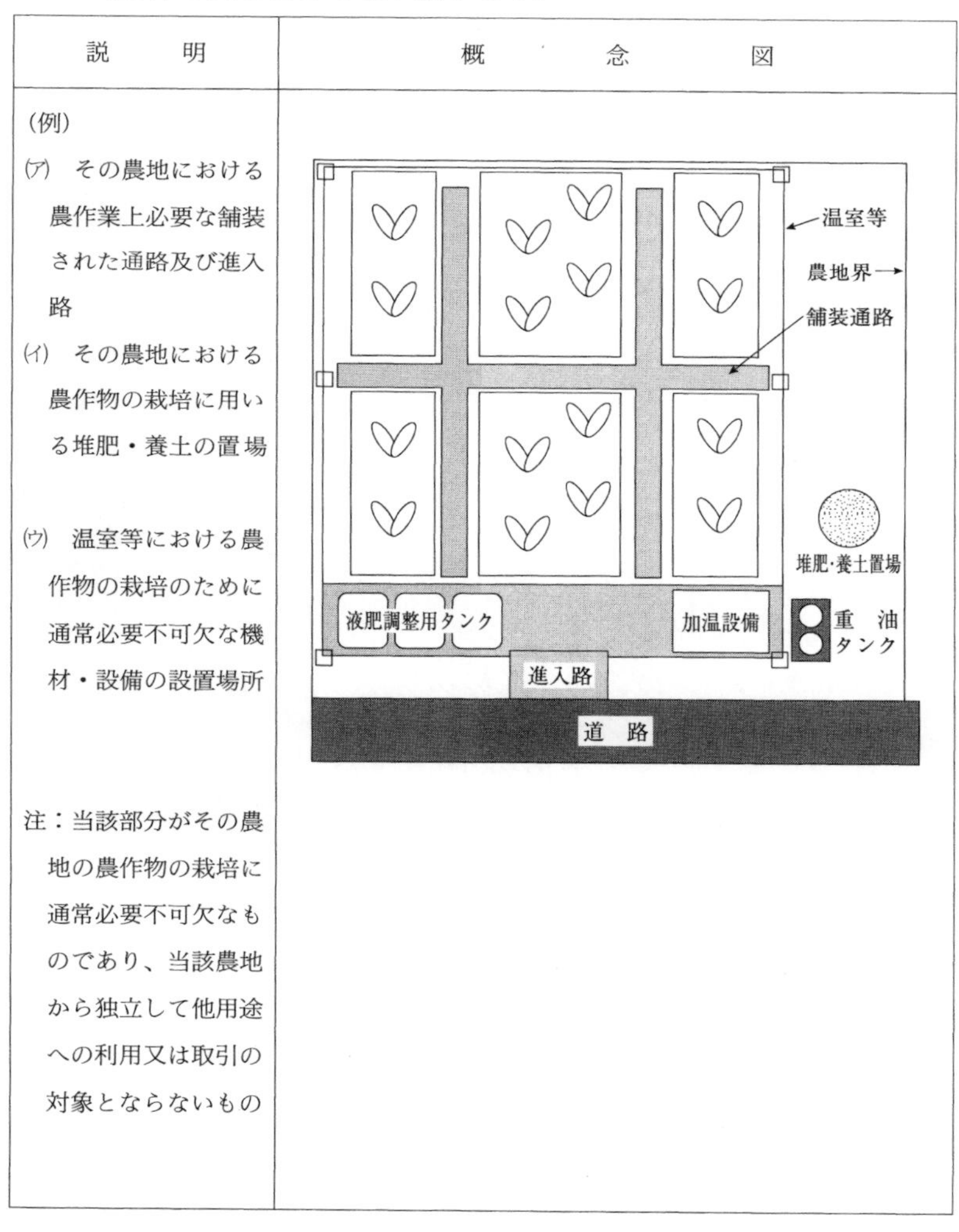

説　　明	概　　念　　図
（例） (ア)　その農地における農作業上必要な舗装された通路及び進入路 (イ)　その農地における農作物の栽培に用いる堆肥・養土の置場 (ウ)　温室等における農作物の栽培のために通常必要不可欠な機材・設備の設置場所 注：当該部分がその農地の農作物の栽培に通常必要不可欠なものであり、当該農地から独立して他用途への利用又は取引の対象とならないもの	

2　農地と認められない部分を含む場合

説　　明	概　　念　　図
（例） ・農地と認められない部分 (ア)　その農地における農作物の栽培に通常必要と認められる規模を超える機材・設備の用地 (イ)　事務所、倉庫、直売所等農作物の栽培に通常必要不可欠といえないもの (ウ)　これらに附帯する土地 注：これらの部分は、その農地の農作物の栽培に通常必要不可欠なものとは言えず、当該農地から独立して他用途への利用又は取引の対象となり得ると認められる。	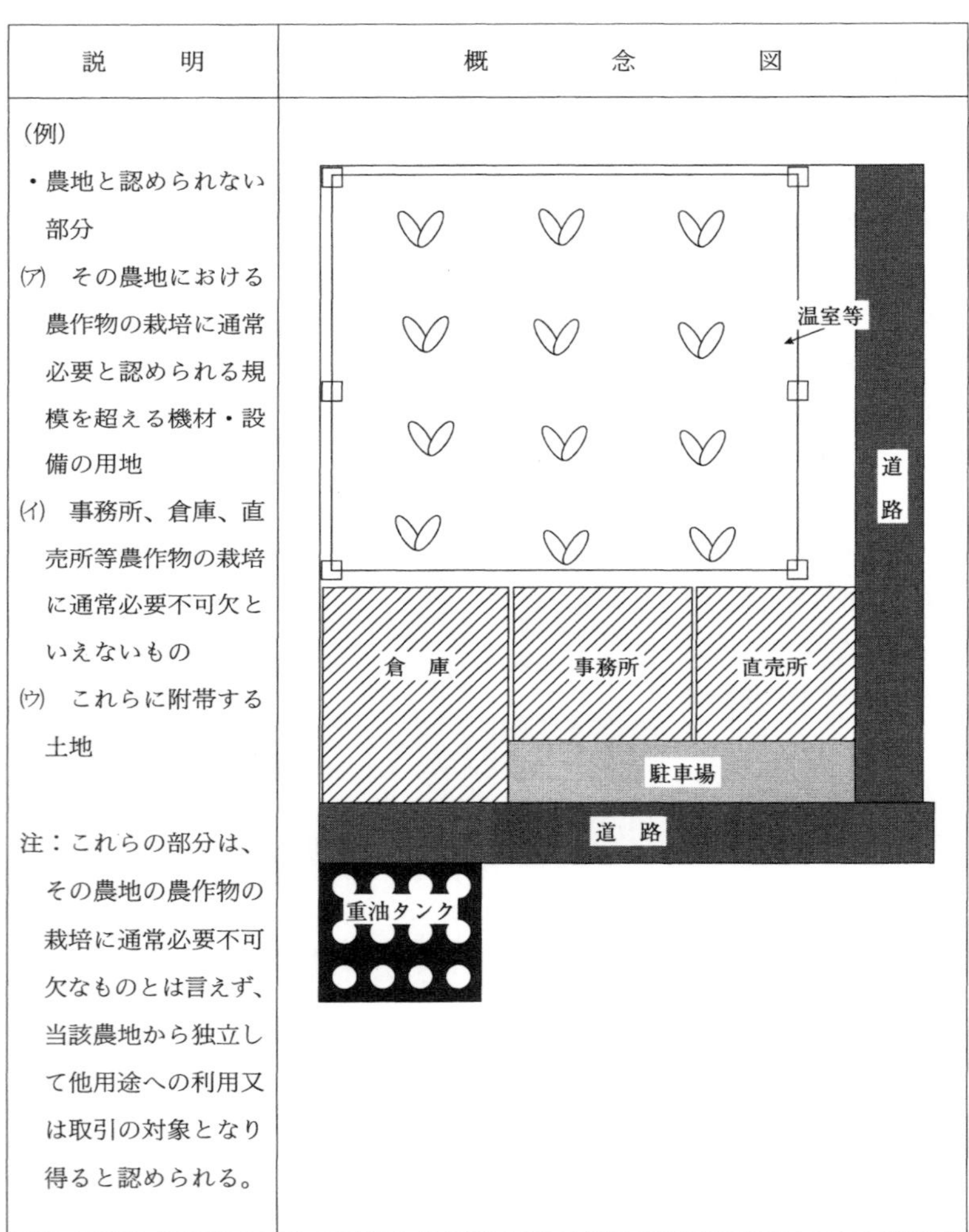

（注）「（参考）農地の転用にあたるかどうかの判断基準①、②」は、平成14年４月１日13経営第6953号「施設園芸用地等の取扱いについて」（農林水産省経営局構造改善課長通知）で示された農地法上の農地の判断基準である。

3　制限の例外

農地を農地以外のものにしようとする場合であっても、次の場合には、例外として転用許可を受けなくてもよいこととされている（第四条第一項ただし書、施行規則第二十九条）。

(1)　法第五条第一項の許可を受けた農地をその許可された目的に転用する場合（第一号）

(2)　国又は都道府県等が、道路、農業用用排水施設その他の地域振興上又は農業振興上の必要性が高いと認められる施設の用に供するため、農地を転用する場合（第二号）

国又は都道府県等が転用する場合でも次の施設は、許可対象になる（施行規則第二十五条）。なお、これらの施設については、国又は都道府県等と都道府県知事等との協議が成立することをもって許可があったものとみなされる（法第四条第八項）。

①　学校（幼稚園、小学校、中学校、義務教育学校、高等学校、中等教育学校、特別支援学校（旧盲学校、旧聾学校及び旧養護学校）、大学、高等専門学校、専修学校及び各種学校（自動車学校等）の用に供する施設

②　社会福祉施設（救護施設、乳児院、児童自立支援施設、養護老人ホーム、保育所、身体障害者福祉センター、更生保護施設等）

③　病院（診療所、助産所を含む。）

④　庁舎（多数の者の利用に供する庁舎）〔ⅰ 国が設置する庁舎で、本府・本省又は本府・本省の外局の本庁【内閣府本府、農林水産省本省、気象庁、林野庁等】、ⅱ 国が設置する地方支分部局の本庁【地方農政局、北海道農政事務所、森林管理局、都道府県労働局等は含まれるが、これらの所掌事務の一部を分掌させるために設置される地域センター、森林管理署、労働基準監督署、公共職業安定所等は含まれない。】、ⅲ 都道府県庁、都道府県の支庁・地方事務所【都道府県に設置される保健所等は含まれない。】ⅳ 指定市町村が設置する市役所、特別区の区役所又は町村役場の用に供する庁舎　ⅴ 警視庁又は道府県警察本部の本庁【都道府県の区域を分かち、各区域を管轄する警察署のほか、警察署

の下部機構である交番等は含まれない。】〕vi 宿舎〔職務上常駐を必要とする職員【消防吏員等】又は職務上その勤務地に近接する場所に居住する必要がある職員【警察職員、河川事務所に勤務する職員等緊急時に参集する必要がある職員】のためのものを除く【これらの宿舎は、規模が小さいこと等から除外】。〕

(3) 農地中間管理事業法第十八条第七項の規定による公告があった農用地利用集積等促進計画の定めるところによって設定され、又は移転された同条第一項の権利に係る農地を当該農用地利用集積等促進計画に定める利用目的に転用する場合（第三号）

(4) 特定農山村地域における農林業等の活性化のための基盤整備の促進に関する法律第九条第一項の規定による公告があった所有権移転等促進計画に定めるところによって権利が設定され、又は移転された農地を当該所有権移転等促進計画に定める利用目的に転用する場合（第四号）

(5) 農山漁村の活性化のための定住等及び地域間交流の促進に関する法律第五条第一項の規定により作成された活性化計画（同条第四項各号に掲げる事項が記載されたものに限る。）に従つて農地を同条第二項第二号に規定する活性化事業の用に供する場合又は同法第九条第一項の規定による公告があつた所有権移転等促進計画の定めるところによつて設定され、若しくは移転された同法第五条第十項の権利に係る農地を当該所有権移転等促進計画に定める利用目的に供する場合（第五号）

(6) 土地収用法その他の法律によって収用され、又は使用された場合に、その農地を収用又は使用した目的に転用する場合（第六号）

(7) 都市計画法第七条第一項の市街化区域（同法第二十三条第一項の規定による協議を要する場合には当該協議が調ったものに限る。）内にある農地をあらかじめ農業委員会に届け出て、転用する場合（第七号、この説明は一五六頁から一五九頁を参照）

(8)　その他農林水産省令で定める場合（第八号）

施行規則第二十九条では次のように定めている。

①　耕作者が自らの農地を自らの耕作に供する他の農地の保全若しくは利用の増進のために転用する場合、又は二アール未満の農地をその者の農作物の育成若しくは養畜の事業のための農業用施設に転用する場合（施行規則第二十九条第一号）

②　法第四十五条第一項の規定により農林水産大臣が管理する農地の貸付けを受けた者がその貸付けに係る目的に供する場合（施行規則第二十九条第二号）

③　法第四十七条の規定による売払いに係る農地をその売払いに係る目的に供する場合（施行規則第二十九条第三号）

④　土地改良法に基づく土地改良事業によって、農地をかんがい排水施設その他農地以外のものに転用する場合（施行規則第二十九条第四号）

⑤　土地区画整理法に基づく土地区画整理事業若しくは土地区画整理法施行法第三条第一項若しく第四条第一項の規定による土地区画整理の施行によって道路、公園等の公共施設を建設するため農地を農地以外のものに転用する場合、又はこれらの施設に供される宅地の代替地として農地を転用する場合（施行規則第二十九条第五号）

⑥　地方公共団体（都道府県等を除く。）が道路、河川、堤防、水路若しくはため池又はその他の施設で土地収用法第三条各号に掲げるもの（施行規則第二十五条第一号から第三号に掲げる学校、社会福祉施設、病院又は市役所、特別区の区役所若しくは町村役場の用に供する庁舎を除く。）の敷地に供するため、その区域内にある農地を転用する場合（施行規則第二十九条第六号）

なお、平成二十一年の農地法の改正により、地方公共団体（都道府県を除く。）で許可対象となった施設は次に掲げるとおりである。これらの施設については、法定協議はないので許可を受けることになる。

ア　(2)の①から③まで

イ　庁舎〔市役所、特別区の区役所又は町村役場【政令指定都市等に設置される保健所、市町村の支所・出張所等は含まない。】〕

市町村がア又はイの用地として農地を選定せざるを得ない場合には、法第四条第一項又は第五条第一項の許可を受けることのできる農地が選定されるよう、当該申請に先立って国又は都道府県の協議に関する事前調整（一五九頁参照）の例に倣い都道府県知事と十分に調整を行うことが望ましいとされている（事務処理要領第4・1(6)キ）

⑦　東日本高速道路株式会社・首都高速道路株式会社・中日本高速道路株式会社・西日本高速道路株式会社・阪神高速道路株式会社・本州四国連絡高速道路株式会社、地方道路公社、独立行政法人水資源機構、独立行政法人鉄道建設・運輸施設整備支援機構、全国新幹線鉄道整備法第九条一項による認可を受けた者、成田国際空港株式会社がそれぞれ道路、ダム、堤防、鉄道、空港等特定の施設の敷地に供するため農地を転用する場合（施行規則第二十九条第七号〜第十号）

⑧　法第五条第一項第六号の届出に係る農地をその届出された目的に転用する場合（施行規則第二十九条第十一号）

⑨　都市計画事業の施行者が市街化区域内において都市計画法の規定により買取り又は先買いした農地を都市計画事業によって転用する場合（施行規則第二十九条第十二号）

⑩　電気事業者が送電用、配電用の施設（電線支持物又は開閉所に限る。）等の敷地に供するため農地を転用する場合（施行規則第二十九条第十三号）

⑪　地方公共団体（都道府県を除く。）、独立行政法人都市再生機構、地方住宅供給公社、土地開発公社、独立行政法人中小企業基盤整備機構等が市街化区域内の農地を転用する場合（施行規則第二十九条第十四号）

⑫　独立行政法人都市再生機構が道路、都市公園等の特定公共施設又はその施設の建設に必要な道路等の用に供するた

め農地を転用する場合（施行規則第二十九条第十五号）

⑬　認定電気通信事業者が有線電気通信のための線路、空中線系（その支持物を含む。）若しくは中継施設等の敷地の用に供するため農地を転用する場合（施行規則第二十九条第十六号）

⑭　地方公共団体（都道府県を除く。）又は災害対策基本法第二条第五号に規定する指定公共機関若しくは同条第六号に規定する指定地方公共機関が行う非常災害の応急対策又は復旧であって、当該機関の所掌業務に係る施設について行うもののために必要な施設の敷地に供するため農地を転用する場合（施行規則第二十九条第十七号）

⑮　ガス事業法第二条第十二項に規定するガス事業者が、ガス導管の変位の状況を測定する設備又はガス導管の防食措置の状況を検査する設備の敷地に供するため農地を農地以外のものにする場合（施行規則第二十九条第十八号）

⑯　農地を家畜伝染病予防法第二十一条第一項又は第四項の規定による焼却又は埋却の用に供する場合（施行規則第二十九条第十九号）

⑰　地方公共団体（都道府県等を除く。）が文化財保護法（昭和二十五年法律第二百十四号）第九十九条第一項の規定による土地の発掘（同法第九十二条第一項に規定する埋蔵文化財の有無の確認又は埋蔵文化財を包蔵する土地の範囲、内容その他の事項の把握を行うことを目的とした土地の試掘に係るものに限る。第五十三条第十九号において同じ。）を行うため農地を一時的に農地以外のものにする場合（施行規則第二十九条第二十号）

4　許可権者

許可権者は、都道府県知事及び指定市町村の長（以下「都道府県知事等」という。）とされている（第一項）。このうち、許可権者としての指定市町村の長は、平成二十七年の「地域の自主性及び自立性を高めるための改革の推進を図るための関係法律の整備に関する法律」（以下「第五次地方分権一括法」という。）による農地法改正により新たに制度化されたものである。

その内容は、農地等農業上の効率的かつ総合的な利用の確保に関する施策の実効性を考慮して農林水産大臣が指定する市町村（指定市町村）の区域内の農地については、農地転用に係る事務、権限を指定市町村の長に移譲することとされたものである。

都道府県知事等が四ヘクタールを超える農地の転用を許可しようとする際は、当分の間、農林水産大臣との協議をしなければならないとされている（農地法附則第二項）（四二七頁参照）。

ここで「同一の事業の目的に供するために転用する」とは、同一の事業主体が時間、空間を問わず一連の事業計画のもとに転用することをいう。したがって、ある事業のため数年間継続して毎年四ヘクタール未満の農地を転用する場合でも、その事業総面積が四ヘクタールを超えることが当初計画で予定されている場合、転用される農地が二から三箇所にまたがっている場合でも、そのいずれもが同一の事業の一環として行われるものであり、その総面積が四ヘクタールを超える農地転用については、都道府県知事等は農林水産大臣と協議することが必要である。

なお、都道府県知事の農地転用許可事務を地方自治法第二百五十二条の十七の二第一項の条例の定めるところにより市町村に移譲することとし、さらに市町村長から同法第百八十条の二に基づき農業委員会に事務委任しているところがある。

5　許可の申請者

第四条の許可を申請する者は、農地を転用しようとする者である。

6　許可申請の手続

(1)　許可申請の手続

①　許可申請の手続を図示すれば次のとおりである。

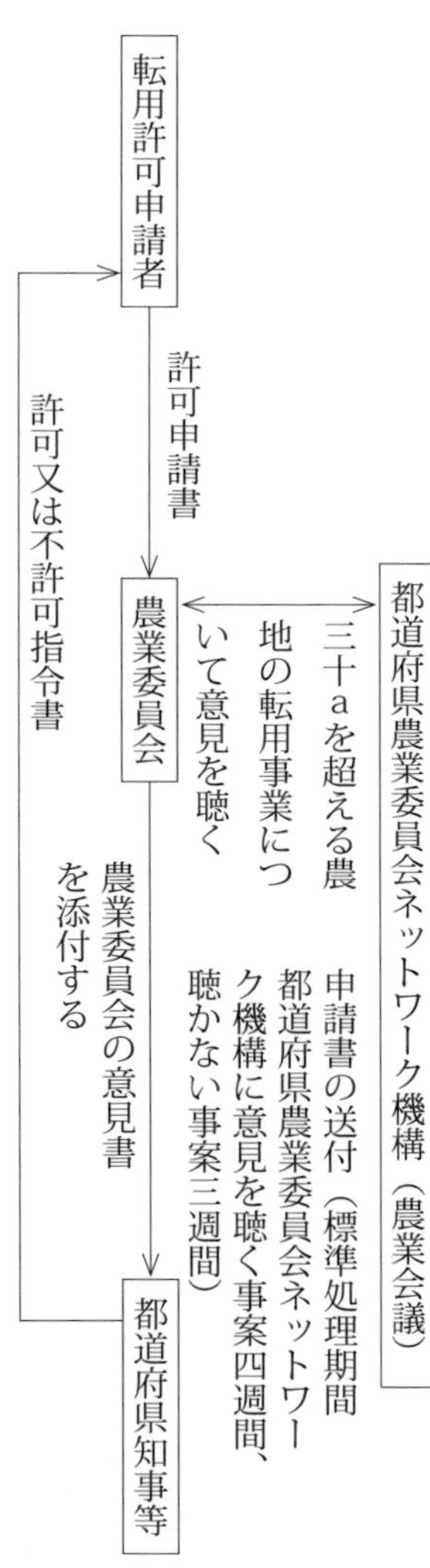

なお、市街化区域内の届出については、一五六頁を参照されたい。

② 法第四条の許可申請手続

農地を農地以外のものにするために許可を受けようとする場合は、許可申請書に施行規則第三十一条に列挙されている事項を記載し、その農地の所在地を管轄する農業委員会を経由して都道府県知事等に提出しなければならないこととされている（農地法第四条第二項）。

なお、転用許可申請書の様式例は、次のように「農地法関係事務処理要領」様式例第4号の1として示されている。参考までに記載例を青色で示している。

農地法第４条第１項の規定による許可申請書

○年 ○月 ○日

都道府県知事
市町村長　殿

申請者　氏名　○○　○○

下記のとおり農地を転用したいので、農地法第４条第１項の規定により許可を申請します。

記

1　申請者の住所等	住所
	○○ 都道府県 ○○ 郡市 ○○ 町村 △△501 番地

2　許可を受けようとする土地の所在等	土地の所在	地番	地目（登記簿）	地目（現況）	面積	利用状況	10ａ当たり普通収穫高	耕作者の氏名	市街化区域・市街化調整区域・その他の区域の別
	○○郡市○○町村 大字○○	660番	畑	畑	300㎡	水田	480kg	会田栄	都市計画区域外
	計　300　㎡（田　　㎡、畑　300　㎡）								

3　転用計画		
(1)　転用事由の詳細	用途：農機具収納施設用地	事由の詳細　大型機械整備のため
(2)　事業の操業期間又は施設の利用期間	○　年　○　月　○　日から　永久　年間	
(3)　転用の時期及び転用の目的に係る事業又は施設の概要	（下表のとおり）	

工事計画	第１期（着工3年6月1日から3年10月31日まで）名称	棟数	建築面積	所要面積	第２期	合計 棟数	合計 建築面積	合計 所要面積
土地造成	／			330㎡		／	／	330㎡
建築物	鉄骨造１階建倉庫	１棟	130㎡			1	130㎡	
小計	／		130	330				
工作物								
小計	／							
合計	／	１棟	130	330		1	130	330

4　資金調達についての計画	①　自己資金　1,500万円 ②　借入金　1,500万円
5　転用することによって生ずる付近の土地・作物・家畜等の被害防除施設の概要	排水は公共下水道に排出し被害のないようにする
6　その他参考となるべき事項	

（記載要領）

1　申請者が法人である場合には、「氏名」欄にその名称及び代表者の氏名を、「住所」欄にその主たる事務所の所在地を、それぞれ記載してください。

2　「利用状況」欄には、田にあっては二毛作又は一毛作の別、畑にあっては普通畑、果樹園、桑園、茶園、牧草畑又はその他の別を記載してください。

3　「市街化区域・市街化調整区域・その他の区域の別」欄には、申請に係る土地が都市計画法による市街化区域、市街化調整区域又はこれら以外の区域のいずれに含まれているかを記載してください。

4 「転用の時期及び転用の目的に係る事業又は施設の概要」欄には、工事計画が長期にわたるものである場合には、できる限り工事計画を６か月単位で区分して記載してください。

5 申請に係る土地が市街化調整区域内にある場合には、転用行為が都市計画法第29条の開発許可及び同法第43条第１項の建築許可を要しないものであるときはその旨並びに同法第29条及び第43条第１項の該当する号を、転用行為が当該開発許可を要するものであるときはその旨及び同法第34条の該当する号を、転用行為が当該建築許可を要するものであるときは、その旨及び建築物が同法第34条第１号から第10号まで又は都市計画法施行令第36条第１項第３号ロからホまでのいずれの建築物に該当するかを、転用行為が開発行為及び建築行為のいずれも伴わないものであるときは、その旨及びその理由を、それぞれ「その他参考となるべき事項」欄に記載してください。

③　申請書には、次の書類を添付することとされている（施行規則第三十条・事務処理要領第4・1(1)イ）。

i　法人にあっては、定款又は寄附行為及び法人の登記事項証明書

ii　申請に係る土地の登記事項証明書（全部事項証明書に限る。）

iii　申請に係る土地の地番を表示する図面

iv　転用候補地の位置及び附近の状況を表示する図面（縮尺は、一〇、〇〇〇分の一ないし五〇、〇〇〇分の一程度）

v　転用候補地に建設しようとする建物又は施設の面積、位置及び施設物間の距離を表示する図面（縮尺は、五〇〇分の一ないし二、〇〇〇分の一程度。当該事業に関連する設計書等の既存の書類の写しを活用させることも可能である。）

vi　当該事業を実施するために必要な資力及び信用があることを証する書面（例えば、次に掲げる書面又はその写しのように、資力及び信用があることを客観的に判断することができるものとすることが考えられる。）

a　金融機関等が発行した融資を行うことを証する書面その他の融資を受けられることが分かる書面

b　預貯金通帳、金融機関等が発行した預貯金の残高証明書その他の預貯金の残高が分かる書面（許可を申請する者又はその者の住居若しくは生計を一にする親族のものに限る。）

c　源泉徴収票その他の所得の金額が分かる書面

d　青色申告書、財務諸表その他の財務の状況が分かる書面

vii　所有権以外の権原に基づいて申請する場合には、所有者の同意があったことを証する書面、申請に係る農地につき地上権、永小作権、質権又は賃借権に基づく耕作者がいる場合には、その同意があったことを証する書面

なお、申請に係る農地等の全部又は一部が賃借権の設定された農地である場合であって、当該農地等について耕作又は養畜の事業を行っている者以外の者が転用するときは、申請に係る許可は、当該農地に係る法第十八条第一

項の許可と併せて処理することとし、特に、指定市町村の長が処理する事案にあっては、これら双方の許可に食い違いの生じないよう、許可権者間の連絡に留意することとされている（事務処理要領第4・1(6)ア）。

ⅷ　申請に係る農地が土地改良区の地区内にある場合には、当該土地改良区の意見書（意見を求めた日から三十日を経過してもその意見を得られない場合にあっては、その事由を記載した書面）

ⅸ　当該事業に関連する取水又は排水につき水利権者、漁業権者その他関係権利者の同意を得ている場合には、その旨を証する書面

ⅹ　その他参考となるべき書類（許可申請の審査をするに当たって、特に必要がある場合に限ることとし、印鑑証明、住民票等の添付を一律に求めることは適当でない。）

7　農業委員会の処理

(1)　農業委員会は、都道府県知事等あての申請書の提出があったときは、申請書の記載事項等について検討して意見書を作成し、これを申請書に添付して都道府県知事等に送付しなければならない。この場合、三十アールを超える農地の転用の場合については、都道府県農業委員会ネットワーク機構（都道府県農業会議）に意見を聴くものとし（三十アール以下の場合は意見聴取は任意）、これを聴いたときは、当該機構の意見も踏まえ意見書を作成する（農地法第四条第三項、第四項、第五項）。

また、農業委員会は、その意見書の写しを保管する。なお、意見決定の際、特に問題として討議又は質疑が行われた事項があった場合には、関係議事録の写しを意見書に添付する（事務処理要領第4・1(4)ア）。

(2)　農業委員会は、許可申請書の提出があったときは、提出があった日の翌日から起算して四十日（農地法第四条第四項又は第五項の規定により都道府県機構の意見を聴くときは、八十日）以内に、当該申請書に意見を付して送付すべきとされ

ている。ただし、同条第三項の規定により農業委員会が当該申請書に同条第一項の許可をすることが相当であるとする内容の意見を付そうとする場合において都道府県機構が当該許可をしないことが相当であるとする内容の意見を述べたときその他の特段の事情がある場合は、この限りでない（施行規則第三十二条）。

(3)　農業委員会は、送付した申請書に対する指令書の写しの送付を都道府県知事等から受けたときは、意見書の写しに都道府県知事等の処理結果を記入する（事務処理要領第4・1(4)イ）。

8　都道府県知事等の処理

(1)　都道府県知事等は、申請書の提出があったときは、その内容を審査し、必要がある場合には実地調査を行い、許可又は不許可を決定して、許可又は不許可に係る権利の種類及び設定又は移転する権利の別を明記した指令書を申請者に交付するとともに、その写しを関係農業委員会に送付する。

(2)　都道府県知事等は、申請を却下し、申請の全部もしくは一部について不許可処分をし、又は附款を付して許可処分をする場合には、指令書の末尾に教示文を記載する（事務処理要領第4・1(5)ウ）。

9　許可に当たっての留意事項

(1)　許可をするに当たっては、原則として「①申請書に記載された事業計画に従った事業の用に供すること。②許可に係る工事が完了するまでの間、本件許可の日から三か月後及びその後一年ごとに工事の進捗状況を報告し、許可に係る工事が完了したときは、遅滞なく、その旨を報告すること。③申請書に記載された工事の完了の日までに農地に復元すること。」という条件を付するものとし、その他の条件を付するに当たっては、一定の期間内に一定の行為をしない場合には許可が失効するというような解除条件は避ける等、その条件は明確なものとし、その後の許可の効力等につき疑義を生ずることのないようにする（事務処理要領第4・1⑹ウ）。

（注）　③については、農地の転用目的が一時的な利用の場合において記載する。

⑵　転用目的が建築物の建築等を伴わない資材置き場等である場合には、当該転用目的どおり十分な利用がなされないまま他用途に転換されることがないよう、農地転用許可権者は、事業規模の妥当性、事業実施の確実性等を的確に判断する必要がある。

例えば、過去に資材置き場等に供する目的で農地転用許可を受けたことのある事業者から新たな申請があった場合には、過去に実施した転用事業が当初計画どおりに実施されているか確認する必要がある。また、資材置き場等の目的で申請があった土地が電気事業者による再生可能エネルギー電気の調達に関する特別措置法第九条第三項に基づく認定を受けた再生可能エネルギー発電事業計画の設備の所在地となっている場合であって、農地転用許可の基準上、当該設備の設置が許可できない土地である場合にあっては、偽りその他不正の手段により農地転用許可を得ようとしている可能性を考慮し、事業者等から事情を聴取するなど、慎重かつ十分な審査を行う必要がある。また、資材置き場等に供する目的で農地転用許可がされた場合には、その後の一定期間、農業委員会は、当該土地の利用状況を確認することが望ましい（事務処理要領第4・1⑹エ）。

⑶　許可に関する指令書をその申請者に交付するときには、その指令書に必ず「注意事項」として「許可に係る土地を申請書に記載された事業計画（用途、施設の配置、着工及び完工の時期、被害防除措置等を含む。）に従ってその事業の用に供しないときは、法第五十一条第一項の規定によりその許可を取り消し、その条件を変更し、若しくは新たに条件を付し、又は工事その他の行為の停止を命じ、若しくは相当の期限を定めて原状回復の措置等を講ずべきことを命ずることがあります。」旨を記載する（事務処理要領第4・1⑹オ）。

⑷　農村地域への産業の導入の促進等に関する法律第五条第一項に規定する実施計画に基づく施設用地の整備など地域の振

興等の観点から地方公共団体等が定める公的な計画に従って農地を転用して行われる施設整備等については、農業上の土地利用との調和を図る観点から、当該実施計画の策定の段階で、転用を行う農地の位置等について当該実施計画の所管部局と十分な調整を行う（事務処理要領第４・１(6)カ）。

(5)　市町村（指定市町村を除く。）が、施行規則第二十五条第一号から第三号までに掲げる施設又は市役所、特別区の区役所若しくは町村役場の用に供する庁舎を設置するための用地として農地を選定せざるを得ない場合には、農地転用許可を受けることのできる農地が選定されるよう、当該許可申請に先立って２の(4)の例に倣い都道府県知事と十分に調整を行うことが望ましい（事務処理要領第４・１・(6)キ及び２・(4)）。

Ⅱ　農地転用許可基準

農地転用許可基準は、大きく分けて、１農地が優良農地であるか否かの面からみる『立地基準』と、２確実に転用事業に供されるか、周辺の営農条件に悪影響を与えないか等の面からみる『一般基準』とからなっている（法第四条第六項、施行令第四条～第八条の二、施行規則第二十五条・第三十三条～第四十七条の三）。

１　立地基準：優良農地の確保を図りつつ、社会経済上必要な需要に適切に対応

(1)　原則として許可しない農地

①　優良農地

Ａ　農用地区域（農振法第八条第二項第一号に規定している農用地区域）内にある農地（法第四条第六項第一号イ）

農振法に基づき市町村が定める農業振興地域整備計画において、農用地等として利用すべき土地として定められた土地のうち、現況が農地のものをいう。

Ｂ　集団的に存在する農地その他の良好な営農条件を備えている農地（第一種農地：おおむね十ヘクタール以上の規模の一団の農地、土地改良事業を実施した農地等）（法第四条第六項第一号ロ）

【第一種農地】

〈第一種農地の要件〉（運用通知第２・１(1)イ）

第一種農地は、生産性の高い農業の実現という観点から確保・保全することが必要な農地であり、農業上の利用の確保を図るため転用を原則として許可しない農地として位置づけられている。

具体的には、ａ おおむね十ヘクタール以上の規模の一団の農地の区域内にある農地（施行令第五条第一号）、ｂ 土地改良事業等の農業に対する公共投資の対象となった農地（施行令第五条第二号）、ｃ 傾斜、土性その他の自然的条件からみて、その近傍の標準的な農地を超える生産をあげることができると認められる農地（施行令第五条第三号）とされている。

なお、第一種農地の要件に該当する農地であっても、第三種農地又は第二種農地の要件に該当する場合には、そちらが優先され、第一種農地とならない（法第四条第六項一号ロ括弧書）。

ａ　おおむね十ヘクタール以上の規模の一団の農地の区域内にある農地（施行令第五条第一号）

このような農地は、良好な営農条件を備えている農地として農業上の利用を確保していくことが必要である。

「おおむね」の範囲については、都市の膨張速度や発展方向等周辺の土地利用の状況からみて個々に判断すべきであるが、一般的には一割程度の範囲で運用することが適当と考えられている。

また、「一団の農地」とは、山林、宅地、河川、高速自動車道等農業機械が横断することができない土地により囲まれた集団的に存在する農地をいう。

なお、農業用道路、農業用用排水施設、防風林等により分断されている場合や農業用施設等が点在している場合であっても、実際に、農業機械が容易に横断し又は迂回することができ、一体として利用することに支障があると認められない場合には、一団の農地として取り扱うことが適当とされている。

また、傾斜、土性その他の自然的条件からみて効率的な営農を行うことができず、一体として利用することに支障があると認められる場合には、一団の農地として取り扱わないことが適当とされている。

b　土地改良事業等の農業に対する公共投資の対象となった農地（施行令第五条第二号）

農業公共投資を活用して改良等を行った農地については、良好な営農条件を備えている農地として農業上の土地利用を確保することとしている。具体的には、土地改良法第二条第二項に規定する土地改良事業又はこれに準ずる事業で、次のア及びイの要件を満たす事業（特定土地改良事業等）の施行に係る区域内にある農地が対象となる。

ア　次のいずれかに該当する事業（主として農地又は採草放牧地の災害を防止することを目的とするものを除く。）であること。これらの事業は、農地そのものが有する生産力を直接的に向上させる事業である（施行規則第四十条第一号）。

ⅰ農業用用排水施設の新設又は変更、ⅱ区画整理、ⅲ農地又は採草放牧地の造成（昭和三十五年度以前の年度にその工事に着手した開墾建設工事を除く。）、ⅳ埋立て又は干拓、ⅴ客土、暗きょ排水その他の農地又は採草放牧地の改良又は保全のため必要な事業

イ　次のいずれかに該当する事業であること（施行規則第四十条第二号）

ⅰ国又は地方公共団体が行う事業、ⅱ国又は地方公共団体が直接又は間接に経費の全部又は一部につき補助その他の助成を行う事業、ⅲ農業改良資金融通法に基づき株式会社日本政策金融公庫又は沖縄振興開発金融公庫から資

金の貸付けを受けて行う事業、ⅳ株式会社日本政策金融公庫から資金の貸付けを受けて行う事業（ⅲを除く）

これらの事業の「施行に係る区域」には、特定土地改良事業等の工事を完了した区域だけでなく現に特定土地改良事業等を実施中である区域を含むが、事業の調査計画の段階であるものは含まない。

c　傾斜、土性その他の自然的条件からみてその近傍の標準的な農地を超える生産をあげることができると認められる農地（施行令第五条第三号）

集団的に存在する農地や農業公共投資の対象となった農地でなくても、例えば、果樹園において傾斜等の自然的条件が良好であるために周辺の果樹園より生産力が高い農地が存在する場合等が考えられる。このような、傾斜、土性その他の自然条件からみてその近傍の標準的な農地を超える生産をあげることができると認められる農地も、良好な営農条件を備えている農地として農業上の利用を確保することとしている。

〈甲種農地の要件（施行令第六条）〉

第一種農地の要件に該当する農地のうち市街化調整区域にある特に良好な営農条件を備えた農地は、農業上の土地利用を行うことが適当と考えられている。

このような農地については、周辺の市街地化の程度にかかわらず第三種農地及び第二種農地の要件に該当しても、第一種農地と違って甲種農地として取り扱われることとなっている。また、例外的に許可を行う場合においても第一種農地を更に限定することにより、農業上の利用の確保の度合が第一種農地より高いものとして取り扱われている。

なお、甲種農地の要件は第一種農地の要件を更に限定したものとなっているが、具体的には、次の農地が甲種農地に区分される。

ａ　集団的優良農地（施行令第六条第一号）

おおむね十ヘクタール以上の規模の一団の農地の区域内にある農地のうち、その区画の面積、形状、傾斜及び土性が高性能農業機械による営農に適するものと認められる農地（施行規則第四十一条）

集団的に存在するという農地の優良性の基準を満たした上で、更に農作業を効率的に行いうるという条件をも満たす農地である。「高性能農業機械による営農に適するものと認められる農地」には、例えば、三十アール区画に圃場整備された田などが考えられる。

ｂ　農業公共投資後八年以内の農地（施行令第六条第二号）

特定土地改良事業等の施行に係る区域内にある農地のうち、当該事業の工事が完了した年度の翌年度から起算して八年を経過した農地以外の農地。

ただし、甲種農地の場合の特定土地改良事業等は、第一種農地の場合のうち、次のように農業公共投資の対象となった農地を、事業終了後の期間、事業の種類等から限定している。ア　農地を開発すること又は農地の形質に変更を加えることによって当該農地を改良し、若しくは保全することを目的とする事業〈いわゆる「面的整備事業」〉であって、イ　ⅰ区画整理、ⅱ農地又は採草放牧地の造成（昭和三十五年度以前の年度にその工事に着手した開墾建設工事を除く。）、ⅲ埋立て又は干拓、ⅳ客土、暗きよ排水その他の農地又は採草放牧地の改良又は保全のため必要な事業のうち、いずれかに該当する事業であり、ウ　国又は都道府県が行う事業又はこれらの者が直接又は間接に経費の全部又は一部を補助する事業（施行規則第四十二条）に限られている。このため、甲種農地では農業用用排水施設の新設又は変更の事業、市町村が行う事業や株式会社日本政策金融公庫の融資等によるものは対象とならない。

「施行に係る区域」には、特定土地改良事業等の工事を完了した区域だけでなく、当該事業を実施中である区域を含むが、当該事業等の調査計画の段階であるものは含まない。

また、「工事が完了した年度」については、土地改良事業の工事の場合にあっては、土地改良法第百十三条の三第二項又は第三項の規定による公告により、確認することが適当とされている。

② 優良農地で許可をする場合（不許可の例外）

一二〇頁①のA　農用地区域内の農地（運用通知第2・1(1)ア(イ)）

a　土地収用法第二十六条第一項の告示があった事業の用に供する場合（法第四条第六項ただし書）

b　農振法に基づく農用地利用計画において指定された用途（畜舎等農業用施設用地）に供する場合（農地法第四条第六項ただし書）

c　仮設工作物の設置その他の一時的な利用に供する場合であって、当該利用の目的を達成する上で当該農地を供することが必要であると認められる場合で農振整備計画の達成に支障を及ぼすおそれがない場合(施行令第四条第一項第一号）

「一時的な利用」の期間は、申請に係る目的を達成することができる必要最小限の期間をいい、農振整備計画の達成に支障を及ぼすことのないことを担保する観点から、三年以内の期間に限るものとされている。

なお、農地を養殖池に一時転用する場合、①容易に農地へ復元することが可能であること（コンクリートの打設は不可）、②地域農業との関係等について市町村と協定を締結すること、③担い手による営農が見込めない農地であること等、一定の要件を満たす場合は、一時転用期間が十年以内まで認められている（「農地を養殖池に一時転用する場合における農地転用許可の取扱いについて」令和三年三月四日・二農振第二九三五号、農林水産省農村振興局長通知）。

また、「当該利用の目的を達成する上で当該農地を供することが必要であると認められる」とは、申請に係る農地に代えて周辺の他の土地を供することによっては申請に係る事業の目的を達成することができないか、又はこれを要求することが不適当と認められる場合であって、かつ、利用の目的が当該農地を農地として利用することと比較して優先すべきものであると認められる（施行令第四条第一項第二号イ～ヘに該当するものが対象となり得る。）場合とされている。

一二一頁①のＢ　〈第一種農地〉（運用通知第２・１⑴イ(ｲ)）

ａ　②のａ、ｃの場合

ｂ　農業用施設、農畜産物処理加工施設、農畜産物販売施設その他地域の農業振興に資する施設として次に掲げるものに供する場合（ただし、(b)から(e)の施設は第一種農地及び甲種農地以外の周辺の土地に設置することによってはその目的を達成することができないと認められる場合に限る。）（施行令第四条第一項第二号イ、施行規則第三十三条）

(a)　農業用施設、農畜産物処理加工施設及び農畜産物販売施設（運用通知第２・１⑴イ(ｲ)Ｃ(a)）

ⅰ　農業用施設には、次の施設が該当する。

(ⅰ)　農業用道路、農業用用排水路、防風林等農地等の保全又は利用の増進上必要な施設

(ⅱ)　畜舎、温室、植物工場（閉鎖された空間において生育環境を制御して農産物を安定的に生産する施設をいう。）、農産物集出荷施設、農産物貯蔵施設等農畜産物の生産、集荷、調製、貯蔵又は出荷の用に供する施設

(ⅲ)　たい肥舎、種苗貯蔵施設、農機具格納庫等農業生産資材の貯蔵又は保管の用に供する施設

(ⅳ)　廃棄された農産物又は廃棄された農業生産資材の処理の用に供する農業廃棄物処理施設

ⅱ　農畜産物処理加工施設には、その地域で生産される農畜産物（主として、当該施設を設置する者が生産する農畜産物又は当該施設が設置される市町村及びその近隣の市町村の区域内において生産される農畜産物をいう。ⅲにおいて同じ。）を原料として処理又は加工を行う、精米所、果汁（びん詰、缶詰）製造工場、漬物製造施設、野菜加工施設、製茶施設、い草加工施設、食肉処理加工施設等が該当する。

ⅲ　農畜産物販売施設には、その地域で生産される農畜産物（当該農畜産物が処理又は加工されたものを含む。）の

販売を行う施設で、農業者自ら設置する施設のほか、農業者の団体、ⅱの処理又は加工を行う者等が設置する地域特産物販売施設等が該当する。

ⅳ　耕作又は養畜の事業のために必要不可欠な駐車場、トイレ、更衣室、事務所等については、農業用施設に該当する。

また、農業用施設、農畜産物処理加工施設又は農畜産物販売施設（以下ⅳ及びⅴにおいて「農業用施設等」という。）の管理又は利用のために必要不可欠な駐車場、トイレ、更衣室、事務所等については、当該施設等と一体的に設置される場合には、農業用施設等に該当する。

ⅴ　農業用施設等に附帯して太陽光発電設備等を農地に設置する場合、当該設備等が次に掲げる事項の全てに該当するときは、農業用施設に該当する。

(ⅰ)　当該農業用施設等と一体的に設置されること。

(ⅱ)　発電した電気は、当該農業用施設等に直接供給すること。

(ⅲ)　発電能力が、当該農業用施設等の瞬間的な最大消費電力を超えないこと。ただし、当該農業用施設等の床面積を超えない規模であること。

(b)　都市住民の農業の体験その他の都市等との地域間交流を図るために設置される施設

これに該当する施設としては、農業体験施設や農家レストランなど都市住民の農村への来訪を促すことにより、地域を活性化したり、都市住民の農業・農村に対する理解を深める等の効果を発揮することを通じて、地域の農業に資するものをいう。

(c)　農業従事者の就業機会の増大に寄与する施設

この場合の「農業従事者」には、農業従事者の世帯員も含まれる。また、「就業機会の増大に寄与する施設」に該当するか否かは、当該施設において新たに雇用されることとなる者に占める農業従事者の割合がおおむね三割以上であれば、これに該当するものと判断する。ただし、人口減少、高齢化の進行等により、雇用可能な農業従事者の数が十分でないことその他の特別の事情がある場合には、都道府県知事等が設定した基準（特別基準）により判断して差し支えない。

この点、当該施設の用に供するために行われる農地転用に係る許可の申請を受けた際には、申請書に雇用計画及び申請者と地元自治体との雇用協定を添付することを求めた上で、農業従事者の雇用の確実性の判断を行うことが適当と考えられる。

なお、雇用計画については、当該施設において新たに雇用されることとなる者の数、地元自治体における農業従事者の数及び農業従事の実態等を踏まえ、当該施設において新たに雇用されることとなる者に占める農業従事者の割合がおおむね三割以上となること（特別基準が設定されている場合は、その基準を満たすこと）が確実であると判断される内容のものであることが適当と考えられる。

また、雇用協定においては、当該施設において新たに雇用された農業従事者（当該施設において新たに雇用されたことを契機に農業に従事しなくなった者を含む。）の雇用実績を毎年地元自治体に報告し、当該施設において新たに雇用された者に占める農業従事者の割合がおおむね三割以上となっていない場合（特別基準が設定されている場合は、その基準を満たしていない場合）にこれを是正するために講ずべき措置を併せて定めることが適当と考えられる。この講ずべき措置の具体的な内容としては、例えば、被雇用者の年齢条件を緩和した上で再度募集をすること、近隣自治体にまで範囲を広げて再度募集すること等が想定される。

(d)　農業従事者の良好な生活環境を確保するための施設

この施設とは、農業従事者の生活環境を改善するだけでなく、地域全体の活性化等を図ることにより、地域の農業の振興に資するものをいう。

具体的には、集会施設、農村公園、農村広場、上下水道施設等が該当するが、地域の農業の振興に資する施設であることが明確でないものは該当しない。

なお、農業従事者個人の住宅等特定の者が利用するものは含まない。

(e)　住宅その他申請に係る土地の周辺の地域において居住する者の日常生活上又は業務上必要な施設で集落に接続して設置されるもの

これは、集落の通常の発展の範囲内で集落を核とした滲み出し的に行われる農地の転用は認めるものである。この場合、「集落」とは、相当数の家屋が連たんして集合している区域をいう。ただし、必ずしも全ての家屋の敷地が連続していなくとも、一定の連続した家屋を中心として、一定の区域に家屋が集合している場合には、一つの集落として取り扱って差し支えない。

また、「集落に接続して」とは、既存の集落と間隔を置かないで接する状態をいう。

この場合、集落周辺の農地は、集落に居住する者の営農上必要な苗畑、温室等の用途に供されている場合も多いことから、地域の農業振興の観点から、当該集落の土地利用の状況等を勘案して周辺の土地の農業上の利用に支障がないと認められる次に掲げる事項の全てに該当する場合には、集落に接続していると判断しても差し支えない。

i　申請に係る農地の位置からみて、集団的に存在する農地を蚕食し、又は分断するおそれがないと認められること。

ii　集落の周辺の農地の利用状況等を勘案して、既存の集落と申請に係る農地の距離が最小限と認められること。

「日常生活上又は業務上必要な施設」には、店舗、事務所、作業場等その集落に居住する者が生活を営む上で必要な施設全般が該当する。

c　市街地に設置することが困難又は不適当なものとして次に掲げる施設の用に供する場合（施行令第四条第一項第二号

ロ、施行規則第三十四条）

これは、施設の性格及び機能の面からみて市街地に設置することが困難又は不適当な施設は、市街地に用地選定をすることの制約が大きいことから、農地転用を許可することとして、次の施設が掲げられている。

なお、ここに掲げられている施設は、用地選定に関して全く任意性がないわけではないことから、甲種農地については認めないこととしている。

ア　病院、療養所その他の医療事業の用に供する施設でその目的を達成する上で市街地以外の地域に設置する必要があるもの

これについては、市街地の環境を避けなければその目的を達成することができない老人保健施設、精神科病院等が該当すると考えられる。

イ　火薬庫又は火薬類の製造施設

これらの施設は、市街地の保安上市街地に立地することが不適当な施設であり、火薬類取締法において一定の保安距離を設けることとされている。

ウ　その他ア、イに掲げる施設に類する施設

悪臭、騒音、廃煙等のため市街地の居住性を悪化させるおそれがある、ごみ焼却場、下水又は糞尿等処理場等が該当すると考えられる。

d　申請に係る農地を調査研究、土石の採取その他の特別の立地条件を必要とする次に掲げる事業の用に供する場合

これは、事業の内容又は立地する施設の性格等からみて、用地の選定に任意性がほとんどない事業については、その農地でなければ事業の目的が達成できないことから、農地転用を認めている。

ア　調査研究（その目的を達成する上で申請に係る土地をその用に供することが必要であるものに限る。）

これには、その土地の地耐力や地層を調査する必要がある場合、文化財の発掘調査を行う場合等が考えられる。

イ 土石その他の資源の採取

この資源には、砂利、園芸用土壌、鉱物資源等その資源の賦存状況により採取の位置が制約されるものが該当する。このため、単なる土取り場の「土」はこれに該当しないものとして取り扱うことが適当である。

ウ 水産動植物の養殖用施設その他これに類するもの

「水産動植物の養殖用施設」は、水質、水温、水量、遡上河川、干満等の条件によって水辺の特定の位置に立地せざるを得ないことから規定されている。

「これに類するもの」は、水産ふ化場等が該当する。

エ 流通業務施設、休憩所、給油所その他これらに類する施設で、次に掲げる区域内に設置されるもの

これらの施設は、その性格から沿道の区域等に立地が制約されるが、全て沿道の区域等で転用を認めることは優良農地の維持、保全に与える影響が大きいことから、第一種農地を対象とする場合には、一般国道又は都道府県道の沿道など次に掲げる区域に限って認めることとされている。

i 一般国道又は都道府県道の沿道の区域

「沿道の区域」とは、施設の間口の大部分が道路に接して建設されることをいい、引込道路のみが当該道路に接しているようなものは該当しない。

ii 高速自動車国道その他の自動車のみの交通の用に供する道路（高架の道路その他の道路であって自動車の沿道への出入りができない構造のものに限る。）の出入口（いわゆる「インターチェンジ」をいう。）の周囲おおむね三百メートル以内の区域

なお、「休憩所」とは、自動車の運転手が休憩のため利用することができる施設であって、駐車場及びトイレを備え、

休憩のための座席等を有する空間を当該施設の内部に備えているもの（宿泊施設を除く。）をいう。したがって、駐車場及びトイレを備えているだけの施設は、この「休憩所」には該当しない。

「流通業務施設」とは、トラックターミナル、卸売市場、倉庫、荷さばき場、道路貨物運送業等の事務所又は店舗等（流通業務市街地の整備に関する法律第五条第一項第一号から第五号までに掲げる流通業務施設）をいう。

「その他これらに類する施設」には、車両の通行上必要な施設として、自動車修理工場、食堂等の施設が該当する。なお、コンビニエンスストア及びその駐車場については、主要な道路の沿道において周辺に自動車の運転者が休憩のため利用することができる施設が少ない場合には、駐車場及びトイレを備え、休憩のための座席等を有する空間を備えているコンビニエンスストア及びその駐車場が自動車の運転者の休憩所と同様の役割を果たしていることを踏まえ、当該施設は、「これらに類する施設」に該当するものとして取り扱って差し支えない。

オ　既存施設の拡張（拡張に係る部分の敷地の面積が既存施設の敷地の面積の二分の一を超えないものに限る。）

これは、既存の施設の機能の維持・拡充等のために既存の施設に隣接する土地に施設を整備することをいう。このため、既存施設の隣接地に同じ施設を建設する場合だけでなく、例えば、ｉ既存工場の排水機能を向上させるための排水処理施設を隣接地に新設しようとする場合、ⅱパルプ工場から生産するパルプを利用して隣接地に製紙工場を建設する場合等も含まれる。

カ　法第四条第六項第一号ロ又は第五条第二項第一号ロに掲げる土地に係る法第四条第一項若しくは第五条第一項の許可又は法第四条第一項第八号若しくは第五条第一項第七号の届出に係る事業のために欠くことのできない通路、橋、鉄道、軌道、索道、電線路、水路その他施設（施行令第六条又は第十三条に掲げる土地以外の土地に設置されるものに限る。）

これらの施設は、第一種農地又は甲種農地の転用を例外的に認めることとした事業に欠くことのできない施設である。

該当する施設は、例示されている施設のほか、土石の捨場、材料の置場、職務上常駐を必要とする職員の詰所又は宿舎等土地収用法第三条第三十五号に掲げられている施設と同様のものである。

なお、これらの施設の設置は、本体事業の転用の時期と同じ時期に行われるものに限られないので、すでに本体事業が完了していても行い得るものである。

e　申請に係る農地をこれに隣接する土地と一体として同一の事業の目的に供するために行うものであって、当該事業の目的を達成する上で当該農地を供することが必要であると認められる場合。ただし、申請に係る事業の総面積に占める第一種農地の面積の割合が三分の一を超えず、かつ、同じく甲種農地の割合が五分の一を超えないものに限る。

これは、事業に必要な総面積に対する第一種農地及び甲種農地の割合が一定以下の農地転用については、これを認めることとしているものである（施行令第四条第一項第二号ニ、施行規則第三十六条）。

第一種農地の割合の算定に当たっては、事業用地に甲種農地を含む場合には当該甲種農地を合わせて第一種農地としてカウントする。このため第一種農地以外の土地となるのは、山林、原野、宅地等の異種目の土地はもちろん、第二種、第三種農地に区分される農地も対象となる。

f　申請に係る農地を公益性が高いと認められる事業で次に掲げるものに関する事業の用に供する場合

公益性の高い事業で、公共の利益となる事業として法令上の位置付けがなされているもの、人命に係わるもの、農業上の土地利用調整が行われるもの等の施行として行われるものは、社会経済全体の利益を考慮して、第一種農地であってもその転用を認めることとしている（施行令第四条第一項第二号ホ、施行規則第三十七条）。

ア　土地収用法その他の法律により土地を収用し、又は使用することができる事業（太陽光を電気に変換する設備に関するものを除く。）

イ　森林法第二十五条第一項各号に掲げる目的を達成するために行われる森林の造成

ウ　地すべり等防止法第二十四条第一項に規定する関連事業計画若しくは急傾斜地の崩壊による災害の防止に関する法律第九条第三項に規定する勧告に基づき行われる家屋の移転その他の措置又は同法第十条第一項若しくは第二項に規定する命令に基づき行われる急傾斜地崩壊防止工事

エ　非常災害のために必要な応急処置

なお、地方公共団体（都道府県を除く。）又は災害対策基本法第二条第五号に規定する指定公共機関もしくは同条第六号に規定する指定地方公共機関が行う応急対策又は復旧は許可不要とされている（施行規則第二十九条第十七号）。

オ　土地改良法第七条第四項に規定する非農用地区域と定められた区域内にある土地を当該非農用地区域に係る土地改良事業計画、旧独立行政法人緑資源機構法の特定地域整備事業実施計画又は旧農用地整備公団法の農用地整備事業実施計画に定められた用途に供する行為

「非農用地区域」は、農用地の集団化その他農業構造の改善に資する見地から適切な位置、妥当な規模となるように定める（土地改良法第八条第五項）こととされており、また、この設定に当たっては、農業上の土地利用との調整を行うこととなっている。

カ　工場立地法第三条第一項に規定する工場立地調査簿に工場適地として記載された土地の区域（農業上の土地利用との調整が調ったものに限る。）内において行われる工場又は事業場の設置

工場立地調査の結果は、経済産業大臣から農林水産大臣へ協議が行われることになっている。

キ　独立行政法人中小企業基盤整備機構が実施する独立行政法人中小企業基盤整備機構法附則第五条第一項第一号に掲げる業務（農業上の土地利用との調整が調った土地の区域内において行われるものに限る。）

平成十六年七月の地域振興整備公団の解散に伴って承継した、工業の集積の程度の低い地域における工業の再配置

の促進に必要な工場用地造成等の業務に係る農地転用を従来どおり認める取扱いとした。

ク　集落地域整備法第五条第一項に規定する集落地区計画の定められた区域（農業上の土地利用との調整が調ったもので、集落地区整備計画が定められたものに限る。）内において行われる同項に規定する集落地区施設及び建築物等の整備

ケ　優良田園住宅の建設の促進に関する法律第四条第一項の認定を受けた同項に規定する優良田園住宅建設計画（同法第四条第四項及び第五項の規定による協議が調ったものに限る。）に従って行われる同法第二条に規定する優良田園住宅の建設

コ　農用地の土壌の汚染防止等に関する法律第三条第一項に規定する農用地土壌汚染対策地域として指定された地域内にある農用地（同法第五条第一項に規定する農用地土壌汚染対策計画において農用地として利用すべき土地の区域として区分された土地の区域内にある農用地を除く。）その他の農用地の土壌の同法第二条第三項に規定する特定有害物質による汚染に起因して当該農用地で生産された農畜産物の流通が著しく困難であり、かつ、当該農用地の周辺の土地の利用状況からみて農用地以外の土地として利用することが適当であると認められる農用地の利用の合理化に資する事業

サ　東日本大震災復興特別区域法（平成二十三年法律第一二二号）第四十六条第二項第四号に規定する復興整備事業であって、次に掲げる要件に該当するもの

ⅰ　東日本大震災復興特別区域法第四十六条第一項第二号に掲げる地域をその区域とする市町村が作成する同項に規定する復興整備計画に係るものであること。

ⅱ　東日本大震災復興特別区域法第四十七条第一項に規定する復興整備協議会における協議が調ったものであること。

ⅲ　当該市町村の復興のため必要かつ適当であると認められること。

ⅳ　当該市町村の農業の健全な発展に支障を及ぼすおそれがないと認められること。

シ　農林漁業の健全な発展と調和のとれた再生可能エネルギー電気の発電の促進に関する法律（平成二十五年法律第八十一号）第五条第一項に規定する基本計画に定められた同条第二項第二号に掲げる区域（農業上の土地利用との調整が調ったものに限る。）内において同法第七条第一項に規定する設備整備計画（当該設備整備計画のうち同条第二項第二号に掲げる事項について同法第六条第一項に規定する協議会における協議が調ったものであり、かつ、同法第七条第四項第一号に掲げる行為に係る当該設備整備計画についての協議が調ったものに限る。）に従って行われる同法第三条第二項に規定する再生可能エネルギー発電設備の整備

g　施行令第四条第一項二号へ(1)から(5)に掲げる地域整備法の定めるところに従って行われる場合で次に掲げるいずれかに該当する場合

地域整備法に基づく開発計画等の策定に当たっては、農林水産大臣の意見が反映され、これらの計画等に位置づけられた施設の整備を行うに当たっては、あらかじめ土地の農業上の利用との調整が行われることから、当該計画に基づいて行われる農地の転用はこれを認めることとしている。

この場合の農業上の土地利用との調整は、次により行われる。

ア　農村地域への産業の導入の促進等に関する法律第五条第一項に規定する実施計画に基づき同条第二項第一号に規定する産業導入地区内において同条第三項第一号に規定する施設を整備するために行われるものであること。

イ　総合保養地域整備法第七条第一項に規定する同意基本構想に基づき同法第四条第二項第三号に規定する重点整備地区内において同法第二条第一項に規定する特定施設を整備するために行われるものであること。

ウ　多極分散型国土形成促進法第十一条第一項に規定する同意基本構想に基づき同法第七条第二項第二号に規定する重点整備地区内において同項第三号に規定する中核的施設を整備するために行われるものであること。

エ　地方拠点都市地域の整備及び産業業務施設の再配置の促進に関する法律第八条第一項に規定する同意基本計画に基

づき同法第二条第二項に規定する拠点地区内において同項の事業として住宅及び住宅地若しくは同法第六条第五項に規定する教養文化施設等を整備するため又は同条第四項に規定する拠点地区内おいて同法第二条第三項に規定する産業業務施設を整備するために行われるものであること。

オ　地域経済牽引事業の促進による地域の成長発展の基盤強化に関する法律第十四条第二項に規定する承認地域経済牽引事業計画に基づき同法第十一条第二項第一号に規定する土地利用調整区域内において同法第十三条第三項第一号に規定する施設を整備するために行われるものであること。

h　地域の農業の振興に関する地方公共団体の計画（土地の農業上の効率的な利用を図るための措置が講じられているもの）に従って行われるもの

地域の農業の振興に関する地方公共団体の計画で土地の農業上の効率的な利用を図るための措置が講じられているものとして次の計画が該当する。

ア　農振法第八条第一項に規定する市町村農業振興地域整備計画（農振法施行規則第四条の五第一項第二十八号の要件を満たす施設の場合）

イ　農振法施行規則第四条の五第一項第二十六号の二の要件を満たす計画

ウ　農振法施行規則第四条の五第一項第二十七号の要件を満たす計画

これらの計画は、農業上の土地利用との調整を図りつつ策定され、かつ、地域の農業振興を図る視点から定められている地方公共団体の計画であることから、これらの計画に従って以下の施設を整備する場合には、不許可の例外として取扱うこととしている。

ⅰ　ア又はウの計画においてその種類、位置及び規模が定められている施設

ⅱ　イの計画において、農用地等以外の用途に供することを予定する土地の区域内に設置されるものとして当該計

画に定められている施設

〈甲種農地〉（施行令第六条）

①のBの第一種農地のうち市街化調整区域内にある特に良好な営農条件を備えている農地（甲種農地：おおむね十ヘクタール以上の規模の一団の農地のうち高性能の農業機械による営農に適するもの、特定土地改良事業等の区域内で工事完了の翌年度から八年経過していないもの）

甲種農地は、市街化を抑制すべき「市街化調整区域」において、特に良好な営農条件を備えている農地であり、次のように第一種農地の場合を更に限定したものとなっている。

a　第一種農地のb・(e)（一二九頁参照）の「住宅その他申請に係る土地の周辺の地域において居住する者の日常の生活上又は業務上必要な施設で集落に接続して設けられるもの」については、敷地面積がおおむね五百平方メートルを超えないものに限られる。

この場合の「おおむね」の範囲は十パーセント程度で適用されている。

b　第一種農地のc（一二九頁参照）の「市街地に設置することが困難又は不適当なもの」は除かれる。

c　第一種農地のdのカ（一三二頁参照）は除かれる。

d　第一種農地のfのア・ウ・カ・キ・サ・シ（一三三～一三六頁参照）は除かれる。

(2)　許可される農地

【第二種農地】

〈第二種農地の要件〉（施行令第八条、施行規則第四十五条）

第二種農地は、農用地区域内にある農地、第一種農地（甲種農地を含む。）及び第三種農地以外の農地であって次に掲げる区域内の農地である。この農地は、甲種農地の要件に該当する場合を除き、第一種農地の要件を満たしていても第二種農地に区分されるが、第三種農地の要件に該当する場合には第三種農地に区分される。

①　道路、下水道その他の公共施設又は鉄道の駅その他の公益的施設の整備状況からみて第三種農地の場合における公共施設等の整備状況の程度に達する区域になることが見込まれる区域として次に掲げるもの

Ａ　相当数の街区を形成している区域内にある農地

道路が網状に配置されていることにより複数の街区が存在している状況をいうが、この場合の道路には農業用道路は含まれない。

また、複数の街区のうち特定の街区で宅地率四十パーセントを超える場合には、当該街区内の農地は第三種農地に区分される。

Ｂ　次に掲げる施設の周囲おおむね五百メートル（当該施設を中心とする半径五百メートルの円で囲まれる区域の面積に占める当該区域内にある宅地の面積の割合が四十パーセントを超える場合にあっては、その割合が四十パーセントとなるまで当該施設を中心とする円の半径を延長したときの当該半径の長さ又は一キロメートルのいずれか短い距離）以内の区域内の農地

ａ　鉄道の駅、軌道の停車場又は船舶の発着場

ｂ　都道府県庁、市役所、区役所又は町村役場（これらの支所を含む。）

ｃ　その他ａ及びｂに掲げる施設に類する施設

いわゆるインターチェンジは含まれない。

②　「宅地化の状況が住宅の用若しくは事業の用に供する施設又は公共施設若しくは公益的施設が連たんしている程度に達している区域」に近接する区域内にある農地の区域で、その程度がおおむね十ヘクタール未満であるもの。

「近接する区域」としては、市街地からおおむね五百メートルの距離の区域内とするのが妥当と考えられる。

〈第二種農地の判断〉（法第四条第六項第一号ロ⑵）

農用地区域内農地、第一種農地（甲種農地を含む。）及び第三種農地以外の農地

第二種農地は、「市街地の区域又は市街地化の傾向が著しい区域に近接する区域その他市街地化が見込まれる区域内にある農地」（法第四条第六項第一号ロ⑵）のほか農業公共投資の対象となっていない小集団の生産力の低い農地が該当する。土地の合理的・計画的な利用を図る観点から、第三種農地と同様に転用を許可できない農地としての位置付けはされていない。

ただし、申請に係る農地に代えて周辺の他の土地を供することにより当該申請に係る事業の目的を達成することができると認められる場合には許可することができないが、この場合でも、第一種農地の例外許可事由に該当する場合には許可することとしている（農地法第四条第六項ただし書）。

なお、第二種農地の例外許可事由（施行令第四条第二項）において、第一種農地の例外許可事由のうちの一部（①のB〈第一種農地〉b・c・f・g）しか規定されていないのは、これら以外の事由によるものは、「申請に係る農地に代えて周辺の他の土地を供することにより当該申請に係る事業の目的を達成することができると認められない」ため、第二種農地の転用を許可し得るからである。

この「申請に係る農地に代えて周辺の他の土地を供することにより当該申請に係る事業の目的を達成することができると認められる」か否かの判断については、A 転用許可申請に係る事業目的、事業面積、立地場所等を勘案し、申請地の周辺に当該事業目的を達成することが可能な農地以外の土地や第三種農地があるか否か、B その土地を申請者が申請に係る事業目的に使用することが可能か否か等により行う。

【第三種農地】

市街地の区域内又は市街化の傾向が著しい区域内にある農地

〈第三種農地の要件〉（法第四条第六項第一号ロ(1)）

第三種農地は、農用地区域以外の農地であって次に掲げる区域内にある農地である。これらの農地は、集団的に存在する一団の農地の区域内にある農地であるなど第一種農地の要件を満たしている場合があるが、土地の合理的計画的な利用を図る観点から第三種農地が優先される。ただし第三種農地の要件に該当していても、同時に甲種農地の要件を満たす場合には甲種農地に区分される。（法第四条第六項第一号ロ括弧書）

①　下水道その他の公共施設又は鉄道の駅その他の公益的施設の整備の状況が次に掲げる程度に達している地域

Ａ　水管、下水道管又はガス管のうち二種類以上が埋設されている道路（幅員四メートル以上の道及び建築基準法第四十二条第二項の指定を受けた道で現に一般交通の用に供されているものをいい、高速自動車国道その他の自動車のみの交通の用に供する道路及び農業用道路を除く。）の沿道の区域であって、容易にこれらの施設の便益を享受することができ、かつ、申請に係る農地等からおおむね五百メートル以内に二以上の教育施設、医療施設その他の公共施設又は公益的施設が存在すること（施行規則第四十三条第一号）。

この場合、「おおむね五百メートル」の「おおむね」の範囲は、周辺の市街化の状況、地形等を考慮した上で一割程度の範囲で運用することが適当であり、また、「教育施設、医療施設その他の公共施設又は公益的施設」は、市街化の指標となり、かつ、住宅等の施設を誘引することが期待できるものを対象とすることが適当とされている。

このため、一般的には自然公園、汚水処理場や施行令第四条（農地の転用の不許可の例外）に該当する施設等の通常市街地に整備されていない施設、周辺地域の市街化を誘引することが期待できない施設はこれになじまないものと考えられている。

B　申請に係る農地等からおおむね三百メートル以内に次に掲げる施設のいずれかが存在すること（施行規則第四十三条第二号）。

a　鉄道の駅、軌道の停車場又は船舶の発着場

鉄道、軌道等は、その経営主体を問わないが一般交通の用に供されるものに限られる。このため森林軌道、ダム工事のための軌道のように用途が限定されているものは含まれない。

b　高速自動車国道その他の自動車のみの交通の用に供する道路の出入口（インターチェンジ）

c　都道府県庁、市役所、区役所又は町村役場（これらの支所を含む。）

d　その他のaからcまでに掲げる施設に類する施設

②　宅地化の状況が次に掲げる程度に達している区域

A　住宅の用若しくは事業の用に供する施設又は公共施設若しくは公益的施設が連たんしていること。

これは、市街地の程度までに住宅化が進行しているということであり、住宅、事務所、工場、資材置場、駐車場、公園、学校等の施設が連たんしている区域に、農地が点々と散在している状態を想定している。

B　街区（道路、鉄道若しくは軌道の線路その他の恒久的な施設又は河川、水路等によって区画された地域）の面積に占める宅地の面積の割合が四十パーセントを超えていること。

これは、全体としては市街化までには至っていないが、特定街区だけをみれば、市街化と同程度の宅地率を有し得る状態である。この場合の「宅地」には、住宅等の建築物の敷地のほか運動場施設、駐車場等の都市的な土地利用を行っている土地は含まれるが、農業用施設用地や単に耕作放棄されている農地は含まない。

C　都市計画法第八条第一項第一号に規定する用途地域が定められていること（農業上の土地利用調整が調ったものに限る）。

③　土地区画整理法第二条第一項に規定する土地区画整理事業の施行に係る区域

施行令第七条第三号では、土地区画整理事業に準ずる事業も対象とし、これを省令で定めることとしているが、現時点では該当するものがないので施行規則には定めがない。

〈第三種農地の判断〉

これらの第三種農地は、農業上の利用の確保の必要性が低いことから、原則として許可することとなっている。

2　一般基準

(1)　転用の確実性（法第四条第六項第三号）

法第四条第六項第三号では、農地転用の基準の一つとして、農地転用の確実性を判断することとしている。具体的には、次に掲げる事由により農地を転用して申請に係る用途に供することが確実と認められない場合には許可しないこととしている。

①　転用を行うために必要な資力及び信用があると認められること（法第四条第六項第三号）。

これは、次のようなものから判断される。

a　資金計画

必要な資金の調達の見込みがなければ目的実現の可能性がないと考えなければならない。農地転用許可申請書には、資金調達についての計画を記載することとされており、預金残高証明書や金融機関からの融資証明書等により計画内容の妥当性が判断されることになる。

b　申請適格等

申請者が自然人である場合には、法律上行為能力を有する者であること（未成年者、成年被後見人である場合は、親権者、成年後見人等の法定代理人が代理申請）。

申請者が法人である場合には、申請に係る事業の内容が法令、定款又は寄附行為等において定められた業務の範囲等に適合すること。また、法人が財産を取得し、処分する場合に、法令、定款、寄附行為で特別の定めがある場合には、その手続を了していること。

c　過去の実績

過去に、許可を受けた転用事業者が特別の理由もないにもかかわらず計画どおり転用事業を行っていない場合等には、新たな農地転用についてその確実性は極めて乏しいとの判断がされる。

② 申請に係る農地の転用行為の妨げとなる権利を有する者の同意を得ていないこと（法第四条第六項第三号）。

「転用行為の妨げとなる権利」とは、法第三条第一項本文に掲げる権利である。

農地には賃借権等の権利が設定されている場合が多く、これら農地を耕作者以外の者が転用する場合には当該耕作者の同意が必要になる。

ただし、第三者が転用のために農地を取得する場合においては、農地又は採草放牧地の賃貸借は法第十六条第一項により当該第三者に対抗することができることとされているが、使用貸借による権利により耕作している場合は、当該耕作者は当該農地を取得する第三者には対抗できないので「転用行為の妨げとなる権利」には該当しない。

なお、妨げとなる権利を有する者には、隣接農地所有者等は含まれない。

また、申請に係る農地に許可申請者以外の抵当権が設定されている場合や所有権移転請求権保全の仮登記が付されている場合があるが、このような場合には抵当権の実行がされ、又は所有権移転登記がされることにより第三者が地権者となる可能性があるので、抵当権の登記又は仮登記の抹消あるいはそのままの権利状態で転用目的に供することについて関係権利者が同意していることを転用事業者に確認して許可する運用がされている。

③　許可を受けた後、遅滞なく、申請に係る用途に供する見込みがないこと（施行規則第四十七条第一号）。

「遅滞なく、申請に係る農地を申請に係る用途に供する」とは、速やかに工事に着手し、必要最小限の期間で申請に係る用途に供されることをいうが、これに要する期間は、原則として、許可の日からおおむね一年以内として運用されている。

④　申請に係る事業の施行に関して行政庁の免許、許可、認可等の処分を必要とする場合においては、これらの処分がなされなかったこと又は処分の見込みがないこと（施行規則第四十七条第二号）。

他法令（農地法の転用許可以外の許認可を含む。）による許認可等の処分を要する場合には、関係行政庁に当該処分の見込みを確認した上で農地転用の確実性を審査する。

なお、都市計画法の開発許可については、開発許可と農地転用の許可は相互に関係する場合が多いため、両許可権者間で調整した上で同時に許可を行うよう運用されている。

⑤　申請に係る事業の施行に関して法令（条例を含む。）により義務付けられている行政庁との協議を現に行っていること（施行規則第四十七条第二号の二）。

条例を含む法令によって開発に関する事前協議を義務付けている場合にあっては、協議の結果により施設等の立地が変更される可能性があることから、現にこの協議を行っている間については確実性がないものと判断される。

また、このような法令により義務付けられている事前協議を行っていない場合についても、遅滞なく申請に係る農地を申請に係る用途に供することが確実と認められないと判断される。

⑥　申請に係る農地と一体として申請に係る事業の目的に供する土地を利用する見込みがないこと（施行規則第四十七

条第三号）。

転用事業が農地と併せて農地以外の他の土地を利用する計画である場合においては、農地以外の土地が申請目的に利用できるか否かについて審査する。なお、他の土地を利用する見込みがなければ、農地の転用についても確実性がないものと判断される。

⑦　申請に係る農地の面積が申請に係る事業の目的からみて適正と認められないこと（施行規則第四十七条第四号）。

事業の目的からみて過大すぎる農地の転用は、農地の農業上の利用を確保する立場からは適当でなく、農地転用の面積は少なければ少ないほど良いと考えられる。しかし適正な事業目的の実現あるいは適正な土地利用を阻害するものであってはならない。

⑧　申請に係る事業が工場その他の用に供される土地の造成（その処分を含む。）のみを目的とするものであること（施行規則第四十七条第五号）。

建築物や工作物等の上物整備までは行わず土地の造成だけを行う農地の転用は、最終的な土地利用の形態ではないことから、造成後に遊休化する可能性が非常に高く、また、土地の造成のみを行うということは転用事業者自らがその後の土地利用を行わないということなので、投機的な土地取得につながるおそれがある。このため、農地転用の許可基準ではこれを一般的には認めないこととしている。

ただし、事業の目的、事業主体、事業の実施地域等からみて、事業後に建築物等の施設の立地が確実であると認められる一定のものについては、例外的に対象としている。

なお、建築条件付売買予定地で一定期間内（おおむね三か月以内）に建築請負契約を締結する等の一定の要件を満たすものは、宅地造成のみを目的とするものには該当しないものとして取り扱われる。「建築条件付売買予定地」とは自己の所有する宅地造成後の土地を売買するに当たり、土地購入者との間において自己又は自己の指定する建設業者との間に当該土地に建設する住宅について一定期間内に建築請負契約が成立することを条件として売買が予定される土地をいう。

(2) 被害防除措置の妥当性（法第四条第六項第四号、運用通知第2・1(2)イ）

周辺の農地に係る営農条件に支障を生ずるおそれがあると認められるかどうかを審査する。

周辺の農地に係る営農条件に支障を生ずるおそれがある場合としては、次のようなものが該当する。

① 土砂の流出又は崩壊その他の災害を発生させるおそれがあると認められる場合

「災害を発生させるおそれがあると認められる場合」とは、土砂の流出又は崩壊のおそれがある場合のほか、ガス、粉じん又は鉱煙の発生、湧水、捨石等により周辺農地の営農上への支障がある場合をいう。

② 農業用用排水施設の有する機能に支障を及ぼすおそれがあると認められる場合

③ 申請に係る農地の位置等からみて、集団的に存在する農地を蚕食し、又は分断するおそれがあると認められる場合

④ 周辺の農地における日照、通風等に支障を及ぼすおそれがあると認められる場合

⑤ 農道、ため池その他の農地の保全又は利用上必要な施設の有する機能に支障を及ぼすおそれがあると認められる場合

(3) 農業上の効率的かつ総合的な利用の確保の妥当性（法第四条第六項第五号、運用通知第2・1(2)ウ）

地域における農地の農業上の効率的かつ総合的な利用の確保に支障を生ずるおそれがあると認められるかどうかを審査する。

地域における農地の農業上の効率的かつ総合的な利用の確保に支障を生ずるおそれがある場合としては、次のようなものが該当する。

① 基盤法第十九条第七項の地域計画について同条第七項の地域計画案の公告をして同条第八項の公告があるまでの間

に、その地域計画に係る農地を転用することにより、農地の利用の集積に支障を及ぼすおそれがあると認められる場合（施行規則第四十七条の三第一号）。

② 策定された地域計画に係る農地を農地以外のものにすることにより、当該地域計画の達成に支障を及ぼすおそれがあると認められる場合（施行規則第四十七条の三第二号）。

③ 農用地区域を定めるための農振法第十一条第一項の市町村農業振興地域整備計画を定めようとする旨の公告があってから同法第十二条第一項（農振法第十三条第四項において準用する場合を含む。）による市町村農業振興地域整備計画の公告があるまでの間に、市町村農業振興地域整備計画案に係る農地（農用地区域として定める区域内にあるものに限る。）を転用することにより、その計画に基づく農地の農業上の効率的かつ総合的な利用の確保に支障を生ずるおそれがあると認められる場合（施行規則第四十七条の三第三号）。

(4) 一時転用の取扱い（法第四条第六項第六号、運用通知第2・1(2)エ）

一時的な利用に供するために農地を転用しようとする場合の許可の基準として、「その利用に供された後にその土地が耕作の目的に供されることが確実」か否かを審査することとしている。

この場合、「その利用に供された後にその土地が耕作の目的に供されること」とは、一時的な利用に供された後、速やかに農地として利用できる状態に回復されることをいう。

また、「一時的な利用」に該当するか否かは、農地転用後の当該土地の利用目的から判断することとされている。該当する場合としては、例えば、① 建築物を建築する場合に建築現場の周辺に資材置場を設置する場合、② 大規模イベント等が行われる場合に会場の付近に臨時の駐車場を設置する場合、③ 当該農地を対象にして調査研究のための実験や学術調査を行う場合、④ 砂利の採取を行う場合などが考えられる。

なお、農地の区画形質の変更を伴うことなく地域振興イベント会場等に短期間農地を活用する場合は、農地転用に該当せず、転用許可を要しないとの運用がされている。

3　太陽光発電設備等を設置する場合等の取扱い

(1)　太陽光発電設備を農地の法面又は畦畔に設置する場合の取扱いについて（平成二十八年三月三十一日・二七農振第二四四二号　農林水産省農村振興局長通知）

①　農地の法面又は畦畔に太陽光発電設備を設置する場合は、農地転用の許可（法第四条第一項又は第五条第一項）が必要となる。

②　周辺の農地に係る営農条件に支障を生ずるおそれがないようにする必要があること等から、一時転用許可の対象として可否を判断する。

③　許可権者は、一時転用許可を行う場合には、処理基準及び運用通知によるもののほか、次に掲げる事項に該当することを確認する。

ア　転用期間が三年以内であること。

イ　簡易な構造で容易に撤去できる太陽光発電設備として、申請面積が必要最小限で適正と認められること。

ウ　本地を維持・管理するために必要な法面等の機能に支障を及ぼさない設計となっていること。

エ　農業用機械の農地への出入りの支障、日照や通風の制限又は土砂の流失、設置後の発電設備のメンテナンスによる営農への支障等、周辺農地の営農条件に支障を生ずるおそれがないと認められること。

オ　位置等からみて、法面等の周辺の農地以外の土地に太陽光発電設備を設置することができないと認められ、また、周辺の農地の効率的な利用等に支障を及ぼすおそれがないと認められること。特に農用地区域内農地は、農業振興地域整備計画の達成に支障を及ぼすおそれがないよう、次の事項に留意すること。

a　農用地区域内の農用地の集団化、農作業の効率化その他土地の農業上の効率的かつ総合的な利用に支障を及ぼ

すおそれがないこと

b　農業振興地域整備計画に位置付けられた土地改良事業等の施行や農業経営の規模の拡大等の施策の妨げとならないこと

カ　太陽光発電設備を撤去するのに必要な資力及び信用があると認められること。

キ　事業計画で、太陽光発電設備を電気事業者の電力系統に連系することとされている場合には、電気事業者と転用事業者が連系に係る契約を締結する見込みがあること。

④　転用期間が満了する場合に、あらためて③の確認を行い、再度一時転用許可を行うことができる。この場合、それまでの転用期間の法面等及び周辺農地の状況を十分勘案し、総合的に判断する。

⑤　許可には、

ア　本地を維持・管理するために必要な法面等の機能が確保され、太陽光発電設備がこれを前提として設置・利用されること。

イ　法面等の状況を、毎年報告すること。

等の条件が付される。

⑥　このほか同通知では「許可申請」「報告」「許可権者による転用事業の進捗状況の把握及び許可権者による指導」等が示されている。

(2)　支柱を立てて営農を継続する太陽光発電設備等についての農地転用許可制度上の取扱いについて（平成三十年五月十五日・三〇農振第七八号　農林水産省農村振興局長通知（最終改正令和四年三月三十一日・三農振第二八八七号））

①　農地に支柱（簡易な構造で容易に撤去できるもの）を立てて、営農を継続しながら上部空間に太陽光発電設備等の

発電設備を設置する場合には、当該支柱について農地転用の許可（法第四条第一項又は第五条第一項）が必要となる。

②　発電設備の下部の農地で営農の適切な継続が確保されなければならないことから、一時転用許可の対象として可否を判断する。

③　許可権者は、一時転用許可を行う場合には、処理基準及び運用通知のほか、申請内容が次に掲げる事項に該当することを確認する。

ア　転用期間が次の区分に応じた期間内であり、下部の農地の営農の適切な継続を前提として営農型発電設備の支柱を立てるものであること。

区分	内容	期間
A	担い手が自ら所有する農地又は賃借権その他の使用収益権を有する農地等を利用する場合 ※　この場合の担い手とは「効率的かつ安定的な農業経営」「認定農業者」「認定新規就農者」「将来法人化して認定農業者になることが見込まれる集落営農」をいう	十年以内
B	荒廃農地を再生利用する場合	十年以内
C	第二種農地又は第三種農地を利用する場合	十年以内
D	AからCまで以外の場合	三年以内

イ　簡易な構造で容易に撤去できる支柱として、申請面積が必要最小限で適正と認められること。

ウ　下部の農地における営農の適切な継続（次の場合のいずれにも該当しないことをいう。）が確実と認められること。

a　営農が行われない場合

b　下部の農地の単収が、同じ年の地域の平均的な単収と比較しておおむね二割以上減少する場合（荒廃農地を再生利用する場合（下部の農地が右表の区分Bに該当する場合をいう。以下同じ。）を除く。）

c　下部の農地の全部又は一部が法第三十二条第一項各号のいずれかに掲げる農地に該当する場合（荒廃農地を再生利用する場合に限る。）

d　下部の農地で生産された農作物の品質に著しい劣化が生じていると認められる場合

エ　パネルの角度、間隔等からみて農作物の生育に適した日照量を保つための設計となっており、支柱の高さ、間隔等からみて農作業に必要な農業機械等を効率的に利用して営農するための空間が確保されていると認められること。なお、支柱の高さは、最低地上高おおむね二メートル以上を確保していると認められること。ただし、農地に垂直に太陽光発電設備等を設置するものなど、当該設備等の構造上、支柱の高さが下部の農地の営農条件に影響しないことが明らかであり、当該設備等の設置間隔、規模及び立地条件等からみて、当該農地の良好な営農条件が維持される場合には、支柱の高さが最低地上高おおむね二メートルに達しなくても差し支えないこと。

オ　位置等からみて、営農型発電設備の周辺の農地の効率的な利用、農業用用排水施設の機能等に支障を及ぼすおそれがないと認められること。特に農用地区域内農地は、農業振興地域整備計画の達成に支障を及ぼすおそれがないよう、次の事項に留意すること。

a　農用地区域内の農用地の集団化、農作業の効率化その他土地の農業上の効率的かつ総合的な利用に支障を及ぼすおそれがないこと。

b　農業振興地域整備計画に位置付けられた土地改良事業等の施行や農業経営の規模の拡大等の施策の妨げとならないこと。

カ　支柱を含め営農型発電設備を撤去するのに必要な資力及び信用があると認められること。

キ　事業計画で発電設備を電気事業者の電力系統に連系することとされている場合には、電気事業者と転用事業者が連系に係る契約を締結する見込みがあること。

ク　当該申請に係る事業者が法第五十一条の規定による原状回復等の措置を現に命じられていないこと。

④　許可には、

ア　下部の農地における営農の適切な継続が確保され、支柱がこれを前提として設置される当該設備を支えるためのものとして利用されること。

イ　下部の農地で生産された農作物の状況を、毎年報告すること

等の条件が付される。

⑤　このほか同通知では「一時転用許可期間中の農作物の生産に係る状況の報告」「農地転用許可権者による転用事業の進捗状況の把握及び申請者に対する指導」「一時転用許可の期間満了後における再許可」等が示されている。

⑥　また、「その他」で、設置者と営農者が異なる場合には、支柱に係る一時転用許可と下部の農地にいわゆる区分地上権（民法第二六九条の二第一項の「地下又は空間を目的とする地上権」）又はこれと内容を同じくするその他の権利を設定するための法第三条第一項の許可を受けることが必要とされている。この場合には、権利の設定期間を一時転用期間と同じ期間とし、一時転用許可と同時に権利設定する。

(3)　営農型発電設備の設置についての農地法第三条第一項の許可の取扱いについて（平成三十年六月二十八日三〇経営第八二三号　農林水産省経営局農地政策課長通知）（最終改正令和三年三月二十二日・二経営第三三八八号）

①　営農型発電設備の設置者と営農者が異なる場合、申請者に対して法第五条第一項の許可申請と第三条第一項の許可申請（営農型発電設備設置後、設置者が区分地上権等を第三者に移転又は第三者に新たに設置する場合の三条許可を含む。）を同時に行うことを指導すること

②　農業委員会は、①の指導に当たっては、申請者に対して、三条許可申請書の添付書類は五条許可申請書の写し（営農型発電設備設置後、設置者が区分地上権等を第三者に移転する場合又は第三者に新たに設定する場合は、事業計画変更承認申請書又は五条許可申請書の写し）をもって代えることができることを連絡すること

③　農業委員会は第五条の意見書作成の際に、併せて第三条許可の判断をすること

④　農業委員会は、区分地上権等を設定する期間を、五条許可申請における一時転用期間と同じ期間とするよう、申請者に対して指導すること。また、農業委員会は第五条と同日付で第三条許可を行うこと

(4)　再生可能エネルギー設備の設置に係る農業振興地域制度及び農地転用許可制度の適正かつ円滑な運用について（令和三年三月三十一日・二農振第三八五四号　農林水産省農村振興局長通知）

①　荒廃農地を活用した再生可能エネルギーの導入促進に向けた基本的考え方

都道府県知事、市町村長及び農業委員会は、再生可能エネルギーの導入促進の観点から、次に掲げる農地に該当するなど、耕作者の確保が見込まれない荒廃農地において、再生可能エネルギー設備の設置の積極的な促進が図られるよう努めるものとする。

ア　農地中間管理機構が農地中間管理事業法第八条第一項に規定する農地中間管理事業規程において定める同条第二項第二号に規定する基準に適合しないものとして借受けしなかった農地

イ　法第三十四条の規定に基づく農業委員会によるあっせんその他農地の利用関係の調整を行ってもなお受け手を確保することができなかった農地

ウ　人・農地プランにおいて、当該申請に係る土地について、地域の農業において中心的な役割を果たすことが見込まれる農業者に対し権利の移転又は設定を行うことが具体的に計画されていない農地

②　このほか、同通知では「農業振興地域制度の運用上の留意事項」「農地転用許可制度の運用上の留意事項」「農用地区域からの除外と農地転用許可手続の迅速化」「営農型発電設備の取扱いの留意事項」「農地に風力発電設備を設置する場合の留意事項」が示されている。

Ⅲ　市街化区域内にある農地を転用する場合の届出（事務処理要領第４・５）

都市計画法第二条では、「都市計画は、農林漁業との健全な調和を図りつつ、健康で文化的な都市生活及び機能的な都市活動を確保すべきこと並びにこのためには適正な制限のもとに土地の合理的利用が図られるべきことを基本理念として定めるものとする。」と規定され、①都市的土地利用と農業的土地利用との調整を図ることが要請されること、②土地の利用は公共のため一定の制限のもとに置かれるべきことを明らかにしている。

このようなことから都市計画区域を二分して、市街化すべき区域（市街化区域）と市街化を抑制すべき区域（市街化調整区域）とに区域区分することとされている。

また、このように市街化区域と市街化調整区域とに区域区分する都市計画は、現在又は将来における農林漁業に関する土地利用及び諸施策に直接重大な関連をすることから、農林水産大臣と協議（都市計画法第二十三条）して定めることとされている。この場合に、集団的優良農用地、農業生産基盤整備事業の対象農用地及び保安林等を保全、確保する等の基本方針は引き続き堅持するものとされている「都市計画と農林漁業との調整措置について」（平成十四年十一月一日一四農振第一四五二号農村振興局長通知（最終改正令和二年九月七日二農振第一六二三号））別紙第1章第2・1。

こうした協議の調った市街化区域内における農地転用については、あらかじめ農業委員会に届出をすれば、法第四条第一項（法第五条第一項も同じ。）の許可を受ける必要はないこととされている。

市街化区域における農地転用についての届出の事務処理は次のとおりである。

(1)　届出の手続

法第四条第一項第七号の届出をしようとする者は、次のＡに掲げる事項を記載した届出書に次のＢに掲げる書類を添付して、農業委員会に届出しなければならない（施行規則第二十六条・第二十七条）。

Ａ　申請書記載事項（施行規則第二十七条）

a　届出者の氏名、及び住所（法人にあっては、名称、主たる事務所の所在地及び代表者の氏名）

b　土地の所在、地番、地目及び面積

c　土地の所有者及び耕作者の氏名又は名称及び住所

d　転用の目的及び時期並びに転用の目的に係る事業又は施設の概要

e　転用することによって生ずる付近の農地、作物等の被害の防除施設の概要

B　添付書類（施行規則第二十六条、事務処理要領第４・５⑴イ）

a　土地の位置を示す地図及び土地の登記事項証明書（全部事項証明書に限る。）

b　届出に係る農地が賃貸借の目的となっている場合には、その賃貸借につき法第十八条第一項の許可があったことを証する書面

届出者が相続後まだ相続による権利移転の登記を了していない場合のように、届出者がその届出に係る農地についての真正な権利者であるかどうかが土地の登記事項証明書（全部事項証明書に限る。）によっては確認することができない場合には、戸籍謄本（除籍の謄本を含む。）その他の書類の提出を求めて届出者がその届出に係る農地等の真正な権利者であることの確認を行うことが適当と考えられるとされている（事務処理要領第４・５⑶ア）。

また、ア 届出に係る農地等の賃貸借が農事調停等により成立した合意によって解約されることとなっている場合その他その賃貸借契約が終了することとなっている場合又は、イ 届出に係る農地等が賃貸借の目的となっている場合であって賃借人がその農地等を転用し、若しくは転用のためその農地等を取得しようとする場合等においては、その賃貸借につき法第十八条第一項の許可があったことを証する書面を添付する必要はないが、ア の場合には、これに代えて、解約につき合意の成立したことを証する書面その他この賃貸借が終了することが確実であると認めることができる書面を添付させることが適当と考えられるとされている（事務処理要領第４・５⑶イ）。

なお、農業委員会は、届出があった場合において、当該届出に係る農地が土地改良区の地区内にあるときは、農地の転用を行う旨の届出がなされたことを当該土地改良区に通知するものとされている（事務処理要領第４・５⑹ウ）。

⑵　届出の受理又は不受理

農業委員会は、届出書の提出があったときは、届出書の到達があった日から二週間以内に受理又は不受理の通知書が届出者に到達するように事務処理を行う。

届出に係る事務を専決処理したときは、当該事案について直近の総会又は部会に報告することが適当と考えられるとされている。

なお、少なくとも次に掲げる場合には、当該届出が適正なものではないこととして不受理とするものとされている（処理基準第６・３⑵）。

Ａ　届出に係る農地が市街化区域にない場合

Ｂ　届出者が届出に係る農地につき権原を有していない場合

Ｃ　届出書に添付すべき書類が添付されていない場合

⑶　農業委員会の処理（事務処理要領第４・５⑸）

Ａ　農業委員会は、届出書の提出があったときは、速やかに届出の係る土地が市街化区域内にあるかどうか、届出書の法定記載事項が記載されているかどうか及び添付書類が具備されているかどうかを検討するほか、当該届出に係る農地等が賃貸借の目的となっているかどうかを調査の上、その届出が適法であるかどうかを審査して、その受理又は不受理を決定する（事務処理要領第４・５⑸ア）。

Ｂ　農業委員会は、届出を受理したときは、届出の効力発生日が届出書が到達した日であるので、その日付を記入して遅滞なく受理通知書（様式例第４号の10）をその届出者に交付し、届出を受理しないこととしたときは、遅滞なく理由を付してその旨をその届出者に通知する（事務処理要領第4・5(5)イ）。

C　受理しない旨の通知をする場合には、通知書の末尾に不許可処分等に準じた教示文を記載することとされている（事務処理要領第4・5(5)ウ）。

(4)　事務処理上の留意事項

農業委員会は、届出書の提出があったときは、届出者に対し、法第四条第一項第八号の規定による届出は農業委員会において適法に受理されるまでは届出の効力が発生しないことを十分に説明し、受理通知書の交付があるまでは転用行為に着手しないよう指導することとされている。

(5)　届出者

届出者は、農地を転用しようとする者である（事務処理要領第4・5(4)）。

(6)　届出の効力

市街化区域内の農地の転用は、適法な届出が行われてはじめて法第四条の許可を受ける必要がないことになるので、適法な届出が行われないときには、これらの許可を受けないで行った農地の転用であり、法第四条の規定に違反することになり、法第六十四条、第六十七条の罰則の適用及び法第五十一条の違反転用に対する処分の規定の適用がある。

Ⅳ　国又は都道府県等が転用しようとする場合の協議（事務処理要領第4・2）

国又は都道府県等の農地転用で許可を要することとなった学校、社会福祉施設、病院、庁舎等（一〇七頁参照）についての、第四条第八項の協議に係る事務の処理に当たっては、次によるものとされている。

なお、この協議が成立した場合は、法第四条第一項の許可があったものとみなされる。

1　法第四条第八項の協議の手続

国又は都道府県等がこれらの施設のために農地を転用しようとする場合には、直接、都道府県知事等に対し、次頁4の事前調整を行った上で様式例第4号の4による協議書を都道府県知事等に提出する、当該文書の提出により協議を受けた都道府県知事等は、当該協議を成立させるか否かについて文書により回答するものとされている。

なお、協議書には、農地転用許可の場合の添付書類のうち法人の定款又は寄附行為及び法人の登記事項証明書を除き他の書類を添付することとされている。

2　法第四条第八項の協議の基準

当該協議を成立させるか否かの判断基準については、農地転用許可基準（一二〇頁参照）の例によるものとされている。

3　都道府県知事等の処理等

(1)　都道府県知事等は、協議書の提出があったときは、その内容を検討し、必要がある場合には実地調査を行った上で、協議の成立又は不成立を決定する。この場合、都道府県知事等は協議を成立させようとするときは、あらかじめ、関係農業委員会の意見を聴かなければならない。（法第四条第九項）

(2)　関係農業委員会が意見を述べようとする場合には、一一七頁の「7　農業委員会の処理」の(1)に準じて、都道府県農業委員会ネットワーク機構（都道府県農業会議）の意見を聴く。（法第四条第十項）

(3)　都道府県知事等は、協議の成立又は不成立を決定したときは、その旨を記載した通知書を協議者に送付するとともに、その写しを関係農業委員会に送付する。この場合、通知書には、協議の成立又は不成立に係る権利の種類及び設定又は移転の別を明記する。

4　協議に関する事前調整

⑴　都道府県知事等は、法第四条第一項又は第五条第一項の許可の対象となる施設を設置しようとする国又は都道府県等の転用事業担当部局に対し、農地転用に当たり当該許可が必要であること及び当該許可に代えて協議を行うことができることを周知するとともに、協議の適正かつ円滑な実施を図るためには、転用候補地の選定前に許可権者との間で事前調整を行うことが重要であることを常に周知徹底する（事務処理要領第4・2⑷ア）。

⑵　都道府県知事等は、転用候補地の選定前の段階で国又は都道府県等の転用事業担当部局から速やかに事業計画を入手するよう努めるとともに、必要に応じ、転用事業担当部局から農地担当部局に対し、転用候補地の選定前に事業計画に係る情報の提供を行うようルール化しておくことが望ましいとされている。この場合、事業計画の内容によっては、同一都道府県等の土地利用担当部局、環境担当部局等の間で連絡調整を図ることも検討することが望ましいとされている（事務処理要領第4・2⑷イ）。

⑶　都道府県等の転用事業担当部局は、都道府県知事等に対し、様式例第4号の6による事前調整申出書を提出する。この場合、当該転用事業担当部局は、一の事業計画につき二以上の転用候補地があるときは、それぞれについて申出書を提出する。

なお、必要に応じ、関係農業委員会の意見を聴くことが望ましいとされている（事務処理要領第4・2⑷ウ）。

⑷　**事前調整に当たっての留意事項（事務処理要領第4・2⑷エ）**

①　都道府県知事等は、農地転用許可基準に照らし、事業計画の適否について判断することとし、特に、次に掲げる事項について検討するよう留意することとされている。

Ａ　農地の集団性・連たん性への影響

地域において公共転用によって損なわれるおそれのある農地の集団性・連たん性に関する評価を行うこと。

Ｂ　周辺の農地の確保への影響

公共転用が周辺農地における農地転用を誘発する懸念に関する評価を行うこと。この場合、周辺にある既存の公共施設又は公益的施設の種類・立地状況、宅地化の状況等から、農地転用の拡大の可能性を予測することが必要である。

Ｃ　周辺の農地に係る営農条件への影響

公共転用が周辺の農地に係る営農条件に及ぼす支障に関する評価を行うこと。

Ｄ　効果的かつ安定的な農業経営を営む者の経営への影響

公共転用が地域の効率的かつ安定的な農業経営を営む者の経営の維持、発展に及ぼす悪影響に関する評価を行うこと。

Ｅ　地域の環境への影響

公共転用が現在又は将来における地域の街づくり、環境等に及ぼす悪影響に関する評価を行うこと。

② 都道府県知事等は、事業計画の適否について検討した結果、転用候補地の立地等が不適当と判断した場合には、国又は都道府県等の転用事業担当部局に対し、速やかに事業計画を中止するよう勧告する。

(5) 都道府県知事等の処理（事務処理要領第４・２(4)オ）

① 都道府県知事等は、事前調整申出書の提出があったときは、農地転用許可基準に基づき事業計画の適否について判断し、その結果を書面により回答するとともに、関係農業委員会にその旨連絡する。

② 都道府県知事等は、転用候補地の選定が適当である旨を回答しようとする場合には、当該回答に、協議の際に留意すべき事項及び当該事項が充足されないとき協議が不成立になる可能性がある旨を併せて記載する。

③ 都道府県知事等は、法第四条第八項及び第五条第四項の協議に関する事前調整が、優良農地の確保等の観点を踏ま

え、転用候補地の選定が適正に行われたことの確認を目的とするものであることに鑑み、当該事前調整においては、転用候補地の選定の適否の検討にとどめつつ、事務を迅速に処理するよう努める。

Ⅴ 法附則第二項の規定による協議の手続

農地転用で四ヘクタールを超える農地の転用の許可の際の農林水産大臣との協議についての説明及び手続は、法附則第二項の説明等を参照されたい（四二七頁参照）。

	農業委員会による意見書の送付	都道府県知事等による許可等の処分又は協議書の送付	地方農政局長等による協議に対する回答の通知
都道府県知事等の許可に関する事案（農業委員会が都道府県農業委員会ネットワーク機構に意見を聴かない事案）	申請書の受理後3週間 （第4の1の(4)のア）	申請書及び意見書の受理後2週間 （第4の1の(5)のア）	
都道府県知事等の許可に関する事案（農業委員会が都道府県農業委員会ネットワーク機構に意見を聴く事案）	申請書の受理後4週間 （第4の1の(4)のア）	申請書及び意見書の受理後2週間 （第4の1の(5)のウ）	
うち農地法附則第2項の農林水産大臣への協議を要する事案	申請書の受理後4週間 （第4の1の(4)のア）	（協議書の送付）申請書及び意見書の受理後1週間 （第4の3の(1)のア） （許可等の処分）申請書及び意見書の受理後2週間 （第4の3の(1)のイ）	協議書受理後1週間（第4の3の(2)）

（　　）内は、「農地法関係事務処理要領の制定について（平成21年12月11日21経営第4608号・21農振第1599号農林水産省経営局長・農林振興局長通知）別紙１農地法に係る事務処理要領」の記号、番号である。

Ⅶ　農地転用許可後の転用事業の促進措置（事務処理要領第4・6(3)）

1　農地転用許可後の転用事業の進捗状況（事務処理要領第4・6(3)ア）

(1)　許可権者は、農地転用の許可を受けた転用事業者がその許可に付された条件に基づく転用事業の進捗状況の報告を遅滞したときはその進捗状況の報告を、事業計画どおり転用事業に着手していないと認められるときはその理由の報告を、それぞれ文書で督促する。

なお、督促後も転用事業の進捗状況を記載した書面等を提出しない転用事業者については、その者から事情を聴取し、必要に応じて現地調査を行うこと等により、転用事業の進捗状況の把握に努める。

(2)　許可権者は、許可処分を行った事案について、その概要を整理し、当該転用事業が完了するまでの間保存し、当該転用事業の進捗状況、事業進捗状況報告書の提出状況等の把握及び提出の督促、事業計画に従った事業実施の指導・勧告等を行うに際してこれを活用する。

なお、これらについては、進捗状況管理表により、当該転用事業の進捗状況等について管理することが望ましいとされている。

2　事業実施の指導・勧告（事務処理要領第4・6(3)イ）

(1)　許可権者は、次に掲げる場合には、速やかに事業計画どおり事業を行うべき旨を文書により指導し、その指導に従わない場合には、事業計画どおり事業を行うべき旨及び行わない場合には許可処分を取り消すことがある旨を勧告する。

A　事業計画に定められた転用事業の着手時期（期別の事業計画によるものにあっては、期別の転用事業の着手時期）から三か月以上経過してもなお転用事業に着手していない場合

Ｂ　事業計画に定められた事業期間の中間時点（期別の事業計画によるものにあっては、期別の事業期間の中間時点）において、転用事業に着手されているものの、その進捗度合が事業計画に定める中間時点における達成度合に比べておおむね三割以上遅れていると認められる場合

Ｃ　事業計画に定められた完了時期（期別の事業計画によるものにあっては、期別の転用事業の完了時期）から三か月以上経過してもなお転用事業が完了していない場合

(2)　なお、許可権者は、許可申請書に記載された事業計画の変更を行えば、当初の転用目的を実現する見込みがあると認められるものについては、転用事業者に対し、(1)による勧告に代えて５による事業計画の変更の手続を執らせるよう指導することが適当と考えられるとされている。

3　事業実施の勧告後の措置（事務処理要領第４・６(3)ウ）

(1)　２の(1)による勧告を受けた者が、当該勧告の内容に従って事業計画の過半について工事を完了しない限り、新たに別の農地転用の許可申請があっても、当該許可申請に係る事業実施の確実性は極めて乏しいと認められることから、許可は行わないことが望ましい。ただし、許可後において他法令による許可、認可等を要することとなった場合、埋蔵文化財が発見されその発掘を要することとなった場合、非常災害による場合等勧告を受けた者の責に帰することができないやむを得ない事情により事業計画に従った工事が遅延していると認められる場合には、この限りでない。

また、２の(1)による勧告を受けた者から新たに農地転用の許可申請があった場合には、当該許可申請を受けた許可権者は、当該勧告を行った許可権者に対し、勧告後の転用事業の進捗状況等を確認した上で、当該許可の可否を判断することが適当と考えられるとされている。

(2)　２の(1)による勧告を行った後も転用事業者が事業計画どおりに転用事業を行っていない場合において、当該転用事業を

完了させる見込みがないと認められるときは、許可権者は、法第五十一条第一項の規定による許可の取消し等の処分を行うか否かについて検討する。

なお、法第五十一条第一項の規定による許可の取消し等の処分を行うことが困難又は不適当と認められる場合には、転用事業者に対し、当該処分に代えて次の4による事業計画の変更の手続をとらせるよう指導する。

4　許可目的の達成が困難な場合における事業計画の変更（事務処理要領第4・6(3)エ）

許可権者は、1及び2による転用事業の促進措置を講じてもなお許可目的を達成することが困難と認められる事案につき、法第五十一条第一項の規定による許可の取消し等の処分が困難又は不適当と認められる場合において、転用事業者が許可目的の変更を希望するとき又は当該転用事業者に代わって当該許可に係る土地について転用を希望する者（以下「承継者」という。）があるときは、次により処理することが望ましいとされている。

(1)　事業計画の変更の承認

許可権者は、転用事業者に（承継者がある場合にあっては、転用事業者及び承継者の連署をもって）事業計画の変更の申請を行わせ、当該申請が次の全てに該当するときは、これを承認することができる。

①　許可の取消し処分を行っても、その土地が旧所有者（転用事業者が所有権以外の権原に基づき転用事業に供するものである場合にあっては、所有者。以下同じ。）によって農地等として効率的に利用されると認められないこと。

②　許可目的の達成が困難になったことが転用事業者の故意又は重大な過失によるものでないと認められること。

③　変更後の転用事業が変更前の転用事業に比べて、それと同程度又はそれ以上の緊急性及び必要性があると認められること。

④　変更後の転用事業がその事業計画に従って実施されることが確実であると認められること。

⑤　変更後の転用事業により周辺の地域における農業等に及ぼす影響が、変更前の転用事業による影響に比べてそれと同程度又はそれ以下であると認められること。

⑥　①から⑤までに掲げるもののほか、変更後の転用事業が農地転用許可基準により許可相当であると認められるものであること。

(2) 事業計画の変更の申請手続

①　事業計画変更申請書については、法四条第二項又は法第五条第三項の規定の例により処理する。

②　申請書には、次に掲げる事項を記載させる。

A　申請者の氏名、住所（法人にあっては、名称、主たる事務所の所在地及び代表者の氏名）

B　土地の所在、地番、地目及び面積

C　変更前の事業計画に従った転用事業の実施状況

D　転用事業者が変更前の事業計画どおりに転用事業を遂行することができない理由

E　変更後の転用事業が変更前の転用事業に比し、同等又はそれ以上の緊急性及び必要性があることの説明

F　変更後の事業計画の詳細

G　変更後の転用事業に係る資金計画及びその調達計画

H　変更後の転用事業によって生ずる付近の土地、作物、家畜等の被害防除施設の概要

I　その他参考となるべき事項

③　申請書には、次に掲げる書類を添付させる。なお、転用事業者が転用目的の変更申請をする場合には、AからDまでに掲げる書類の添付を要しない。

A　法人にあっては、定款又は寄附行為及び法人の登記事項証明書

B　申請に係る土地の登記事項証明書（全部事項証明書又は現在事項証明書に限る。）
C　申請に係る土地の地番を表示する図面
D　位置及び付近の状況を表示する図面（縮尺は、一〇、〇〇〇分の一ないし五〇、〇〇〇分の一程度）
E　変更後に建設しようとする建物又は施設の面積、配置及び施設物間の距離を示す図面（縮尺は、五〇〇分の一ないし二、〇〇〇分の一程度。当該事業に関連する設計書等の既存の書類の写しを活用させることも可能である。）
F　当該事業を実施するために必要な資力があることを証する書面（金融機関等が発行した融資を行うことを証する書面や預貯金通帳の写し（農地転用許可を申請する者のものに限る。）を活用させることも可能である。）
G　変更後の事業に関連して他法令の定めるところにより許可、認可、関係機関の議決等を要する場合において、これを了しているときは、その旨を証する書面
H　変更前の事業計画について関係者の同意若しくは意見（例えば、取水、排水等についての水利権者、漁業権者、土地改良区等の同意又は意見）を得ている場合又は変更後の事業計画について関係者の同意若しくは意見を新たに求める必要がある場合には、当該事業計画の変更についてのこれらの者の同意書又は意見書の写し
I　変更前の事業計画について地方公共団体が財政補助等の形で関与している場合には、事業計画の変更及びこれに伴う影響についての当該地方公共団体の長の意見書
J　転用事業者が変更前の事業計画について旧所有者に対して雇用予約、施設の利用予約等の債務を有している場合には、当該債務の処理についての関係者の取決め書の写し及び旧所有者の事業計画変更についての同意書
K　事業計画の変更についての関係地元民の意向及びこれに対する申請者の見解

④　許可権者の処理

許可権者は、申請書を受理したときは、その内容を審査し、必要に応じ、現地調査等を行った上で、承認又は不承

認を決定する。承認又は不承認を決定したときは、その旨を申請者に通知するとともに、関係農業委員会に対し、その旨を連絡することが適当と考えられるとされている。

(3)　転用許可申請

許可権者は、(1)により事業計画の承認を受けた申請者に対し、当該承認に係る土地の権利の設定又は移転について法第五条第一項の許可を要するときは、改めて同項の許可申請手続を行うよう指導することが適当と考えられるとされている。

5　転用目的の達成が可能な場合における事業計画の変更（事務処理要領第4・6(3)オ）

許可権者は、2の(2)により事業計画の変更を指導した事案及び転用事業者が許可申請書に記載された事業計画等の変更を行えば転用目的を実現することができるものとして許可に係る事業計画の変更を希望している事案については、次により処理することが適当と考えられるとされている。

(1)　事業計画の変更の承認

許可権者は、転用事業者に事業計画の変更の申請を行わせ、4の(1)の④から⑥（一六七～一六八頁参照）までに掲げる事項の全てに該当するときは、これを承認することができる。

(2)　事業計画の変更の申請の手続

① 申請書については、4の(2)の①と同様の取扱いとする。

② 申請書に記載する事項

申請書には、農地転用許可に係る許可申請書の変更部分を明らかにさせた上で、4の(2)の②のA、C、D、F、G、H及びIに掲げる事項を記載させる。

③ 申請書に添付する書類

申請書には、４の⑵の③のＥからＪまでに掲げる書類を添付させる。

④　許可権者の処理

許可権者は、４の⑵の④と同様の処理を行う。

６　農地転用許可を要しない転用事業の変更又は中断（事務処理要領第４・６⑶カ）

特定地方公共団体（地方公共団体のうち、都道府県及び指定市町村を除いたものをいう。）は、農業振興地域整備計画その他の土地利用に関する計画との調和を図りつつ、農地転用許可基準に即した適切かつ合理的な土地利用が確保されることを前提として、施行規則第二十九条第六号又は第五十三条第五号に規定する施設の敷地に供するため農地等を転用するときは、農地転用許可を要しないこととされている。このため、特定地方公共団体が農地転用許可を要しない転用事業を行う場合であっても、あらかじめ農地転用許可権者に相談を行うことが望ましいとされている。

また、特定地方公共団体が、農地転用許可を要しない転用事業に係る土地について、当初の転用目的を変更し、若しくは転用事業を行おうとする第三者に所有権を移転し、若しくは使用収益権を設定し、若しくは移転する場合（以下「転用目的の変更等を行う場合」という。）又は転用事業を中止する場合には、次により処理することが望ましいとされている。

(ア)　転用目的の変更等を行う場合

ａ　特定地方公共団体は、転用目的の変更等を行う場合には、転用事業者の氏名（法人にあっては、名称）のほか、４の⑵の②のＢからＩまでに掲げる事項（一六八頁参照）を記載した書面に、位置及び付近の状況を表示する図面、転用目的の変更前及び変更後の建物又は施設の面積、配置及び施設物間の距離を表示する図面等を添付して、農地転用許可権者に報告すること。

ｂ　農地転用許可権者は、ａの報告を受けた場合であって、当該報告の内容が次の全てに該当し、かつ、変更後の転用事業が農地転用許可を要する場合に該当するときは、法第四条の許可申請手続（一一二～一一七頁参照）又は法第五条の許可申請手続（一八四頁参照）により許可申請を行わせること（申請に必要な書類であってａの報告時に添付したものに変更がない場合には、当該書類をもって代えることができる。）。なお、変更後に農地転用許可できない場合には、(イ)のｂにより処理すること。

(b)　(a)　当該土地が旧所有者によって農地等として効率的に利用されるとは認められないこと。
当初の転用目的の達成が困難になったことが当該特定地方公共団体の故意又は重大な過失によるものではないと認められること。

(c)　変更後の転用事業が変更前の転用事業に比べて、それと同程度又はそれ以上の緊急性及び必要性があると認められること。

(d)　変更後の転用事業がその転用目的に従って実施されることが確実であると認められること。

(e)　変更後の転用事業により周辺の地域における農業等に及ぼす影響が、変更前の転用事業による影響に比べてそれと同程度又はそれ以下であると認められること。

(f)　(a)から(e)までに掲げるもののほか、変更後の転用事業が農地転用許可基準により許可相当であると認められるものであること。

(イ)　転用事業を中止する場合

ａ　特定地方公共団体は、転用事業を中止する場合には、農地転用許可権者にその旨を書面により報告すること。

ｂ　農地転用許可権者は、ａの報告を受けた場合には、将来の当該土地の利用見込み等を当該特定地方公共団体と協議し、必要な措置を講ずること。

Ⅷ　農地転用許可事務実態調査及び是正の要求等（事務処理要領第４・７）

農地転用許可事務実態調査及び是正の要求等については、第五十九条（是正の要求の方式）の説明（三九七頁）を参照されたい。

Ⅸ　農地転用許可権限等に係る指定市町村

１　指定市町村の指定手続等（法第四条第十一項）

法第四条第十一項に規定するもののほか、指定市町村の指定及び取消に必要な事項は政省令（施行令第九条、施行規則第四十八条、第四十九条、第四十九条の二、第四十九条の三、第四十九条の四）で規定されている。その内容は、次の通りである。

(1)　指定の申請

指定は指定を受けようとする市町村の申請により行う（施行令第九条第一項）。申請は、申請書に次に掲げる書類を添付して農林水産大臣に提出しなければならない（施行規則第四十八条）

①　申請市町村における農地及び採草放牧地の面積目標とその算定根拠を記載した書類

②　申請市町村における過去五年間における次の事務の処理の状況を記載した書類（施行規則第四十九条第二項第一号）

ア　申請市町村が地方自治法第二百五十二条の十七の第一項の条例による事務処理の特例として（権限移譲を受けて）行う法第四条第一項及び第五条第一項又は農振法第十五条の二第一項の許可事務の処理

イ　法第四条第三項（法第五条第三項において準用する場合を含む。）の規定による申請書の送付事務

ウ　農振法第十三条第一項の規定による農業振興地域整備計画の変更のうち農用地等以外の用途に供することを目的として農用地区域内の土地を農用地区域から除外するために行う農用地区域の変更に係る事務

エ　申請市町村が地方自治法による事務処理の特例として（権限移譲を受けて）行う法第五十一条第一項の規定による処分若しくは命令又は農振法第十五条の三の規定による命令に係る事務

③　指定の日以後申請市町村の長が行う農地転用許可事務に関する組織図及び体制図

④　その他農林水産大臣が必要と認める事項を記載した書面

(2)　指定

農林水産大臣は、指定を受けようとする市町村から申請があったときは、申請書の内容等から判断し、当該市町村が次の基準の全てに適合すると認めるときは、指定をする（施行令第九条第二項）。

①　確保すべき農地及び採草放牧地の面積の適切な目標を定めていること。

②　①の面積目標を達成するために必要な農地又は採草放牧地の農業上の効率的かつ総合的な利用の確保に関する施策を適正に実施していること。

(3)　指定の基準（施行令第九条第二項、施行規則第四十九条）

①　農林水産大臣が適切な面積目標を定めていると認める申請市町村―次の要件の全てを満たすこと（施行規則第四十九条第一項）

ア　農振法第三条の二第一項に規定する基本指針及び同法第四条第一項の農業振興地域整備基本方針に沿って、農地又は採草放牧地の面積のすう勢及び農地又は採草放牧地の農業上の効率的かつ総合的な利用の確保に関する施策の効果を適切に勘案していること

イ　地方公共団体が策定した土地利用に関する計画に基づき開発行為（農振法第十五条の二第一項に規定する開発行為をいう。）が予定されていることその他考慮すべき事情がある場合には、当該事情を適切に勘案していること。

②　農林水産大臣が関係施策を適正に実施していると認める申請市町村―事務処理状況及び事務処理体制に係る次の要

件全て（ア及びイ）を満たすこと（施行規則同条第二項）

ア　事務処理状況に係る要件

申請市町村が行った過去五年間における次の事務処理若しくは行為が次の要件を満たしていること又は当該事務処理若しくは行為が当該要件を満たしていない場合には、当該市町村が是正若しくは改善を図っておりかつ農地及び採草放牧地の農業上の効率的かつ総合的な利用の確保に関する施策に取り組んでいると認められること（施行規則同条第二項第一号）

(ア)　申請市町村が地方自治法の関係規定に基づく条例による事務処理の特例として（権限移譲を受けて）行う法第四条第一項及び第五条第一項又は農振法第十五条の二第一項の許可事務の処理—これら法律、政令及び省令に違反したことがないこと（施行規則同条第二項第一号イ）

(イ)　法第四条第三項（法第五条第三項において準用する場合を含む。）の規定による申請書の送付事務—申請書に付された意見の内容が許可相当であるとする者である場合に、都道府県知事が不許可の処分を行ったことがないこと（指定の日以後、地方自治法の関係規定により、申請市町村の委任を受けて、農業委員会が農地転用許可事務を行うこととなる場合に限る）（施行規則同条第二項第一号ロ）

(ウ)　農振法第十三条第一項の規定による農業振興地域整備計画の変更のうち農用地等以外の用途に供することを目的として農用地区域内の土地を農用地区域から除外するために行う農用地区域の変更に係る事務—都道府県知事が協議において農振法令に定める要件を満たしていないとして同意しなかったことがないこと（施行規則同条第二項第一号ハ）

(エ)　第二十九条第六号の施設の敷地に供するため申請市町村の区域内にある農地を農地以外のものにする行為—当該施設の公益性を考慮してもなお当該行為が土地の農業上の利用の確保の観点から著しく適正を欠いていたと認

められるものでないこと（施行規則同条第二項第一号ニ）

(オ)　申請市町村が地方自治法の関係規定に基づく条例による事務処理の特例として（権限移譲を受けて）行う法第五十一条第一項の規定による処分若しくは命令又は農振法第十五条の三の規定による命令に係る事務を処理することとされている場合における当該事務の処理―当該事務の処理が著しく適正を欠いていると認められるものでないこと（施行規則同条第二項第一号ホ）

イ　事務処理体制に係る要件

指定の日以後の申請市町村の長が行う農地転用許可事務の処理を行う体制（以下「事務処理体制」という。）が次に掲げる要件の全てを満たしていること（施行規則同条第二項第二号）

(ア)　農地転用許可事務に従事する職員を二名以上（過去五年間における農地転用許可の申請の年間平均件数が二十件以下である申請市町村にあっては一名以上）配置すること（施行規則同条第二項第二号イ）。

(イ)　(ア)の職員のうち②ア事務処理状況に係る要件(ア)から(ウ)までの事務に通算して二年以上従事した経験（以下「従事経験」という。）を有するものの人数が二名以上（過去五年間における農地転用許可の申請の年間平均件数が二十件以下である申請市町村にあっては一名以上）であること又は次に掲げる者の人数がそれぞれ一名以上であること（施行規則同条第二項第二号ロ）

(1)　(ア)の職員であって従事経験を有するもの

(2)　(ア)の職員であって、農地転用許可事務の適正な処理を図るための農林水産省、都道府県又は都道府県機構が実施する研修を受けることにより従事経験を有する者と同等の農地法令及び農振法令に関する理解を有すると認められるもの

(ウ)　(ア)及び(イ)に掲げる要件を満たす事務処理体制を継続的に確保できると認められること（施行規則同条第二項第

二号ハ）。

(4)　都道府県知事の意見聴取（施行令第九条第三項）

農林水産大臣は、指定をするため必要があると認めるときは、申請市町村の属する都道府県知事の意見を聴くことができる。

(5)　告示、通知（施行令第九条第四項、第五項）

農林水産大臣は、指定をしたときは、直ちに、その旨を告示するとともに、申請市町村及び申請市町村の属する都道府県に通知しなければならない。

農林水産大臣は、指定をしないこととしたときは、遅滞なく、その旨及びその理由を申請市町村に通知しなければならない。

(6)　指定の際における処分等行為又は申請等行為に係る経過措置（施行令第九条第六項）

指定市町村の指定があった場合においては、

ア　その指定の際現に効力を有する都道府県知事が行った許可等の処分その他の行為（以下「処分等の行為」という。）

イ　又は現に都道府県知事に対しされている許可の申請その他の行為（以下「申請等の行為」という。）で、当該指定により当該指定の日以後指定市町村の長が行うこととなる事務に係るものは、指定の日以後においては、当該指定市町村の長が行った処分等の行為又は当該指定市町村の長に対しされた申請等の行為とみなされる。

(7)　報告（施行令第九条第七項）

指定市町村の長は、毎年四月一日から同月末日までの間に、面積目標の達成状況及び事務処理状況について農林水産大臣に報告しなければならない。報告書には、次に掲げる書類を添付しなければならない（施行規則第四十九条の二）。

ア　面積目標の達成状況を記載した書類

イ　前年の農地転用許可事務の処理概要を記載した書類

このほか、指定市町村は、農林水産大臣の求めに応じ、農林水産大臣が必要と認める事項を記載した書類を提出しなければならない。

(8)　指定の取消（施行令第九条第八項、第九項）

農林水産大臣は、指定市町村が施行令第九条第二項各号に掲げる基準のいずれかに適合しなくなったと認めるときは、当該指定を取り消すことができる。この基準のいずれかに適合しなくなったかどうかの判断は、次に掲げる場合のいずれかに該当する場合に行う（施行規則第四十九条の三）

ア　施行令第九条第七項（報告）の規定に違反した場合

イ　法第五十八条第二項の指示（指示及び代行）に従わない場合

ウ　農地転用許可事務に係る地方自治法第二百四十五条の五第三項（是正の要求）の規定による求めに応じない場合

指定の取消の場合は、施行令第九条第三項（都道府県知事の意見聴取）、同条第四項（告示、通知）及び第六項（指定の際における処分等行為又は申請等行為に係る経過措置）の規定は、指定の取消について準用される。

(9)　罰則に関する経過措置（施行令第九条第十項）

指定又はその取消しの日前にした行為に対する罰則の適用については、なお従前の例による。

（農地又は採草放牧地の転用のための権利移動の制限）

第五条　農地を農地以外のものにするため又は採草放牧地を採草放牧地以外のもの（農地を除く。次項及び第四項において同じ。）にするため、これらの土地について第三条第一項本文に掲げる権利を設定し、又は移転する場合には、当事者が都道府県知事等の許可を受けなければならない。ただし、次の各号のいずれかに該当する場合は、この限りでない。

一　国又は都道府県等が、前条第一項第二号の農林水産省令で定める施設の用に供するため、これらの権利を取得する場合

二　農地又は採草放牧地を農地中間管理事業の推進に関する法律第十八条第七項の規定による公告があつた農用地利用集積等促進計画に定める利用目的に供するため当該農用地利用集積等促進計画の定めるところによつて同条第一項の権利が設定され、又は移転される場合

三　農地又は採草放牧地を特定農山村地域における農林業等の活性化のための基盤整備の促進に関する法律第九条第一項の規定による公告があつた所有権移転等促進計画に定める利用目的に供するため当該所有権移転等促進計画の定めるところによつて同法第二条第三項第三号の権利が設定され、又は移転される場合

四　農地又は採草放牧地を農山漁村の活性化のための定住等及び地域間交流の促進に関する法律第九条第一項の規定による公告があつた所有権移転等促進計画に定める利用目的に供するため当該所有権移転等促進計画の定めるところによつて同法第五条第八項の権利が設定され、又は移転される場合

五　土地収用法その他の法律によつて農地若しくは採草放牧地又はこれらに関する権利が収用され、又は使用される場合

六　前条第一項第七号に規定する市街化区域内にある農地又は採草放牧地につき、政令で定めるところによりあらか

じめ農業委員会に届け出て、農地及び採草放牧地以外のものにするためこれらの権利を取得する場合

七　その他農林水産省令で定める場合

2　前項の許可は、次の各号のいずれかに該当する場合には、することができない。ただし、第一号及び第二号に掲げる場合において、土地収用法第二十六条第一項の規定による告示に係る事業の用に供するため第三条第一項本文に掲げる権利を取得しようとするとき、第一号イに掲げる農地又は採草放牧地につき農用地利用計画において指定された用途に供するためこれらの権利を取得しようとするときその他政令で定める相当の事由があるときは、この限りでない。

一　次に掲げる農地又は採草放牧地につき第三条第一項本文に掲げる権利を取得しようとする場合

イ　農用地区域内にある農地又は採草放牧地

ロ　イに掲げる農地又は採草放牧地以外の農地又は採草放牧地で、集団的に存在する農地又は採草放牧地その他の良好な営農条件を備えている農地又は採草放牧地として政令で定めるもの（市街化調整区域内にある政令で定める農地又は採草放牧地以外の農地又は採草放牧地にあつては、次に掲げる農地又は採草放牧地を除く。）

(1)　市街地の区域内又は市街地化の傾向が著しい区域内にある農地又は採草放牧地で政令で定めるもの

(2)　(1)の区域に近接する区域その他市街地化が見込まれる区域内にある農地又は採草放牧地で政令で定めるもの

二　前号イ及びロに掲げる農地（同号ロ(1)に掲げる農地を含む。）以外の農地を農地以外のものにするため第三条第一項本文に掲げる権利を取得しようとする場合又は同号イ及びロに掲げる採草放牧地（同号ロ(1)に掲げる採草放牧地を含む。）以外の採草放牧地を採草放牧地以外のものにするためこれらの権利を取得しようとする場合において、申請に係る農地又は採草放牧地に代えて周辺の他の土地を供することにより当該申請に係る事業の目的を達成することができると認められるとき。

三　第三条第一項本文に掲げる権利を取得しようとする者に申請に係る農地を農地以外のものにする行為又は申請に

係る採草放牧地を採草放牧地以外のものにする行為を行うために必要な資力及び信用があると認められないこと、申請に係る農地を農地以外のものにする行為又は申請に係る採草放牧地を採草放牧地以外のものにする行為の妨げとなる権利を有する者の同意を得ていないことその他農林水産省令で定める事由により、申請に係る農地又は採草放牧地の全てを住宅の用、事業の用に供する施設の用その他の当該申請に係る用途に供することが確実と認められない場合

四　申請に係る農地を農地以外のものにすること又は申請に係る採草放牧地を採草放牧地以外のものにすることにより、土砂の流出又は崩壊その他の災害を発生させるおそれがあると認められる場合、農業用用排水施設の有する機能に支障を及ぼすおそれがあると認められる場合その他の周辺の農地又は採草放牧地に係る営農条件に支障を生ずるおそれがあると認められる場合

五　申請に係る農地を農地以外のものにすること又は申請に係る採草放牧地を採草放牧地以外のものにすることにより、地域における効率的かつ安定的な農業経営を営む者に対する農地又は採草放牧地の利用の集積に支障を及ぼすおそれがあると認められる場合その他の地域における農地又は採草放牧地の農業上の効率的かつ総合的な利用の確保に支障を生ずるおそれがあると認められる場合として政令で定める場合

六　仮設工作物の設置その他の一時的な利用に供するため所有権を取得しようとする場合

七　仮設工作物の設置その他の一時的な利用に供するため、農地につき所有権以外の第三条第一項本文に掲げる権利を取得しようとする場合においてその利用に供された後にその土地が耕作の目的に供されることが確実と認められないとき、又は採草放牧地につきこれらの権利を取得しようとする場合においてその利用に供された後にその土地が耕作の目的若しくは主として耕作若しくは養畜の事業のための採草若しくは家畜の放牧の目的に供されることが確実と認められないとき。

八　農地を採草放牧地にするため第三条第一項本文に掲げる権利を取得しようとする場合において、同条第二項の規定により同条第一項の許可をすることができない場合に該当すると認められるとき。

3　第三条第五項及び第六項並びに前条第二項から第五項までの規定は、第一項の場合に準用する。この場合において、同条第四項中「申請書が」とあるのは「申請書が、農地を農地以外のものにするため又は採草放牧地を採草放牧地以外のもの（農地を除く。）にするためこれらの土地について第三条第一項本文に掲げる権利を取得する行為であつて、」と、「農地を農地以外のものにする行為」とあるのは「農地又はその農地と併せて採草放牧地についてこれらの権利を取得するもの」と読み替えるものとする。

4　国又は都道府県等が、農地を農地以外のものにするため又は採草放牧地を採草放牧地以外のものにするため、これらの土地について第三条第一項本文に掲げる権利を取得しようとする場合（第一項各号のいずれかに該当する場合を除く。）においては、国又は都道府県等と都道府県知事等との協議が成立することをもつて第一項の許可があつたものとみなす。

5　前条第九項及び第十項の規定は、都道府県知事等が前項の協議を成立させようとする場合について準用する。この場合において、同条第十項中「準用する」とあるのは、「準用する。この場合において、第四項中「申請書が」とあるのは「申請書が、農地を農地以外のものにするため又は採草放牧地を採草放牧地以外のもの（農地を除く。）にするためこれらの土地について第三条第一項本文に掲げる権利を取得する行為であつて、」と、「農地を農地以外のものにする行為」とあるのは「農地又はその農地と併せて採草放牧地についてこれらの権利を取得するもの」と読み替えるものとする」と読み替えるものとする。

本条は、農地を農地以外のものに、採草放牧地を採草放牧地以外のもの（農地を除く。）に転用するための権利移動についての許可手続等を規定している。

Ⅰ　法第五条の農地転用のための権利移動の制限

本条の事務処理に当たっては、法令の定めによるほか、許可基準、事務処理基準、国又は都道府県等の転用に係る協議については、第四条の農地転用の場合と同様に行うものとされている。

また、市街化区域内の届出に係る事務処理に当たっても法令の定めによるほか、法第四条の市街化区域内の届出に係る事務処理基準と同様に行うものとされている。

なお、許可申請の手続きについては、権利移動をする当事者が連署して行う。

1　制限の例外

農地を農地以外のもの又は採草放牧地を採草放牧地以外のもの（農地を除く。）に転用するため、これらの土地について権利（法第三条第一項本文に掲げる権利）の移動をする場合の法第五条の許可の例外は、法第四条の農地転用の許可の例外に該当するもので、権利移動を伴う場合となっている（一〇七頁参照）。

なお、法第四条第一項第九号の規定を受けた施行規則二十九条第一号「耕作の事業を行う者がその農地をその者の耕作の事業に供する他の農地の保全若しくは利用の増進のため又はその農地（二アール未満のものに限る。）をその者の農作物の育成若しくは養畜の事業のための農業用施設に供する場合」については、その者の農地を対象としていることから法第五条では例外としていないので、このような場合のために権利移動を行うものは、法第五条第一項の許可を受ける必要がある。

2　許可権者

法第四条と同じであり、都道府県知事等が許可権者となる。

3　許可の申請者

法第五条第一項の許可を申請する場合にあっては、農地等について権利を取得しようとする者及びその者のために権利を設定し、又は移転しようとする者の双方が連署するものとされている。ただし、法第三条第一項の許可申請と同様、その申請に係る権利の設定又は移転が競売若しくは公売又は遺贈その他の単独行為による場合及びその申請に係る権利の設定又は移転に関し、判決が確定し、裁判上の和解若しくは請求の認諾があり、民事調停法により調停が成立し、又は家事事件手続法により審判が確定し若しくは調停が成立した場合には、この限りでない（施行規則第五十七条の四第一項）。

4　許可申請の手続（事務処理要領第４・１⑵）

①　転用の目的で農地等について権利を設定し、又は移転するため法第五条第一項の許可を受けようとする者は、許可申請書を提出しなければならない。

なお、許可申請書の様式例は、次のように農地法関係事務処理要領（様式例第４号の２）で示されている。なお、参考までに記載例を青色で示した。

許可申請書は関係農業委員会を経由して都道府県知事等に提出する。

②　申請書には、法第四条の許可申請の場合の添付書類を添付させる。この場合、申請に係る農地につき地上権等に基づく耕作者がいる場合及び申請に係る農地が土地改良区内にある場合の書類について「農地」とあるのは「農地等」と読み替える。

5　農業委員会の処理、都道府県知事の処理、その他処理の留意事項

法第四条の場合と同様である。

Ⅱ　法第五条の許可基準（運用通知第2・4）

法第五条第一項の転用許可には、農地に加え採草放牧地も含め、これらについて転用のために権利移転する場合が対象とされているが、許可の基準は、農地を転用することからして次の点を除けば法第四条第一項の許可基準と同一のものになっている。

A　仮設工作物の設置その他の一時的な利用（一時転用）に供するため所有権を取得しようとする場合には、許可できない（法第五条第二項第六号）。

一時的な農地の転用であれば所有権まで取得する必要性が乏しく、所有権以外の使用収益権によっても土地の利用上支障はないとの判断による。農地を農地以外のものに供する期間が一時的であるにもかかわらず、所有権の取得を認めることになれば、農地の投機的取得を誘引しかねないことや利用後の農地の遊休化につながるおそれが大きいことが懸念されるため措置されている。

B　農地を採草放牧地にするために法第三条第一項本文に掲げる権利を取得しようとする場合において、同条第二項の規定により同条第一項の許可をすることができない場合に該当すると認められるときは、許可することができない（法第五条第二項第八号）。

農地を採草放牧地として利用するために所有権の移転等を行う場合には、法第五条第一項の許可を要するが、一方、採草放牧地を採草放牧地として利用するために所有権の移転等を行う場合には、法第三条第一項の許可を要することになっている。農地を転用して最終的に採草放牧地の所有権等を取得することとなる場合には農地を採草放牧地に転用す

農地法第５条第１項の規定による許可申請書

令和○ 年 ○ 月 ○ 日

都道府県知事　　　殿　　　譲渡人が２名以上である場合等には別紙１（188頁）による。

譲受人　氏名　○○　○○
譲渡人　氏名　○○　○○

下記のとおり転用のため農地~~（採草放牧地）~~の権利を~~設定~~（移転）したいので、農地法第５条第１項の規定により許可を申請します。

記

	当事者の別	氏名	住所
1 当事者の住所等	譲受人	○○ ○○	○○ 都道府県 ○○ 郡市 ○○ 町村 ○○111 番地
	譲渡人	○○ ○○	○○ 都道府県 ○○ 郡市 ○○ 町村 △△222 番地

	土地の所在	地番	地目		面積	利用状況	10ａ当たり普通収穫高	所有権以外の使用収益権が設定されている場合		市街化区域・市街化調整区域・その他の区域の別
			登記簿	現況				権利の種類	権利者の氏名又は名称	
2 許可を受けようとする土地の所在等	○○郡市○○町村大字○○字××	333番	畑	畑	330㎡	普通畑	大根3.5t 馬鈴薯3t			都市計画区域外
	計　330　㎡（田　　㎡、畑　330　㎡、採草放牧地　　㎡）									

3 転用計画	
(1)転用の目的	住宅用地
(2)権利を設定し又は移転しようとする理由の詳細	自己住宅の建築
(3)事業の操業期間又は施設の利用期間	○ 年 ○ 月 ○ 日から 永久 年間

(4)転用の時期及び転用の目的に係る事業又は施設の概要

工事計画	第1期（着工3年6月1日から3年10月31日まで）				第２期	合計		
	名称	棟数	建築面積	所要面積		棟数	建築面積	所要面積
土地造成				330㎡				330㎡
建築物	木造２階建住宅	１棟	130㎡			1	130㎡	
小計			130	330				
工作物								
小計								
計		１棟	130	330		1	130	330

	権利の種類	権利の設定・移転の別	権利の設定・移転の時期	権利の存続期間	その他
4 権利を設定し又は移転しようとする契約の内容	所有権	設定　（移転）	令和３年６月１日	令和３年6月1日から永久	

5 資金調達についての計画	① 自己資金　1,500万円 ② 借入金　1,500万円
6 転用することによって生ずる付近の土地・作物・家畜等の被害防除施設の概要	排水は公共下水道に排出し被害のないようにする。
7 その他参考となるべき事項	

（記載要領）

1　当事者が法人である場合には、「氏名」欄にその名称及び代表者の氏名を、「住所」欄にその主たる事務所の所在地を、それぞれ記載してください。

2　譲渡人が２人以上である場合には、申請書の差出人は「譲受人何某」及び「譲渡人何某外何名」とし、申請書の１及び２の欄には「別紙記載のとおり」と記載して申請することができるものとします。この場合の別紙の様式は、次の別紙１及び別紙２のとおりとします。

3　「利用状況」欄には、田にあっては二毛作又は一毛作の別、畑にあっては普通畑、果樹園、桑園、茶園、牧草畑又はその他の別、採草放牧地にあっては主な草名又は家畜の種類を記載してください。

4　「10ａ当たり普通収穫高」欄には、採草放牧地にあっては採草量又は家畜の頭数を記載してください。

5　「市街化区域・市街化調整区域・その他の区域の別」欄には、申請に係る土地が都市計画法による市街化区域、市街化調整区域又はこれら以外の区域のいずれに含まれているかを記載してください。

6　「転用の時期及び転用の目的に係る事業又は施設の概要」欄には、工事計画が長期にわたるものである場合には、できる限り工事計画を６か月単位で区分して記載してください。

7　申請に係る土地が市街化調整区域内にある場合には、転用行為が都市計画法第29条の開発許可及び同法第43条第１項の建築許可を要しないものであるときはその旨並びに同法第29条及び第43条第１項の該当する号を、転用行為が当該開発許可を要するものであるときはその旨及び同法第34条の該当する号を、転用行為が当該建築許可を要するものであるときはその旨及び建築物が同法第34条第１号から第10号まで又は都市計画法施行令第36条第１項第３号ロからホまでのいずれの建築物に該当するかを、転用行為が開発行為及び建築行為のいずれも伴わないものであるときは、その旨及びその理由を、それぞれ「その他参考となるべき事項」欄に記載してください。

（別紙１）　申請書の１の欄　当事者の住所等

当事者の別	氏　名	住　所	職　業
譲　受　人	家野建夫	○○県○○郡○○町○○111番地	銀行員
譲　渡　人	農地　譲	○○県○○郡○○町△△222番地	農　業

（別紙２）　申請書の２の欄　許可を受けようとする土地の所在等

譲渡人の氏名	所　在	地番	地目		面積	10ａ当たり普通収穫高	利用状況	耕作者の氏名
			登記簿	現況				
農地　譲	○○郡○○町 大字○○字××	333番	畑	畑	330 ㎡	大根　3.5t 馬鈴薯　3ｔ	普通畑	農地　譲
計　○　筆　○○ ㎡（田　○○ ㎡、畑　○○ ㎡、採草牧草地　○○ ㎡）								

（記載要領）　本表は、（別紙１）の譲渡人の順に名寄せして記載してください。

ることの妥当性の基準に加え採草放牧地として適正に利用されるか否かの第三条の許可の基準にも適合するよう措置されている。

Ⅲ　国又は都道府県等の協議の手続（事務処理要領第４・２）

Ａ　法第五条第四項の協議をしようとする国又は都道府県等の転用事業担当部局は、Ⅳの事前調整を行った上で協議書を都道府県知事等に提出する。

その農地の権利を取得する者が同一の事業の目的に供するためその農地と併せて採草放牧地について権利を取得する場合も、同様である。

Ｂ　協議書には、法第四条の許可申請の添付書類を添付する。この場合、農地につき地上権等に基づく権利者がいる場合の同意及び農地が土地改良区にある場合の意見書について、「農地」とあるのは、「農地等」と読み替える。

Ⅳ　都道府県知事の処理及び国又は都道府県の協議に関する事前調整

法第四条の場合と同様である（一六一一頁参照）。

Ⅴ　法附則第二項の規定による協議の手続

都道府県知事等の処理、地方農政局長等の処理は、法第四条の場合と同様である（一六二一～一六三頁参照）。

Ⅶ　標準的な事務処理期間

法第四条の一六四頁参照

Ⅷ　届出関係（事務処理要領第４・５(2)）

1　法第五条第一項第六号（市街化区域内の届出）の規定による届出の手続

(1)　市街化区域内の農地又は採草放牧地について転用の目的で権利を設定し、又は移転するため法第五条第一項第七号の規定による届出をしようとする者には、様式例第４号の９による届出書を関係農業委員会に提出させる。

(2)　届出書には、法第四条第一項第八号の届出の場合の添付書類（一五七頁参照・農地が賃貸借の目的となっている場合の法第十八条第一項の許可があったことを証する書面の「農地」とあるのは、「農地等」と読み替える。）のほか、届出に係る転用行為が都市計画法第二十九条の開発許可を受けることを必要とするものである場合には、当該転用行為につき当該開発許可を受けたことを証する書面を添付させる。

2　添付書類その他についての留意事項は、法第四条と同様である（一五七～一五八頁参照）。

3　届出者

届出をする者は、法第五条第一項の許可申請者（一八四頁参照）と同様である。

4　農業委員会の処理、事務処理上の留意事項は、法第四条の場合と同様である。

Ⅸ　農地転用許可後の転用事業の促進措置、農地転用事務実態調査及び是正の要求等

法第四条の場合と同様である。

（農地所有適格法人の報告等）

第六条　農地所有適格法人であつて、農地若しくは採草放牧地（その法人が第三条第一項本文に掲げる権利を取得した時に農地及び採草放牧地以外の土地であつたものその他政令で定めるものを除く。以下この項において同じ。）を所有し、又はその法人以外の者が所有する農地若しくは採草放牧地（同条第三項の規定の適用を受けて同条第一項の許可を受けてその法人に設定された使用貸借による権利又は賃借権に係るものを除く。）をその法人の耕作若しくは養畜の事業に供しているものは、農林水産省令で定めるところにより、毎年、事業の状況その他農林水産省令で定める事項を農業委員会に報告しなければならない。農地所有適格法人が農地所有適格法人でなくなつた場合（農地所有適格法人が合併によつて解散し、又は分割をした場合において、当該合併によつて設立し、若しくは当該合併後存続する法人又は当該分割によつて当該農地若しくは採草放牧地について同項本文に掲げる権利を承継した法人が農地所有適格法人でない場合を含む。第七条第一項において同じ。）におけるその法人及びその一般承継人についても、同様とする。

2　農業委員会は、前項前段の規定による報告に基づき、農地所有適格法人が第二条第三項各号に掲げる要件を満たさなくなるおそれがあると認めるときは、その法人に対し、必要な措置を講ずべきことを勧告することができる。

3　農業委員会は、前項の規定による勧告をした場合において、その勧告を受けた法人からその所有する農地又は採草放牧地について所有権の譲渡しをする旨の申出があつたときは、これらの土地の所有権の譲渡しについてのあつせんに努めなければならない。

本条は、農地所有適格法人の報告及び要件を満たさなくなるおそれがあると認めるときの必要な措置を講ずべき勧告等について規定している。

Ⅰ　法第六条第一項の報告手続

1　報告の手続

農地等（次に掲げる土地を除く。）を所有し、又は他の者の所有する農地等を耕作若しくは養畜の事業に供している農地所有適格法人は、毎年、事業の状況等を農業委員会に報告しなければならない（第一項、施行規則第五十八条・第五十九条）。この場合の除かれる土地（施行令第十六条・施行規則第六十条）は、次のとおりである。

(1)　その法人が昭和三十七年七月一日前から法第三条第一項本文に掲げる権利を有している土地
(2)　その法人が第三条第一項本文に掲げる権利を取得したときに農地等以外の土地であった土地
(3)　(1)及び(2)の土地につき土地改良法等による交換分合が行われた場合に、(1)及び(2)の土地に代わるべきものとして、その法人がその交換分合により取得したもののうちから都道府県知事が施行規則第六十条の規定により指定した土地

農地所有適格法人が農地所有適格法人でなくなった場合（農地所有適格法人が合併によって解散し、又は分割した場合において、当該合併等によって農地等について法第三条第一項の本文に掲げる権利を承継した法人が農地所有適格法人でない場合を含む。）における法人及びその一般承継人についても同様とされている（第一項）。

2 報告書の記載事項及び添付書類

(1) 記載事項（施行規則第五十九条）

① 農地所有適格法人の名称及び主たる事務所の所在地並びに代表者の氏名

② 農地所有適格法人が現に所有し、又は所有権以外の使用及び収益を目的とする権利を有している農地又は採草放牧地の面積

③ 農地所有適格法人が当該事業年度に行った事業の種類及び売上高

④ 農地所有適格法人の構成員の氏名又は名称及びその有する議決権

⑤ 農地所有適格法人の構成員からその農地所有適格法人に対して権利を設定又は移転した農地又は採草放牧地の面積

⑥ 法第二条第三項第二号ニに掲げる者が農地所有適格法人の構成員となっている場合には、その構成員が農地中間管理機構に使用貸借による権利又は賃借権を設定している農地又は採草放牧地のうち、当該農地中間管理機構がその農地所有適格法人に使用貸借による権利又は賃借権を設定している農地又は採草放牧地の面積

⑦ 農地所有適格法人の構成員のその農地所有適格法人の行う農業への従事状況

⑧ 法第二条第三項第二号ヘに掲げる者が農地所有適格法人の構成員となっている場合には、その構成員がその農地所有適格法人に委託している農作業の内容

⑨ 承認会社が農地所有適格法人の構成員となっている場合には、その構成員の株主の氏名又は名称及びその有する議決権

⑩ 農地所有適格法人の理事等の氏名及び住所並びにその農地所有適格法人の行う農業への従事状況

⑪ 農地所有適格法人の理事等又は使用人のうち、その農地所有適格法人の行う農業に必要な農作業に従事する者の役職名及び氏名並びにその農地所有適格法人の行う農業に必要な農作業（その者が使用人である場合には、その農地所

有適格法人の行う農業及び農作業）への従事状況

⑫　農地を所有する農地所有適格法人にあつては、次に掲げる事項

A　翌事業年度における事業計画

B　農地所有適格法人の理事等及び構成員のその農地所有適格法人の行う農業への翌事業年度における従事計画

C　農地所有適格法人の理事等又は使用人のうち、その農地所有適格法人の行う農業に必要な農作業に従事する者のその農地所有適格法人の行う農業に必要な農作業（その者が使用人である場合には、その農地所有適格法人の行う農業及び農作業）への翌事業年度における従事計画

D　農地所有適格法人の理事等の国籍等並びに使用人の氏名、住所及び国籍等

E　主要株主等の氏名、住所及び国籍等（主要株主等が法人である場合には、その名称、設立に当たつて準拠した法令を制定した国及び主たる事務所の所在地）

⑬　その他参考となるべき事項

(2)　添付書類（施行規則第五十八条第二項）

①　定款の写し

②　農事組合法人又は株式会社にあってはその組合員名簿又は株主名簿の写し

③　承認会社が構成員となっている場合には、その構成員が承認会社であることを証する書面及びその構成員の株主名簿の写し

④　その他参考となるべき事項

この規定により、損益計算書の写し、出勤記録の写し、総会議事録の写し等を添付させる場合には、負担軽減の観点から、法第三条第一項の許可申請書の添付の場合に準じ、特に次のことに留意する。

A　記載事項の真実性を裏付けるために必要不可欠なものであるかどうか
B　法第二条第三項各号に掲げる農地所有適格法人の要件の判断に必要不可欠なものであるかどうか
C　すでに保有している資料と同種のものでないかどうか

(3)　この報告は、農業委員会に報告書を提出してしなければならないこととなっている（施行規則第五十八条）。毎事業年度の終了後三か月以内に報告書の提出がなかった場合には、当該報告書を提出すべき農地所有適格法人が現に所有し、又は所有権以外の使用及び収益を目的とする権利を有している農地等の所在地を管轄する農業委員会は、当該法人に対して、書面により、速やかに報告するよう求める必要がある（事務処理要領第5・1(2)ア）。

(4)　農業委員会は、報告書の提出があったときは施行規則第五十九条に規定する記載事項が記載されているかどうか及び施行規則第五十八条第二項に規定する添付書類が具備されているかどうかを検討し、報告書の記載事項又は添付書類に不備があり、農地所有適格法人の要件の適合性の判断を適正に行うことが困難と認められるときはこれの補正又は追完を求める必要がある（事務処理要領第5・1(2)イ）。

(5)　農地所有適格法人が農地所有適格法人でなくなった場合におけるその法人及びその一般承継人であって、農地等を現に所有し、又は所有権以外の使用及び収益を目的とする権利を有しているものについては、法第七条（農地所有適格法人でなくなった場合における買収）の規定による手続を進めるため、報告書を提出すべき農地所有適格法人と同様に報告書を作成し、事業年度の終了後三か月以内に管轄農業委員会へ提出するよう求める必要がある（事務処理要領第5・1(2)ウ）。

3　Ⅰの1の(3)の交換分合に伴う指定手続（事務処理要領第5・1(3)）

(1)　都道府県知事は、施行規則第六十条に規定する交換分合計画に係る公告をした場合には、その交換分合によりその法人が権利を取得した土地が、権利を失った土地及び地目、地積、土性その他の条件において近似するかどうかを審査し、指定書（様式例第5の2）を所有者に交付する必要がある。

(2)　指定書を交付すべき期間は、(1)の公告のあった日の翌日から起算して三か月以内とする。

(3)　都道府県知事が指定した土地は、施行令第十七条の規定により法第七条第一項の規定による買収をされない土地となることから、農業委員会による法第七条の手続の適切かつ円滑な実施のために、都道府県知事は、指定書を交付した場合には、その内容をその指定した土地の所在地を管轄する農業委員会に通知する。

(4)　都道府県知事から(3)の通知を受けた農業委員会は、指定された土地について、次の4の農地所有適格法人要件確認書の備考欄に記載しておく。

4　農地所有適格法人の要件の適合状況の把握（事務処理要領第5・2）

管轄農業委員会は、報告書を提出すべき農地所有適格法人ごとに、その法人が法第二条第三項に規定する農地所有適格法人の各要件を満たしているか及び満たさなくなるおそれがないかについて確認するため、提出のあった報告書の内容を速やかに農地所有適格法人確認書（様式例第5号の3）に取りまとめ、農業委員会の事務所に備え付けておく必要がある。

また、1による報告の内容のみならず、農業委員会の日常業務等を通じて得た情報等を踏まえ、農地所有適格法人確認書に取りまとめる。

Ⅱ　農業委員会による農地所有適格法人に対する勧告（事務処理要領第6・2）

農業委員会は、Ⅰの1の報告に基づき、農地所有適格法人が法第二条第三項各号の要件を満たさなくなるおそれがあると認めるときは、その法人に対し、必要な措置を講ずべきことを勧告することができる（法第六条第二項）。

農業委員会は、この勧告を行うため、Ⅰの1の報告を受けた場合、法第十四条の規定による立入調査を行った場合等は、法第二条第三項各号に掲げる要件に関する事項について台帳に記録する（処理基準第8・1）。

(1)　管轄農業委員会は、法第六条第一項の規定による報告等から、当該農地所有適格法人が、例えば、次に掲げるような状況に至り、自主的に是正のための措置を講ぜず、法第二条第三項に規定する農地所有適格法人の要件を満たさなくなるおそれがあると認められる場合には、直ちに、法第六条第二項の規定により、要件を満たさなくなることのないように、必要な措置をとるべきことを勧告する必要がある。

①　法第二条第三項第一号に規定する農業以外の事業の年間売上高が、単年で総売上高の過半を占め、かつ、その状態が恒常化するおそれがある。

②　法第二条第三項第二号ホのみを満たして構成員となっている者の農業への年間従事日数が激減し、施行規則第九条に規定する日数を下回るおそれがある。

③　法第二条第三項第三号に規定する理事等又は同項第四号の使用人の農作業への年間従事日数が激減し、農作業に施行規則第八条に規定する日数以上従事する理事等又は使用人が不在になるおそれがある。

(2)　管轄農業委員会は、勧告に際して、その勧告を受ける法人に対し、法第六条第三項に規定する農地等の所有権の譲渡しのあっせんの申出の意思があるかどうかを確認する必要がある。

(3)　管轄農業委員会は、勧告を受けた法人がその勧告に係る農地所有適格法人の要件を満たさなくなるおそれのある状況を是正しているかどうかについて、その勧告後最初の報告又は日常的な指導活動等により確認する必要がある。

Ⅲ　勧告を受けた法人からのあっせんの申出についての対応

農業委員会は、Ⅱで勧告をした場合において、その勧告を受けた法人からその所有する農地等について、所有権の譲渡しのあっせんの申出があったときは、これらの土地の所有権の譲渡しについてあっせんに努めなければならない（法第六条第三項）。

（農地所有適格法人以外の者の報告等）

第六条の二　第三条第三項の規定により同条第一項の許可を受けて使用貸借による権利又は賃借権の設定を受けた者及び農地中間管理事業の推進に関する法律第十八条第七項の規定による公告があつた農用地利用集積等促進計画の定めるところにより賃借権又は使用貸借による権利の設定又は移転を受けた同条第五項第三号に規定する者は、農林水産省令で定めるところにより、毎年、事業の状況その他農林水産省令で定める事項を農業委員会に報告しなければならない。

2　農業委員会は、農地中間管理事業の推進に関する法律第十八条第七項の規定による公告があつた農用地利用集積等促進計画の定めるところにより賃借権又は使用貸借による権利の設定又は移転を受けた同条第五項第三号に規定する者が同号に掲げる要件に該当しない場合その他の農林水産省令で定める場合に該当すると認めるときは、その旨を農地中間管理機構に通知するものとする。

本条は農地所有適格法人以外の者の報告及び要件に該当しない場合の通知について規定している。

1　報告の手続き

次に掲げる農地所有適格法人以外の者は、毎事業年度の終了後三か月以内に、事業の状況等を記載した報告書を農地等の所在地を管轄する農業委員会に提出しなければならない（第一項、施行規則第六十条の二）。

A　第三条第三項の規定により同条第一項の許可を受けて使用貸借による権利又は賃借権の設定を受けた者

B　農地中間管理事業法第十八条第七項の規定による公告があった農用地利用集積等促進計画の定めるところにより賃借権又は使用貸借による権利の設定又は移転を受けた同条第五項第三号に規定する者

2　報告書の記載事項及び添付書類

(1)　記載事項（施行規則第六十条の二第一項）

①　氏名及び住所（法人にあっては、その名称及び主たる事務所の所在地並びに代表者の氏名）

②　権利の設定又は移転を受けた農地又は採草放牧地の面積

③　②の農地又は採草放牧地における作物の種類別作付面積又は栽培面積、生産数量及び反収

④　耕作又は養畜の事業がその農地又は採草放牧地の周辺の農地又は採草放牧地の農業上の利用に及ぼしている影響

⑤　地域の農業における他の農業者との役割分担の状況

⑥　法人である場合には、その法人の業務執行役員等のうち、その法人の行う耕作又は養畜の事業に常時従事する者の役職名及び氏名並びにその法人の行う耕作又は養畜の事業への従事状況

⑦　その他参考となるべき事項

(2)　添付書類（施行規則第六十条の二第二項）

①　法人である場合には、定款又は寄附行為の写し

②　その他参考となるべき書類

3　要件に該当しない場合の農業委員会による通知

農業委員会は、次に掲げる場合に該当すると認めるときは、その旨を次のそれぞれの者に通知する（第二項、施行規則第六十条の二第三項、第四項）。

(1)　1のBに掲げる者で農地中間管理事業法第十八条第五項第三号に掲げる要件に該当しない場合　農地中間管理機構

(2)　1のBに掲げる者が次に該当する場合　農地中間管理機構

①　農地中間管理事業法第十八条第五項第二号に掲げる要件に該当しない場合

②　農地等を適正に利用していない場合

③　正当な理由がなくて法第六条第一項の規定による報告をしない場合

（**農地所有適格法人が農地所有適格法人でなくなつた場合における買収**）

第七条　農地所有適格法人が農地所有適格法人でなくなつた場合において、その法人若しくはその一般承継人が所有する農地若しくは採草放牧地があるとき、又はその法人及びその一般承継人以外の者が所有する農地若しくは採草放牧地でその法人若しくはその一般承継人の耕作若しくは養畜の事業に供されているものがあるときは、国がこれを買収する。ただし、これらの土地で、その法人が第三条第一項本文に掲げる権利を取得した時に農地及び採草放牧地以外の土地であつたものその他政令で定めるもの並びに同条第三項の規定の適用を受けて同条第一項の許可を受けてその法人に設定された使用貸借による権利又は賃借権に係るものについては、この限りでない。

2　農業委員会は、前項の規定による買収をすべき農地又は採草放牧地があると認めたときは、次に掲げる事項を公示し、かつ、公示の日の翌日から起算して一月間、その事務所で、これらの事項を記載した書類を縦覧に供しなければならない。

一　その農地又は採草放牧地の所有者の氏名又は名称及び住所

二　その農地又は採草放牧地の所在、地番、地目及び面積

三　その他必要な事項

3　農業委員会は、前項の規定による公示をしたときは、遅滞なく、その土地の所有者に同項各号に掲げる事項を通知しなければならない。ただし、相当な努力が払われたと認められるものとして政令で定める方法により探索を行つてもなおその者を確知することができないときは、この限りでない。

4　農業委員会は、第一項の規定による買収をすべき農地又は採草放牧地が第六条第二項の規定による勧告に係るものであるときは、当該勧告の日（同条第三項の申出があつたときは、当該申出の日）の翌日から起算して三月間（当該期間内に第三条第一項又は第十八条第一項の規定による許可の申請があり、その期間経過後までこれに対する処分がないときは、その処分があるまでの間）、第二項の規定による公示をしないものとする。

5　農業委員会は、第一項の規定による買収をすべき農地又は採草放牧地につき第二項の規定により公示をした場合において、その公示の日の翌日から起算して三月以内に農林水産省令で定めるところにより当該法人から第二条第三項各号に掲げる要件のすべてを満たすに至つた旨の届出があり、かつ、審査の結果その届出が真実であると認められるときは、遅滞なく、その公示を取り消さなければならない。

6　農業委員会は、前項の規定による届出があり、審査の結果その届出が真実であると認められないときは、遅滞なく、その旨を公示しなければならない。

7　第五項の規定により公示が取り消されたときは、その公示に係る農地又は採草放牧地については、国は、第一項の

規定による買収をしない。

8　第二項の規定により公示された農地若しくは採草放牧地の所有者又はこれらの土地について所有権以外の権原に基づく使用及び収益をさせている者が、その公示に係る農地又は採草放牧地につき、第五項に規定する期間の満了の日（その日までに同項の規定による届出があり、これにつき第六項の規定による公示があつた場合のその公示に係る農地又は採草放牧地については、その公示の日）の翌日から起算して三月以内に、農林水産省令で定めるところにより、所有権の譲渡しをし、地上権若しくは永小作権の消滅をさせ、使用貸借の解除をし、若しくは合意による解約をし、賃貸借の解除をし、解約の申入れをし、合意による解約をし、若しくは賃貸借の更新をしない旨の通知をし、又はその他の使用及び収益を目的とする権利を消滅させたときは、当該農地又は採草放牧地については、第一項の規定による買収をしない。当該期間内に第三条第一項又は第十八条第一項の規定による許可の申請があり、その期間経過後までこれに対する処分がないときも、その処分があるまでは、同様とする。

9　農業委員会は、第一項の法人又はその一般承継人からその所有する農地又は採草放牧地について所有権の譲渡しをする旨の申出があつた場合は、前項の期間が経過するまでの間、これらの土地の所有権の譲渡しについてのあつせんに努めなければならない。

本条は、農地所有適格法人が農地所有適格法人でなくなった場合等における農地等の買収について規定している。

1　農地所有適格法人で農地所有適格法人要件を充足しない法人が、農地等を所有し、又は利用し続けるという状態を解消するための措置である。すなわち、農地所有適格法人がその要件（法第二条第三項）を欠き、農地所有適格法人でなくなった場合には、一定の期間内にその要件を満たすための措置を講じさせ、なおその要件を満たさない場合には、その法人又は一般承継人が所有する農地等及びその法人又は一般承継人が借りている農地等を国が買収することとしている（第一項）。

この場合、農地所有適格法人でなくなったかどうかについては、ある特定の時点をとらえて判断するのではなく、農地所有適格法人の要件を再び充足することが困難であり、当該要件を欠いた状態のまま、農地等を所有し、又は利用し続けると認められるかによって判断する。したがって、理事等のうちその法人の常時従事者たる構成員が占める割合が一時的に過半数でなくなった場合等、農地所有適格法人の要件を再び充足すると見込まれる場合は、農地所有適格法人でなくなった場合としての取扱いは行わないものとされている。

また、農地所有適格法人が要件を欠いている状態であっても、近く解散する予定で事業を廃止するため自ら農地等の処分を進めている場合、近く競売等により農地等の処分が行われると見込まれる場合等、当該法人が引き続き農地等を所有し、又は利用することが見込まれない場合には、農業委員会は、第二項の規定による公示を当分の間見合わせるものとされている（処理基準第8・2）。

2　買収の要件及びその手続は、次のとおりである。

【農地所有適格法人が要件を欠いた場合】

①　農業委員会は、農地所有適格法人が要件を欠いた場合には、その法人若しくはその一般承継人が所有する農地等又はその法人若しくはその一般承継人が借り受けている農地等を買収する旨を公示し、かつ、その公示の日の翌日から起算して一月間、その事務所で公示した事項を記載した書類を縦覧に供しなければならない（第二項）。

農業委員会は、この公示をしたときは、遅滞なく、その所有者に通知しなければならない。ただし、相当な努力が払われたと認められるものとして政令で定める方法により探索を行ってもなおその者を確知することができないときは、この限りでない（第三項）。

なお、この場合の「相当な努力が払われたと認められるものとして政令で定める方法により探索を行ってもなおその者を確知することができないとき」とは、次の調査を実施したにもかかわらず、農地等の所有者が不明であるときのことをいう（事務処理要領第7・1(2)ウ）。

ア　施行令第十八条第一号により登記所（法務局等）の登記官に対し当該農地等の登記事項証明書を請求し、所有権の登記名義人又は表題部所有者の氏名及び住所地等を確認すること。

イ　施行令第十八条第二号において、「不確知所有者関連情報を保有すると思料される者」とは「当該農地等を現に占有する者」、「農地法第五十二条の二の規定により農業委員会が作成する農地台帳に記録された事項に基づき、当該不確知所有者関連情報を保有すると思料される者」及び「当該農地等の所有者であって知れているもの」をいう。施行令第十八条第二号によりこれらの者に対し、他の当該農地等の所有者の氏名及び住所地等について聞き取りを行うこと。また、ウにより所有権の登記名義人又は表題部所有者の生死が確認できない場合には、知れている当該農地等の所有者の直系尊属の戸籍謄本又は除籍謄本（以下「戸籍謄本等」という。）を請求することにより、当該者の直系尊属と思われる所有権の登記名義人又は表題部所有者の戸籍謄本等の確認を行うこと。

ウ　施行令第十八条第三号では、アにより確認した所有権の登記名義人又は表題部所有者の住所地の市町村の長に対し、住民票の写し又は住民票の除票の写しを請求すること。このほか、イで確認された「当該農地等の所有者と思料される者」についても、当該者が記録されている住民基本台帳を備えると思われる市町村の長に対し、住民票の写し又は住民票の除票の写しを請求すること。ただし、住所地が明らかである場合には、それをもって代えることができる。

エ　所有権の登記名義人又は表題部所有者の死亡が確認された場合には、施行令第十八条第四号により、所有権の登記名義人又は表題部所有者の戸籍謄本等を請求する。所有権の登記名義人又は表題部所有者の戸籍謄本等には所有権の登記名義人又は表題部所有者の相続人たる配偶者と子が記載されており、これらの者の記載された部分に限って新の戸籍謄本等を確認すること。次に、確認した配偶者と子の戸籍の附票を備えると思われる市町村の長に対し、当該相続人の戸籍の附票の写し又は消除された戸籍の附票の写しを請求することにより、これらの者の住所の確認を行うこと。この際、当該相続人が死亡後五年以上経過している場合には、その者については不明であることとして、これ以上の探索は不要である。

オ　所有権の登記名義人又は表題部所有者が法人である場合には、登記所（法務局等）の登記官に対して法人の登記事項証明書を請求することにより、法人の所在地を確認する。また、合併により解散した場合にあっては、合併後存続し、又は合併により設立された法人が記録されている法人の登記簿を備えると思われる登記所（法務局等）の登記官に対し、当該法人の登記事項証明書を請求することにより、合併後の法人の所在地を確認すること。その他合併以外の理由により解散していることが判明した場合には、当該法人の登記事項証明書に記載されている清算人（取締役等）を確認し、書面の送付などの措置によって、不確知所有者関連情報の提供を求めること。

カ　施行令第十八条第五号ではアからオの措置により住所が判明した当該農地等の所有者と思料される者（オの場合は法人住所地又は役員住所）に対して、当該農地等の所有者を特定するために書面（様式例第7号の4の2）を送付すること。なお、当該書面は簡易書留又は配達証明により郵送し、その配達記録を保存すること。また、住所地が当該農地等と同一市町村内の場合には、訪問により代えることは差し支えないが、訪問の記録を残すこと。

キ　カによる書面の送付後、二週間経過しても当該農地等の所有者と思料される者から返信がない場合には、当該農地等の所有者と思料される者を不明者として扱い、更なる聞き取りや現地調査は不要である。

②　第一項の規定による買収すべき農地等が法第六条第二項の要件を満たすための必要な措置を講ずべき勧告に係るものであるときは、当該勧告の日（同条第三項の所有権を譲渡する旨の申出があったときは、当該申出の日）の翌日から起

算した三月間（法第三条第一項又は法第十八条第一項の許可の申請があり、その期間経過後までこれに対する処分がないときは、その処分があるまでの間）、公示しない。

③　公示を受けた法人は、公示の日の翌日から起算して三月以内に、第二条第三項の農地所有適格法人の要件を満たさなければならず、その要件を満たすに至ったときは、施行規則第六十一条により書面で、農地所有適格法人の要件の全てを満たすためにとった措置の概要を農業委員会に届け出なければならない。

④　農業委員会は、その届出を審査して、それが真実であると認められるときは、遅滞なく、買収する旨の公示を取り消し、それが、真実であると認められないときは、遅滞なく、その旨を公示しなければならない（第五項・第六項）。買収する旨の公示が取り消されたときは、その公示に係る農地等については、買収しないことはいうまでもない（第七項）。

⑤　その法人が三月の期間内に農地所有適格法人の要件を満たさない場合には、その満了の日の翌日から起算して三月以内（その法人から要件を満たすに至った旨の届出があり、その届出が真実であると認められない旨の公示があったときは、その公示の日の翌日から起算して三月以内）に、その法人は、所有する農地等について他に所有権を譲渡し、また、地上権若しくは永小作権の消滅をさせ、使用貸借の解除をし、若しくは合意による解約をし、賃貸借の解除をし、解約の申入れをし、合意による解約をし、若しくは賃貸借の更新をしない旨の通知をし、又はその他の使用及び収益を目的とする権利を消滅させたときは、買収をしないこととされている。

また、この期間内に法第三条第一項又は法第十八条第一項の許可申請があり、その期間後までこれに対する処分がないときも、その処分があるまでは買収しないこととされている。この場合の賃貸借の解約等の許可申請について、賃借人であった農地所有適格法人の構成員であった賃貸人が当該法人が耕作していた農地の全てを効率的に利用して耕作の事業を行う場合は許可可能である（法第十八条第二項第五号）。

なお、使用貸借の返還の請求は、その農地等の返還の時期としてその請求日の翌日から起算して一年以内であること、賃貸借の解約の申入れは、その申入れの日の翌日から起算して一年を経過した時にその賃貸借が終了するものでなければならない（施行規則第六十二条）。

⑥　農地所有適格法人でなくなった法人がその要件を満たすための措置を講ずることなく、また法人又はその法人に農地等を使用収益させている者が、その所有する農地等について所有権の譲渡又は使用収益をする権利の消滅等の措置を講じない場合には、これらの農地等は国が買収することとされている。

ただし、次に掲げる農地等は買収対象から除外される（法第七条第一項ただし書、施行令第十六条・第十七条）。

A　その法人が昭和三十七年七月一日前から第三条第一項本文に掲げる権利を有している土地

B　その法人が権利（第三条第一項本文に掲げる権利）を取得した時、農地及び採草放牧地以外の土地であったもの

C　A並びにBの土地につき土地改良法等による交換分合が行われた場合に、それらの土地に代わるべきものとして、その法人がその交換分合により取得したもののうち都道府県知事が施行令第十六条第二号の規定により指定した土地

（**農業委員会の関係書類の送付**）

第八条　農業委員会は、前条第一項の規定により国が農地又は採草放牧地を買収すべき場合には、遅滞なく、次に掲げる事項を記載した書類を農林水産大臣に送付しなければならない。

一　その農地又は採草放牧地の所有者の氏名又は名称及び住所

二　その農地又は採草放牧地の所在、地番、地目及び面積

三　その農地若しくは採草放牧地の上に先取特権、質権若しくは抵当権がある場合又はその農地若しくは採草放牧地

につき所有権に関する仮登記上の権利若しくは仮処分の執行に係る権利がある場合には、これらの権利の種類並びにこれらの権利を有する者の氏名又は名称及び住所

2　農業委員会は、前項の書類を送付する場合において、買収すべき農地若しくは採草放牧地の上に先取特権、質権若しくは抵当権があるとき又はその農地若しくは採草放牧地につき所有権に関する仮登記上の権利若しくは仮処分の執行に係る権利があるときは、これらの権利を有する者に対し、農林水産省令で定めるところにより、対価の供託の要否を二十日以内に農林水産大臣に申し出るべき旨を通知しなければならない。

本条から第十五条までは買収の手続等を規定しており、本条では、農地等を買収すべき場合に農業委員会から農林水産大臣（地方農政局長（北海道にあっては、経営局長、沖縄県にあっては、内閣府沖縄総合事務局長）（法第六十二条、施行規則第百五条）以下「地方農政局長等」という。）に送付する関係書類について規定している。

農業委員会は、第七条第一項の規定により国が農地等を買収すべき場合には、遅滞なく、次に掲げる事項を記載した買収計画書を農林水産大臣に送付しなければならない（第一項）。

A　買収すべき農地等の所有者の氏名又は名称及び住所

B　買収すべき農地等の所在、地番、地目及び面積

C　買収すべき農地等の上に先取特権、質権若しくは抵当権がある場合又はその農地等につき所有権に関する仮登記上の権利若しくは仮処分の執行に係る権利がある場合には、これらの権利の種類並びにこれらの権利を有する者の氏名又は名称及び住所

この場合、農業委員会は、買収すべき農地等にこれらの権利があるときは、これらの権利を有する者に対し、買収の対価を供託する必要があるか否かについて二十日以内に地方農政局長等に申し出るべき旨を通知しなければならないこととなっている（第二項）。

（買収令書の交付及び縦覧）

第九条　農林水産大臣は、前条第一項の規定により送付された書類に記載されたところに従い、遅滞なく（同条第二項の規定による通知をした場合には、同項の期間経過後遅滞なく）、次に掲げる事項を記載した買収令書を作成し、これをその農地又は採草放牧地の所有者に、その謄本をその農業委員会に交付しなければならない。

一　前条第一項各号に掲げる事項

二　買収の期日

三　対価

四　対価の支払の方法（次条第二項の規定により対価を供託する場合には、その旨）

五　その他必要な事項

2　農林水産大臣は、前項の規定による買収令書の交付をすることができない場合には、その内容を公示して交付に代えることができる。

3　農業委員会は、買収令書の謄本の交付を受けたときは、遅滞なく、その旨を公示するとともに、その公示の日の翌日から起算して二十日間、その事務所でこれを縦覧に供しなければならない。

本条は、買収令書の交付及び縦覧について規定している。

1　地方農政局長等は、第八条第一項によって農業委員会から書類の送付があったときは、その書類に記載されたところに従って、遅滞なく、買収令書を作成し、これを配達証明郵便でその農地等の所有者に交付し、その謄本をその農業委員会に交付しなければならない。

担保権等のある農地等については、農業委員会から担保権者等に通知された対価の供託の要否の申出期間を経過した後、遅滞なく、買収令書を作成し、農地等の所有者に交付し、その謄本をその農業委員会に送付しなければならない（第一項）（事務処理要領第7・2(3)イ）。

買収令書には、次の事項を記載する。

①　買収すべき農地等の所有者の氏名又は名称及び住所

②　買収すべき農地等の所在、地番、地目及び面積

③　買収すべき農地等の上に先取特権、質権若しくは抵当権がある場合又はその農地等につき所有権に関する仮登記上の権利若しくは仮処分の執行にかかる権利がある場合には、これらの権利の種類並びにこれらの権利を有する者の氏名又は名称及び住所

④　買収の期日

⑤　対価

⑥　対価の支払の方法（その土地の上に担保権等があり、その権利を有する者から、その対価を供託しなくてもよい旨の申出がない場合には、その対価を供託する旨）

⑦　その他必要な事項

2　地方農政局長等は、相当な努力が払われたと認められるものとして政令で定める方法により探索を行ってもなおその農地の所有者等を確知することができない等の事由によって買収令書の交付をすることができない場合には、その内容を公示して交付に代えることができる（第二項）。

地方農政局長は、買収令書の交付又は交付に代わる公示を行ったときは、遅滞なく農林水産省会計事務取扱規程第四条の規定により支出に関する事務の委任を受けた者（北海道にあっては大臣官房予算課経理調査官、都府県にあっては地方農政局総務部長（北陸農政局、東海農政局及び近畿農政局にあっては地方農政局総務管理官）、沖縄県にあっては内閣府沖縄総合事務局総務部長）に対し対価支払を依頼する。

3　農業委員会が1の買収令書の謄本の交付を受けたときは、遅滞なく、その旨を公示するとともに、公示の日の翌日から起算して二十日間、その事務所でこれを縦覧しなければならない（第三項）。

（**対価**）

第十条　前条第一項第三号の対価は、政令で定めるところにより算出した額とする。

2　買収すべき農地若しくは採草放牧地の上に先取特権、質権若しくは抵当権がある場合又はその農地若しくは採草放牧地につき所有権に関する仮登記上の権利若しくは仮処分の執行に係る権利がある場合には、これらの権利を有する者から第八条第二項の期間内に、その対価を供託しないでもよい旨の申出があつたときを除いて、国は、その対価を供託しなければならない。

3　国は、前項に規定する場合のほか、次に掲げる場合にも対価を供託することができる。

一　対価の提供をした場合において、対価の支払を受けるべき者がその受領を拒んだとき

二　対価の支払を受けるべき者が対価を受領することができない場合

三　相当な努力が払われたと認められるものとして政令で定める方法により探索を行つてもなお対価の支払を受けるべき者を確知することができない場合

四　差押え又は仮差押えにより対価の支払の禁止を受けた場合

4　前二項の規定による対価の供託は、買収すべき農地又は採草放牧地の所在地の供託所にするものとする。

本条は、買収対価について規定しており、政令で定めるところにより算定した額とされている（第一項）。これに基づいて施行令第十九条で対価の算定方法が定められている。

1　その額の算定は、買収すべき農地等の近傍の地域で自然的、社会的、経済的諸条件からみてその農業事情がその土地に係る農業事情に類似すると認められる一定の区域内における農地等（所有権に基づいて耕作又は養畜の目的に供されているものに限る。）についての耕作又は養畜の事業に供するための取引（農地転用の代替地の取得等特殊な事情の下において行われるものを除く。）の事例が収集できるときは次による（事務処理要領第7・3(1)ア）。

なお、この場合の事例は、原則として三件以上とする必要がある。

取引事例（取引の事情、時期等の補正）

｜

基　準（次の①～⑤の事項を参考）→十アール当たりの評定価格

←

取引事例として、三件以上収集した十アール当たり価格のうちいずれの取引事例に対しても、三分の二以下及び二分の三以上の事例を除外したものを平均して算出した評定価格

×

買収面積

＝

買収対価

①　位置

②　形状

③　環境

④　収益性

⑤　一般取引における価格形成上の諸要素

2　事例が収集できないときは、次のいずれかを基礎とし、適宜その他の事項を勘案して算出（施行令第十九条第二項）

①　借賃、地代、小作料等の収益から推定されるその土地価格

②　買収すべき農地等の所有者がその土地の取得及び改良又は保全のため支出した金額

③　その土地についての固定資産税評価額その他の課税の場合の評価額

3　買収すべき農地等の上に地上権、永小作権、賃借権その他の使用収益を目的とする権利が設定されていて、これらの権利に価格があるときは、先の方法により算定された買収対価からその価額を差し引いて算出する（事務処理要領第7・3(1)イ(ア)）。

4　その農地等の上に竹木がある場合には、その農地等の所有者以外の者が所有する場合及び附帯施設として買収する場合を除き、その価額を加算する。なお、竹木の価格は、附帯施設の竹木の場合の算定方法により算出されることとされている（事務処理要領第7・3(1)イ(イ)）。

（効果）

第十一条　国が買収令書に記載された買収の期日までにその買収令書に記載された対価の支払又は供託をしたときは、その期日に、その農地又は採草放牧地の上にある先取特権、質権及び抵当権並びにその農地又は採草放牧地についての所有権に関する仮登記上の権利は消滅し、その農地又は採草放牧地についての所有権に関する仮処分の執行はその効力を失い、その農地又は採草放牧地の所有権は国が取得する。

2　前項の規定により消滅する先取特権、質権又は抵当権を有する者は、前条第二項又は第三項の規定により供託された対価に対してその権利を行うことができる。

3　国が買収令書に記載された買収の期日までにその買収令書に記載された対価の支払又は供託をしないときは、その買収令書は、効力を失う。
4　第一項及び前項の規定の適用については、国が、会計法（昭和二十二年法律第三十五号）第二十一条第一項の規定により、対価の支払に必要な資金を日本銀行に交付して送金の手続をさせ、その旨をその農地又は採草放牧地の所有者に通知したときは、その通知が到達した時を国が対価の支払をした時とみなす。

本条は、買収の効果について規定している。

1　これまでの買収手続により、農地等の所有者に買収令書が交付され、その買収令書に記載された買収期日までに国が買収令書に記載された対価を所有者に支払うか、又は供託をすれば、その買収の期日に国はその農地等の所有権を取得し、その農地等の上にある先取特権、質権及び抵当権並びにその農地等の所有権に関する仮登記上の権利は消滅し、その農地等についての所有権に関する仮処分の執行はその効力を失う（第一項）。

2　この場合、消滅する先取特権、質権及び抵当権を有する者は、供託された買収対価に対してその権利を行使し、他の債権者に優先して弁済を受けることができる（第二項）。

なお、第二項には、仮登記上の権利及び仮処分の執行に関する権利が消滅等した場合の規定がないが、この場合の供託金還付請求については、供託法に基づいて行うこととなる。

3　買収期日までに国がその対価を支払わなかったり、又は供託することができなかった場合には、所有者に交付した買収令書は、効力を失う（第三項）ので、その農地等を買収するには、改めて買収令書を作成し、所有者に交付しなおさなければならない。この場合は、改めて農業委員会からの買収関係の書類の送付は必要としない。

4　買収対価の支払については、国が会計法第二十一条第一項の規定によって対価の支払に必要な資金を日本銀行に交付して送金の手続をさせ、その旨をその農地等の所有者に通知したときは、その通知が到達した時を国が買収対価の支払をした時とみなすこととされているので（第四項）、買収の期日に買収の効果が生ずることとなる。

以上のとおり、買収の効果は、買収期日にその所有権を国が取得し、その土地にあった担保権等（農地法第十一条第一項）は消滅することとされているが、その他の権利は消滅しないので、国は賃借権、永小作権等については買収前の関係をそのまま承継することとなる。

（附帯施設の買収）

第十二条　第七条第一項の規定による買収をする場合において、農業委員会がその買収される農地又は採草放牧地の農業上の利用のため特に必要があると認めるときは、国は、その買収される農地又は採草放牧地の所有者の有する土地（農地及び採草放牧地を除く。）、立木、建物その他の工作物又は水の使用に関する権利（以下「附帯施設」という。）を併せて買収することができる。

2　第八条から前条までの規定は、前項の規定による買収をする場合に準用する。この場合において、第八条第一項第二号中「その農地又は採草放牧地の所在、地番、地目及び面積」とあるのは、「土地についてはその所在、地番、地目及び面積、立木についてはその樹種、数量及び所在の場所、工作物についてはその種類及び所在の場所、水の使用に関する権利についてはその内容」と読み替えるものとする。

本条は、買収する農地等の農業上の利用のため特に必要があると認める附帯施設の買収について規定している。

1 買収できる附帯施設

本条による附帯施設の買収は、次の要件を満たしたものでなければならない。

(1) 農地所有適格法人が農地所有適格法人でなくなった場合の買収において、その買収される農地等の農業上の利用のために特に必要があること。

(2) (1)の附帯施設の買収の要否は、農業委員会が判定すること。

(3) 附帯施設として買収することができる土地、立木、建物その他の工作物又は水の使用に関する権利を、いずれも、買収される農地等の所有者が所有しているものに限定し、それ以外の者が所有するものは買収できないこと。

農地等とこれらの附帯施設との間の附帯性ないし農業経営上の一体不可分性を判定するに当たって、それが同一の所有者によって所有されているという事実を判定の一つの必要条件としている。

(4) 附帯施設として買収できる土地は、農地及び採草放牧地以外のものであること。

附帯施設の買収については、第二項で法第八条から法第十一条までの規定が準用されているので、農業委員会の関係書類の送付から始まって、買収令書の交付及び縦覧、対価の支払又は供託、買収の効果など、農地等の買収の場合と同じである。ただ附帯施設には、土地以外の立木、工作物、権利などもあるので、農業委員会の送付する関係書類の記載事項の中で必要な読み替えの規定が置かれている。

2　附帯施設の対価の算定方法

第二項で法第十条（対価）が準用されているので、附帯施設の買収対価についても、その算定方法は、政令に委ねられており、施行令第二十一条で規定されている。

土地については、その土地の近傍の農地について施行令第十九条の農地又は採草放牧地の対価の算定方法で述べた算定方法により算出される額に比準して算出する。この場合に比準するのは、その土地に係る固定資産税評価額を近傍の農地に係る固定資産税評価額で除した率を前記の近傍の農地の買収対価に乗じ、これを基礎として算出することとなる。

$$A = a \times \frac{B}{b} \times \frac{55}{100}$$

A：買収すべき土地の対価

B：買収すべき土地の近傍の農地の価格

a：買収すべき土地に係る固定資産税評価額

b：Bの土地に係る固定資産税評価額

（注）１　Bは、事務処理要領第７・３(1)のアの算定方法の例（二一三頁参照）により算出した額とする。

２　a及びbは、買収の期日現在における固定資産税評価額とする。

立木、工作物又は水の使用に関する権利を附帯施設として買収する場合の対価の算定方法は、農地等の算定方法の例により算定するものとされているが、事例が収集できず、かつ、施行令第十九条第二項の規定に基づき算定された価額が明らかに適正と認められない場合の算定方法は、事務処理要領（第７・３(2)イ）で示されている。

（登記の特例）

第十三条　国が第七条第一項又は前条第一項の規定により買収をする場合の土地又は建物の登記については、政令で、不動産登記法（平成十六年法律第百二十三号）の特例を定めることができる。

本条は、この農地法による農地等の買収及び附帯施設の買収をする場合の土地又は建物の登記については、不動産登記法の例外を定めて事務の簡便化を図る趣旨である。本条に基づき、「農地法による不動産登記に関する政令」が定められており、農林水産大臣による登記の嘱託及びその際の添付書類の省略等が定められている。

○農地法による不動産登記に関する政令

昭和二十八年八月八日
政令第百七十三号
最終改正　平成二十一年十二月十一日政令第二百八十五号

（趣旨）

第一条　この政令は、農地法（以下「法」という。）第十三条の規定による不動産登記法（平成十六年法律第百二十三号）の特例を定めるものとする。

（買収による所有権の移転の登記）

第二条　農林水産大臣が法第七条第一項又は第十二条第一項の規定による買収をした場合における不動産の所有権の移転の登記の嘱託をするときは、買収令書の内容及び対価の支払又は供託があつたことを証する情報をその嘱託情報と併せて登記所に提供しなければならない。この場合においては、不動産登記法第百十六条第一項の規定にかかわらず、登記義務者の承諾を得ることを要しない。

第三条　前条の登記の嘱託をする場合において、買収当時の所有者が登記義務者と同一人でないときは、不動産登記令（平成十六年政令第三百七十九号）第三条各号に掲げる事項のほか、当該所有者の氏名又は名称及び住所を嘱託情報の内容とし、かつ、登記義務者の同意を証する当該登記義務者が作成した情報又は当該登記義務者に対抗することができる裁判があつたことを証する情報をその嘱託情報と併せて登記所に提供しなければならない。

第四条　第二条の登記の嘱託については、不動産登記法第十六条第二項の規定にかかわらず、同法第二十五条第七号の規定を準用しない。

第五条　第二条の登記の嘱託があつた場合において、法第十一条第一項（法第十二条第二項において準用する場合を含む。）の規定により消滅した権利の登記があるときは、登記官は、職権で、その登記を抹消しなければならない。

（買収不動産の所有権の保存の登記）

第六条　第二条に規定する買収をした不動産が所有権の登記がないものであるときは、不動産登記法第十六条第二項において準用する同法第七十四第一項の規定にかかわらず、農林水産大臣は、国を登記名義人とする当該不動産の所有権の保存の登記の嘱託をすることができる。

2　前項の登記の嘱託をする場合には、不動産登記令第三条各号に掲げる事項のほか、同項の規定により登記の嘱託をする旨を嘱託情報の内容とする。

3　不動産登記令第七条第一項第六号（同令別表の二十八の項添付情報欄ホからチまでに係る部分に限る。）の規定は表題登記がない不動産について第一項の登記を嘱託する場合について、不動産登記法第七十五条の規定は当該嘱託があつた場合において所有権の保存の登記をする場合について、それぞれ準用する。

（代位登記）

第七条　農林水産大臣は、第二条の登記又は前条第一項の登記の嘱託をする場合において、必要があるときは、次の各号に掲げる登記をそれぞれ当該各号に定める者に代わって嘱託することができる。

一　不動産の表題部の登記事項に関する変更の登記又は更生の登記　表題部所有者若しくは所有権の登記名義人又はこれらの相続人その他の一般承継人

二　登記名義人の氏名若しくは名称又は住所についての変更の登記又は更生の登記　登記名義人又はその相続人その他の一般承継人

三　相続その他の一般承継による所有権の移転の登記　相続人その他の一般承継人

（代位登記の登記識別情報）

第八条　登記官は、前条の規定による嘱託に基づいて同条第三号に掲げる登記を完了したときは、速やかに、登記権利者のために登記識別情報を嘱託者に通知しなければならない。

2　前項の規定により登記識別情報の通知を受けた嘱託者は、遅滞なく、これを同項の登記権利者に通知しなければならない。

（法務省令への委任）

第九条　この政令に定めるもののほか、この政令に規定する登記についての登記簿及び登記記録の記録方法その他の登記の事務に関し必要な事項は、法務省令で定める。

附　則

この政令は、公布の日から施行する。

附　則（平成二十一年十二月十一日政令第二百八十五号抄）

（施行期日）

第一条　この政令は、農地法等の一部を改正する法律（以下「改正法」という。）の施行の日（平成二十一年十二月十五日）から施行する。〔後略〕

（経過措置）

第六条　この政令の施行前に第四条の規定による改正前の農地法による不動産登記に関する政令第一条各号に規定する買収、売渡し又は譲与をした場合及び改正法附則第六条第三項の規定によりなおその効力を有するものとされる改正法第一条の規定による改正前の農地法（以下「旧農地法」という。）第七十二条の規定による買収をした場合における登記については、なお従前の例による。

（立入調査）

第十四条　農業委員会は、農業委員会等に関する法律第三十五条第一項の規定による立入調査のほか、第七条第一項の規定による買収をするため必要があるときは、委員、推進委員（同法第十七条第一項に規定する推進委員をいう。次項において同じ。）又は職員に法人の事務所その他の事業場に立ち入らせて必要な調査をさせることができる。

2　前項の規定により立入調査をする委員、推進委員又は職員は、その身分を示す証明書を携帯し、関係者にこれを提示しなければならない。

3　第一項の規定による立入調査の権限は、犯罪捜査のために認められたものと解してはならない。

本条は、農地を買収するため必要があるときの農業委員会の立入調査について規定している。

1　農業委員会については、農業委員会等に関する法律第三十五条第一項で農地等への立入調査ができることとなっているが、本法はこのほか、法第七条第一項の規定による買収をするために必要があるときは、農業委員、推進委員又は農業委員会の職員に法人の事務所その他の事業場に立ち入らせて必要な調査をさせることができることとしている。

この立入調査は、法第六条第一項の報告のほか、農業委員会等に関する法律第三十五条第一項の規定に基づく報告、調査等により、法第二条第三項に規定する農地所有適格法人の各要件を満たしているかどうかの確認に努めてもなおその確認のために必要な場合に限って行うべきである。また、立入調査における調査事項は、その必要の範囲内に限られることは言うまでもない（第一項）（事務処理要領第８・１）。

2　立入調査を行う農業委員、推進委員又は農業委員会の職員は、その身分を示す証明書を携帯し、関係者にこれを提示しなければならない（第二項）。

3　立入調査に当たっては、当該調査時に、立ち入る事務所等の責任者の立ち会いを求め、必要な事項を聞き取るとともに、調査終了時に物品等の破損、紛失等がなかったことの確認をとっておく必要がある。

4　立入調査は、法人の営業時間内において行うことが望ましいとされている。

5　帳簿、作業日誌その他の書類の確認は、立入調査を行った場所で行い、できる限り書類を外部に持ち出さないようにすべきであるが、やむを得ず持ち出す場合には、当該書類を一定期間借りる旨を書面で明らかにし、調査に立ち会っている責任者の了解を得る必要がある。

6　立入調査の現場において不適正な事項が明確な場合、調査に立ち会っている責任者の了解を得て、不適正な事項に関する証拠書類又は物件について、コピー又は写真により保存することが望ましいとされている。

7　立入調査において故意又は過失によって関係人に違法な損害を与えたときは、国家賠償法第一条の規定により損害賠償をしなければならないことに留意し、適正かつ慎重な調査実施に努める必要がある。

8　立入調査を行った農業委員、推進委員又は農業委員会の職員は、様式例第8号の2により調査結果を取りまとめ、農業委員会会長へ報告する必要がある。

9　農業委員会は、立入調査を行った場合等には、法第二条第三項各号に掲げる要件に関する事項について台帳（農地所有適格法人確認書（様式例第5号の3）を取りまとめたもの。事務処理要領第5・2参照）に記録する（処理基準第8・1）。

10　この立入調査の権限は、犯罪捜査のために認められているものではない（第三項）。

（承継人に対する効力）

第十五条　第八条第二項（第十二条第二項において準用する場合を含む。）の規定による通知及び第九条（第十二条第二項において準用する場合を含む。）の規定による買収令書の交付は、その通知又は交付を受けた者の承継人に対してもその効力を有する。

本条は、農地等の買収について、担保権者等に対して対価の供託の要否を申し出るべき通知及び買収令書の交付は、その承継人に対しても効力を有することを規定している。

買収手続中、法第八条第二項（法第十二条第二項において準用する場合を含む。）の農業委員会が買収すべき農地等又は附帯施設の上に先取特権、質権若しくは抵当権がある場合又はその農地等につき所有権に関する仮登記上の権利若しくは仮処分の執行に係る権利がある場合にこれらの権利のある者に対して対価の供託の要否を申し出るべき旨の通知をした後、あるいは地方農政局長等が買収される農地等又は附帯施設の所有者に買収令書を交付した後に、その担保権者等なり所有者が死亡してその相続人に移るとか、あるいは他人に譲渡されるということがあっても、右の通知ないし買収令書の交付は、これらの承継人（相続人、譲受人等）に対してもその効力を有する旨を定めたものである。

これは、進行した買収手続が、中途で権利者が変わったため全部無駄になり、またはじめから手続をやり直さなければならなくなるというような事態を避けるための規定である。

第三章　利用関係の調整等

本章は、利用関係の調整として、農地等の賃貸借の対抗力（第十六条）、農地等の賃貸借の更新（第十七条）、農地等の賃貸借の解約等の制限（第十八条）、借賃等の増減額請求権（第二十条）、契約の文書化（第二十一条）を規定しているほか、強制競売及び競売の特例（第二十二条）、公売の特例（第二十三条）、農業委員会等による和解の仲介（第二十五条―第二十九条）によって構成されている。

（農地又は採草放牧地の賃貸借の対抗力）
第十六条　農地又は採草放牧地の賃貸借は、その登記がなくても、農地又は採草放牧地の引渡があつたときは、これをもつてその後その農地又は採草放牧地について物権を取得した第三者に対抗することができる。

本条は、農地等の賃貸借の対抗力について規定している。

民法では、不動産の賃貸借について、その登記をしたときは、その後その不動産について物権を取得した第三者（土地の譲受人、地上権者、永小作権者、担保権者等）に対して対抗することができると第六百五条で規定している。このことから農地等の賃貸借も、登記しておけば、その後その農地等が他人に売却された場合でも買受人に対して、従前の所有者との間にあった賃貸借関係をそのまま継続させることができる。このようになれば農地等の賃借権者の地位は安定したものということになる。しかし、賃貸借の登記は、賃貸借契約を締結することによって賃借権者が賃借権の設定登記を請求する権利が当然生ずるものではなく、契約上賃貸借の登記をする旨の特約がある場合とか、賃貸人が賃借権の登記をすることを承諾した場合とかでなければ、できないものとされている。つまり、賃貸借をして賃借権者が登記を請求しても、賃貸人がこれを拒否した場合には、登記することはできない。この点については、農地等の所有権の移転や永小作権等の物権の設定の登記が、売買契約や永小作権設定契約等で特約条項がなくても、所有権の移転、永小作権の設定があったことにより、買受人等にその登記を請求する権利が生ずるのとは異なっている。したがって一般に不動産の賃借権の登記は極めて稀であり、農地等の賃貸借については、登記がされているものはほとんどないといってよい。

このような事情によって農地等の賃貸借が登記されていない結果、その賃借権者の地位は極めて弱く、その目的物たる農地等の所有権が第三者に移転された場合、賃借権者は新たな所有者に対してその権利を主張することができないことになる。

そこで、農地等の賃借権者の地位を安定させるため、農地等の賃貸借は、登記がなくても、その農地等の引渡しがあったときは、その後にその農地等について物権を取得した第三者に対抗することができることとされている（第一項）。したがって、農地等の賃貸借は、その農地等の賃借権者がその農地等の引渡しを受けて耕作していれば、たとえ所有者が第三者に売却した場合でも、新たな所有者との間で従来どおりの賃貸借条件で耕作を継続することができる。なお、これと同様な規定が借地借家法（第三十一条）で建物賃貸借にも設けられている。

農地等の賃貸借が対抗力をもつためには、その農地等の引渡しがあることが要件となるが、この引渡しというのは、その目的物である農地等を現実に引き渡すことのほか、簡易の引渡し（民法第百八十二条第二項）、占有改定（同法第百八十三条）、指図による占有（同法第百八十四条）でも差しつかえない。

（農地又は採草放牧地の賃貸借の更新）

第十七条　農地又は採草放牧地の賃貸借について期間の定めがある場合において、その当事者が、その期間の満了の一年前から六月前まで（賃貸人又はその世帯員等の死亡又は第二条第二項に掲げる事由によりその土地について耕作、採草又は家畜の放牧をすることができないため、一時賃貸をしたことが明らかな場合は、その期間の満了の六月前から一月前まで）の間に、相手方に対して更新をしない旨の通知をしないときは、従前の賃貸借と同一の条件で更に賃貸借をしたものとみなす。ただし、水田裏作を目的とする賃貸借でその期間が一年未満であるもの、第三十七条から第四十条までの規定によつて設定された農地中間管理権に係る賃貸借及び農地中間管理事業の推進に関する法律第十八条第七項の規定による公告があつた農用地利用集積等促進計画の定めるところによつて設定され、又は移転された賃借権に係る賃貸借については、この限りでない。

本条は、期間の定めのある農地等の賃貸借についての法定更新とその例外について定めている。

1　民法では、期間の定めのある賃貸借については、その期間内は解約権が留保（民法第六百十八条）されていなければ解約の申入れをすることができないが、その期間が満了すれば自動的に賃貸借は終了する。しかしその期間が満了した後も、賃借人が引き続き使用収益しており、これに対して賃貸人が何ら異議を述べなかったときは、従前の賃貸借と同一の条件で賃貸借をしたものと推定される（同法第六百十九条第一項）。

この民法の原則に対して、本条では農地等の賃借人の地位を安定させるため、農地等の賃貸借で期間の定めがあるものについて、その期間が満了する場合において当事者にその期間の満了後賃貸借を継続する意思がないときは、その相手方に対し、あらかじめその意思を表示しておかない限り、従前どおりの賃貸借関係が継続することとされている、すなわち、農地等の賃貸借で期間の定めがあるものについて、その期間の満了の一年前から六月前まで（その賃貸借が賃貸人又は世帯員等の死亡又は法第二条第二項に掲げる特別の事由により耕作、採草又は家畜の放牧をすることができないため、一時賃貸借したことが明らかな場合には、期間の満了の六月前から一月前まで）の間に、相手方に対し、賃貸借の更新をしない旨を通知しないときは、その期間の終了後も従前の賃貸借と同一条件でさらに賃貸借したものとみなされる。これを法定更新と言っている。賃貸借の当事者が、期間の満了後は賃貸借を継続する意思のない場合のほか、期間の満了後例えば借賃の改訂をするなど賃貸借の条件を変更しなければ更新したくない場合も、この更新をしない旨の通知に含まれる。また、賃貸借を更新した場合の「同一の条件」には、その期間は含まれないと解されるので、更新後の賃貸借は期間の定めがない賃貸借として存続することとなる。当事者が、賃貸借契約の中で、期間の満了に際して更新をしない旨の通知をしないときは期間の更新をする旨の条項が定められている場合には、賃貸借の期間が更新され依然として期間の定めがある賃貸借として存続することはいうまでもない（民法第六百四条第二項）。

なお、賃貸借の更新をしない旨の通知をする場合には、原則として、あらかじめ都道府県知事の許可を受けなければ通知をしてはならない（法第十八条第一項）。また、賃貸借の更新をしない旨の通知は、その期間の満了前一定の期間内にしなければならないが、賃貸借契約の中でこの法定期間外にもすることができる旨の特約をしても、それは賃借人に不利なものとして、定めないものとみなされ（法第十八条第七項）、無効となる。

2　1で述べたように農地等の賃貸借で期間の定めのあるものについては、その期間の満了前一定期間内に更新しない旨の通知をしないときは、法定更新をすることとなるが、次に掲げる賃貸借については、この法定更新の適用がないこととされている（第十七条ただし書）。

(1)　水田裏作を目的とする賃貸借でその期間が一年未満であるもの

(2)　農地についての都道府県知事の裁定（法第三十七条から法第四十条まで）によって設定された農地中間管理権に係る賃貸借

(3)　農地中間管理事業法第十八条第七項の規定による公告があった農用地利用集積等促進計画の定めるところによって設定され、又は移転された賃借権に係る賃貸借

これらは、法定更新の例外にすることによって、農地等の所有者からの賃貸を容易にし、また農地等の利用の再配分を円滑に行おうとするものである。

（農地又は採草放牧地の賃貸借の解約等の制限）

第十八条　農地又は採草放牧地の賃貸借の当事者は、政令で定めるところにより都道府県知事の許可を受けなければ、賃貸借の解除をし、解約の申入れをし、合意による解約をし、又は賃貸借の更新をしない旨の通知をしてはならない。ただし、次の各号のいずれかに該当する場合は、この限りでない。

一　解約の申入れ、合意による解約又は賃貸借の更新をしない旨の通知が、信託事業に係る信託財産につき行われる

場合（その賃貸借がその信託財産に係る信託の引受け前から既に存していたものである場合及び解約の申入れ又は合意による解約にあつてはこれらの行為によつて賃貸借の終了する日、賃貸借の更新をしない旨の通知にあつてはその賃貸借の期間の満了する日がその信託に係る信託行為によりその信託が終了することとなる日前一年以内にない場合を除く。）

二　合意による解約が、その解約によつて農地若しくは採草放牧地を引き渡すこととなる期限前六月以内に成立した合意でその旨が書面において明らかであるものに基づいて行われる場合又は民事調停法による農事調停によつて行われる場合

三　賃貸借の更新をしない旨の通知が、十年以上の期間の定めがある賃貸借（解約をする権利を留保しているもの及び期間の満了前にその期間を変更したものでその変更をした時以後の期間が十年未満であるものを除く。）又は水田裏作を目的とする賃貸借につき行われる場合

四　第三条第三項の規定の適用を受けて同条第一項の許可を受けて設定された賃借権に係る賃貸借の解除が、賃借人がその農地又は採草放牧地を適正に利用していないと認められる場合において、農林水産省令で定めるところによりあらかじめ農業委員会に届け出て行われる場合

五　農地中間管理機構が農地中間管理事業の推進に関する法律第二条第三項第一号に掲げる業務の実施により借り受け、又は同項第二号に掲げる業務若しくは農業経営基盤強化促進法第七条第一項に掲げる事業の実施により貸し付けた農地又は採草放牧地に係る賃貸借の解除が、農地中間管理事業の推進に関する法律第二十条又は第二十一条第二項の規定により都道府県知事の承認を受けて行われる場合

2　前項の許可は、次に掲げる場合でなければ、してはならない。

一　賃借人が信義に反した行為をした場合

二　その農地又は採草放牧地を農地又は採草放牧地以外のものにすることを相当とする場合

三　賃借人の生計（法人にあつては、経営）、賃貸人の経営能力等を考慮し、賃貸人がその農地又は採草放牧地を耕作又は養畜の事業に供することを相当とする場合

四　その農地について賃借人が第三十六条第一項の規定による勧告を受けた場合

五　賃借人である農地所有適格法人が農地所有適格法人でなくなつた場合並びに賃借人である農地所有適格法人の構成員となつている賃貸人がその法人の構成員でなくなり、その賃貸人又はその世帯員等がその許可を受けた後において耕作又は養畜の事業に供すべき農地及び採草放牧地の全てを効率的に利用して耕作又は養畜の事業を行うことができると認められ、かつ、その事業に必要な農作業に常時従事すると認められる場合

六　その他正当の事由がある場合

3　都道府県知事は、第一項の規定により許可をしようとするときは、あらかじめ、都道府県機構の意見を聴かなければならない。ただし、農業委員会等に関する法律第四十二条第一項の規定による都道府県知事の指定がされていない場合は、この限りでない。

4　第一項の許可は、条件をつけてすることができる。

5　第一項の許可を受けないでした行為は、その効力を生じない。

6　農地又は採草放牧地の賃貸借につき解約の申入れ、合意による解約又は賃貸借の更新をしない旨の通知が第一項ただし書の規定により同項の許可を要しないで行なわれた場合には、これらの行為をした者は、農林水産省令で定めるところにより、農業委員会にその旨を通知しなければならない。

7　前条又は民法第六百十七条（期間の定めのない賃貸借の解約の申入れ）若しくは第六百十八条（期間の定めのある賃貸借の解約をする権利の留保）の規定と異なる賃貸借の条件でこれらの規定による場合に比して賃借人に不利なも

のは、定めないものとみなす。

8　農地又は採草放牧地の賃貸借に付けた解除条件（第三条第三項第一号及び農地中間管理事業の推進に関する法律第十八条第二項第二号へに規定する条件を除く。）又は不確定期限は、付けないものとみなす。

本条は、農地等の賃貸借の解約等についての都道府県知事の許可及びこの許可を要しない場合等を規定している。

1　許可の対象

許可の対象となる行為は、農地等の賃貸借の解除、解約の申入れ、合意による解約及び更新拒絶の通知である。ただし、これらの行為であっても、次に掲げる場合には、許可を要しないこととされている（第一項）。なお、この許可を要しない場合に該当して、賃貸借の解約の申入れ、合意による解約又は更新拒絶の通知をしたときは、その後三十日以内に農業委員会に所定の事項を通知しなければならないこととされている（第六項、施行規則第六十八条）。

(1)　賃貸借の解約の申入れ、合意による解約又は更新拒絶の通知が、農業協同組合又は農地中間管理機構の行う信託事業に係る信託財産につき行われる場合（第一号）。

なお、この趣旨と無関係と認められるようなもの、すなわち、

①　賃貸借が信託財産に係る信託の引受け前から既に存していたものである場合

②　解約の申入れ等によって賃貸借の終了となる日が、その農地等の信託が終了する日前一年以内にない場合

には、許可を要する。

(2)　合意による解約が、その解約によって農地等を引き渡すこととなる日前六か月以内に成立した合意であり、かつ、その

旨が書面において明らかである合意に基づいて行われる場合（第二号）。

合意による解約であっても、その合意が成立した時期が農地等を引き渡すこととなる日前六か月以内にない場合には、許可を要することとなる。これは、賃借人が返還時において自己の経営状況等を十分考慮して合理的な判断のもとに真正な合意が成立した場合に限り許可を要しないこととする趣旨である。「合意による解約」は、賃貸借の当事者が実質的に合意をしたときが法第十八条第一項第二号にいう「合意」のときであると解され、そのときが農地等を引き渡すこととなる期限の六か月より前である場合には、その合意に係る「合意による解約」をしようとする当事者は都道府県知事（指定都市の区域内にあっては、指定都市の長）の許可を受けなければならない（処理基準第9・1(2)）。

(3)　合意解約が民事調停法による農事調停によって行われる場合（第二号）。

(4)　十年以上の期間の定めがある賃貸借について更新拒絶の通知をする場合（第三号）。

この場合、十年以上の期間の定めのある賃貸借であっても、①その期間内に解約をする権利を留保している場合、②途中で期間を延長し、又は短縮した場合で、その変更後の残存期間が十年以上ないときには、許可を要することとされている。

(5)　水田裏作を目的とする期間の定めのある賃貸借について更新拒絶の通知をする場合（第三号）。

(6)　解除条件付賃借権として法第三条第一項の許可を受けて設定された賃借権に係る賃貸借の解除が、賃借人がその農地等を適正に利用していないと認められる場合で、あらかじめ、農業委員会に届け出て行われる場合（第四号）。

この号は、平成二十一年の改正で、一般法人等に賃貸借等の貸借で解除条件付等の一定の要件を満たす場合には法第三条第一項の許可ができることとしたことに伴い、賃貸借の解除があらかじめ農業委員会に届け出て行われる場合には、法第十八条第一項の許可の例外とされたものである。

農業委員会は、届出書の提出を受けた場合、受理したときはその旨を、受理しなかったときはその旨及び理由を遅滞なく、当該届出をした者に書面で通知しなければならない（施行規則第六十七条）。

なお、農業委員会に届出を行った場合であっても、届出に係る農地等が適正に利用されている場合には解除の効力を生じないことは言うまでもない（処理基準第9・1⑷）。

この届出の農業委員会の事務処理は、法第三条の例外として農地中間管理機構が届出して権利を取得する場合を準用する（事務処理要領第9・1⑶）こととされており、適法に受理されるまでは届出の効力が発生しないことを十分に説明し、受理通知書の交付があるまでは事実上解除が行われたと等しい行為が行われることのないよう指導する必要があること、届出に係る農地等の利用関係に紛争が生じている場合を除き、事務局長に専決処理をさせる等により、迅速な事務処理を行う体制を整備しておくこと（専決処理をしたときは、直近の総会又は部会に報告する必要があること）などに留意する必要がある。

⑺　農地中間管理機構が農地中間管理事業法第二条第三項第一号に掲げる業務の実施により借り受け、又は同項第二号に掲げる業務の実施により貸し付けた農地又は採草放牧地に係る賃貸借の解除が、同法第二十条又は第二十一条第二項の規定により都道府県知事の承認を受けて行われる場合（第五号）。

2　許可権者

本条の許可権者は、都道府県知事である（第一項）。

ただし、指定都市の区域内の農地又は採草放牧地については、指定都市の長が許可権者となる（法第五十九条の二）。

3　許可手続

農地等の賃貸借の解約等の許可を受けようとする者は、所定の事項を記載した申請書を、農業委員会を経由して都道府県知事に提出しなければならない（施行令第二十二条）。

　この場合、合意解約をしようとするときは、その当事者の双方が連署してすることが必要である。ただし、判決が確定し、裁判上の和解が成立し、民事調停法による調停が成立し、あるいは家事事件手続法により審判が確定している等の場合には、そのことを証する書面を添付して、単独申請をすることができる（施行規則第六十四条第一項本文及び同項ただし書）。

また、この許可の申請書は、賃貸借の解除をし、解約の申入れをし、合意による解約をし又は更新拒絶の通知をしようとする日の三月前までに農業委員会に提出しなければならない（施行規則第六十四条第二項）。

　農業委員会は、許可申請書の提出があったときは、四十日以内に意見を付して都道府県知事等に送付しなければならない（施行令第二十二条第二項）（施行規則第六十五条の二）。

　都道府県知事は、許可の申請書を受理した場合には、その申請を許可の基準（第二項各号）等に照らして審査し、許可、不許可を決定し、その旨を申請者に通知しなければならない。この場合、許可しようとするときは、あらかじめ都道府県農業委員会ネットワーク機構（都道府県農業会議）の意見を聴かなければならないことになっている（第三項）。なお、許可又は不許可を決定し、指令書を申請者（合意による解約の場合のように当事者が連署する申請にあっては、その双方の申請者）に交付するとともに、その内容をその申請に係る農地等の所在地を管轄する農業委員会に通知する必要がある（事務処理要領第9・2(3)）。

4　許可の基準（処理基準第9・2）

　農地等の賃貸借の解約等についての許可の申請があった場合には、その申請が次に掲げる場合のいずれかに該当しなければ許可してはならないものとされている（第二項）。したがって、これに反した許可又は不許可は、違法である。
(1)　賃借人が信義に反した行為をした場合（第一号）

農地等の賃貸借は、継続的な法律関係であるから、当事者の間の信頼関係を前提として成立しているということができる。したがって、特段の事情もないのに通常賃貸人と賃借人の関係を持続することが客観的にみて不能とされるような信義誠実の原則に反した行為があった場合には、その賃貸借を解除できることとしている。

信義に反した行為の例としては、賃借人の借賃の滞納（民法第五百四十一条）、無断譲渡・転貸（民法第六百十二条）、無断転用、田畑転換等の用法違反、不耕作、賃貸人に対する不法行為等が想定される。

なお、賃借人に何らやむをえない事情がないのにこのような行為をした場合には、信義に反する行為に該当するが、このようなことに至ったことにやむをえない事情が認められ、賃借人の立場にあれば誰もがそうしたであろうと認められるような場合には、信義に反する行為に該当しないということができる。このようなやむをえない事情がある場合には債務不履行や賃借地の転貸があっても、本号により賃貸借の解除を許可することは許されない。

(2)　その農地等を農地等以外のものにすることを相当とする場合（第二号）

賃貸借の目的となっている農地等を農地等以外のものに転用する具体的な転用計画があり、転用許可が見込まれ、かつ、賃借人の経営及び生計状況や離作条件等からみて賃貸借契約を終了させることが相当と認められる場合をいう。

(3)　賃貸人が耕作等の事業に供することを相当とする場合（第三号）

賃貸借の消滅によって賃借人の相当の生活の維持が困難となるおそれはないか、賃貸人が土地の生産力を十分に発揮させる経営を自ら行うことがその者の労働力、技術、施設等の点から確実と認められるか等の事情により判断する。

(4)　農地中間管理権の取得に関する協議の勧告（法第三十六条第一項）を受けた場合（第四号）

(5)　農地所有適格法人がその要件を欠いた場合等（第五号）

賃借人である農地所有適格法人が農地所有適格法人でなくなった場合又は賃借人である農地所有適格法人の構成員となっている賃貸人がその法人の構成員でなくなり、その賃貸人又はその世帯員等がその許可後において耕作又は養畜の事業に供すべき農地等の全てを効率的に利用して農業経営を行い、かつ、その経営に必要な農作業に常時従事すると認められる場合である。

また、農地所有適格法人の構成員がその法人から脱退して自作しようとする場合には、その賃貸人又はその世帯員等が農地等の全てを効率的に利用して農業経営を行い、かつ、その経営に必要な農作業に常時従事すると認められる限り、許可することとされている。

(6)　その他正当の事由がある場合（第六号）

本号の「その他正当の事由がある場合」とは、賃借人の離農等により賃貸借を終了させることが適当であると客観的に認められる場合である。

この判断に当たっては、個別具体的な事案ごとに様々な状況を勘案し、総合的に判断する必要があるが、法第二条の二の責務規定が設けられていることを踏まえれば、賃借人が農地等を適正かつ効率的に利用していない場合は、法第十八条第二項第一号の「信義に反した行為」をした場合に該当しない場合であっても本号に該当することがあり得る。

このため、賃貸借の解約等を認めることが農地等の適正かつ効率的利用につながると考えられる場合には、積極的に許可を行うべきであるとされている（処理基準第９・２(4)）。

5　許可の条件

許可は、条件を付けてすることができる（第四項）。

この条件は、本条の規制の目的を達成する上で必要な範囲のものに限られていることはいうまでもないが、停止条件、解除条件のいずれでもさしつかえない。

一般的には、許可の申請書に記載された解約の申入れ等の時期、農地等に引渡しの時期を変更すること、代替地の提供、離作補償等の履行を確保することなどを内容とする条件が多いと思われる。

6　許可を受けないでした行為の効力

農地等の賃貸借の解約の申入れ等について、本条第一項の許可を受けないでした場合には、その行為は効力が生じないこととされている（第五項）。

また、許可を受けないで解約の申入れ等をした違反者に対しては、三年以下の懲役又は三百万円以下の罰金に処することとされている（法第六十四条）。

なお、法第十八条第一項の許可について、詐欺、強迫によりその意思決定に瑕疵がある場合又は収賄その他不正行為に基づきなされた場合には、公益上の必要性を判断した上で、当該許可を取り消すことができると解される。

7　許可不要の解約の申入れ等の通知

農地等の賃貸借の解約の申入れ等で許可を要しない場合については、二三四頁の「1　許可の対象」のただし書のとおりであるが、この許可を受けないで解約の申入れ等をすることができる場合に該当して解約の申入れ等をした場合には、その解約の申入れ等をした者は、三十日以内に、その旨を農業委員会に対して所定の事項を記載した通知書（様式例第9号の6）で通知しなければならない。この場合、合意による解約をした場合には当事者双方が連署することが必要である（第六項、施行規則第六十八条）。

農業委員会は、通知を受理した場合には、その記載の内容に誤りがないかどうか及びその賃貸借の解約の申入れ等が法第十八条第一項の許可を受けることを要しないものであるかどうかを審査する（事務処理要領第9・3）。

この審査によりその賃貸借の解約の申入れ等が、法第十八条第一項のただし書きの規定により同項の許可を受けることを要しないものに該当しないときは、農業委員会は直ちにその賃貸借の当事者にその旨を通知することとされている。

8　賃借人に不利な賃貸借条件等はつけないものとみなす

農地法は、耕作者の地位を安定させ、農業の生産力の増大を図るために賃借権を保護しているが、当事者の定める賃貸借の条件等によってこれらの規定の趣旨が損なわれることが考えられるので、このような賃借人にとって不利な条件は、付けないものとみなしその効力を否定している（第七項・第八項）。

その一つは第七項で、法第十七条（農地等の賃貸借の更新）又は民法第六百十七条（期間の定めのない賃貸借の解約の申入れ）若しくは民法第六百十八条（期間の定めのある賃貸借の解約をする権利の留保）の規定と異なる賃貸借の条件でこれらの規定に比して賃借人に不利なものは、定めないものとみなすとされている。期間の定めのある賃貸借については、その期間の満了前一定期間内に更新拒絶の通知をしない限り、従前と同一条件でさらに賃貸借をしたものとみなされる（法第十七条）ので、その更新拒絶の通知をする期間について、例えば、期間満了前であればよい旨の特約を定めても、この規定により無効である。また、期間の定めのない賃貸借の解約の申入れは、収穫季節後次の作物作付前になすこととされており（民法第六百十七条第二項）、また賃貸借は解約の申入れ後一年を経過したときに終了することとされている（民法第六百十七条第一項）が、賃貸借の契約でいつでも解約の申入れをすることができる旨の特約をしたり、また賃貸借の契約で解約の申入れ後三月を経過したときは賃貸借が終了する旨を定めたりしても、その特約は、賃借人に不利な賃貸借の条件としてつけないものとして、その効力を否定している（第七項）。

他の一つは第八項で、賃貸借の「解除条件」又は「不確定期限」についてである。「解除条件」は、一定の事実が発生するかどうかわからないが、もしその事実が発生したときには、賃貸借の終了事由となるものである。例えば、賃借人が納期限までに賃借料を支払わなかったときは、納期限の翌日に賃貸借が終了する旨の条件のようなものがこれに当たる。

「不確定期限」は、その一定の事実が必ず発生するがその発生の時期が不明であるものについて、その事実が発生したときは、賃貸借の終了事由となるものである。例えば、賃借人が死亡したときは、そのときに賃貸借は終了する旨の期限などがこれに当たる。これらの条件は、一定の事実の発生によって自動的に契約が終了することとなり、解約の申入れ等の賃貸借を終了させる法律行為を改めてすることを要しない。

したがって、これらの条件が付けられることによって、法第十八条第一項の賃貸借の解約等についての都道府県知事の許可制の実効を失わしめる結果になるので、解除条件（法第三条第三項第一号及び農地中間管理事業法第十八条第二項第二号へに規定する条件を除く。）又は不確定期限はこれを付けないものとみなし、その効力を否定している（第八項）。

第十九条　削除

（借賃等の増額又は減額の請求権）

第二十条　借賃等（耕作の目的で農地につき賃借権又は地上権が設定されている場合の借賃又は地代（その賃借権又は地上権の設定に付随して、農地以外の土地についての賃借権若しくは地上権又は建物その他の工作物についての賃借権が設定され、その借賃又は地代と農地の借賃又は地代とを分けることができない場合には、その農地以外の土地又は工作物の借賃又は地代を含む。）及び農地につき永小作権が設定されている場合の小作料をいう。以下同じ。）の額が農産物の価格若しくは生産費の上昇若しくは低下その他の経済事情の変動により又は近傍類似の農地の借賃等の額に比較して不相当となつたときは、契約の条件にかかわらず、当事者は、将来に向かつて借賃等の額の増減を請求することができる。ただし、一定の期間借賃等の額を増加しない旨の特約があるときは、その定めに従う。

2　借賃等の増額について当事者間に協議が調わないときは、その請求を受けた者は、増額を正当とする裁判が確定するまでは、相当と認める額の借賃等を支払うことをもつて足りる。ただし、その裁判が確定した場合において、既に支払つた額に不足があるときは、その不足額に年十パーセントの割合による支払期後の利息を付してこれを支払わなければならない。

3　借賃等の減額について当事者間に協議が調わないときは、その請求を受けた者は、減額を正当とする裁判が確定するまでは、相当と認める額の借賃等の支払を請求することができる。ただし、その裁判が確定した場合において、既に支払を受けた額が正当とされた借賃等の額を超えるときは、その超過額に年十パーセントの割合による受領の時からの利息を付してこれを返還しなければならない。

本条は、事情変更による農地等の借賃等の増減額請求権について規定している。

なお、不可抗力による減収時の減額請求権については、民法によることとなる（民法第二百六十六条、第二百七十四条、第六百九条）。

（注）借賃等とは、耕作の目的で農地につき賃借権又は地上権が設定されている場合の借賃又は地代（その賃借権又は地上権の設定に付随して、農地以外の土地についての賃借権若しくは地上権又は建物その他の工作物について賃借権が設定され、その借賃又は地代と農地の借賃又は地代とを分けることができない場合には、その農地以外の土地又は工作物の借賃又は地代を含む。）及び農地につき永小作権が設定されている場合の小作料をいう。

借賃等の増額又は減額の請求権は、農地の貸借関係が継続的であることから、契約後における当事者の予想せざる経済事情の変動により、借賃等の額が不相当となった場合には、公平の理念に基づいて借賃等の増額又は減額を行う途を開くことによって、当事者の農地の利用契約上の利害を合理的に調整しようとするものである。なお、借地借家法（第十一条、第三十二条）には、本条と同趣旨の規定が設けられている。

この事情変更による借賃等の増減額請求権の内容は、次のようなものである。

1　借賃等の増額又は減額の請求をなしうるのは、契約している借賃等の額が契約締結後における農産物の価格若しくは生産費の上昇若しくは低下その他の経済事情の変動により又は近傍類似の農地の借賃等の額に比較して、農地の賃借関係を継続させることが客観的にみて無理であると認められる程度に低すぎる又は高すぎることになった場合である。

経済事情の変動によって借賃等の額が不相当となる場合とは、農産物の価格又は生産費の上昇若しくは低下など借賃等の形成要因であるところの経済事情の変動により借賃等の額が不相当となる場合を意味する。そして、変動も長期的な傾向としての上昇又は低下の場合であって、ある農産物について一時的な値下がりという場合には本条ではなく、民法の不可抗力による減収時の減額請求権の問題となる。また、近傍類似の農地の借賃等に比較して不相当となる場合としては、貸主の負担によって土地改良等の改良行為が行われて農地の生産力が増大した場合とか、災害によって農地の生産力が低下した場合（災害復旧により生産力が回復する見通しがあり、減収が一時的と認められるような場合には、民法の不可抗力による減収時の減額請求による。）などが考えられる。

なお、土地改良法では、同法に基づいて貸主が参加して土地改良事業が行われた場合で農地の生産力が増大したときは、貸主は借賃等の増額の請求をすることができ（同法第六十二条）、反対に生産力が低下したときは借主は借賃等の減額の請求をすることができる（同法第六十条）こととされている。

2　借賃等の増額又は減額の請求権は、契約上増額又は減額を認めないような条項があっても、「契約の条件にかかわらず」行使しうることが保証されている（第一項）。これは、この増減額請求権が、事情変更による賃貸借当事者間の不均衡を公平の理念に基づいて合理的に調整しようとする制度の趣旨からくるものである。ただし、賃借者の地位を安定させる趣旨からみて、契約上一定期間借賃等を増額しない旨の特約がある場合には、その効力を認めて増額請求をすることができないものとされている（第一項ただし書）。

3　この借賃等の増減額請求権の行使の結果は、「将来に向かって」のみ増額又は減額の効果をもち、遡及効はないこととされている（第一項）。

4　この借賃等の増減額請求権は、形成権と解される。したがって、貸主又は借主がその相手方に対し増額又は減額の請求をすれば、相手方の諾否にかかわらず増額又は減額の効果が生ずる。そして形成される額は、請求権にかかわらず客観的にみて相当と認められる額によって形成されるものと解される。

5　借賃等の増額又は減額の請求に関してその相手方との間で協議が調わない場合の調整措置は以下のようになっている。借賃等の増額又は減額の請求に対し、その相手方からこれを容認せず、当事者間で増額又は減額の合意が成立しない場合にも、形式的には客観的に相当な額まで増額又は減額の効果が生じているが具体的にいくらで借賃等が形成されているかは必ずしも明白でない。したがって、このような場合には、最終的には裁判によって確定させる以外にないが、その裁判によって借賃等の額が確定するまでの間は、ア　貸主の増額の請求に対しては、借主は自己が相当と認める額の借賃等を支払えば足り（貸主が受領許否すれば、供託する。）、イ借主の減額の請求に対しては、貸主は自己が相当と認める額の借賃等を請求することができ、ウ裁判によって借賃等の額が確定した場合において、その確定した額と既に支払った額又は受領した額との間に過不足があるときは、その過不足の額に、年十パーセントの割合による支払時又は受領時の利息をつけて清算することとされている（第二項・第三項）。この措置により、借賃等の増額の請求において、借主の支払額と確定額との間に不足額が生じた場合にも、債務不履行による解除原因の問題は生じない。

（契約の文書化）

第二十一条　農地又は採草放牧地の賃貸借契約については、当事者は、書面によりその存続期間、借賃等の額及び支払条件その他その契約並びにこれに付随する契約の内容を明らかにしなければならない。

本条は、農地等の賃貸借契約の文書化について規定している。

農地等の賃貸借契約については、その存続期間、借賃等の額及び支払条件その他の契約の内容等を文書によって明らかにしなければならない。

1　契約は、当事者の意思表示の合致によって成立するものであり、書面でなければ効力を生じないものもあるが、必ずしも文書化を求めていないのが普通である。農地等の賃貸借契約も文書化されずに口頭契約であるからといって効力を生じないというものではない。

しかし、口頭契約では、契約を締結した当初は、契約の条件がはっきりしていても、期間が経過するとともに内容が不正確となり、また、相続によってわからなくなる場合もあり、当事者で意見の相違が生ずるなど後々争いが生ずることになる。このような場合契約書があれば合意があったことの証拠となる。

このようなことから、農地等の賃貸借関係を明確にし、その争いを防ぐため、賃貸借契約の内容を書面で明らかにすることとしている。

なお、平成二十一年の農地法の改正で新たに設けられた解除条件付の使用貸借又は賃貸借(法第三条第三項)の許可申請に当たっては、契約書の写しを添付しなければならないとされている(施行規則第十条第二項第六号)。

契約の文書化の留意事項及び様式例は、農地法関係事務処理要領第10、様式例第10号の1、2で、示されている。

転貸借契約の場合は、その土地の所有者と第一の賃借人との間で契約書例により契約書を作成すると同時に第一の賃借人と第二の賃借人との間においても様式例により別途に契約書を作成する。この後者の契約書作成の場合には、契約書の見出しの下に「(転貸借)」を、貸主、借主の名義の上に「(転貸人)」、「(転借人)」を追加記載する。

2　文書化する際の留意事項(事務処理要領第10・2)

(1)　契約の当事者

契約の当事者が、民法第二十条に規定する制限行為能力者である場合には、次の事項に留意する必要がある。

① 未成年者が契約をなす場合は、法定代理人(親権者、指定後見人、選任後見人)の同意又は代理の有無

② 成年被後見人が契約をなす場合は、成年後見人の代理の有無

③ 被保佐人が五年を超える契約をなす場合は、保佐人の同意の有無

④　後見人が被後見人に代わってその存続期間が五年を超える契約を締結し又は未成年者がその契約をすることにつき後見人が同意する場合において後見監督人があるときは、後見監督人の同意の有無

⑤　民法第十七条第一項の審判を受けた被補助人が五年を超える契約をなす場合は、補助人の同意又は補助人の同意に代わる家庭裁判所の許可の有無

(2)　契約期間

契約期間については、果樹その他永年作物を栽培しているものは、その果樹の効用年数を考慮して定める必要があるが、少なくとも十年以上とするのが適当であることに留意する必要がある。

(3)　転貸

農地等につき所有権以外の権原に基づいて耕作又は養畜の事業が行われている土地の転貸は、中間地主の発生等種々の弊害があるので農地法上認められた場合でかつ真にやむをえない場合以外は認めないよう留意する必要がある。もし転貸を認める場合は、様式例第10号の１又は２に示されているとおり制限事項を記載すること。

(4)　賃貸借の目的物の修繕及び改良

①　賃貸借の目的物の修繕及び改良についての費用の分担は、法令に特別の定めのある場合を除いて、修繕費は賃借人の責めに帰すべき事由によって修繕が必要となった場合を除き賃貸人の、改良費は賃借人のそれぞれの負担とするが、賃借物の返還に当たっては民法第六百八条の賃借人の請求により賃貸人は、賃借人の負担した費用又は有益費を償還する必要がある。

②　修繕改良工事により生じた施設がある場合には、その所有権が賃貸人又は賃借人のいずれにあるか、契約終了の際に貸主から一定の補償をする必要があるかどうか等について、明らかにする必要がある。

(5)　賃貸借の目的物の経営費用

賃貸借の目的物に対する租税及び保険料は、賃貸人の負担とし、農業災害補償法に基づく共済掛金は、賃借人の負担とする。土地改良区の賦課金は、当該組合員の負担であり、原則として耕作者すなわち賃借人の負担となる。

(6)　賃貸借契約等の終了の際の立毛補償
契約終了の際の立毛補償については様式例第10号の1又は2のとおり、契約書に明らかにしておく必要がある。

(7)　解除条件
解除条件付契約については、様式例第10号の2のとおり取得しようとする者がその取得後においてその農地等を適正に利用していない場合に契約を解除する旨の条件を契約書に記載すること。

(8)　違約金等
解除条件付契約については、法第三条第三項の規定の適用を受けて同条第一項の許可を受けた者が撤退した場合の混乱を防止するため、農地等を明け渡す際の原状回復、原状回復がなされないときの損害賠償及び中途の契約終了時における違約金支払等について様式例第10号の2のとおり契約書に明記することが望ましいとされている。

(9)　賃貸借の目的物の滅失等

①　賃貸借の目的物の一部が、滅失その他の事由により使用及び収益をすることができなくなった場合において、それが賃借人の責めに帰すことができない事由によるものであるときは、民法第六百十一条第一項の規定に基づき、借賃は、請求せずとも当然に減額されることに留意する必要がある。

②　賃貸借の目的物の全部が、滅失その他の使用及び収益をすることができなくなった場合には、民法第六百十六条の二の規定に基づき、賃貸借契約は終了することに留意する必要がある。

（強制競売及び競売の特例）

第二十二条　強制競売又は担保権の実行としての競売（その例による競売を含む。以下単に「競売」という。）の開始決定のあつた農地又は採草放牧地について、入札又は競り売りを実施すべき日において許すべき買受けの申出がないときは、強制競売又は競売を申し立てた者は、農林水産省令で定める手続に従い、農林水産大臣に対し、国がその土地を買い取るべき旨を申し出ることができる。

2　農林水産大臣は、前項の申出があつたときは、次に掲げる場合を除いて、次の入札又は競り売りを実施すべき日までに、裁判所に対し、その土地を第十条第一項の政令で定めるところにより算出した額で買い取る旨を申し入れなければならない。

一　民事執行法（昭和五十四年法律第四号）第六十条第三項に規定する買受可能価額が第十条第一項の政令で定めるところにより算出した額を超える場合

二　国が買受人となれば、その土地の上にある留置権、先取特権、質権又は抵当権で担保される債権を弁済する必要がある場合

三　売却条件が国に不利になるように変更されている場合

四　国が買受人となつた後もその土地につき所有権に関する仮登記上の権利又は仮処分の執行に係る権利が存続する場合

3　前項の申入れがあつたときは、国は、強制競売又は競売による最高価買受申出人となつたものとみなす。この場合の買受けの申出の額は、第十条第一項の政令で定めるところにより算出した額とする。

本条は、農地等の強制競売及び競売に係る国の買取りについて規定している。

1 農地等の強制競売又は担保権の実行としての競売（以下単に「競売」という。）による所有権の移転についても、法第三条第一項の規定による許可を要することは前述のとおりである。この場合の買受人も通常の売買等により所有権を取得する場合と同様にその資格が制限されている。

したがって、農地等を債権者が強制競売又は競売に付しても、その買受適格者が現れなかった場合には、債権者の債権を満足させることができないこととなる。

そこで債権者が農地等を強制競売又は競売に付しても買受適格者が参加しない等、許可すべき買受けの申出がないときは、その債権者の申出により、国が一定の条件のもとで強制競売又は競売の手続に参加して、その農地等の最終的な買取人になることとしたものである。このことによって債権者を保護するとともに、農地等の担保価値を維持し、農業者のための農地等を担保とする金融を容易にしようとするものである。

2 第一項の「許すべき買受けの申出がないとき」とは、その強制競売又は競売の参加者がなかった場合はもちろん、参加者があっても民事執行法第六十条第三項に規定する買受可能額以上の価額の申出がなかったとき及びその最高価買受人（又は次順位買受人）に対し、農業委員会の法第三条第一項の許可がされなかったときも含まれる。

強制競売又は競売を申し立てた者が農地等の買取りの申出をする場合は、申出書に次に掲げる書類を添えて、地方農政局長（北海道にあっては経営局長、沖縄県にあっては内閣府沖縄総合事務局長）に提出しなければならない（施行規則第六十九条）。

(1)　民事執行規則第二十一条に規定する強制執行の申立書の謄本又は同規則第百七十条に規定する競売等の申立書の謄本
(2)　民事執行規則第二十三条（同規則第百七十三条第一項で準用する場合を含む。）に掲げる書類
(3)　裁判所の事件番号及び件名を証する書類
(4)　次の入札又は競り売りを実施すべき日を証する書類
(5)　民事執行法第六十条第三項（同法第百八十八条で準用する場合を含む。）に規定する買受可能価額を証する書類
(6)　民事執行法第六十一条（同法第百八十八条で準用する場合を含む。）の規定により不動産を一括して売却することが定められたときは、その定めを証する書類
(7)　民事執行法第六十二条第一項（同法第百八十八条で準用する場合を含む。）に規定する物件明細書の謄本
(8)　民事執行規則第二十九条（同規則第百七十三条第一項で準用する場合を含む。）に規定する現況調査報告書の謄本

3　農林水産大臣は、強制競売又は競売を申し立てた者から買取申出書が提出されたときは、次に掲げる場合を除き、執行裁判所に対しその農地等を農地法で買収する場合の第十条第一項の政令で定めるところにより算出した額（買収対価相当額）で買い取る旨を申し入れなければならないこととされている（法第二十二条第二項）。

①　民事執行法第六十条第三項に規定する買受可能価額が買収対価相当額を超える場合（第一号）
②　国が買受人となれば、その農地等の上にある留置権、先取特権、質権又は抵当権で担保される債権を弁済する必要がある場合（第二号）

法定の売却条件により強制競売又は競売が行われる場合には、先取特権、使用及び収益をしない旨の定めがある質権並びに抵当権は消滅するが、留置権と使用及び収益をしない旨の定めのない質権に係る債権については、買受人がこれを弁済しなければならない場合がある（民事執行法第五十九条第一項、第四項）。また、債権者その他の利害関係人の

合意があれば、自由に法定売却条件を変更することができるので、この合意による売却条件の変更により、先取特権及び抵当権が必ず消滅するとはいえなくなる場合があり、買受人がこれら債権を弁済する義務を負うことがありうる（民事執行法第五十九条第五項）。このような場合には買取りの申入れを行わない。

③　売却条件が国に不利になるように変更されている場合（第三号）

強制競売又は競売に際して、利害関係人の合意があるときは、法定売却条件を変更することができ（民事執行法第五十九条第五項）、また、裁判所は必要があると認めるときは職権で売却条件を変更することができる（民事執行法第六十条第二項及び第六十一条）ので、国が買受人となった結果不利となるような売却条件の変更がなされている場合には買取りの申入れを行わない。

④　国が買受人となった後もその土地につき所有権に関する仮登記上の権利又は仮処分の執行に係る権利が存続する場合（第四号）

強制競売又は競売が行われた場合において、その土地につき仮登記又は仮処分登記がその強制競売等に係る差押え又は抵当権設定等の登記より先順位にあるときは、国が買受人となった後も仮登記又は仮処分が消滅せず、国が買い取った後、農地等の所有権を失うことがあるので、このような場合には、買取り義務がないこととされている。

農林水産大臣の買取申入れは、執行裁判所に対し、次の入札又は競り売りを実施すべき日までに、ⅰ強制競売又は競売の執行裁判所の事件番号及び事件名、ⅱ農地等の所在、地番、地目及び面積、ⅲ施行令第十九条に定めるところにより算出した額を記載した買取申入書を作成し、強制競売又は競売を申し立てた者からの農地等の買取りの申出書の写しを添付して行うこととされている（事務処理要領第11・1(3)(4)）。

4　農林水産大臣が、この競売農地等の買取りを申し入れたときは、農地等の買収対価相当額をもって強制競売又は競売の最高価買受人となったものとみなされる（法第二十二条第三項）ので、その後は一般の手続と同様に行われる。したがって、国は売却許可決定を得て、執行裁判所の指定する期日までに代金を支払い、代金支払のときに所有権を取得することになり、代金支払後に執行裁判所の嘱託によって所有権の移転登記が行われる（事務処理要領第11・1(5)(6)）。

（公売の特例）

第二十三条　国税徴収法（昭和三十四年法律第百四十七号）による滞納処分（その例による滞納処分を含む。）により公売に付された農地又は採草放牧地について買受人がない場合に、当該滞納処分を行う行政庁が、農林水産省令で定める手続に従い、農林水産大臣に対し、国がその土地を第十条第一項の政令で定めるところにより算出した額で買い取るべき旨の申出をしたときは、農林水産大臣は、前条第二項第二号から第四号までに掲げる場合を除いて、その行政庁に対し、その土地を買い取る旨を申し入れなければならない。

2　前項の申入があつたときは、国は、公売により買受人となつたものとみなす。

本条は、国税徴収法による公売の場合の国の買取りについて規定している。

1　農地等の所有者が国税、地方税又はこれに準ずる公課を滞納し、国税徴収法による滞納処分又はその他の法令により国税徴収法の滞納処分の例による滞納処分によって、農地等が差し押さえられ、公売に付される場合の所有権の移転についても、法第三条第一項による許可を要することは前述のとおりである。この場合の買受人も通常の売買等により所有権を取得する場合と同様その資格が制限される。

2 農地等の公売に買受人がないときには、滞納処分を行う行政庁は、農林水産大臣に対し、国がその農地等の買収対価相当額で買い取るべき旨を申し出ることができる（法第二十三条第一項）。

滞納処分を行う行政庁が、農地等の買取りの申出をする場合には、次に掲げる事項を記載した申出書を、地方農政局長（北海道にあっては経営局長、沖縄県にあっては内閣府沖縄総合事務局長）に提出しなければならない（施行規則第七十条）。

① 行政庁の名称及び所在地

② 滞納者の氏名又は名称及び住所

③ 公売に付された農地又は採草放牧地の所在、地番、地目及び面積

④ その土地の上に留置権、先取特権、質権若しくは抵当権又は地上権、永小作権、使用貸借による権利、賃借権若しくはその他の使用及び収益を目的とする権利があるときは、その権利の種類及び設定の時期並びにその権利を有する者の氏名又は名称及び住所

⑤ 買受人がなかった理由

⑥ 代金納付の期限

農林水産大臣は、滞納処分を行う行政庁から農地等の買取りの申出があったときは、法第二十二条第二項第二号から第四号までに該当する場合、すなわち、ⅰ 国が買受人になれば、その農地等の上にある留置権、先取特権、質権又は抵当権で担保される債権を弁済する必要がある場合、ⅱ 売却条件が国に不利になるように変更されている場合、ⅲ 国が買受人になった後もその土地につき所有権に関する仮登記上の権利又は仮処分の執行に係る権利が存続する場合を除いて買取

りの申入れをしなければならない（第一項）。

買取りの申入れは、A滞納者の氏名又は名称及び住所、B公売に付された農地等の所在、地番、地目及び面積、C農地法による買収対価相当額を記載した買取申入書を作成して、行うこととされている（事務処理要領第11・2(3)）。

3　買取申入れの効果は、強制競売又は競売の場合と同様、農林水産大臣がこの申入れをしたときは、国が公売による買受人となったものとみなされる（第二項）。その後は一般の手続と同様に行われ、所有権移転の登記も滞納処分をした行政庁によって行われる（事務処理要領第11・2(5)）。

（農業委員会への通知）
第二十四条　農林水産大臣は、前二条の規定により国が農地又は採草放牧地を取得したときは、農業委員会に対し、その旨を通知しなければならない。

本条は、国が強制競売又は競売及び公売で農地等を取得したときの農業委員会への通知について規定している。

法第二十二条及び第二十三条により国が強制競売又は競売及び公売によって買い取った農地等は、農地所有適格法人が農地所有適格法人でなくなった場合に買収した農地等と同様、法第四十六条で売払いすることとなるが、強制競売又は競売及び公売による国の買取りは、農業委員会が全く関与しない方式で行われるので、強制競売又は競売及び公売の特例により買い取った旨農業委員会に通知しなければならないこととされている。
この場合の通知事項は、①農地等の所在、地番、地目及び面積、②取得価額及び期日、③取得した事由とされている（事務処理要領第11・3）。

（農業委員会による和解の仲介）
第二十五条　農業委員会は、農地又は採草放牧地の利用関係の紛争について、農林水産省令で定める手続に従い、当事者の双方又は一方から和解の仲介の申立てがあつたときは、和解の仲介を行なう。ただし、農業委員会が、その紛争について和解の仲介を行なうことが困難又は不適当であると認めるときは、申立てをした者の同意を得て、都道府県知事に和解の仲介を行なうべき旨の申出をすることができる。
2　農業委員会による和解の仲介は、農業委員会の委員のうちから農業委員会の会長が事件ごとに指名する三人の仲介委員によつて行なう。

本条では、農業委員会による和解の仲介の範囲、申立て、仲介委員について規定している。

1　和解の仲介制度の経緯

「和解の仲介」制度は、昭和四十五年の農地法の改正で設けられた。このときの改正では、それまで続けてきた小作料の最高額統制を廃止し、標準小作料制度にするなど賃貸借関係を中心に大幅に緩和された。この結果、小作料をめぐる紛争等が生ずる要因が増えた。

当時、農地の利用関係等についての紛争が生じた場合の解決のための手段としては、裁判所による民事訴訟、民事調停法に基づく農事調停、農業委員会の農地等の利用関係のあっせん及び紛争の防止等の制度（当時の農業委員会等に関する法律第六条第二項）によって紛争の解決を図る途があった。しかし、農地等の利用関係の紛争の中には、いちいち裁判所に出向いて解決してもらうほどではなく、身近で手軽に解決してもらいたいものが少なくないと思われ、かかる点からみると農業委員会による解決が重要性を増してくるが、昭和四十五年改正までは、農業委員会に単に農地等の利用関係をめぐる紛争解決の権能を付与しているにとどまり、その手続規定等がなく、紛争の適正な解決を図るには十分でなかった。とはいっても、農事調停以外に身近で手軽に農地等の利用関係の紛争を解決するには、農業委員会の紛争解決機能に期待する以外に適当な方法がなかった。

そこで、農業委員会を中心とする紛争の解決に必要な規定を整備することによって、増加が予想される農地等の利用関係の紛争の適正な解決が図られるようにするため、「和解の仲介」に関する規定が設けられた。

2　農業委員会による和解の仲介

農業委員会は、農地等の利用関係の紛争について、その当事者の双方又は一方から和解の仲介の申立てがあったときは、和解の仲介を行うこととされている（第一項）。すなわち、この法律による和解の申立てがあったときは、その紛争が農地等の利用関係に関連を有すると認められる限り、和解の仲介を行う義務を負うものである。

しかし、農地等の利用関係の紛争について和解の仲介の申立てがあれば、どんな紛争でも、農業委員会が和解の仲介を行うべきことを期待することは、農業委員会の性格、実情などからみて適当でない。そこで農業委員会は、和解の仲介の申立てがあった場合には、その紛争について自ら和解の仲介を行うことが困難又は不適当であると認めるときは、申立てをした者の同意を得て、都道府県知事に和解の仲介を行うべき旨を申し出ることができることとされている（第一項ただし書）。
この場合の「和解の仲介を行うことが困難又は不適当」であるときとは、例えば、その利用関係の紛争に係る農地等に他の農業委員会の区域内にある農地等が含まれているとき、その紛争が農地等に係る行政処分の変更等を必要とすることとなることが予想されるとき、その紛争の当事者の一方がその農業委員会の委員又はその配偶者若しくは世帯員等であるときのほか、その紛争の当事者の一方が国、地方公共団体であるときも含まれる。農業委員会が都道府県知事に和解の仲介を行うべき旨を申し出る場合には、自ら和解の仲介を行うことが困難又は不適当であると認めた理由を明らかにしてすることが必要である（施行令第二十六条）。なお、農業委員会は、和解の仲介を行うことが困難又は不適当であると認めて都道府県知事に和解の仲介を行うべき旨の申出をするときは、その会議（部会を置く農業委員会にあっては、総会）の議決を要することはいうまでもない。

3　和解の仲介の申立手続（事務処理要領第12・1⑴）

和解の仲介の申立ては、農地等の利用関係の紛争の当事者の双方又は一方で行うことができる。また、その申立ては、書面により、又は口頭により行うことができる。すなわち、書面による場合には次に掲げる事項を記載した申立書（様式例第12号の1）を農業委員会に提出し、口頭による場合には農業委員会で次に掲げる事項を陳述してすることとされている。そして、口頭で申し立てられた場合には、その陳述の内容を記録し、調書を作成した後、申立事項を申立人に読み聞かせて申立ての内容に相違ないことを確認し、その調書の末尾に当該申立人が署名又は記名押印する必要がある（第一項、施行規則第七十一条第一項・第二項）。

⑴　申立人及び紛争の相手方の氏名又は名称及び住所
⑵　紛争に係る土地の所在、地番、地目及び面積

(3)　申立ての趣旨
(4)　紛争の経過の概要
(5)　その他参考となるべき事項

4　仲介委員（事務処理基準第10・1、事務処理要領第12・1(2)）

農業委員会による和解の仲介は、三人の仲介委員によって行われる。この仲介委員は、農業委員会の委員のうちから農業委員会の会長が事件ごとに指名することとされている（第二項）。

農業委員会の会長は、和解の仲介の申立てがあったときは、その申立てが不適当であるとき（その紛争が農地等の利用関係の紛争に当たらないとき、又はその紛争に係る農地等の全てが他の農業委員会の区域内にある農地等であるときなど）又は農業委員会において和解の仲介を行うことが困難若しくは不適当であると認めるときを除いて、仲介委員を遅滞なく指名しなければならない。なお、仲介委員の指名は、会長が単独で処理するものであり、農業委員会の会議に付議することを要しないが、農業委員会の適正かつ円滑な運営を図る上から、あらかじめ、農業委員会の会議で十分な討議をして、仲介委員の指名についての内規を作成し、会長がこれに基づいて指名することが望ましい。また、仲介委員の指名に当たっては、農業委員会の議事参与制限に該当するような委員はもちろんのこと、紛争の当事者の親族たる委員等客観的にみて当該紛争の仲介委員にふさわしくないと認められる委員は避けるべきである。

仲介委員は、指名に係る事件について、その意思により仲介期日及び場所、仲介の方針、和解の成立、仲介の打切り等の仲介手続等を行うものであって、これらのことについて農業委員会の議決を経る必要はない。また、仲介委員がこれらの事項を決定するに当たっては、その性質上できるだけ仲介委員の一致により行うことが望ましい。

5　和解の仲介手続等

仲介委員は、紛争について和解の仲介を行う場合には、その期日及び場所を定めて当事者の出頭を求めるものとし、出頭を求められた当事者は、やむを得ない事由により自ら出頭することができないときは、代理人を出頭させることができる（施行令第二十三条）。なお、代理人をして出頭させる場合には、その代理権を授与したことを証する書面を提出してすべきものとされている（事務処理要領第12・1⑶カ）。

農地等の利用関係をめぐる紛争においては、その当事者のほかに、利害関係を有する第三者がいる場合があるが、このような場合には、紛争の完全な解決を図る上ではその利害関係を有する者も仲介手続に参加することが望ましいし、また、その利害関係を有する者自身が仲介手続に参加することを希望することが考えられるので、和解の仲介による和解の結果に利害関係を有する者は、仲介委員の許可を受けて、仲介手続に参加することができることとされている（施行令第二十四条）。

和解の仲介によって当事者間に和解が成立したときは、仲介委員、当事者双方及び仲介手続に参加した利害関係人のうち当該和解の結果を容認した者は、仲介委員が和解の内容を記載した和解調書に署名又は記名押印をするものとされている（施行令第二十五条第一項）（事務処理要領第12・1⑶ケ）。

この和解の仲介により成立した和解については、民法の和解（民法第六百九十六条）の効力が生ずることとなる。また、和解調書には、仲介手続に参加した利害関係人のうち和解の結果を容認しない者の署名等を要件としていないが、和解の結果を利害関係人が承認しない場合においても、当事者の紛争について和解を成立させることが適当なことがあることが考慮されたものである。仲介委員は、和解調書の作成に当たっては、和解条項では当事者の権利義務の内容を明確に定めるようにし、その和解条項をめぐって後日紛争を生ずることのないよう留意することが肝要である。

仲介委員は、和解の仲介を継続しても当事者間に相当と認められる内容の合意が成立する見込みがないと認めるときは、和解の仲介を打ち切ることができることとされている（施行令第二十五条第二項）。

ここで「相当と認められる内容の合意が成立する見込みがない」とは、当事者間に合意が成立する見込みがない場合のほか、当事者間で合意が成立したが法令上違法・不当と認められるため仲介委員がその変更を求めても当事者がこれに応じない場合、事件の性質上和解の仲介を行うことが適当でないと認められる場合又は不当な目的でみだりに和解の仲介が申し立てられたと認められるときも含むものと解される。

なお、和解が成立した場合、又は施行令第二十五条第二項により和解の仲介を打ち切った場合には、その経過及び結果を農業委員会に報告する（事務処理要領第12・1(3)シ）。

（小作主事の意見聴取）

第二十六条　仲介委員は、第十八条第一項本文に規定する事項について和解の仲介を行う場合には、都道府県の小作主事の意見を聴かなければならない。

2　仲介委員は、和解の仲介に関して必要があると認める場合には、都道府県の小作主事の意見を求めることができる。

本条は、仲介委員が和解の仲介を行う場合の都道府県の小作主事の意見の聴取について規定している。

仲介委員は、和解の仲介を行う場合において、その紛争の内容が法第十八条第一項本文の規定による農地等の賃貸借の解除、解約、合意による解約若しくは更新拒絶に関する事項であるときは、都道府県の小作主事の意見を聴かなければならないこととされている（第一項）。

これらの事項に係る和解の仲介に当たっては、あらかじめ都道府県の小作主事の意見を聴いて、行政上の齟齬を生じないようにするものであることに鑑み、少なくとも、和解条項の可否について意見を聴くとともに、できるだけ和解の仲介を行う方針についてもあらかじめ意見を聴くことが望ましいとされている。

仲介委員は、右の事項以外の事項に係る紛争について和解の仲介を行う場合においても、必要があると認めるときは、都道府県の小作主事の意見を求めることができることとされている（第二項）。これは、仲介委員の任意な意見聴取であるが、条理にかない、適正かつ公平な和解の成立を図るため、複雑な事件、純法律的な事件等については、できるだけ小作主事の意見を聴くようにすることが望ましいとされている。

（仲介委員の任務）
第二十七条　仲介委員は、紛争の実情を詳細に調査し、事件が公正に解決されるように努めなければならない。

本条は、仲介委員の任務について規定している。

仲介委員は、和解の仲介を行うに当たっては、その紛争の事情を詳細に調査し、事件が公正に解決されるように努めなければならない。

（都道府県知事による和解の仲介）

第二十八条　都道府県知事は、第二十五条第一項ただし書の規定による申出があつたときは、和解の仲介を行う。

2　都道府県知事は、必要があると認めるときは、小作主事その他の職員を指定して、その者に和解の仲介を行なわせることができる。

3　前条の規定は、前二項の規定による和解の仲介について準用する。

本条は、都道府県知事による和解の仲介について規定している。

都道府県知事は、農地等の利用関係の紛争について、農業委員会から第二十五条第一項ただし書の規定に基づき都道府県知事の和解の仲介を行うべき旨の申出があったときは、和解の仲介を行うこととされている（第一項）。この規定は、都道府県知事自ら和解の仲介を行うことを意味するものである。しかし、農業委員会から申出があった事件の全てについて都道府県知事自ら和解の仲介を行うことは事実上困難であることから、都道府県知事は、必要と認めるときは、小作主事その他の職員を指定して、その者に和解の仲介を行わせることができることとされている（第二項）。指定された小作主事等は、当該指定に係る事件について、自己の意思に基づいて和解の仲介を行うものであるから、和解の仲介による和解の成立、和解の仲介の打切り等も、すべて、自らの判断でなしうる。

都道府県知事又はその指定した小作主事等が、和解の仲介を行う場合における仲介手続等については、農業委員会による和解の仲介における仲介手続等が準用される（施行令第二十七条）。

また、都道府県知事は、法第二十八条の規定による和解の仲介により和解が成立したとき、又は和解の仲介が打ち切られたときは、遅滞なく、その経過及び結果を関係農業委員会に通知することとされている（施行令第二十八条）。

（政令への委任）

第二十九条　第二十五条から前条までに定めるもののほか、和解の仲介に関し必要な事項は、政令で定める。

本条は、和解に関し必要な事項を政令で定めることを規定している。

政令（施行令）では、農業委員会による和解の仲介の手続等について、施行令第二十三条から第二十六条までを定めている。都道府県知事による和解の仲介については第二十七条（農業委員会の場合の第二十三条から第二十五条までの準用）、第二十八条で定めている。

第四章　遊休農地に関する措置

近年、遊休農地が増えており、その中には、自然条件等で効率的な利用が困難なものもあるが、利用ができる状態にありながら効率的利用が図られていないものも少なくない。

このような農地は、単に利用されていないだけでなく、病害虫の発生や雑草の繁茂、あるいは集団的農地利用を分断するなど周辺農地の利用を阻害することになり、地域の農地利用にとって問題となる。

これに対する対応として平成二十一年の農地法の改正以前は基盤法に基づいて要活用農地に対して、所要の措置をとるようにされていた。平成二十一年の農地法の改正では、その目的で農地は「国民のための限られた資源であり、かつ、地域における貴重な資源である」とされ、「効率的に利用する耕作者による地域との調和に配慮した農地についての権利取得を促進する」こととされたこと及び第二条の二で「農地について権利を有する者の責務」が規定されたことに伴い、遊休農地に関する措置も農地法の仕組みとして体系的に位置づけられ、すべての遊休農地を対象とするとともに、農業者等が遊休農地である旨を申し出ることができることとし、所有者が判明しない遊休農地についても利用が図られるようにした。

そして、平成二十五年には、「農地中間管理事業の推進に関する法律」が制定され、農地中間管理機構による農地中間管理権の取得及び農用地利用配分計画（令和五年四月以降「農用地集積等促進計画」）による貸付けが制度化されたことに伴い、農地中間管理機構を活用して次のように遊休農地の発生防止・解消を円滑に進められるようにした。

①　まだ耕作放棄となっていなくても、賃貸借の終了や耕作者の死亡・転居等により耕作をする者のいなくなった農地について、耕作者が不在となる農地として遊休農地対策の対象とする。

②　農業委員会は、遊休農地の所有者に対して、農地中間管理機構に貸す意思があるかどうかを含めて具体的な利用意向調査を行い、機構に貸し付ける方向に誘導する。

③　遊休農地の所有者が意向表明どおりに実行しない場合の手続を三段階に簡素化する。

④　所有者不明の遊休農地や共有持分の過半を有する者が確知できない遊休農地について、公告制度により、機構が農地中間管理権を取得できることとする。

なお、遊休農地に関する措置については、平成二十六年三月三十一日に農林水産省経営局長から通知された「農地法の運用について」の一部改正で、第一条に規定する目的及び第二条に規定する農地について権利を有する者の責務の趣旨を踏まえて、法令上例外措置が認められている場合を除き、必ず講じなければならないことに留意するよう通知されている（運用通知第3）。

また、農地に該当するか否かの判断の基準は、同通知で次のように示されている。

農地として利用するには一定水準以上の物理的条件整備が必要な土地（人力又は農業用機械では耕起、整地ができない土地）であって、農業的利用を図るための条件整備（基盤整備事業の実施等）が計画されていない土地について、次のいずれかに該当するものは農地に該当しないものとし、これ以外のものは農地に該当するものとする（運用通知第4(4)）。

ア　その土地が森林の様相を呈しているなど農地に復元するための物理的な条件整備が著しく困難な場合

イ　ア以外の場合であって、その土地の周囲の状況からみて、その土地を農地として復元しても継続して利用することができないと見込まれる場合なお、この基準に従って対象地が農地に該当するか否かについて、農業委員会で判断することとされている（運用通知第4(2)(3)）。

（利用状況調査）

第三十条　農業委員会は、農林水産省令で定めるところにより、毎年一回、その区域内にある農地の利用の状況についての調査（以下「利用状況調査」という。）を行わなければならない。

2　農業委員会は、必要があると認めるときは、いつでも利用状況調査を行うことができる。

本条は、農業委員会が行う、その区域内にある農地の利用状況調査について規定している。

1　調査の内容

調査は、法第三十二条第一項各号のいずれかに該当するものかどうかについて行う（施行規則第七十二条）。

2　調査の実施時期（運用通知第3・1(1)）

農業委員会は、毎年八月頃にその区域内にある農地の利用状況調査を行わなければならないこととされている。

さらに、農業委員会は、必要があると認めるときは、いつでも利用状況の調査ができることとされている（第二項）。

3　調査の方法（運用通知第3・1(2)）

調査方法については、次のようにすることとされている。

(1)　旧市町村、大字等適当な範囲で区域を区切り、担当の農地利用最適化推進委員（農地利用最適化推進委員を委嘱していない農業委員会にあっては、農業委員）（以下「推進委員等」という。）を定め、必要に応じて市町村の関係部局、地域の農業事情に精通した者、農業団体等の協力を得て調査すること。

(2)　原則として、法第五十二条の二の農地台帳及び法第五十二条の三の農地に関する地図を使用し、一筆の農地ごとに行うものとする。ただし、災害その他の事由により、進入路が荒廃するなどその土地に立ち入ることが困難な場合は、この限りではない。

(3)　道路からの目視により雑草が繁茂していることが確認された場合は、現地で利用状況の写真を撮影し、その旨をタブレット端末等に記録すること。

(4)　人工衛星又は無人航空機の利用等の手段により得られる動画又は画像（調査の実施時期に撮影されたものであって次の①の調査を行うに当たって十分な解像度を有するものに限る。）を使用する場合には、次の方法により、調査を行うことができる。

①　人工衛星又は無人航空機による動画又は画像を使用して、一筆の農地ごとに遊休農地に該当するおそれのない農地と該当するおそれのある農地とを区別する調査を実施する。なお、当該調査は、動画若しくは画像の目視による調査又は遊休農地に該当するおそれがあるか否かの判定について十分な水準を有すると認められる技術により行う。

②　①の結果、遊休農地に該当するおそれのある農地とされたものについては、(2)及び(3)により調査を実施する。

(5)　特に、前年も遊休農地と判定されているところの状況については、注意して判定すること。

4 遊休農地の判定等（運用通知第3・1(3)）

利用状況調査による遊休農地の判定等に当たっては、以下に留意することとされている。

なお、廃止前の「荒廃農地の発生・解消状況に関する調査要領」（以下「荒廃農地調査要領」という。）7の①に規定する「A分類（再生利用が可能な荒廃農地）」については、法第三十二条第一項第一号の遊休農地と同義であるとされている。

(1) 法第三十二条第一項第一号の遊休農地

① 「現に耕作の目的に供されておらず」とは、過去一年以上作物の栽培が行われていないことをいう。

② 「引き続き耕作の目的に供されないと見込まれる」については、今後の耕作に向けて草刈り、耕起等農地を常に耕作し得る状態に保つ行為（以下「維持管理」という。）が行われているかにより判断すること。

③ 当該農地は、以下のとおり区分すること。

a 人力・農業用機械で草刈り・耕起・抜根・整地等（以下「草刈り等」という。）を行うことにより、直ちに耕作することが可能となる農地

b 草刈り等では直ちに耕作することはできないが、基盤整備事業の実施など農業的利用を図るための条件整備が必要となる農地

(2) 法第三十二条第一項第二号の遊休農地

「その農業上の利用の程度がその周辺の地域における農地の利用の程度に比し著しく劣っていると認められる農地」については、近傍類似の農地において通常行われる栽培方法と認められる利用の態様と比較して判断すること。

この場合、作物（ウメ、クリ等を含む。）がまばらに又は農地内で偏って栽培されていないか、栽培に必要な管理が適切に行われているか等に留意して判断すること。

(3) 再生利用が困難な農地

利用状況調査の結果、既に森林の様相を呈している場合や周囲の状況からみて農地として復元しても継続して利用することができない等農業上の利用の増進を図ることが見込まれない農地（荒廃農地調査要領７の②に規定する「Ｂ分類（再生利用が困難と見込まれる荒廃農地）」と同義である。）があった場合は、調査後直ちに、運用通知第４の⑷の規定（三〇八頁の⑷参照）に基づいて「農地」に該当しない旨判断を行うこと。

ただし、当該農地が基盤整備事業の実施など農業的利用を図るための条件整備が計画されている場合は、⑴③のｂの農地として扱うこととする。

なお、遊休農地に関する措置の状況については、農業委員会は毎年三月末時点での措置状況を四月末までに都道府県に報告することとし、当該報告を受けた都道府県は、管内の農業委員会の報告内容をとりまとめ、毎年五月末までに国に報告することとされている（運用通知第３）。

（農業委員会に対する申出）

第三十一条　次に掲げる者は、次条第一項各号のいずれかに該当する農地があると認めるときは、その旨を農業委員会に申し出て適切な措置を講ずべきことを求めることができる。

一　その農地の存する市町村の区域の全部又は一部をその地区の全部又は一部とする農業協同組合、土地改良区その他の農林水産省令で定める農業者の組織する団体

二　その農地の周辺の地域において農業を営む者（その農地によつてその者の営農条件に著しい支障が生じ、又は生ずるおそれがあると認められるものに限る。）

三　農地中間管理機構

2　農業委員会は、前項の規定による申出があつたときは、当該農地についての利用状況調査その他適切な措置を講じなければならない。

本条は、農業者等の耕作に供されていない等の農地がある旨の申出について規定している。

次に掲げる者は、次条第一項各号の農地があると認めるときは、その旨を農業委員会に申し出て適切な措置を求めることができることとされている（第一項、施行規則第七十三条）。

1　申出者

(1)　その農地の存する市町村の区域の全部又は一部をその地区の全部又は一部とする団体

①　農業協同組合

②　土地改良区

③　農業共済組合及び全国農業共済組合連合会（農業保険法第百条第一項から第三項までの規定により(1)の市町村において共済事業を行うものに限る。）

④　基盤法第二十三条第一項による農用地利用規程の認定を受けた団体

⑤　基盤法第二十三条第四項に規定する特定農業法人又は特定農業団体

(2)　その農地の周辺の地域において農業を営む者

この場合は、その農地によってその者の営農条件に著しい支障が生じ、又は生ずるおそれがあると認められるものに限られる。

なお、法第三十一条第一項第二号の「営農条件に著しい支障が生じ、又は生ずるおそれがある」とは、申出に係る農地において病害虫の発生、土石その他これに類するものの堆積、農作物の生育に支障を及ぼすおそれのある鳥獣又は草木の生息又は生育、地割れ、土壌の汚染等の事由により、申出者の営農条件に著しい支障が生じ、又は生ずるおそれがあることをいう。

(3)　農地中間管理機構

2　申出に対する農業委員会の措置

農業委員会は、耕作に供されていない等の農地である旨の1の者からの申出があったときは、当該農地についての利用状況調査その他適切な措置を講じなければならないこととされている（第三十一条第二項）。

農業委員会は、法第三十一条第一項の規定による申出を行った者に対して、当該申出に係る農地の利用状況調査その他講じた措置について連絡することが望ましいとされている（事務処理要領第13・1）。

また、1の(1)(2)(3)に該当しない者から申出があった場合においても、農業委員会は利用状況調査その他適切な措置を講じることとされている（運用通知第3の2の(2)）。

（利用意向調査）

第三十二条　農業委員会は、第三十条の規定による利用状況調査の結果、次の各号のいずれかに該当する農地があるときは、農林水産省令で定めるところにより、その農地の所有者（その農地について所有権以外の権原に基づき使用及び収益をする者がある場合には、その者。以下「所有者等」という。）に対し、その農地の農業上の利用の意向についての調査（以下「利用意向調査」という。）を行うものとする。

一　現に耕作の目的に供されておらず、かつ、引き続き耕作の目的に供されないと見込まれる農地

二　その農業上の利用の程度が周辺の地域における農地の利用の程度に比し著しく劣つていると認められる農地（前号に掲げる農地を除く。）

2　前項の場合において、その農地（その農地について所有権以外の権原に基づき使用及び収益をする者がある場合には、その権利）が数人の共有に係るものであつて、かつ、相当な努力が払われたと認められるものとして政令で定める方法により探索を行つてもなおその農地の所有者等の一部を確知することができないときは、農業委員会は、その農地の所有者等で知れているものの持分が二分の一を超えるときに限り、その農地の所有者等で知れているものに対し、同項の規定による利用意向調査を行うものとする。

3　農業委員会は、第三十条の規定による利用状況調査の結果、第一項各号のいずれかに該当する農地がある場合において、相当な努力が払われたと認められるものとして政令で定める方法により探索を行つてもなおその農地の所有者等（その農地について所有権以外の権原に基づき使用及び収益をする者がある場合には、その権利）が数人の共有に係る場合には、その農地又は権利について二分の一を超える持分を有する者。第一号、第五十三条第一項及び第五十五条第二項において同じ。）を確知することができないときは、次に掲げる事項を公示するものとする。この場合において、その農地（その農地について所有権以外の権原に基づき使用及び収益をする者がある場合には、その権利）が数人の共有に係るものであつて、かつ、その農地の所有者等で知れているものがあるときは、その者にその旨を通知するものとする。

一　その農地の所有者等を確知できない旨

二　その農地の所在、地番、地目及び面積並びにその農地が第一項各号のいずれに該当するかの別
三　その農地の所有者等は、公示の日から起算して二月以内に、農林水産省令で定めるところにより、その権原を証する書面を添えて、農業委員会に申し出るべき旨
四　その他農林水産省令で定める事項
4　前項第三号に規定する期間内に同項の規定による公示に係る農地の所有者等から同号の規定による申出があつたときは、農業委員会は、その者に対し、第一項の規定による利用意向調査を行うものとする。
5　前項の場合において、その農地（その農地について所有権以外の権原に基づき使用及び収益をする者がある場合には、その権利）が数人の共有に係るものであるときは、農業委員会は、第三項第三号の規定による申出の結果、その農地の所有者等で知れているものの持分が二分の一を超えるときに限り、その農地の所有者等で知れているものに対し、第一項の規定による利用意向調査を行うものとする。
6　前各項の規定は、第四条第一項又は第五条第一項の許可に係る農地その他農林水産省令で定める農地については、適用しない。

本条は、農業委員会の行う利用意向調査について規定している。

利用意向調査の方法

農業委員会は、法第三十二条第一項の規定による利用意向調査を行うに当たっては次の事項に留意する（運用通知第３・３）とともに、農地中間管理事業の事業実施地域内の農地について、所有権に基づき使用及び収益をする者に対して農地中間管

理事業を利用するよう促すことが望ましいとされている（事務処理要領第13・２）。

(1) 実施時期（運用通知第３・３(1)）

利用意向調査については、遊休農地の判定等（二七一頁）により遊休農地と判定された農地及び耕作者が不在となる農地（規則第七十八条各号）を対象として、判定後直ちに利用意向調査書を発出して行うこととし、一か月以内の範囲で回答期限を設定すること。

回答期限までに回答が得られない所有者等に対しては、推進委員等は直接訪問等により確実に農業上の利用の意向を確認すること。

また、利用意向調査を行う際には、所有者等に対し、勧告がなされた場合には、当該勧告の対象となった農地の固定資産税及び都市計画税の評価額が引き上げられ、固定資産税額及び都市計画税額が増えることとなることを周知すること。

(2) 共有農地における賃貸借等の設定（運用通知第３・３(2)）

数人の共有に係る農地については、その農地の所有者等で知れているものの持分が二分の一を超えることが確認された場合には、二分の一を超える共有持分を有する者を相手方とすれば、賃貸借契約を締結することは可能であるが、この場合における賃貸借期間は五年を超えない期間に限定する必要がある。

(3) 農地の所有者等を確知することができないときの公示（運用通知第３・３(3)）

ア　その農地について所有権以外の権原に基づき使用及び収益をする者がいない場合における「相当な努力が払われたと認められるものとして政令で定める方法により探索を行ってもなおその農地の所有者等を確知することができないとき」とは、次の調査を実施したにもかかわらず、農地の所有者（相続等により共有状態となっている場合には、二分の一を超える持分を有する者）が不明であるときのことをいう。

ただし、施行規則第七十八条第五号に該当する農地であって、法第四十一条第二項の規定により読み替えて準用する法第三十九条第一項の規定による裁定以降に、法第四十一条第五項の規定により供託した補償金の還付が行われていないなど、所有者等に関する新たな事実が判明しなかった場合には、次の調査を実施せずに「過失がなくてその農地の所有者等を確知することができない」ものと扱うこととする。

(ア)　施行令第二十条において準用する施行令第十八条第一号により登記所（法務局等）の登記官に対し当該農地の登記事項証明書を請求し、所有権等の登記名義人又は表題部所有者（以下「登記名義人等」という。）の氏名及び住所地等を確認すること。

(イ)　施行令第二十条において準用する施行令第十八条第二号において、「不確知所有者等関連情報を保有すると思料される者」とは「当該農地を現に占有する者」、「農地法第五十二条の二の規定により農業委員会が作成する農地台帳に記録された事項に基づき、当該不確知所有者等関連情報を保有すると思料される者」及び「当該農地の所有者等であって知れているもの」をいう。施行令第二十条において準用する施行令第十八条第二号によりこれらの者に対し、他の当該農地の所有者等の氏名及び住所地等について聞き取りを行うこと。

また、(ウ)により登記名義人等の生死が確認できない場合には、知れている当該農地の所有者等の直系尊属の戸籍謄本又は除籍謄本（以下「戸籍謄本等」という。）を請求することにより、当該者の直系尊属と思われる登記名義人等の戸籍謄本等の確認を行うこと。

(ウ)　施行令第二十条において準用する施行令第十八条第三号では、(ア)により確認した登記名義人等の住所地の市町村の長に対し、住民票の写し又は住民票の除票の写しを請求すること。

このほか、(イ)で確認された「当該農地の所有者等と思料される者」についても、当該者が記録されている住民基本台帳を備えると思われる市町村の長に対し、住民票の写し又は住民票の除票の写しを請求すること。

ただし、住所地が明らかである場合には、それをもって代えることができる。

(エ) 登記名義人等の死亡が確認された場合には、施行令第二十条において準用する施行令第十八条第四号により、登記名義人等の戸籍謄本等を請求する。登記名義人等の戸籍謄本等には登記名義人等の相続人たる配偶者と子が記載されており、これらの者の記載された部分に限って最新の戸籍謄本等を確認すること。

次に、確認した配偶者と子の戸籍の附票を備えると思われる市町村の長に対し、当該相続人の戸籍の附票の写し又は消除された戸籍の附票の写しを請求することにより、これらの者の住所の確認を行うこと。

(オ) 登記名義人等が法人である場合には、登記所（法務局等）の登記官に対して法人の登記事項証明書を請求することにより、法人の所在地を確認する。また、合併により解散した場合にあっては、合併後存続し、又は合併により設立された法人が記録されている法人の登記簿を備えると思われる登記所（法務局等）の登記官に対し、当該法人の登記事項証明書を請求することにより、合併後の法人の所在地を確認すること。

その他合併以外の理由により解散していることが判明した場合には、当該法人の登記事項証明書に記載されている清算人（取締役等）を確認し、書面の送付などの措置によって、不確知所有者等関連情報の提供を求めること。

(カ) 施行令第二十条において準用する施行令第十八条第五号では(ア)から(オ)の措置により住所が判明した当該農地の所有者等と思料される者（(オ)の場合は法人住所地又は役員住所）に対して、「農地法関係事務処理要領の制定について」様式例第13号の2により簡易書留による書面の送付を行い、当該農地の所有者等を特定すること。

なお、住所地が当該農地と同一市町村内の場合には、訪問により代えることは差し支えないが、訪問の記録を残すこと。

(キ) (カ)による書面の送付後、二週間経過しても不確知所有者等から返信がない場合には、当該不確知所有者等を不明者として扱い、更なる聞き取りや現地調査は不要である。

イ　その農地について所有権以外の権原に基づき使用及び収益をする者がある場合における「相当な努力が払われたと認められるものとして政令で定める方法により探索を行ってもなおその農地の所有者等を確知することができないとき」とは、アと同様の調査を実施したにもかかわらず、所有権以外の権原に基づき使用及び収益をする者が不明であるときのことをいう。

ウ　農業委員会が、法第三十二条第一項各号のいずれかに該当する農地について農地中間管理事業法第二十二条の二第一項の規定による要請に係る探索を行った場合には、施行規則第七十四条の二の規定に基づき、当該農地について法第三十二条第二項及び第三項（これらの規定を法第三十三条第二項において準用する場合を含む。）の規定による探索を行ったものとみなす。

⑷　支障の除去等の措置（運用通知第3・3⑷）

利用意向調査を行う際に、法第四十二条第一項に規定する支障の除去等の措置（その農地における病害虫の発生、土石等の堆積、農作物の生育に支障を及ぼすおそれのある草木の生育等により、その農地の周辺の営農条件に著しい支障が生じ、又は生じるおそれがある場合における支障の除去又は発生防止のために必要な措置）を講ずる必要があると認める場合は、速やかに市町村長にその旨を伝え、同条の措置命令を行うよう促すこと。

⑸　利用意向調査の対象とならない農地

この利用意向調査の規定は、農地転用の許可（法第四条第一項及び第五条第一項）に係る農地及び施行規則第七十七条に規定されている次の農地には適用されない（第六項）。

ア　災害その他の事由により農用地等としての利用を継続することが著しく困難となったとき（農地中間管理事業法第二十条第二号）に該当し、農地中間管理権に係る賃貸借若しくは使用賃借又は農業経営の委託の解除がされたもの

イ　土地収用法その他の法律により収用され、又は使用されることとなるもの

第三十三条　農業委員会は、耕作の事業に従事する者が不在となり、又は不在となることが確実と認められるものとして農林水産省令で定める農地があるときは、その農地の所有者等に対し、利用意向調査を行うものとする。

2　前条第二項から第五項までの規定は、前項に規定する農地がある場合について準用する。この場合において、同条第二項中「前項」とあるのは「次条第一項」と、同条第三項第二号中「面積並びにその農地が第一項各号のいずれに該当するかの別」とあるのは「面積」と、同条第四項及び第五項中「第一項」とあるのは「次条第一項」と読み替えるものとする。

3　前二項の規定は、第四条第一項又は第五条第一項の許可に係る農地その他農林水産省令で定める農地については、適用しない。

本条は、耕作の事業に従事する者が不在となり、又は不在となることが確実となる農地があるときの所有者等に対する農業委員会が行う利用意向調査について規定している。

この場合の利用意向調査は、法第三十二条の利用意向調査の場合の第二項から第五項までが準用され、必要な読み替え規定が設けられている。

1　耕作の事業に従事する者が不在となる農地

第一項の農林水産省令で定める耕作の事業に従事する者が不在となる農地とは次のいずれかに該当するものとされている（施行規則第七十八条）。

(1)　次に掲げる農地であって、当該農地について耕作の事業に従事する者が不在となり、又は不在となることが確実と認められるもの

ア　その農地の所有者等で耕作の事業に従事するものが死亡したもの

イ　その農地の所有者等で耕作の事業に従事するものが遠隔地に転居したもの

(2)　その農地の所有者等で耕作の事業に従事するものから農業委員会に対し、その農地について耕作の事業の継続が困難であり、かつ、第二項において読み替えて準用する法第三十二条第三項の規定による農地の所有者等を確知することができないときの公示が必要である旨の申出があったもの

この場合、申出を受けた農業委員会は施行令第二十条において準用する施行令第十八条第一号による調査（その農地等の登記事項証明書の交付を請求し、登記名義人等の氏名及び住所地等を確認すること）又は同条第二号による調査（不確知所有者関連情報を保有すると思料される者に対し、その農地等の他の所有者等の氏名及び住所地等について聞き取りを行うこと）を実施すること。その結果、農地の所有者等（その農地（その農地について所有権以外の権原に基づき使用及び収益をする者がある場合には、その権利）が数人の共有に係る場合には、その農地又は権利について二分の一を超える持分を有する者）が確知できない場合には、第二項において読み替えて準用する法第三十二条第三項の規定による農地の所有者等を確知することができないときの公示を行うこと。

なお、調査の結果、その農地の所有者等が明らかになった場合には、その農地は第一項に規定する農地には該当しないことに留意すること。その場合は、地域の営農計画等を勘案しつつ、必要なあっせんその他農地の利用関係の調整を行うこと（運用通知第３・４(1)）。

(3)　その農地に係る農地中間管理権（賃借権又は使用貸借による権利に限る。）又は農業の経営の委託の期間の残存期間が一年以下であって、農地中間管理機構が過失がなくてその農地の所有者（その農地が数人の共有に係る場合には、その農

地について二分の一を超える持分を有する者）を確知することができないもの。

この場合の農地の取扱いに当たっては、次の事項に留意すること（運用通知第3・4⑵）。

ア「農地中間管理機構が過失がなくてその農地の所有者を確知することができないもの」とは、運用通知第3・3⑶ア（二七七頁の⑶ア）と同等の探索を行った結果、その農地の所有者（その農地が数人の共有に係る場合には、その農地について二分の一を超える持分を有する者。イにおいて同じ。）と連絡を取ることができないもの又はその農地の所有者が死亡し、その相続人（当該所有者の配偶者又は子に限る。以下同じ。）に連絡を取ることができないものとして、農地中間管理機構が農業委員会に対してその旨を通知したものをいう。

イ　農業委員会は、アの通知を受けたときは、施行令第二十条において準用する施行令第十八条第一号による調査（その農地等の登記事項証明書の交付を請求し、登記名義人等の氏名及び住所地等を確認すること）を実施し、その結果、その農地の所有者又はその相続人が確知できない場合には、法第三十三条第二項において読み替えて準用する法第三十二条第三項の規定による農地の所有者等を確知することができないときの公示を行うこと。この場合、その農地の所有者又は相続人で知れているものがあるときは、その者の氏名、住所等を農地中間管理機構に通知すること。

なお、当該調査の結果、その農地の所有者又はその相続人が明らかになった場合には、当該所有者又は相続人の氏名、住所等を農地中間管理機構に通知すること。

⑷　法第三十九条第一項の規定による裁定により設定された農地中間管理権の残存期間が一年以下であるもの

⑸　法第四十一条第二項の規定により読み替えて準用する法第三十九条第一項の規定による裁定により設定された利用権の残存期間が一年以下であるもの

（農地の利用関係の調整）
第三十四条　農業委員会は、第三十二条第一項又は前条第一項の規定による利用意向調査を行つたときは、これらの利用意向調査に係る農地の所有者等から表明されたその農地の農業上の利用の意向についての意思の内容を勘案しつつ、その農地の農業上の利用の増進が図られるよう必要なあつせんその他農地の利用関係の調整を行うものとする。

本条は、利用意向調査の結果に基づく農業委員会の利用関係の調整について規定している。
農業委員会等は、法第三十二条第一項の利用意向調査又は法第三十三条第一項の利用意向調査で所有者等の意思を確認後速やかに、当該意思や、地域の営農計画等を勘案しつつ、必要なあっせんその他農地の利用関係の調整を行うものとされている。

（農地中間管理機構による協議の申入れ）
第三十五条　農業委員会は、第三十二条第一項又は第三十三条第一項の規定による利用意向調査を行つた場合において、これらの利用意向調査に係る農地（農業振興地域の整備に関する法律第六条第一項の規定により指定された農業振興地域の区域内のものに限る。次条第一項及び第四十一条第一項において同じ。）の所有者等から、農地中間管理事業を利用する意思がある旨の表明があつたときは、農地中間管理機構に対し、その旨を通知するものとする。
2　前項の規定による通知を受けた農地中間管理機構は、速やかに、当該農地の所有者等に対し、その農地に係る農地中間管理権の取得に関する協議を申し入れるものとする。ただし、その農地が農地中間管理事業の推進に関する法律第八条第一項に規定する農地中間管理事業規程において定める同条第二項第一号に規定する基準に適合しない場合において、その旨を農業委員会及び当該農地の所有者等に通知したときは、この限りでない。

本条は、利用意向調査の結果、農地中間管理事業を利用する意思を表明した者があった場合における農業委員会の農地中間管理機構への通知と農地中間管理機構からの協議の申入れを規定している。

農地中間管理機構等への通知（運用通知第3・5⑵⑶）

⑴　農業委員会は、所有者等から農地中間管理事業を利用する旨の意思表明があった場合においては、法第三十五条第一項に基づき、速やかに農地中間管理機構にその旨を通知することとされている。

⑵　⑴以外の場合にあっても、利用意向調査を実施した場合には、その農地の状況等について、速やかに農地中間管理機構に情報提供を行うこととされ、その際、農業委員会は、農地中間管理機構に対し、その農地が農地中間管理事業規程に定められた農地中間管理権を取得する農用地等の基準に適合しない場合には、その旨を速やかに農業委員会に通知するよう求めることとされている。

（農地中間管理権の取得に関する協議の勧告）

第三十六条　農業委員会は、第三十二条第一項又は第三十三条第一項の規定による利用意向調査を行つた場合において、次の各号のいずれかに該当するときは、これらの利用意向調査に係る農地の所有者等に対し、農地中間管理機構による農地中間管理権の取得に関し当該農地中間管理機構と協議すべきことを勧告するものとする。ただし、当該各号に該当することにつき正当の事由があるときは、この限りでない。

一　当該農地の所有者等からその農地を耕作する意思がある旨の表明があつた場合において、その表明があつた日から起算して六月を経過した日においても、その農地の農業上の利用の増進が図られていないとき。

二　当該農地の所有者等からその農地の所有権の移転又は賃借権その他の使用及び収益を目的とする権利の設定若しくは移転を行う意思がある旨の表明（前条第一項に規定する意思の表明を含む。）があつた場合において、その表明があつた日から起算して六月を経過した日においても、これらの権利の設定又は移転が行われないとき。

三　当該農地の所有者等にその農地の農業上の利用を行う意思がないとき。

四　これらの利用意向調査を行つた日から起算して六月を経過した日においても、当該農地の所有者等からその農地の農業上の利用の意向についての意思の表明がないとき。

五　前各号に掲げるときのほか、当該農地について農業上の利用の増進が図られないことが確実であると認められるとき。

2　農業委員会は、前項の規定による勧告を行つたときは、その旨を農地中間管理機構（当該農地について所有権以外の権原に基づき使用及び収益をする者がある場合には、農地中間管理機構及びその農地の所有者）に通知するものとする。

本条は、利用意向調査の結果、利用の意思が表明されたにもかかわらず利用が行われない場合や利用する意思がない場合等に、農業委員会が農地中間管理機構と協議すべきとの勧告をすることについて規定している。

1　実施時期（運用通知第３・６⑴）

ア　利用意向調査を実施した農地であって、当該農地の所有者等からその農地の農業上の利用の増進を図る旨の意思の表明があったものについては、耕作の再開、農地中間管理機構との借入協議又は権利の設定・移転等が行われたかどうかについて、所有者等の意思の表明から六か月経過後速やかに現地を確認するとともに、必要に応じ、農地台帳等により権利の設定等の状況を確認することとされている。

その結果、前年の利用意向調査で表明された意思のとおりに農地が利用されていない場合は、現地の確認から一か月以内に勧告することとされている。

イ　所有者等から意思の表明がない農地については、利用意向調査の発出から六か月経過後速やかに現地を確認した上で、一か月以内に勧告を実施することとされている。

ウ　利用意向調査に対して、当該農地の所有者等からその農地の農業上の利用を行う意思がない旨の表明があったときは、表明から一か月以内に勧告を実施することとされている。

2　勧告の対象外となる農地（運用通知第３・６⑵）

ア　当該農地が農業振興地域内にない場合には、法第三十五条第一項及び第三十六条第一項の規定により勧告の対象外となっているが、これに加えて、次に掲げる場合についても法第三十六条ただし書の正当の事由に該当することから勧告の対象とはしないこととされている。

(ア)　農地中間管理機構が法第三十五条第二項ただし書に基づき農地中間管理事業規程に定められた農地中間管理権

を取得する農用地等の基準に適合しない旨を農業委員会等及び所有者等へ通知した場合

(イ) 当該農地の所有者等から農地中間管理機構に対して貸付けを行う旨の意思が表明され、それが継続している場合

(ウ) (ア)に掲げるもののほか、農地中間管理機構から、その農地が農地中間管理事業規程に定められた農地中間管理権を取得する農用地等の基準に適合しない旨の通知があった場合

イ　贈与税又は相続税の納税猶予制度の適用を受けている農地については、勧告があった際に納税猶予の期限が確定することから、納税猶予制度の適正な運用を確保するため、アの(ア)～(ウ)に該当するものも含めて、法第三十六条第一項各号のいずれかに該当する場合には、必ず勧告を行うこととされている。

3　勧告の撤回（運用通知第3・6(3)）

勧告を行った後、次のいずれかに該当することとなった場合については、その時点をもって当該農地に係る勧告を撤回し、その旨を速やかに農地の所有者等及び農地中間管理機構に通知するものとされている。なお、勧告が撤回された場合以降の固定資産税額及び都市計画税額の引き上げは行われなくなる。

ア　利用状況調査等により、遊休農地が解消されたことが確認された場合

イ　農地中間管理機構との借入協議の結果、当該農地を農地中間管理機構が借り受けた場合

ウ　法第三十九条による裁定により農地中間管理機構が農地中間管理権を取得した場合

エ　アからウまでに該当する場合のほか、勧告を撤回すべき相当の事情がある場合

4　現地確認等への協力（運用通知第3・6⑷）

農業委員会は、勧告又は勧告の撤回に係る農地について、市町村税務部局から現地確認への同行の要請及び地目認定に関する意見照会があった場合には、適切に対応することとされている。

5　農地中間管理権の取得に関する協議

農地中間管理機構は、法第三十六条第二項の規定に基づく農業委員会からの通知を受けた場合は、その旨を都道府県知事に連絡するとともに、当該農地の所有者等との協議結果についても都道府県知事に連絡することが望ましいとされている（事務処理要領第13・8）。

（**裁定の申請**）

第三十七条　農業委員会が前条第一項の規定による勧告をした場合において、当該勧告があつた日から起算して二月以内に当該勧告を受けた者との協議が調わず、又は協議を行うことができないときは、農地中間管理機構は、当該勧告があつた日から起算して六月以内に、農林水産省令で定めるところにより、都道府県知事に対し、当該勧告に係る農地について、農地中間管理権（賃借権に限る。第三十九条第一項及び第二項並びに第四十条第二項において同じ。）の設定に関し裁定を申請することができる。

本条は、農業委員会が前条第一項の勧告をした場合において、協議が調わない等のときの農地中間管理機構の都道府県知事に対する農地中間管理権（賃借権に限る）の裁定の申請について規定している。

農業委員会が、前条第一項で勧告をした場合において、当該勧告のあった日から起算して二月以内に当該勧告を受けた者との協議が調わず又は協議を行うことができないときは、農地中間管理機構は、当該勧告があった日から起算して六月以内に、都道府県知事に対して、当該勧告に係る農地について、農地中間管理権（賃借権に限る。）の設定に関し裁定を申請することができる。

この場合、申請は、次の事項を記載した申請書を提出して行わなければならない（施行規則第八十一条）。

① 当該申請に係る農地の所有者等の氏名及び住所（法人にあっては、その名称及び主たる事務所の所在地並びに代表者の氏名）
② 当該申請に係る農地の所在、地番、地目及び面積
③ 当該申請に係る農地の利用の現況
④ 当該申請に係る農地についての申請者の利用計画の内容の詳細
⑤ 希望する農地中間管理権の始期及び存続期間並びに借賃及びその支払の方法
⑥ その他参考となるべき事項

（**意見書の提出**）

第三十八条　都道府県知事は、前条の規定による申請があつたときは、農林水産省令で定める事項を公告するとともに、当該申請に係る農地の所有者等にこれを通知し、二週間を下らない期間を指定して意見書を提出する機会を与えなけ

ればならない。
2　前項の意見書を提出する者は、その意見書において、その者の有する権利の種類及び内容、その者が前条の規定による申請に係る農地について農地中間管理機構との協議が調わず、又は協議を行うことができない理由その他の農林水産省令で定める事項を明らかにしなければならない。
3　都道府県知事は、第一項の期間を経過した後でなければ、裁定をしてはならない。

本条は、農地中間管理機構から農地中間管理権の裁定の申請があったときの公告及び意見書の提出について規定している。

1

都道府県知事は、農地中間管理権の設定に関する裁定の申請があったときは、①当該申請に係る農地の所有者等の氏名及び住所（法人にあっては、その名称及び主たる事務所の所在地並びに代表者の氏名）、②当該申請に係る農地の所在、地番、地目及び面積、③当該申請に係る農地の利用の現況、④当該申請に係る農地についての申請者（農地中間管理機構）の利用計画の内容の詳細、⑤農地中間管理権の始期及び存続期間並びに借賃及びその支払の方法、⑥その他参考となるべき事項を公告するとともに、農地の所有者等に通知し、二週間を下らない期間を指定して意見書を提出する機会を与えなければならないとされている（第一項及び施行規則第八十二条第一項、第八十一条）。

この公告は、都道府県の公報に掲載することその他所定の手段により行うこととされている（施行規則第八十二条第二項）。

また、所有者等への通知に当たっては、ア　その者の氏名及び住所（法人にあっては、その名称及び主たる事務所の所在地並びに代表者の氏名）、イ　その者の有する権利の種類及び内容、ウ　その者の当該農地の利用の状況及び利用計画、

エ　その者が当該農地を現に耕作の目的に供していない理由、オ　意見の趣旨及びその理由、カ　その他参考となるべき事項について、意見書において明らかにしなければならない旨を併せて通知するものとされている（処理基準第13・1⑵）。

2　申請に係る農地の所有者等の提出する意見書では、次の事項を明らかにしなければならない（第二項・施行規則第八十三条）。

①　意見書を提出する者の氏名及び住所（法人にあっては、その名称及び主たる事務所の所在地並びに代表者の氏名）
②　意見書を提出する者の有する権利の種類及び内容
③　意見書を提出する者の当該農地の利用の状況及び利用計画
④　意見書を提出する者が当該農地を現に耕作の目的に供していない理由
⑤　意見書を提出する者が当該農地について農地中間管理機構との協議が調わず、又は協議を行うことができない理由
⑥　意見の趣旨及びその理由
⑦　その他参考となるべき事項

3　都道府県知事は、1の期間を経過した後でなければ、裁定をしてはならないとされている（第三項）。

（**裁定**）
第三十九条　都道府県知事は、第三十七条の規定による申請に係る農地が、前条第一項の意見書の内容その他当該農地の利用に関する諸事情を考慮して引き続き農業上の利用の増進が図られないことが確実であると見込まれる場合にお

いて、農地中間管理機構が当該農地について農地中間管理事業を実施することが当該農地の農業上の利用の増進を図るため必要かつ適当であると認めるときは、その必要の限度において、農地中間管理権を設定すべき旨の裁定をするものとする。

2　前項の裁定においては、次に掲げる事項を定めなければならない。

一　農地中間管理権を設定すべき農地の所在、地番、地目及び面積

二　農地中間管理権の内容

三　農地中間管理権の始期及び存続期間

四　借賃

五　借賃の支払の相手方及び方法

3　第一項の裁定は、前項第一号から第三号までに掲げる事項については申請の範囲を超えてはならず、同号に規定する存続期間については四十年を限度としなければならない。

4　都道府県知事は、第一項の裁定をしようとするときは、あらかじめ、都道府県機構の意見を聴かなければならない。ただし、農業委員会等に関する法律第四十二条第一項の規定による都道府県知事の指定がされていない場合は、この限りでない。

本条は、裁定の申請のあった農地に対する農地中間管理権設定の裁定の要件、内容等について規定している。

1　都道府県知事は、裁定の申請（法第三十七条）に係る農地が前条第一項の意見書の内容その他当該農地の利用に関する

諸事情を考慮して、引き続き農業上の利用の増進が図られないことが確実であると見込まれる場合において、農地中間管理機構が当該農地について農地中間管理事業を実施することが当該農地の農業上の利用の増進を図るため必要かつ適当であると認めるときは、その必要の限度において、農地中間管理権を設定すべき旨の裁定をするものとされている（第一項）。

この場合の「当該農地の利用に関する諸事情」とは、裁定に係る申請書及び所有者等からの意見書によって把握したその農地の利用の現況、所有者等の農業経営の状況等をいい、裁定に当たっては、その農地の利用に関する事情をできるだけ幅広く、かつ、客観的に把握するものとされている（処理基準第13・2(1)）。

2

1の裁定においては、次に掲げる事項を定めなければならない（第二項）。

①　農地中間管理権を設定すべき農地の所在、地番、地目及び面積
②　農地中間管理権の内容
③　農地中間管理権の始期及び存続期間
④　借賃
⑤　借賃の支払の相手方及び方法

3

1の裁定においては、農地中間管理権を設定すべき農地の所在、地番、地目及び面積、その権利の内容並びにその権利の始期及び存続期間は、申請の範囲を超えてはならない（処理基準第13・2(2)）。

2の②の農地中間管理権の内容は、農地の現況及び用途からみて通常用いられる範囲内の利用形態である。例えば、水田に土盛りをして畑として果樹を植栽したり、畑を開田して水稲を栽培したりすることは、裁定をする場合における農地中間管理権の内容としては認められない（処理基準第13・2(3)）。

2の③の存続期間は、四十年を限度としなければならない（第三項）。

2の④の借賃の額については、農業委員会の提供等による当該農地の近傍類似の農地の借賃等を十分考慮し、当該農地の生産条件等を勘案して算定する。

この場合、農地中間管理権の設定を受ける農地中間管理機構が当該農地を利用するために復旧工事を行う必要があると都道府県知事が認めるときは、復旧に必要な費用として算定した額を勘案して借賃の額から減額することができる（処理基準第13・2(4)）。

4　都道府県知事は、1の裁定をしようとするときは、あらかじめ、都道府県農業委員会ネットワーク機構（都道府県農業会議）の意見を聴かなければならない（第四項）。

5　都道府県知事は、裁定をしようとするときは裁定の申請があった日から原則として二月以内に行うものとするとされている。

ただし、都道府県において知事の処分に係る処理期間を定めている場合は、それによることができるとされている（事務処理要領第13・11）。

（**裁定の効果等**）

第四十条　都道府県知事は、前条第一項の裁定をしたときは、農林水産省令で定めるところにより、遅滞なく、その旨を農地中間管理機構及び当該裁定の申請に係る農地の所有者等に通知するとともに、これを公告しなければならない。

当該裁定についての審査請求に対する裁決によつて当該裁定の内容が変更されたときも、同様とする。

2　前条第一項の裁定について前項の規定による公告があつたときは、当該裁定の定めるところにより、農地中間管理機構と当該裁定に係る農地の所有者等との間に当該農地についての農地中間管理権の設定に関する契約が締結されたものとみなす。

3　民法第二百七十二条ただし書（永小作権の譲渡又は賃貸の禁止）及び第六百十二条（賃借権の譲渡及び転貸の制限）の規定は、前項の場合には、適用しない。

本条は、都道府県知事が申請に係る農地について利用権を設定すべき旨裁定した場合の通知・公告及び効果について規定している。

1　都道府県知事は、裁定をしたときは、遅滞なく、その旨を農地中間管理機構及びその裁定の申請に係る農地の所有者等に通知するとともに、これを公告しなければならない（第一項）。なお、併せて、当該農地の所在地を管轄する農業委員会に対して、法第三十九条第二項各号に掲げる事項を提供することとされている（事務処理要領第13・12）。

その裁定についての審査請求に対する裁決によってその裁定の内容が変更された場合も同様とされている（第一項）。

この場合、通知は、法第三十九条第二項各号に掲げる事項を記載した書面で行い、公告は、施行規則第八十一条第一号に掲げる事項（二九二頁2の①から⑦）及び法第三十九条第二項各号に掲げる事項について都道府県の公報に掲載することとその他所定の手段により行うこととされている（施行規則第八十四条）。

2　1の公告があったときは、その裁定の定めるところにより、農地中間管理機構と当該裁定に係る農地の所有者等との間に当該農地についての農地中間管理権の設定に関する契約が締結されたものとみなされる（第二項）。

3　なお、民法第二百七十二条ただし書（永小作権の譲渡又は賃貸の禁止）及び同法第六百十二条（賃借権の譲渡及び転貸の制限）の規定は、2の場合には適用されない（第三項）。

（参考）

民法（抄）

（永小作権の譲渡又は土地の賃貸）

第二百七十二条　永小作人は、その権利を他人に譲り渡し、又はその権利の存続期間内において耕作若しくは牧畜のため土地を賃貸することができる。ただし、設定行為で禁じたときは、この限りでない。

（賃借権の譲渡及び転貸の制限）

第六百十二条　賃借人は、賃貸人の承諾を得なければ、その賃借権を譲り渡し、又は賃借物を転貸することができない。

2　賃借人が前項の規定に違反して第三者に賃借物の使用又は収益をさせたときは、賃貸人は、契約の解除をすることができる。

4　都道府県知事の裁定により農地中間管理権が設定される場合は、農地法第三条第一項の許可は不要である（法第三条第一項第三号）。

（所有者等を確知することができない場合における農地の利用）

第四十一条　農業委員会は、第三十二条第三項（第三十三条第二項において読み替えて準用する場合を含む。以下この項において同じ。）の規定による公示をした場合において、第三十二条第三項第三号に規定する期間内に当該公示に係る農地（同条第一項第二号に該当するものを除く。）の所有者等から同条第三項第三号の規定による申出がないとき（その農地（その農地について所有権以外の権原に基づき使用及び収益をする者がある場合には、その権利）が数人の共有に係るものである場合において、当該申出の結果、その農地の所有者等で知れているものの持分が二分の一を超えないときを含む。）は、農地中間管理機構に対し、その旨を通知するものとする。この場合において、農地中間管理機構は、当該通知の日から起算して四月以内に、農林水産省令で定めるところにより、都道府県知事に対し、当該農地を利用する権利（以下「利用権」という。）の設定に関し裁定を申請することができる。

2　第三十八条及び第三十九条の規定は、前項の規定による申請があつた場合について準用する。この場合において、第三十八条第一項中「にこれを」とあるのは「で知れているものがあるときは、その者にこれを」と、第三十九条第一項及び第二項第一号から第三号までの規定中「農地中間管理権」とあるのは「利用権」と、同項第四号中「借賃」とあるのは「借賃に相当する補償金の額」と、同項第五号中「借賃の支払の相手方及び」とあるのは「補償金の支払の」と読み替えるものとする。

3　都道府県知事は、前項において読み替えて準用する第三十九条第一項の裁定をしたときは、農林水産省令で定めるところにより、遅滞なく、その旨を農地中間管理機構（当該裁定の申請に係る農地の所有者等で知れているものがあるときは、その者及び農地中間管理機構）に通知するとともに、これを公告しなければならない。当該裁定についての審査請求に対する裁決によって当該裁定の内容が変更されたときも、同様とする。

4　第二項において読み替えて準用する第三十九条第一項の裁定について前項の規定による公告があつたときは、当該裁定の定めるところにより、農地中間管理機構は、利用権を取得する。
5　農地中間管理機構は、第二項において読み替えて準用する第三十九条第一項の裁定において定められた利用権の始期までに、当該裁定において定められた補償金を当該農地の所有者等のために供託しなければならない。
6　前項の規定による補償金の供託は、当該農地の所在地の供託所にするものとする。
7　第十六条の規定は、第四項の規定により農地中間管理機構が取得する利用権について準用する。この場合において、同条中「その登記がなくても、農地又は採草放牧地の引渡があつた」とあるのは、「その設定を受けた者が当該農地の占有を始めた」と読み替えるものとする。

本条は、所有者等が不明など確知することができない場合における農地の利用について規定している。

1　農業委員会は、法第三十二条第三項（第三十三条第二項において読み替えて準用する場合を含む。）の規定により、農地の所有者を確知できない旨等の公示をした場合において、公示の日から起算して二月以内に農地の所有者等から申出がないときは、農地中間管理機構に対し、その旨を通知する。この場合には、その農地（所有権以外の権原に基づき使用及び収益する者がある場合は、その権利）が数人の共有であって、知れるものの持分が二分の一を超えないときも含まれる。

この通知を受けた農地中間管理機構は、通知の日から起算して四月以内に都道府県知事に対し、利用権設定の裁定の申請をすることができる（第一項）。

この場合の申請は、次の事項を記載した申請書を提出して行わなければならない（施行規則第八十五条）。

① 当該申請に係る農地の所在、地番、地目及び面積
② 当該申請に係る農地の利用の現況
③ 当該申請に係る農地についての申請者の利用計画の内容の詳細
④ 希望する利用権の始期及び存続期間並びに借賃に相当する補償金の額
⑤ その他参考となるべき事項

2 この申請があった場合、都道府県知事は当該申請に係る農地の所有者等の氏名及び住所（法人にあっては、その名称及び主たる事務所の所在並びに代表者の氏名）、並びに1の①から⑤について公告するとともに、農地の所有者等で知れているものがあるときはその者に通知し、二週間を下らない期間を指定して意見書を提出する機会を与えなければならないとされている（知れているものがいない場合は通知する必要はない。

この公告は、都道府県の公報に掲載することその他所定の手段により行うこととされている。また、農地の所有者等で知れているものへの通知に当たっては、二九一頁の1のアからカの事項について、意見書において明らかにしなければならない旨を併せて通知するものとされている（処理基準第13・1(2)を準用）。

3 申請に係る農地の所有者等の提出する意見書では、二九二頁の2の①から④、⑥、⑦を明らかにしなければならないとされている（施行規則第八十三条を準用）。

4 都道府県知事は、2の期間（指定した意見書の提出期間）を経過した後でなければ、裁定をしてはならないとされている（第三十八条第三項を準用）。

5 都道府県知事は、裁定の申請に係る農地が3の意見書の内容（申請に係る農地の所有者等で知れているものがいない場合を除く。）その他当該農地の利用に関する諸事情を考慮して、引き続き農業上の利用の増進が図られないことが確実であると見込まれる場合において、農地中間管理機構が当該農地について農地中間管理事業を実施することが当該農地の農業上の利用の増進を図るため必要かつ適当であると認めるときは、その必要の限度において、利用権を設定すべき旨の裁定をするものとされている（処理基準13・2⑴を準用）。

この場合の法第三十九条第一項の「当該農地の利用に関する諸事情」とは、裁定に係る申請書及び法第三十二条第三項（法第三十三条第二項において読み替えて準用する場合を含む）の規定による公示後の農業委員会からの聴き取りによって把握したその農地の利用の現況等をいう（処理基準第13・2⑴）。

6 都道府県知事は、1の裁定をしたときは、遅滞なく、その旨を農地中間管理機構（農地の所有者等で知れているものがあるときは、その者にも）に通知するとともに、これを公告しなければならない（裁定についての審査請求に対する裁決で当該裁定の内容が変更されたときも同様）（第三項）。

この通知は、法第四十一条第二項において準用する法第三十九条第二項各号に掲げる事項を記載した書面で行う（施行規則第八十六条第一項）。なお、併せて、当該農地の所在地を管轄する農業委員会に対して、法第三十九条第二項各号に掲げる事項を提供することとされている（事務処理要領第13・13⑶）。

7 6の公告があったときは、当該裁定に定めるところにより、農地中間管理機構は利用権を取得する（第四項）。

8　農地中間管理機構は、裁定において定められた利用権の始期までに、当該裁定において定められた補償金を当該農地の所有者等のために供託しなければならない（第五項）。

なお、都道府県知事は、この補償金が農地を利用する権利の始期までに、供託されたか、供託書正本の写しにより確認することが望ましい（事務処理要領第13・13⑷）。

補償金の供託の手続については、供託法及び供託規則等の法令によるほか、次によることが望ましい（事務処理要領第13・13⑸）。

①　補償金の供託

i　補償金の供託に係る供託書の「供託の原因たる事実」欄は、「農地法第四十一条第二項の裁定による利用権」と記載するとともに、裁定通知書に記載された農地の所在、地番、当該利用権の始期、存続期間及び農地の所有者等の情報を転記する。

ii　補償金の供託をした農地中間管理機構は速やかに供託書正本の写しを都道府県知事に提出する。

iii　供託された補償金は、供託すべき供託所を誤った等錯誤による場合を除き取戻しをすることができない。

②　補償金の還付

法第四十一条第一項に規定する利用権の裁定の公告に記載された所有者等は、供託された補償金の還付を請求することができる。その際、供託規則第二十四条第一項第一号の「還付を受ける権利を有することを証する書面」は、所有者等が当該農地の所有権等を有することを証する登記事項証明書による。ただし、所有者等の権原が登記していない賃借権による場合は、法第三条の農業委員会の許可を受けたことを証する書面等による。

なお、還付する額は、権利の存続期間中であっても還付を受ける者のためにされた供託金の全てである。

（措置命令）

第四十二条　市町村長は、第三十二条第一項各号のいずれかに該当する農地における病害虫の発生、土石その他これに類するものの堆積その他政令で定める事由により、当該農地の周辺の地域における営農条件に著しい支障が生じ、又は生ずるおそれがあると認める場合には、必要な限度において、当該農地の所有者等に対し、期限を定めて、その支障の除去又は発生の防止のために必要な措置（以下この条において「支障の除去等の措置」という。）を講ずべきことを命ずることができる。

2　前項の規定による命令をするときは、農林水産省令で定める事項を記載した命令書を交付しなければならない。

3　市町村長は、第一項に規定する場合において、次の各号のいずれかに該当すると認めるときは、自らその支障の除去等の措置の全部又は一部を講ずることができる。この場合において、第二号に該当すると認めるときは、相当の期限を定めて、当該支障の除去等の措置を講ずべき旨及びその期限までに当該支障の除去等の措置を講じないときは、自ら当該支障の除去等の措置を講じ、当該措置に要した費用を徴収する旨を、あらかじめ、公告しなければならない。

一　第一項の規定により支障の除去等の措置を講ずべきことを命ぜられた農地の所有者等が、当該命令に係る期限までに当該命令に係る措置を講じないとき、講じても十分でないとき、又は講ずる見込みがないとき。

二　第一項の規定により支障の除去等の措置を講ずべきことを命じようとする場合において、相当な努力が払われたと認められるものとして政令で定める方法により探索を行つてもなお当該支障の除去等の措置を命ずべき農地の所有者等を確知することができないとき。

三　緊急に支障の除去等の措置を講ずる必要がある場合において、第一項の規定により支障の除去等の措置を講ずべきことを命ずるいとまがないとき。

4　市町村長は、前項の規定により同項の支障の除去等の措置の全部又は一部を講じたときは、当該支障の除去等の措置に要した費用について、農林水産省令で定めるところにより、当該農地の所有者等に負担させることができる。
5　前項の規定により負担させる費用の徴収については、行政代執行法（昭和二十三年法律第四十三号）第五条及び第六条の規定を準用する。

本条は、耕作に供されない等の農地における病害虫の発生等により周辺の地域における営農条件に著しい支障が生ずる等の場合における市町村長の措置命令について規定している。

耕作に供されない等の農地についての法第三十条から第四十一条までの一連の手続は、一定の期間をかけて慎重に進められていくことになるが、一方で、当該農地においては、雑草の繁茂による病害虫の発生や畦畔の崩壊、水管理上の支障の発生等周辺の地域における営農条件に著しい支障を及ぼすことがある。

このため、市町村長は、当該農地における病害虫の発生等の事由により、遊休農地の周辺の地域における農地に係る営農条件に著しい支障が生じ、又は生ずるおそれがあると認める場合には、必要な限度において、その農地の所有者等に対し、期限を定めて、その支障の除去又は発生の防止のために必要な措置（「支障の除去等の措置」という。）を講ずべきことを命ずることができることとされている（第一項）。

1　措置命令の対象となる事由

措置命令の対象となる事由は、当該農地における「病害虫の発生」、「土石その他これに類するものの堆積」、「農作物の生育に支障を及ぼすおそれのある鳥獣又は草木の生息又は生育」、「地割れ」、「土壌の汚染」とされている（第一項、施行令第二十九条）。

2　措置命令書の交付

措置命令を行うに当たっては、市町村長は次に掲げる事項を記載した命令書を交付しなければならない（第二項、施行規則第八十七条）。

① 講ずべき支障の除去等の措置の内容
② 命令の年月日及び履行期限
③ 命令を行う理由
④ 法第四十二条第三項第一号（措置命令を受けた所有者等が期限までに措置を講じないとき等）に該当すると認められるときは、同項の規定により支障の除去等の措置の全部又は一部を市町村長が自ら講ずることがある旨及び当該支障の除去等の措置に要した費用を徴収することがある旨

3　市町村長による代執行

市町村長は、措置命令の期限までに当該農地の所有者等によって十分な措置が講ぜられない場合、相当な努力が払われたと認められるものとして政令で定める方法により探索を行ってもなお農地所有者等が不明な場合又は緊急に営農上の支障の除去等を行う必要があって措置命令を行ういとまがない場合には、自らその支障の除去等の措置の全部又は一部を講ずることができることとされている（第三項）。

なお、農地所有者等が不明な場合については、相当の期限を定めて、当該支障の除去等の措置を講ずべき旨及びその期限

までに当該支障の除去等を講じないときは、自ら当該支障の除去等を講じ、当該措置に要した費用を徴収する旨を市町村の公報へ掲載する等の手段によりあらかじめ公告しなければならない。

また、農地所有者等が不明な場合における「相当な努力が払われたと認められるものとして政令で定める方法」については、運用通知第3の3の(3)の規定「農地の所有者等を確知することができないときの公示」（二七七頁参照）を準用することとされている（運用通知第3・7）。

4　代執行による費用の徴収

市町村長は、自らが支障の除去等の全部又は一部を講じたときは、当該支障の除去等の措置に要した費用について、当該農地の所有者等に費用の額の算定基礎を明示して負担させることができる（第四項、施行規則第八十八条）とされており、その費用の徴収の手続等については、行政代執行法第五条及び第六条の規定を準用することとされている（第五項）。

行政代執行法第五条及び第六条の規定の準用により費用の徴収を行う市町村長は、次の事項に留意する必要がある。

① 所有者等に対し、代執行に要した費用について期限を定め、文書をもって納付を命じなければならないとともに、期限までに費用が納付されない場合には、国税徴収法に規定する国税滞納処分の手続に準じて徴収することができること。

② 国税滞納処分の手続においては、徴収職員は、滞納者の財産を差し押えた上で、差押財産を公売に付すこととされているが、滞納者の所在が不明である場合には、これらの手続に際し、公示送達が認められること（国税徴収法第五章及び国税通則法第十四条）。

したがって、市町村長は、所有者等の所在が不明である場合には、当該所有者等に対して差押書を公示送達の手続により送達することによって、その財産を差し押さえ、公売を行い、代執行に要した費用を徴収することができることとなり、売却価格から代執行に要した費用を差し引いた額は、法務局に供託することとなること。

③ なお、代執行に要した費用より著しく高い価格の財産の価格が代執行に要した費用よりも少ない場合の当該財産については差し押えることができないが、差押え可能な財産がある場合には、差押えを行うことにより時効中断を行っておき、その間に所有者等を捜すなどして、できる限り当該所有者等から直接徴収することが望ましいこと。

5 農地中間管理機構との連携による遊休農地の解消について（運用通知第3・8）

遊休農地は、法の目的や責務規定を踏まえ、運用通知第3・1～7による遊休農地の措置により、農地として活用できるものについては農業上の利用を行う必要がある。

農地中間管理事業法第八条第三項第三号ニにおいて、農地中間管理機構は、所有者等が農業上の利用の増進を図るために必要な措置を講ずることにより当該農地の貸付けが行われると見込まれる場合に、所有者等に対し当該措置を講ずることを促すこととされており、農地中間管理機構の事業規程においても必須項目として当該取組の実施を規定することとされている。

この観点から、農業委員会及び農地中間管理機構は、遊休農地の借受け等について相談が寄せられた場合には、相互に密に連絡し、当該農地について担い手等への貸出しが見込まれるかを広く検討するとともに、当該農地について将来的に担い手等への貸出しが見込まれる場合には、当該農地の所有者等に草刈り等の実施の働きかけや、遊休農地の解消に資する補助事業を紹介するなど、遊休農地の解消に向けた取組を推進していく必要がある。

6 遊休農地に関する措置を行った農地等に関する取扱いについて（運用通知第4）

(1) 農地転用の許可（法第四条第一項又は第五条第一項）に係る農地や農地中間管理事業法第二十条第二号に該当し、賃貸借等の解除がされた農地又は土地収用法等により収用等される農地については、法第三十二条第一項又は第三十三条第一項の規定による利用意向調査の対象とはならないこととされている（法第三十二条第六項、法第三十三条第三項）。

このため、農業委員会は、施行規則第七十七条第一号に掲げる農地（二八〇頁の(5)ア）、運用通知第3の6の(2)のアの(ア)の農地又は第3の6の(2)のアの(ウ)に該当する農地（二八七～二八八頁の2のアの(ア)又は(ウ)）については、速やかに(3)に掲げる手続に従い、農地に該当するか否かの判断を行うこと。

(2)　農業委員会は、(1)のほか、農地の所有者から当該農地が農地に該当しないことの証明を依頼された場合、(3)に掲げる手続に従い、農地に該当するか否かの判断を行うこと。

(3)　農業委員会は、農地に該当するか否かの判断を行う場合は、次に掲げる手続により行うこと。

ア　法第三十条の利用状況調査等を踏まえ、(4)の基準に従って対象地が農地に該当するか否かについて総会又は部会の議決により判断を行うこと。

イ　対象地が法第四条第一項若しくは第五条第一項の規定に違反すると認められる場合又は法第四条第一項若しくは第五条第一項の許可に付された条件に違反すると認められる場合は、農地に該当するか否かの判断を行わないものとすること。

ウ　アにより、対象地が農地に該当しない旨の判断をした場合は、対象地の所有者等及び都道府県、市町村、法務局等の関係機関に対してその旨を通知する（所在が分からない所有者等に対してはこの限りではない。）とともに、対象地について、農地台帳の整理等を行うこと。

(4)　農地として利用するには一定水準以上の物理的条件整備が必要な土地（人力又は農業用機械では耕起、整地ができない土地）であって、農業的利用を図るための条件整備（基盤整備事業の実施等）が計画されていない土地について、次のいずれかに該当するものは、農地に該当しないものとし、これ以外のものは農地に該当するものとする。

ア　その土地が森林の様相を呈しているなど農地に復元するための物理的な条件整備が著しく困難な場合

イ　ア以外の場合であって、その土地の周囲の状況からみて、その土地を農地として復元しても継続して利用することができないと見込まれる場合

(5)　農業委員会は、(1)又は(2)において、対象地が法第四条第一項若しくは第五条第一項の規定に違反すると認められる場合又は法第四条第一項若しくは第五条第一項の許可に付された条件に違反すると認められる場合には、「農地法関係事務処理要領」（平成二十一年十二月十一日付け二一経営第四六〇八号・二一農振第一五九九号農林水産省経営局長・農村振興局長連名通知）の6により、違反転用是正に係る事務処理に従い、都道府県知事等にその旨を報告するとともに、違反転用是正のための指導を行うこと。

第五章　雑　則

本章では、農地法の事務処理を進める上で必要な、農作物栽培高度化施設に関する特例（第四十三条・第四十四条）、買収した土地等の管理（第四十五条）、売払い（第四十六条・第四十七条）、公簿の閲覧等（第四十八条）、立入調査（第四十九条）、報告の徴収（第五十条）、違反転用に対する処分（第五十一条）、農地に関する情報の利用等（第五十一条の二）、情報の提供等（第五十二条）、農地台帳の作成（第五十二条の二）、農地台帳及び農地に関する地図の公表（第五十二条の三）、違反転用に対する措置の要請（第五十二条の四）、不服申立て・訴訟（第五十三条～第五十五条）、土地の面積（第五十六条）等を規定している。

（農作物栽培高度化施設に関する特例）

第四十三条　農林水産省令で定めるところにより農業委員会に届け出て農作物栽培高度化施設の底面とするために農地をコンクリートその他これに類するもので覆う場合における農作物栽培高度化施設の用に供される当該農地については、当該農作物栽培高度化施設において行われる農作物の栽培を耕作に該当するものとみなして、この法律の規定を適用する。この場合において、必要な読替えその他当該農地に対するこの法律の規定の適用に関し必要な事項は、政令で定める。

2　前項の「農作物栽培高度化施設」とは、農作物の栽培の用に供する施設であつて農作物の栽培の効率化又は高度化を図るためのもののうち周辺の農地に係る営農条件に支障を生ずるおそれがないものとして農林水産省令で定めるものをいう。

本条は農作物栽培高度化施設において行われる農作物の栽培を耕作に該当するものとみなす特例及び農作物栽培高度化施設の基準を規定している。

1　農作物栽培高度化施設の用に供される土地への農地法の適用

農業委員会に届け出て農作物栽培高度化施設の底面とするために農地をコンクリートその他これに類するもので覆う場合における農作物栽培高度化施設の用に供されるその農地（高度化施設用地）は、その農作物栽培高度化施設において行われる農作物の栽培を耕作に該当するものとみなして、農地法の全ての規定が適用される（第一項、処理基準第14・1）。

したがって、当該施設の設置に際し、施設の底面をコンクリート等で覆うとしても農地転用の許可は必要ない。また、当該施設を設置後に高度化施設用地を売却する等の権利の設定・移転をする場合には、法第三条の許可が必要になる。

なお、相続税・固定資産税等の税制上も農地と同様の取扱いとなる。

2　届出手続

第一項の規定による届出は、次に掲げる事項を記載した届出書及び添付書類を当該農地の所在地を所管する農業委員会に提出してしなければならない（施行規則第八十八条の二）。また、農地（高度化施設用地を除く。）を高度化施設用地として利用するために法第三条第一項の権利を取得しようとする場合、又は高度化施設用地について同項に掲げる権利の取得に合わせて高度化施設の増改築若しくは建て替えを行おうとする場合は、法第三条第一項の許可申請と併せて本条第一項の規定による届出を行う必要がある（処理基準第14・4）。

なお、届出内容を変更する場合又は農作物栽培高度化施設を設置した後に当該施設の増改築又は建て替えを行う場合についても、届出を再び行う必要がある（「農地法第四十三条及び第四十四条の運用について」第3、処理基準第14・5）。

【届出書】

A　届出者の氏名及び住所（法人の場合は、名称、主たる事務所の所在地、業務の内容及び代表者の氏名）

B　届出に係る土地の所在、地番、地目、面積及び所有者の氏名又は名称

C　届出に係る施設の面積、高さ、軒の高さ及び構造

D　届出に係る施設を設置する時期

【添付書類】

届出書には、次に掲げる書類を添付しなければならない。

ただし、次の(4)に掲げる図面については、農作物栽培高度化施設の底面とするために既存の施設の底面をコンクリートその他これに類するもので覆うときは、添付することを要しない（施行規則第八十八条の二第二項）。

(1)　申請者が法人である場合には、法人の登記事項証明書及び定款又は寄附行為の写し

(2)　土地の登記事項証明書

(3)　届出に係る施設の位置、当該施設の配置状況及び法第四十三条第二項に規定する農作物栽培高度化施設であることを明らかにするための標識の位置を示す図面

なお、この図面については、これらの事項のほか届出に係る施設の底面について、次のいずれかの用途に利用するのかを明らかにするものであること（「農地法第四十三条及び第四十四条の運用について」第3・1(2)①ア）。

①　農作物の栽培施設

②　作業用通路、環境制御装置の置場、その他農作物の栽培に必要不可欠な施設

(4)　届出に係る施設の屋根又は壁面を透過性のないもので覆う場合には、周辺の農地に係る日照に影響を及ぼすおそれがないものとして農林水産大臣が定める施設の高さに関する基準（三一七頁の告示参照）に適合するものであることを明らかにする図面

なお、この図面については、届出に係る施設について、次の事項を示すものであること（「農地法第四十三条及び第四十四条の運用について」第3・1(2)①イ）

①　農作物栽培高度化施設が、春分の日及び秋分の日の真太陽時による午前八時から午後四時までの間において、平均地盤面からの高さ0メートルに二時間以上日影を生じさせる範囲

②　敷地境界線

③　縮尺及び方位

④　敷地内における農作物栽培高度化施設の位置

⑤　農作物栽培高度化施設からの水平距離五メートル及び十メートルの線

(5)　農作物の栽培の時期、生産量、主たる販売先及び届出に係る施設の設置に関する資金計画その他当該施設で行う事業の概要を明らかにする事項について記載した営農に関する計画

(6)　次に掲げる要件の全てを満たすことを証する書面

①　届出に係る施設における農作物の栽培が行われていない場合その他栽培が適正に行われていないと認められる場合には、当該施設の改築その他の適切な是正措置を講ずることについて同意したこと

②　周辺の農地に係る日照に影響を及ぼす場合、届出に係る施設から生ずる排水の放流先の機能に支障を及ぼす場合その他周辺の農地に係る営農条件に支障が生じた場合には、適切な是正措置を講ずることについて同意したこと

なお、この書面については、届出書に記載された同意事項を確認することで足りる（「農地法第四十三条及び第四十四条の運用について」第3・1(2)①エ）。

(7)　次に掲げる区分に応じ、届出に係る施設の設置についてそれぞれに定める者の同意があったことを証する書面

①　届出に係る施設から生ずる排水を河川又は用排水路に放流する場合　当該河川又は用排水路の管理者

②　届出に係る土地が所有権以外の権原に基づいて施設の用に供される場合　当該土地の所有権を有する者

(8)　届出に係る施設の設置に当たって、行政庁の許可、認可、承認その他これらに類するもの（許認可等）を必要とする場合には、当該行政庁の許認可等を受けていること又は受ける見込みがあることを証する書面

なお、この書面については、届出書に許認可等の時期など必要事項を記載することで足りる（「農地法第四十三条及び第四十四条の運用について」第3・1(2)①カ）。

(9)　(1)～(8)のほか、届出に係る施設が周辺の農地に係る営農条件に著しい支障を生ずるおそれがある場合において、当該支障が生じないことを証する書類

(10)　届出に係る土地を高度化施設用地とする行為の妨げとなる所有権以外の権利を有する者がいる場合において、当該権利を有する者が届出に係る施設の設置について同意したことを証する書面（「農地法第四十三条及び第四十四条の運用について」様式例第3号）。その他参考となる書類（「農地法第四十三条及び第四十四条の運用について」第3・1(2)②）。

なお、この書類を添付させる場合には、届出者の負担軽減の観点から、特に次のことに留意する（「農地法第四十三条及び第四十四条の運用について」第3・1(3)）。

① 届出書の記載事項の真実性を裏付けるために必要不可欠なものであるかどうか
② 届出の受理又は不受理の判断に必要不可欠なものであるかどうか
③ 既に保有している資料と同種のものでないかどうか

3　農作物栽培高度化施設の基準

第一項の「農作物栽培高度化施設」とは、農作物の栽培の用に供する施設であって農作物の栽培の効率化又は高度化を図るためのもののうち周辺の農地に係る営農条件に支障を生ずるおそれがないものとして次の要件の全てに該当するものとされている（第二項、施行規則第八十八条の三）。

(1) 届出に係る施設が専ら農作物の栽培の用に供されるものであること。

判断基準は次のとおり（処理基準第14・2(1)）。

① 「専ら農作物の栽培の用に供されるものであること」について、一律の基準は設けないが、施設内における農作物の栽培と関連性のないスペースが広いなど、一般的な農業用ハウスと比較して適正なものとなっていない場合には要件を満たさないと判断される。
② 農業委員会は農作物栽培高度化施設が、専ら農作物の栽培の用に供されることを担保するため、施行規則第八十八条の二第二項第六号イに規定する書面を提出する必要があることを、届出者（既に当該施設が設置されている高度化施設用地について、法第三条第一項に掲げる権利を取得する場合には、当該土地の権利取得者）に通知すること。
③ なお、農業委員会は、施行規則第八十八条の二第二項第五号に規定する営農計画書に記載された生産量と販売量を

確認し、届出に係る施設の規模が一般的な農作物の栽培に係る施設の規模と比べて実態に即したものとなっていないと考えられる場合には、当該施設における営農継続を担保する観点から、必要に応じて、施設を適切な規模に見直すよう届出者に助言することが適当である。適切な規模となっているかどうかの判断に迷うときには、都道府県農業委員会ネットワーク機構（都道府県農業会議）を通じて、都道府県等の施設園芸関係部局に助言を求めることが適当である。

この際、地方公共団体その他の関係者は、農業委員会等に関する法律第五十四条に基づき、都道府県農業会議から必要な協力を求められた場合には、これに応ずるように努めなければならないこととされていることに留意すること。

(2)　周辺の農地に係る営農条件に支障を生ずるおそれがないものとして届出に係る施設が次に掲げる要件の全てに該当するものであること

①　周辺の農地に係る日照に影響を及ぼすおそれがないものとして農林水産大臣が定める施設の高さに関する基準に適合するものであること。

施行規則第八十八条の二第二項第四号及び農林水産大臣が定める施設の高さに関する基準（平成三十年農林水産省告示第二五五一号。以下「告示」という。）（左の囲み参照）により、以下に留意して判断すること。

○農林水産省告示第二千五百五十一号

1　農地法施行規則第八十八条の二第二項第四号の農林水産大臣が定める施設の高さに関する基準は、春分の日及び秋分の日の午前八時から午後四時までの間において、周辺の農地におおむね二時間以上日影を生じさせることのないものであることとする。

２　農地法施行規則第八十八条の三第二号イの農林水産大臣が定める施設の高さに関する基準は、次のように定める。
一　高さが八メートル以内、かつ、軒の高さが六メートル以内であること。
二　階数が一であること。
三　屋根又は壁面を透過性のないもので覆う場合は、春分の日及び秋分の日の午前八時から午後四時までの間において、周辺の農地におおむね二時間以上日影を生じさせることのないものであること。

判断基準は次のとおり（処理基準第14・２⑵①）。

ア　告示の２の「高さが八メートル以内」とは、施設の設置される敷地の地盤面（施設の設置に当たって概ね三十センチメートル以下の基礎を施工する場合には、当該基礎の上部をいう。以下この⑵において同じ。）から施設の棟までの高さが八メートル以内であることをいう。

また、「軒の高さが六メートル以内」とは、施設の設置される敷地の地盤面から当該施設の軒までの高さが六メートル以内であることをいう。

イ　告示の２の「透過性のないもの」とは、着色されたフィルムや木材板、コンクリートなど日光を透過しない素材をいう。

ウ　告示の２の「屋根又は壁面を覆う」とは、屋根や壁面について、柱、梁、窓枠、出入口を除いた部分の大部分の面積を被覆素材が覆っている状態をいう。

エ　告示の２の「周辺の農地におおむね二時間以上日影を生じさせることのないもの」とは、当該施設の設置によって、周辺農地の地盤面に概ね二時間以上日影を生じさせないことをいい、判断に当たっては次によるものとする。

農作物栽培高度化施設を設置するために、届出に係る土地に新たに施設を設置する場合にあっては、施行規則第八十八条の二第二項第四号の規定による図面により、春分の日及び秋分の日の真太陽時による午前八時から午後四時までの間において二時間以上日影が生じる範囲に周辺農地が含まれていないことを確認することによって判断する。

既存の施設の底面をコンクリート等で覆うための届出が行われた場合にあっては、等時間日影図又は届出書に記載された当該施設の軒の高さと、施設の敷地と隣接（道路、水路、線路敷等を挟んで接する場合を含む。）する農地との敷地境界線から当該施設までの距離が、次に該当することを確認することによって判断する。

施設の軒の高さ	敷地境界線から当該施設までの距離
二m以内	二m
二m超三m以内	二・五m
三m超四m以内	三・五m
四m超五m以内	四m
五m超六m以内	五m

② 届出に係る施設から生ずる排水の放流先の機能に支障を及ぼさないために当該施設の設置について当該放流先の管理者の同意があったことその他周辺の農地に係る営農条件に著しい支障が生じないように必要な措置が講じられていること。

判断基準は次のとおり（処理基準第14・2(2)②）。

ア「その他周辺の農地に係る営農条件に著しい支障」とは、例えば、周辺農地への土砂の流出又は崩壊、雨水の流入等により、営農条件に著しい支障が生じる場合が想定される。

イ「必要な措置が講じられていること」とは、例えば、土砂の流出による周辺農地への支障が生じることが想定される場合には、それを防止するための擁壁の設置など、農作物栽培高度化施設の設置によって想定される周辺農地の営農条件に著しい支障が生じないよう必要な措置が講じられているかによって判断する。

なお、農作物栽培高度化施設が設置された後、周辺農地の営農条件に著しい支障が生じた場合において、当該支障を防除することが担保されるよう、届出者から、施設を設置することによって、周辺農地に著しい支障が生じた場合には適切な是正措置を講ずる旨の同意書の提出を求めること。

また、施設の設置によって、営農条件に著しい支障が生じるおそれがあると認められる場合には、当該支障を防止するための措置を講ずることを記載した書面の提出を求めた上で、支障を防止するために十分な措置となっているか判断すること。

(3) 届出に係る施設の設置に必要な行政庁の許認可等を受けていること又は受ける見込みがあること

判断基準は次のとおり（処理基準第14・2(3)）。

①「施設の設置に必要な行政庁の許認可等」については、法令（条例を含む。）により義務付けられている行政庁の許可、認可、承認等をいう。

②　「許認可等を受けていること」については、施行規則第八十八条の二第二項第八号に規定する許認可等を受けたことを証する書面により確認して判断すること。

③　「許認可等を受ける見込みがあること」については、届出書に添付する許認可等を受ける見込みがあることを証する書面に記載された担当部局への問い合わせにより確認して判断すること。

(4)　届出に係る施設が法第四十三条第二項に規定する農作物栽培高度化施設であることを明らかにするための標識の設置その他適当な措置が講じられていること

判断基準は次のとおり（処理基準第14・2(4)）。

「施設が法第四十三条第二項に規定する施設であることを明らかにするための標識」とは、次の全ての要件を満たす必要がある。

①　敷地に設置されている施設が、同項に基づく農作物栽培高度化施設であることを表示したものであること。

②　耐久性を持つ素材で作成されたものであり、敷地外から目視によって記載されている内容を確認できる大きさのものであること。

(5)　届出に係る土地が所有権以外の権原に基づいて施設の用に供される場合には、当該施設の設置について当該土地の所有権を有する者の同意があったこと

判断基準は次のとおり（処理基準第14・2(5)）。

「届出に係る土地が所有権以外の権原に基づいて施設の用に供される場合」とは、届出に係る土地が所有権以外の権原に基づき農作物栽培高度化施設の用に供される土地（高度化施設用地）とされる全ての場合をいう。

また、共有となっている農地（高度化施設用地を除く。）を高度化施設用地とするために法第四十三条第一項に掲げる届出を行う場合には、当該農地について所有権を有する者の全ての同意を得る必要があること。

(6)　附帯設備の取扱い（処理基準第14・2(6)）

　農作物栽培高度化施設に設置する事務所、駐車場などの附帯設備の取扱いについては、「施設園芸用地等の取扱いについて（回答）（平成十四年四月一日付け一三経営第六九五三号経営局構造改善課長通知）」で示されているとおり、高度化施設用地における農作物の栽培に通常必要不可欠なものとは言えず、当該農地から独立して他用途への利用又は取引の対象となり得ると認められる場合には、高度化施設用地として取り扱うことはできない。

(7)　農作物栽培高度化施設の屋根又壁面に太陽光発電設備等を設置する場合等の取扱い（処理基準第14・2(7)）

　農作物栽培高度化施設の屋根又は壁面に太陽光発電設備等を設置する場合等は、(1)から(6)までのほか、次の①又は②によること。

①　農作物栽培高度化施設の屋根又は壁面に設置する場合

　農作物栽培高度化施設の屋根又は壁面に太陽光発電設備等を設置する場合において、次のいずれかに該当するときは、農作物栽培高度化施設に該当する。

ア　売電しない場合

　発電した電力を農作物栽培高度化施設に設置されている設備に直接供給するものであり、発電能力が当該農作物栽培高度化施設の瞬間的な最大消費電力を超えないこと

イ　売電する場合

　次のいずれかの者が、その計画に位置付けられた農作物栽培高度化施設に設置すること

ⅰ　基盤法第十二条第一項の規定に基づく農業経営改善計画（同法第十三条第一項の規定による変更の認定があったときは、その変更後のものをいう）の認定を受けた者

ⅱ　基盤法第十四条の四第一項の規定に基づく青年等就農計画（同法第十四条の五第一項の規定による変更の認定

があったときは、その変更後のものをいう）の認定を受けた者

② 農作物栽培高度化施設に附帯して農地に設置する場合

農作物栽培高度化施設に設置する附帯設備の取扱いについては(6)で示したとおりであり、農作物栽培高度化施設に附帯して太陽光発電設備等を農地に設置する場合についても、高度化施設用地における農作物の栽培に通常必要不可欠なものとは言えず、当該高度化施設用地から独立して他用途への利用又は取引の対象となり得ると認められる場合には、高度化施設用地として取り扱うことはできない。

4 農業委員会の処理（処理基準第14・3(2)、「農地法第四十三条及び第四十四条の運用について」第3・2）

(1) 農業委員会は、第一項の規定により届出書の提出があったときは、

① 届出に係る施設が3に掲げた要件を満たしているか

② 届出書の法定記載事項が記載されているか

③ 添付書類が具備されているか

④ 農作物栽培高度化施設を設置するために法第三条第一項に掲げる権利を取得する場合には同項に係る許可の申請がなされているか

を確認の上、その受理又は不受理を決定する。

(2) なお、届出に係る土地が所有権以外の権利に基づき農作物栽培高度化施設の用に供される場合には、農業委員会は、当該土地の所有者に対して、当該施設において農作物の栽培が行われないことが確実となったとき、当該土地は違反転用状態になるとともに、当該土地の所有者においては、法第二条の二の規定に基づき、農地の農業上の適正かつ効率的な利用を確保するようにしなければならないこと、また、遊休農地に関する措置の対象になり得ることを周知する。

その上で、当該土地の所有者に対して、所有権以外の権利に基づいて当該施設において農作物の栽培を行う者が撤退した場合の混乱を防止するため、

① 土地を明け渡す際の原状回復の義務は誰にあるか
② 原状回復の費用は誰が負担するか
③ 原状回復がなされないときの損害賠償の取り決めがあるか
④ 貸借期間の中途の契約終了時における違約金支払いの取り決めがあるか

について、土地の契約において明記することが適当である旨、周知する。

(3) 農業委員会は、届出を受理したときはその旨を、届出を受理しなかったときはその旨及びその理由を、遅滞なく当該届出をした者に書面で通知しなければならない。

(4) 事務処理要領別紙1第4の1の(5)のウの規定（申請を却下し、申請の全部若しくは一部について不許可処分をし、又は附款を付して許可処分をする場合には、指令書の末尾に教示文を記載する）は、農業委員会が届出者に対して受理しない旨の通知をする場合に準用する。

(5) 農業委員会は、届出書の提出があったときは、直ちに、法第四十三条第一項の規定による届出は農業委員会において受理されるまでは届出の効力が発生しないことを届出者に対して十分に説明し、受理通知書の交付があるまでは、農作物栽培高度化施設の設置に係る行為に着手しないよう指導する。

また、これに加えて、農作物栽培高度化施設において農作物の栽培が行われないことが確実となった場合には、当該施設において行われる農作物の栽培を耕作とみなすことができず、法第四条第一項の規定に違反することとなることを届出者に対して周知すること。

(6) 農業委員会は、届出書の提出があった場合には、直ちに、受理又は不受理の決定に係る専決処理手続を進めるものとす

る。

また、受理通知書又は不受理通知書が、遅くとも、届出書の到達があった日から二週間以内に届出者に到達するように事務処理を行う。

なお、届出に係る事務を専決処理したときは、当該事案について直近の総会又は部会に報告することが適当と考えられる。

(7) 農業委員会は、届出に係る農地が土地改良区の地区内にあるときは、法第四十三条第一項の規定による届出がなされたことを当該土地改良区に通知する。

(8) 農業委員会は、届出を受理したときは、届出に係る高度化施設用地において法第三十条第一項の規定による利用状況調査等を円滑に実施するため、営農計画書を行政文書に関する規則に従って保管する。

(9) 農業委員会は、届出を受理した後、法第三十条第一項の規定による利用状況調査を行う際に、届出に係る農作物栽培高度化施設の設置状況を確認するものとし、施設の設置が適切に行われていない場合として次に掲げるときには、それぞれ次のとおり対応すること。

① 届出書に記載する工事完了時期を過ぎているにもかかわらず、施設が設置されていない場合　三三三頁の1(4)に準じて対応すること

② 届出書に記載された施設と異なる施設が設置されており、農作物栽培高度化施設の基準を満たすと認められる場合　法第四十三条第一項に規定する届出内容の変更手続を行わせること

③ 農作物栽培高度化施設の基準を満たさないと認められる施設が設置されている場合　違反転用に該当するため、5(2)④に準じて対応すること

5　高度化施設用地に法の規定を適用する際の留意事項

(1)　法第三条関係（処理基準第14・4(1)）

①　法第三条第一項の許可の申請の内容が、

ア　農地（高度化施設用地を除く。）を高度化施設用地として利用するために同項に掲げる権利を取得しようとするものであるとき

イ　または、高度化施設用地について同項本文に掲げる権利を取得するとともに、農作物栽培高度化施設の増改築又は建て替えを行うものであるとき

には、当該許可の申請と併せて法第四十三条第一項の規定による届出を行う必要がある。

②　農業委員会は、法第三条第一項の許可の申請の内容が、既に設置されている農作物栽培高度化施設の用地について、同項本文に掲げる権利を取得しようとするものであるときは、権利の取得と併せて施設の増改築又は建て替えを行う場合を除き、当該許可の申請と併せて法第四十三条第一項の規定による届出を行う必要はないが、当該権利を取得した後、3の農作物栽培高度化施設の基準を満たす必要がある。

このため、許可申請書には、農作物栽培高度化施設の基準を満たすことを確認するために必要な資料（2の(5)(6)及び(7)②）を添付させるものとする。

③　農作物栽培高度化施設について賃貸借が行われる場合、当該施設の賃借人は、その用地を使用収益する権利を有することとなるため、法第三条第一項の許可申請が必要となる。

(2)　法第四条及び第五条関係（処理基準第14・4(2)）

①　高度化施設用地について、法第四条又は第五条の農地を農地以外のものにする行為の対象となるのは、次に該当する場合である。

ア　高度化施設用地を農地（高度化施設用地を除く）又は高度化施設用地以外の用に供する場合

例えば、次の場合がこれに該当する。

ⅰ　農作物栽培高度化施設を撤去し、住宅や工場などの施設を設置する場合

ⅱ　農作物栽培高度化施設の内部を倉庫や飲食店などとして利用する場合

イ　高度化施設用地において農作物の栽培の用に供されないことが確実となった場合として、次に該当する場合

ⅰ　法第四十四条の規定に基づく勧告で定める相当の期限を経過してもなお当該施設において農作物の栽培が行われない場合

ⅱ　当該施設の所有者等が、法第四十四条の規定に基づく勧告で定める相当の期限を経過するよりも前に、当該施設において農作物の栽培を行わない意思を示した場合

ⅲ　法第三十二条第三項に規定される公示から二月を経過してもなお当該施設の所有者等が農業委員会に申し出ない場合

ⅳ　農地所有適格法人が農地所有適格法人でなくなった場合において、国が当該法人の農作物の栽培の用に供されている高度化施設用地を買収するため、農業委員会が法第七条第二項の規定による公示を行った場合

②　高度化施設用地を農作物の栽培以外の用に供する場合には、それが一時的なものである場合であっても、農地を農地以外のものにすることとなるため、法第四条第一項の許可又は第五条第一項の許可が必要となる。

③　法第四十三条第一項の届出を行い農業委員会に受理された後、３の高度化施設の基準を満たしていない施設を設置しようとする場合には、法第四条第一項の許可又は第五条第一項の許可が必要となる。

④　農業委員会は、高度化施設用地が、法第四条第一項又は第五条第一項の許可を得ずに①のいずれかに該当した場合には、この規定に違反するものとして、都道府県知事又は指定市町村の長（以下「都道府県知事等」という。）

に報告すること。

(3)　高度化施設用地の買収（法第七条、第十条等関係）（「農地法第四十三条及び第四十四条の運用について」第4・4(3)）

①　国は、高度化施設用地について、法第七条第二項に基づく公示を行った場合には、買収後、農作物栽培高度化施設も含めて売り渡す見込みがある場合を除き、撤去して農地（高度化施設用地を除く。）に復元する原状回復命令を行うよう、都道府県知事等に求めるものとする。

②　買収の対象となる農地等が、高度化施設用地である場合には、その舗装等に係る築造費を次式により算出し、農地等の対価に加算すること。

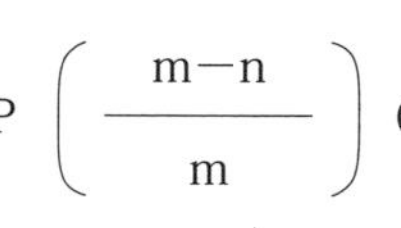

$$P\left(\frac{m-n}{m}\right)Q$$

P：推定再築造費

m：耐用年数

n：経過年数

Q：築造費のうち、所有者が負担した部分の割合

(4)　違反転用に対する措置（法第五十一条及び第五十二条の四関係）（処理基準第14・4(4)）

①　都道府県知事等は、農作物栽培高度化施設で農作物の栽培が行われておらず、農業委員会から高度化施設用地が違反転用に該当する旨の通知があった場合、他の違反転用の事案と同様に行うこと。

②　都道府県知事等は、高度化施設用地が違反転用に該当する旨の報告があった場合には、農作物栽培高度化施設に係る届出や当該施設に対する遊休農地に関する措置等、現在までに行った取組を農業委員会に聞き取り、これを整理した台帳を都道府県等の行政文書に関するルールに従って作成・保存し、違反転用に係る是正措置に資するものとする。

③　農業委員会は、違反転用者等から都道府県知事等による処分又は命令の履行を完了した旨の届出があったときにおいて、再び農作物栽培高度化施設となる事案については、当該施設となる基準を農業委員会が確認した上で、都道府県知事等に報告する。

(5)　高度化施設の情報の提供等（法第五十二条関係）（「農地法第四十三条及び第四十四条の運用について」第4・6）

①　農業委員会は、地方農政局統計部等（地方農政局統計部、北海道農政事務所統計部、沖縄総合事務局農林水産センター及び沖縄総合事務局農林水産部をいう。）から依頼があった場合には、高度化施設用地の所在、遊休農地に該当するか否か及び違反転用に該当するか否かなどの情報を提供すること。

②　農業委員会は、以下に掲げる場合において、速やかに、市町村税務部局に対して必要な情報を提供すること。

ア　法第四十三条第一項に基づく届出を受理した場合は、届出書の写し、営農計画書の写し、受理通知書の写し、施設の位置及び施設の配置状況等

イ　法第四十四条に基づく農作物の栽培を行うべきことの勧告を行った場合は、勧告書の写し、勧告した時点の施設の設置状況及び農作物の栽培状況等

ウ　法第四十四条に基づく勧告を行った後に農作物の栽培が再開された場合は、農作物の栽培状況等

エ　法第四条第一項に規定する農地の転用の制限に違反すること（違反転用）に該当することとなったものを把握した場合は、当該土地の状況等

③　農業委員会は、②の情報に変更があった場合には、速やかに、市町村税務部局に対して当該変更後の情報を提供すること。

④　農業委員会は、市町村税務部局と調整の上、毎年一月一日時点の②に掲げる事項のうち必要な情報をとりまとめた一覧表を、当該年の一月末までに市町村税務部局に対して提供すること。

(6)　高度化施設用地の農地台帳への記載（法第五十二条の二関係）（「農地法第四十三条及び第四十四条の運用について」第4・7）

法第五十二条の二の規定に基づき農業委員会が作成する農地台帳の作成において、施行規則第百一条第八号の「その他必要な事項」については、法第四十三条第一項に基づく届出の受理の状況、法第四十四条に基づく勧告の実施状況が含まれることに留意すること。

6　その他留意事項（処理基準第14・5）

法第四十三条第一項の規定による届出を行って農作物栽培高度化施設を設置した後に当該施設の増改築又は建て替えを行う場合には、法第四十三条第一項の規定による届出を再び行う必要がある。

なお、農業経営基盤強化促進法等の一部を改正する法律（平成三十年法律第二十三号。以下「改正法」という）の施行の日（平成三十年十一月十六日）より前に設置された農作物の栽培を行う施設の用に供される土地のうち、次の(1)の基準の全てを満たすものについては、次の(2)に基づき取り扱うものとする。

(1)　届出の対象となる施設の基準について

①　届出の時点において、農用地区域内にある土地に設置されていること。

②　農業委員会において、当該施設の用に供されている土地について、改正法の施行の日より前に法第四条第一項の許可又は第五条第一項の許可を得て並びに法第四条第一項ただし書き又は第五条第一項ただし書きの規定に該当して農地を農地以外のものにされたことが、次のアからウまでのいずれかの書類で確認できること。

ア　農地転用許可に係る許可権者の決裁文書

イ　農地転用許可書の写し

ウ　ア又はイに準ずる文書

③　農業経営改善計画又は青年等就農計画において、当該施設で農作物の栽培を行わなくなった場合に施設を撤去し、農地の状態に回復する意向がある旨の記載があること。

④　施行規則第八十八条の三に規定する農作物栽培高度化施設の基準を満たしていること。

(2)　法第四十三条第一項による届出の取扱い及び法の規定を適用する際の留意事項について

①　農業委員会は、法第四十三条第一項の規定に基づく届出があった場合には、４に準じて取り扱うものとする。

②　農業委員会は、(1)の②の確認に当たっては、必要に応じ、当該届出を行った者に対し、同イ及びウに関する文書の提出を求めることができる。また、農業委員会が保有する書類で確認することができない場合には、都道府県又は指定市町村の農地転用担当部局に対して、同アからウまでの書類の提供を受けること等により、改正法の施行の日より前に届出に係る土地について行われた農地の転用の許可の有無を確認する。

③　農業委員会は、４の(3)の届出を受理した旨を通知する場合には、当該届出に係る土地の登記簿上の地目を高度化施設用地としての地目（田又は畑）に変更することが望ましい旨を併せて周知する。なお、当該届出を受理した旨を通知する書面には、届出を受理した後の高度化施設用地としての地目（田又は畑）を記載する。

④　高度化施設用地の登記手続きを適切に行う観点から、農業委員会は、４の(3)の届出を受理した旨を通知した場合に

は、速やかに、その旨を農林水産省経営局経由で法務省民事局に連絡する。

⑤　①の届出に係る法の規定の適用は、5を準用する。

7　制度の適切な運用のための支援（「農地法第四十三条及び第四十四条の運用について」第6）

農林水産省や農業委員会ネットワーク機構は、農業委員会からの相談に適切に対応することにより、農作物栽培高度化施設に係る制度の適切な運用が図られるよう努めるものとする。

第四十四条　農業委員会は、前条第一項の規定による届出に係る同条第二項に規定する農作物栽培高度化施設（以下「農作物栽培高度化施設」という。）において農作物の栽培が行われていない場合には、当該農作物栽培高度化施設の用に供される土地の所有者等に対し、相当の期限を定めて、農作物栽培高度化施設において農作物の栽培を行うべきことを勧告することができる。

本条は農作物栽培高度化施設の土地所有者等に対する農作物の栽培を行うべき勧告について規定している。

農業委員会は、法四十三条第一項の規定による届出に係る同条第二項に規定する農作物栽培高度化施設において農作物の栽培が行われていない場合には、当該農作物栽培高度化施設の用に供される土地の所有者等に対し、相当の期限を定めて、農作物栽培高度化施設において農作物の栽培を行うべきことを勧告することができる。

1　高度化施設用地が適正に利用されていることの確認等に係る農地法の規定（法第三十条、第三十一条、第三十二条及び第四十四条関係）を適用する際の留意事項（「農地法第四十三条及び第四十四条の運用について」第４・２）

(1)　高度化施設用地に係る法第三十二条第一項に規定する遊休農地の判定に当たっては、営農計画書上、届出に係る施設において農作物の栽培が行われているべき時期において、次のいずれかに該当する場合には、それぞれ法第三十二条第一項に規定する農地に該当するものと判断すること。

①　農作物の栽培が行われていない場合　同項第一号に規定する農地（現に耕作の目的に供されておらず、かつ、引き続き耕作の目的に供されないと見込まれる農地）

②　農作物の栽培を行う面積が、当該営農計画書に記載されたものから概ね二割以上縮小している場合　同項第二号に規定する農地（その農業上の利用の程度がその周辺の地域における農地の利用の程度に比し著しく劣っていると認められる農地（①に掲げる農地を除く。））

(2)　高度化施設用地に係る法第三十条第一項の規定による利用状況調査については、毎年八月頃に実施するほか、届出書に添付される営農計画書上、八月頃に農作物の栽培が行われていないことが明らかである場合には、八月以前の農作物の栽培が行われているべき時期に調査を実施すること。

(3)　高度化施設用地に係る法第三十条第一項の規定による利用状況調査については、二七〇頁の「3　調査の方法」によること。

(4)　高度化施設用地に係る法第三十条第一項の規定による利用状況調査については、具体的には、次のとおり実施する。

①　農業委員会は、法第三十条の規定による利用状況調査において、届出書に添付された営農計画書上、当該施設において農作物の栽培が行われているべき時期に農作物の栽培が行われていないことが判明した場合、当該施設の所有者（当該施設について所有権以外の権原に基づき使用及び収益をする者がある場合には、その者。以下「所有者等」と

いう。）から、農作物の栽培が行われていない理由を聞き取るものとする。

② 農作物の栽培が行われていない理由が、天候や市況を踏まえ栽培時期を見送っているなどやむを得ないものであり、概ね一月以内に当該施設において農作物の栽培を行う旨の意向が表明された場合には、農業委員会は、当該施設において農作物の栽培が行われると見込まれる時期に、再度利用状況調査を行うものとする。

③ 農業委員会は、①及び②において、

ア 当該施設において農作物の栽培が行われると見込まれる時期が概ね一月以内ではない場合

イ ②の再度の利用状況調査において、農作物の栽培が行われていないことを確認した場合

のいずれかに該当する場合には、法第三十二条の規定による利用意向調査を行うものとする。

なお、その際、法第四十四条の規定に基づき、相当の期限を定めて、農作物栽培高度化施設において農作物の栽培を行うべきである旨の勧告を、「農地法第四十三条及び第四十四条の運用について」の様式例第5号により合わせて行うものとする。

また、「相当の期限」は、六月以内とするが、災害、疾病等のためやむを得ず一時的に農作物の栽培が行われていない場合には、個別事情を総合的に判断して期限を設定することができる。

④ 農業委員会は、施行令第二十条の規定により準用する施行令第十八条で定める方法により探索を行ってもなお当該施設の所有者等を確知することができないときは、法第三十二条第三項に規定される公示を行うものとする。

⑤ 農業委員会は、高度化施設用地に係る法第三十条第一項の規定による利用状況調査において、届出書に添付された営農計画書の内容が変更されたことを把握した場合には、変更の内容を「農地法第四十三条及び第四十四条の運用について」の様式例第2号により提出させるとともに、その内容を農地台帳に記録することが適当である。

(5) 農業委員会は、高度化施設用地が適正に利用されていることの確認のため、市町村税務部局から現地確認への同行の要

請及び地目認定等に関する意見照会等があった場合には適切に対応すること。

（買収した土地、立木等の管理）

第四十五条　国が第七条第一項若しくは第十二条第一項の規定により買収し、又は第二十二条第一項若しくは第二十三条第一項の規定に基づく申出により買い取つた土地、立木、工作物及び権利は、政令で定めるところにより、農林水産大臣が管理する。

2　前項の規定により農林水産大臣が管理する国有財産につき国有財産法（昭和二十三年法律第七十三号）第三十二条第一項の規定により備えなければならない台帳の取扱いについては、政令で特例を定めることができる。

本条は、国が買収し、又は買い取った土地、立木、工作物及び権利を農林水産大臣が管理することなどを規定している。

1　管理

(1)　管理の対象

農地法の規定（法第四十五条）により農林水産大臣が管理する土地等は、法第七条第一項（農地所有適格法人が農地所有適格法人でなくなった場合における買収）若しくは第十二条第一項（附帯施設の買収）の規定により買収し、又は第二十二条第一項（競売の特例による買取り）若しくは第二十三条第一項（公売の特例による買取り）の規定により国が取得した土地、立木、工作物及び権利であり、国有農地等として管理する。

(2)　管理の機関

国有農地等は、国の所有する財産である。したがって、管理及び処分については、農地法に特別の定めがある場合を除いては、国有財産法の定めるところによることとなる。国有財産法では、国有財産を行政財産と普通財産に分類し、それぞれについて管理及び処分の原則を定めているが、国有農地等は、特定の行政目的に供されるものではあるが同法の分類上は普通財産である。普通財産は原則としてすべて財務大臣が管理・処分することになっている（国有財産法第六条）。

しかし、国有農地等については、国有財産法上の普通財産ではあるが、農業上の適正かつ効率的な利用を確保するという特殊な目的をもった財産である。したがって、本条第一項において国有財産法上の特例を設けて特に農林水産大臣が管理することとしている。

(3)　国有農地等の管理

国有農地等の管理についての具体的な事務等については、施行令第三十条及び第三十一条並びに施行規則第八十九条から第九十三条までに定められている。また、農林水産省所管国有財産取扱規則（昭和三十四年農林省訓令第二十一号）及び国有農地等・開拓財産管理規程（昭和二十八年農林省訓令第百二号）の定めるところによるほか、農地法関係事務処理要領第14に定められている。

①　地方農政局長（北海道にあっては経営局長、沖縄県にあっては内閣府沖縄総合事務局長）は、事務処理要領の定めるところにより国有農地等の維持保存等を図り、できるだけ早期に法第四十六条及び四十七条の規定に基づく売払い又は所管換、引継若しくは所属替を進める。

②　国有農地等の貸付け

国有農地等の土地のうち農地又は採草放牧地の耕作又は養畜のための貸付けは、次のⅰの買収した土地等貸付基準に該当するものについて、ⅱの貸付けの相手方に対して行うものとされている（施行令第三十条、施行規則第八十九条から第九十一条）。

ⅰ　買収した土地等貸付基準（施行規則第八十九条）

ア　当該貸付けの対象となる農地又は採草放牧地についての法第四十六条の規定による売払いが当分の間見込まれないこと。

イ　当該貸付けが一時的なものであること。

この場合の貸付けに係る競争入札について、入札に参加することのできる者として次のⅱのアに掲げる者を定めた場合において、ⅱのアに該当するものとして入札に参加する旨の申込みを行う者があるときは、農林水産大臣は、当該申込者がⅱのアに該当するかどうかについて農業委員会に意見を聴く（施行規則第九十条）。

ⅱ　貸付けの相手方

貸付けの相手方は、次に掲げる者（その者による農地についての権利の取得が法第三条第二項の規定により同条第一項の許可をすることができない場合に該当しない者に限られる。また、基盤法第二十二条の四第一項に規定する地域計画（賃借権の設定等を受ける者を農地中間管理機構とする地域計画）の区域内にある農地又は採草放牧地の貸付けについてはイの農地中間管理機構に限られる。）である。

ア　当該貸付対象となる農地又は採草放牧地を借り受けて、借り受け後において農地又は採草放牧地の全てを効率的に利用して耕作又は養畜の事業を行うことが認められる者

イ　農地中間管理機構

ⅲ　農耕貸付け（事務処理要領第14・３(1)ア）

ア　法第七条等農耕貸付け（法第七条、第二十二条又は第二十三条の規定に基づき国が所有権を取得した際に、地上権、永小作権、賃借権又はその他の使用及び収益を目的とする権利が設定されていた農地等に係る農耕貸付け

をいう。）

ａ　国が所有権を取得した際に、地上権、永小作権、賃借権又はその他の使用及び収益を目的とする権利が設定されていたことを契約書等により確認し、その結果に基づき国有財産有償貸付契約書（様式例第14号の７）を三部作成し、当該土地を使用する権利を有する者との間で確認の上、このうち一部を地方農政局長が、一部を当該土地を使用する権利を有する者が保管し、一部を農業委員会に送付して法第七条等農耕貸付けを行う。

ｂ　国有財産有償貸付契約書の締結に当たっては、使用料額の適正化、附帯条件の明確化等を図る。

イ　施行令第三十条農耕貸付け

②のｉの土地等貸付基準により農耕貸付けを行うものとし、その際各号の運用は次によるとされている。

ａ　②のｉのアの「売払いが当分の間見込まれないこと」とは、国有農地等について、法第四十六条の売払手続により一般競争入札に付する場合の公告を一回以上行った場合において、入札者若しくは落札者がいないとき又は落札者が契約を結ばないとき。

ｂ　②のｉのイの「一時的なもの」とは、存続期間が三か年以内の貸付けをいう。

なお、施行令第三十条による農耕貸付けは、原則として入札によるものとされており、その貸付手続は事務処理要領に定められている（事務処理要領第14・３(4)）。

ⅳ　転用貸付け（耕作又は養畜の事業以外の事業に一時的に供するための施行令第三十条第一項ただし書の規定に基づき行う貸付けをいう。）（事務処理要領第14・３(1)イ）

転用貸付けの手続は、原則として予算決算及び会計令第九十九条等の法令で定める随意契約によるものとし、具体的な貸付手続は、次による（事務処理要領第14・３(5)）。

ア　転用貸付けを希望する者から普通財産転用貸付申請書（様式例第14号の15）に転用事業計画書（様式例第14号

の16）を添付して、地方農政局長に提出させる。

イ　アの提出があったものについては、以下のいずれかの者であることの確認及び審査を行う。

a　国又は地方公共団体

b　特別の法律に基づき国又は地方公共団体が出資している法人（公社、公団、事業団、公庫等）

c　一般社団法人及び一般財団法人に関する法律に基づき設置された一般社団法人又は一般財団法人及び特別の法律に基づき設置された営利を目的としない法人（学校法人、医療法人、社会福祉法人等）

d　その他地方農政局長が貸付けを行うことが相当と認める者

ウ　地方農政局長は、貸付けを相当と認めたときは、国有財産一時使用契約を借受申込者と締結する。なお、国有財産一時使用契約書（様式例第14号の17）は二通作成することとし、うち一通は借受者に交付する。

v　使用料（事務処理要領第14・3(6)）

ア　農耕使用料

a　土地については、農業委員会の提供等による当該貸付けの対象となる農地の近傍類似農地の借賃等を十分考慮し、当該貸付けの対象となる農地の生産条件等を勘案して算出した額。

b　建物については、近傍類似の建物の固定資産課税台帳登録価格に相当する額に一〇〇分の三六を乗じて得た額。

イ　転用使用料

a　転用後の用途に従い三四一頁の転用使用料基準により算出した平方メートル当たりの使用料額に実測面積を乗じて得た額とし、具体的算定は転用使用料算定調書（様式例第14号の18）による。

b　転用後の貸付用途が国有財産法第十五条ただし書若しくは第二十二条、国有財産特別措置法第二条又は他の法令の規定により、無償使用又は無償貸付けをすることができることとされている施設の敷地に該当する場合の転用使用料は無償となる。

ウ　減額等

a　国有財産特別措置法第三条又は他の法令の規定による使用料の減額は、ア又はイの使用料を別表2の転用使用料基準により算出した額について行う。

b　地方税法第三百四十三条第五項又は第七百二条第二項の規定により固定資産税又は都市計画税が借受者に課税される場合には、ア又はイの使用料を別表2の転用使用料基準により算出した額から当該課税額相当額を控除した額をもって使用料とすることができる。ただし、市街化区域内の農耕貸付地については、生産緑地法第三条に基づき生産緑地地区に定められたものを除き、この控除を行わない。

(4)　このほか貸付けの変更、解約等並びに被害報告及び復旧措置等についても事務処理要領で示されている。

（転用使用料基準）（事務処理要領　別表２）

用途区分	土地の価格	使用料率	備　　考
住 宅 用 非営利用	当該年分の固定資産税課税標準額	2.0/100	借受者が生活保護を受けている者、又はこれに準ずる者である場合は、住宅扶助の有無及びその金額を勘案して使用料率を0.8/100とすることができる。

1　用途区分は、次による。

（１）「住宅用」とは、洪水、地すべり、鉱害その他災害等により一時的な生活の場としての住宅の敷地の用に供する場合をいう。ただし、営利法人の社宅及び従業員宿舎を除く。

（２）「非営利用」とは、貸付けの相手方が国、地方公共団体、特別の法律に基づき国又は地方公共団体が出資している法人（公社、公団、事業団、公庫等）、一般社団法人及び一般財団法人に関する法律（平成18年法律第48号）に基づき設置された一般社団法人又は一般財団法人及び特別の法律に基づき設置された営利を目的としない法人（学校法人、医療法人、社会福祉法人等）であって、その事務又は事業の用に一時的に供する場合をいう。

ただし、競馬、競輪等の施設の用に供する場合を除く。

2　土地の価格は、次による。

（１）「当該年分」とは、新規貸付における貸付けの始期の属する年をいう。

（２）固定資産税課税標準額は、貸付地の個別事情に即して造成費の控除又は土地の個別要因の違いに基づく価格の修正をすることができる。

2　台帳の特例

農林水産大臣が管理する国有財産につき、国有財産法第三十二条第一項の規定により備えなければならない台帳の取扱いについては、政令で特例を定めることができることとされている（第二項）。

施行令第三十一条では、法第四十五条第一項で農林水産大臣が管理する土地、立木、工作物又は権利についての国有財産台帳及び貸付簿は、土地、立木、工作物及び権利ごとに区分して作成するものとしている。

この国有財産台帳及び貸付簿の記載事項その他これらの作成に関し必要な事項は、農林水産省令で定めることとされている。

施行規則第九十二条では、国有財産台帳は、土地、立木、工作物及び権利ごとに作成し、次に掲げる事項を市町村の区域（農業委員会が複数置かれている市町村は、その農業委員会の区域）ごとに一括して記載するものとされている。

① 種目
② 数量
③ 価格
④ 増減の期日
⑤ その他必要な事項

なお、この台帳については、国有財産法施行細則第二条から第六条までの規定にかかわらず、財務大臣と協議して定めるものとされている。

また、施行規則第九十三条では、貸付簿は、土地、立木、工作物及び権利ごとに区分して作成し、次に掲げる事項を記載するものとされている。

① 種目
② 所在の場所

③　数量
④　価格
⑤　貸付けの始期及び期間
⑥　借賃
⑦　借賃の支払の方法
⑧　その他貸付の条件
⑨　相手方の氏名又は名称及び住所
⑩　その他必要な事項

（売払い）

第四十六条　農林水産大臣は、前条第一項の規定により管理する農地又は採草放牧地について、農林水産省令で定めるところにより、その農地又は採草放牧地の取得後において耕作又は養畜の事業に供すべき農地又は採草放牧地の全てを効率的に利用して耕作又は養畜の事業を行うと認められる者、農地中間管理機構その他の農林水産省令で定める者（農業経営基盤強化促進法第二十二条の四第一項に規定する地域計画の区域内にある農地又は採草放牧地については、農地中間管理機構）に売り払うものとする。ただし、次条の規定により売り払う場合は、この限りでない。

2　前項の規定により売り払う農地又は採草放牧地について、その農業上の利用のため第十二条第一項の規定により併せて買収した附帯施設があるときは、これをその農地又は採草放牧地の売払いを受ける者に併せて売り払うものとする。

本条は、法第四十五条第一項により農林水産大臣が管理する農地又は採草放牧地を農業の目的のために売払う場合について規定している。

1　農業目的の売払い関係

農林水産大臣は、法第四十五条第一項により管理する農地又は採草放牧地について、次の者（法第三条第二項の規定により同条第一項の許可をすることができない場合に該当しない者に限る。また、基盤法第二十二条の四第一項に規定する地域計画（賃借権の設定等を受ける者を農地中間管理機構とする地域計画）の区域内にある農地又は採草放牧地の貸付けについてはⅱの農地中間管理機構に限る。）に売り払う（第一項、施行規則第九十四条・第九十五条）。ただし、第四十七条の土地の農業上の利用の増進の目的に供しないことを相当と認めたときに売り払う場合（非農業目的の売払い等）は除かれる。

ⅰ　当該売払対象となる農地又は採草放牧地を取得して、取得後において農地又は採草放牧地の全てを効率的に利用して耕作又は養畜の事業を行うと認められる者

ⅱ　農地中間管理機構（農地売買等事業を行う者に限る。）

法第四十六条第一項の規定による売払いは、基盤法第二十二条の四第一項に規定する地域計画の区域内にある場合を除き、原則として競争入札によるものとし、ⅰに掲げる者に該当するものとして入札に参加する旨の申込みを行う者があるときは、農林水産大臣は、当該申込者がⅰに該当するかどうかについて農業委員会に意見を聴くものとされている（施行規則第九十四条）。

2 附帯施設の売払い

1により売り払う農地又は採草放牧地について、その農業上の利用のため法第十二条第一項の規定により併せて買収した附帯施設があるときは、これを農地又は採草放牧地の売払いを受ける者に併せて売り払う（第二項）。

3 農業目的の売払手続（事務処理要領第15）

(1) 売払準備手続

地方農政局長（北海道にあっては経営局長、沖縄県にあっては内閣府沖縄総合事務局長）は、法第四十六条の規定による売払いの準備のため、農業委員会の協力を得て、売払予定地について隣接土地との境界、面積及び数量の確定を次により行う。

i 売払いを行う国有農地等のうち、特に境界に係る紛争があるもの及び市街化区域内のものについては、境界を確定し、実測を行い、地積測量図を作成する。

ii iの境界確定に当たっては、隣接所有者（必要に応じて隣接所有者及び当該地の耕作者その他の利用者）の立会いを求め、その結果について立会者の同意を得る。

iii 一筆の土地の一部につき売払いを行う必要があるときは、あらかじめ分筆の登記を行う。

(2) 農業目的の売払い

地方農政局長は、農業目的の売払いを次により行う。

i 売払調書（様式例第15の1）を作成し、原則として入札により農業目的の売払を行う（様式例第15の2、3）。

ii iの原則にかかわらず、次に掲げる場合には、それぞれの買受希望者を売払い相手方とすることができる。なお、基盤法第二十二条の四第一項の地域計画の区域内にある国有農地等の売払いの相手方は農地中間管理機構に限られる。

ア　売払予定価格が五十万円以下の場合であって、入札によらないで地方農政局長が適当と認める者に売り払う場合

イ　無道路地、袋地、地形狭長又は面積が極小規模等単独利用困難なもので、かつ、他に買受希望者のない土地を、隣地所有者又は隣地の貸借権等を有する者が買受けを希望する場合

ウ　地方公共団体において直接公共の用に供する施設又はその事務若しくは事業の用に供する場合

iii　農業目的の売払いの価格は次により決定する。

ア　農業目的の売払いにおける売払価格（入札により売払いの相手方を決定する場合にあっては予定価格）は、買収すべき農地等の場合（法第十条）に定める対価の算定方法を用いて評価する。

イ　評価に当たっては、売払予定地の性格を考慮し、売払予定地が売り払われることとなったときに権原に基づく耕作者があるものについては、価格時点において耕作権が付着している土地として評価することができる。

iv　地方農政局長は、国有財産売買契約書の写しを歳入徴収官及び農業委員会に送付する。

また、売払いを行う国有農地等について、貸付けを行っていた場合は、歳入徴収官に対し、今後の使用料の調査決定を行わないよう措置する。

v　国有財産法第二十九条の規定による用途指定を行うものとし、用途指定の方法、指定用途の変更又は解除の承認、違反に対する措置等については「普通財産にかかる用途指定の処理要領について」（昭和四十一年二月二十二日付け蔵国有第三三九号大蔵省国有財産局長通知）を準用する。

また、用途指定を行った場合、用途指定を行った売払地について随時に人工衛星、無人航空機等により得られる動画若しくは画像を活用すること等による調査又は実地調査を行い、又は所要の報告を求め、用途指定違反の防止に努め、違約の事実を知ったときは、速やかに所要の手続を行う。

ただし、競争入札による売払いについては、用途指定を要しない。

（3）契約の相手方が売買契約書に定める義務を履行しないときは、売買契約解除通知書を契約の相手方に交付する（様式例第15の4）。

4　登記（事務処理要領第15・3）

農林水産省所管の不動産登記の嘱託職員を指定する省令に規定する者（不動産登記嘱託職員）は、農業目的の売払い（法第四十六条の売払い）に係る登記を次により行う。

（1）所有権移転登記

i　不動産登記嘱託職員は、売払いを行う国有農地等につき、売払いの相手方から所有権移転登記嘱託請求書（様式例第15の5）の提出があったときは、売払代金の納入について確認の上、登記嘱託書（様式例第15の6）を作成し、農業委員会を経由して、これを管轄登記所に送付する。この場合、売払いの相手方から徴した登録免許税相当額の収入印紙又は納税済領収証を貼用又は添付する。

ii　不動産登記嘱託職員は、登記所から登記識別情報の還付を受けたときは、遅滞なくこれを請求者に交付し（郵送する場合は配達証明便とする。）、売払いの相手方からその受領証を徴する。

（2）買戻し特約の登記

i　売払地に用途指定が付され、その違反に対しては買戻しの特約があるときは、不動産登記嘱託職員は、売払いの相手方から登記承諾書及び印鑑証明書を徴し、買戻し特約の登記嘱託書（様式例第15の7）にこれらを添付して、所有権移転の登記嘱託書（様式例第15の6）と併せて管轄登記所に送付する。

ii　用途指定の期間が満了又は用途指定を解除したことに伴い、買戻しの特約の登記を抹消するときは、不動産登記嘱託職員は、買戻権抹消の登記嘱託書（様式例第15の8）による当該登記の抹消の手続を行う。なお、この場合における登録免許税は相手方の負担とする。

5　台帳の整備及び報告（事務処理要領第15・4）

(1)　国有財産台帳及び貸付簿

売払い又は売払いの解除を行った都度、国有財産台帳及び貸付簿の整理を行うものとし、その日付は所有権移転の日又は売払い解除の日とする。

(2)　売払いの報告

売払簿（様式例第15の9）を備えて売払いの結果を整理し、毎年度における集計額を翌年度四月末日までに売払報告書（様式例第15の10）を農林水産大臣宛て報告する。

(3)　用途指定台帳

用途指定財産台帳（様式例第15の11）を備え、売払いに当たり用途指定を付した場合は、遅滞なくこれに登載し、指定期間又は指定用途の変更等があったときは、その都度必要事項を記載する。

第四十七条　農林水産大臣は、第四十五条第一項の規定により管理する土地、立木、工作物又は権利について、政令で定めるところにより、土地の農業上の利用の増進の目的に供しないことを相当と認めたときは、農林水産省令で定めるところにより、これを売り払い、又はその所管換若しくは所属替をすることができる。

本条は、取得した農地等の非農業目的の売払い等について規定している。

1　取得した農地等の非農業目的の売払い関係（事務処理要領第16）

農林水産大臣は、法第四十五条第一項の規定により管理する土地、立木、工作物又は権利について、土地の農業上の利用の増進の目的に供しないことを相当と認めたときは、これを売払い、又は所管換若しくは所属替をすることができる（法第四十七条）。

この認定は、次に掲げる土地等につきすることができる（施行令第三十二条第一項）。

(1)　公用、公共用又は国民生活の安定上必要な施設の用に供する緊急の必要があり、かつ、その用に供されることが確実な土地等

(2)　洪水、地すべり、鉱害その他の災害により農地若しくは採草放牧地又はこれらの農業上の利用のため必要な土地等として利用することが著しく困難又は不適当となった土地等

(3)　その他土地の農業上の利用の増進の目的に供しないことが相当である土地等

この(3)の場合、農林水産大臣は、法第四十七条の認定をしようとするときは、あらかじめ、都道府県知事の意見を聴かなければならない（施行令第三十二条第二項）。

2　非農業目的の売払準備手続（事務処理要領第16 i）

地方農政局長は、次の3に定める非農業利用地認定の手続を行う前に、農業目的の場合に準じて売払準備手続を行う。その際、非農業利用地の公共利用計画の有無について、当該土地の所在する市町村長又は農業委員会に調査を依頼し、利用計画がない場合はその旨、利用計画がある場合はその事業主体及び用途につき情報の提供を求める。

3　非農業利用地認定の手続（事務処理要領第16・2）

(1)　非農業利用地認定

次の各号のいずれかに該当する国有農地等について、非農業利用地調書（様式例第16号の1）を作成し、法第四十七条の規定による非農業利用地認定を行う。

ⅰ　1の(1)に掲げる土地

国若しくは地方公共団体又は法人（教育、医療又は社会福祉事業を行うことを目的として設立された学校法人、医療法人、社会福祉法人その他の営利を目的としない法人に限る。）が公用、公共用又は国民生活の安定上必要な施設の用に供するため、転用事業計画書（様式例第14号の16）を地方農政局長に提出した場合において、その用に供することが相当であり、かつ、確実であると認められる土地

この場合は、非農業利用に供するため提出された転用事業計画書（様式例第14号の16）により、法第五条第二項に規定する農地転用の許可の基準を満たしていることを確認する。

ⅱ　1の(2)に掲げる土地

ア　洪水、地すべり、鉱害その他の災害により農業上の利用ができなくなったものであって、災害復旧工事等を行うことが技術的物理的に困難な土地

イ　洪水、地すべり、鉱害その他の災害により農業上の利用ができなくなったものであって、現行の災害復旧制度による災害復旧工事の対象とならないものであり、かつ、災害復旧工事を行うことが経済的にみて困難な土地

ⅲ　1の(3)に掲げる土地

ア　現在農業上の利用に供しておらず、その地域の土地利用の動向からみて、将来とも農業上の利用に供される見込みがない土地（農用地区域内にある土地にあっては、その用途が農業振興地域の整備に関する法律第三条第一号に規定

する土地（農地、採草放牧地）に該当する土地を除く。）

イ　土質、地勢、位置等の条件が劣悪なため又は生産性が著しく低いため、耕作者が離作し、その後耕作を希望する者がいないまま相当期間を経過しており、将来とも耕作を希望する者がいないと認められる土地

ウ　既に転用されており、原状回復が著しく困難と認められる土地

エ　市街化区域内にある土地又は施行規則第四十四条第三号に規定する用途地域内にある土地

オ　住宅、商店、工場等の建築物が連担集合して存在しており、かつ、公園、運動場等の都市的機能を有する施設を含んでいる区域内にある土地

カ　道路、上下水道、ガス及びその他の都市的施設の整備の状況、当該地域における土地利用の動向等からみて、近い将来において市街地としての条件を備えることが確実であると認められる区域内にある土地

キ　街路に囲まれた区画で、その区画の総面積に占める宅地面積の割合がおおむね四十パーセントを超える区画内にある土地

なお、1の(3)で、あらかじめ都道府県知事の意見を求めた場合は、当該意見について、簡潔に記載したものを書面で提出するよう求める。

4　非農業利用地の売払い（事務処理要領第16・3）

(1)　売払手続

①　地方農政局長は、第四十六条の3の農業目的の売払手続に準じて非農業利用地の売払手続を行うこととし、売払調書（様式例第15の1）及び国有財産売買契約書（契約条件に応じて様式例第16号の2から7まで）を作成する。

②　売払いの相手方は、原則として地方公共団体を優先するものとし、そのほかは、農業目的の売払手続に準ずる。

③　非農業利用地を売り払うときは、土地売払価格評価調書（様式例第16号の8）を作成し、売払価格を次により決定する。

ア　売払価格（入札により売払いの相手方を決定する場合においては予定価格）は、「国有財産評価基準」（平成十三年三月三十日付け財理第一三一七号財務省理財局長通知）に準じて評価する。

　また、土地等の評価に当たって不動産鑑定士の鑑定評価額をもって算定評価額とする場合において、不動産鑑定士の鑑定評価額によることが困難又は不適当と認められるときは、森林管理局又は森林管理署、市町村等の意見価格によることができる。

イ　他の法令による減額の規定を適用する場合の基準は、「国有財産特別措置法の規定により普通財産の減額譲渡又は減額貸付けをする場合の取扱いについて」（昭和四十八年十二月二十六日付け蔵理第五七二二号大蔵省理財局長通知）を準用する。

　ただし、減額後の価格が買収対価に相当する額（その売払予定地について、土地区画整理法による負担金若しくは清算金又は下水道事業法による受益者負担金等を支払っているときはその額を加算した額。以下「取得原価」という。）を下回るときは、取得原価を売払価格とする。

ウ　道路法第九十条第二項又は他の法令の規定による譲与若しくは国有財産法第十五条ただし書の規定による無償整理の適用がある財産の売払価格は無償とする。

　なお、道路法が適用されない道路の敷地となっているものでも、その公共性からみて地方公共団体又は土地改良区に維持管理させることが適当と認められるものについては、売払い後において用途廃止する場合には国に返還することを条件として、売払価格を取得原価とすることができる。

エ　優遇措置の取扱いについては、「優遇措置の取扱いについて」（平成十四年三月二十九日付け財理第一一六九号財務省理財局長通知）を準用する。

オ　売払予定地が国土利用計画法第十二条の規定より指定された規制区域内に所在する場合には、都道府県知事に同法第十八条の規定に基づく協議を要するので、留意する。

④　売払代金の延納

ア　延納の基準

地方農政局長は、売払いの相手方が落札者である場合を除いて国有財産法第三十一条第一項ただし書又は国有財産特別措置法第十一条第一項の規定によりそれぞれ売払代金の延納を次により行うことができる。

売払代金が六十万円（売払いの相手方が地方公共団体の場合は二億円）を超え、かつ、売払いの相手方（個人又は地方公共団体に限る）が一時に売払代金を納入することが困難であることがその資産、所得及び事業の実施状況等から判断してやむを得ないと認められ、かつ、将来の納入が確実と見込まれる場合に限り延納の特約をすることができる。

イ　延納の特約を行う場合の売払代金の即納額は、売払代金の五割以上とする。

ウ　延納期限、延納利率、担保等延納の特約を行うに当たっては次によるほか、普通財産取扱規則第十四条から第二十五条までの規定を準用する。

なお、担保は、原則として売払地に抵当権を設定する。

エ　延納の手続等

ａ　契約の相手方が延納を希望し、かつ、売払価格がアの基準に該当するときは、買受申込者による延納申請書（様式例第16の10）を提出させ、その内容がアの基準に該当すると認められるときは、延納の特約を行う。

ｂ　延納について、農林水産大臣に国有財産法第三十一条第三項の規定による協議を要請する。

c　延納の特約を行った場合は、担保物件、資産状況等について定期的（少なくとも年一回以上）に人工衛星、無人航空機等により得られる動画若しくは画像を活用すること等による調査又は実地調査を行い、又は所要の報告を求め、特約条項違反の防止につとめ、当該調査に当たって相手方の協力が得られないとき又は違反の事実を知ったときは、速やかに延納の特約の解除等所要の手続を行う。

⑤　用途指定については、農業目的の売払い（三四六頁の3の(2)のv）に準じる。

5　登記（事務処理要領第16・4）

不動産登記嘱託職員は、非農業目的の売払い（法第四十七条の売払い）に係る登記を次により行う。

(1)　所有権移転登記については、農業目的の売払いの所有権移転登記（三四七頁の4の(1)）に準じて行う。

(2)　抵当権設定登記

①　不動産登記嘱託職員は、地方農政局長が売払いに当たって売払代金の延納特約を行った場合、売払いの相手方から抵当権設定登記承諾書（様式例第16号の11）及び印鑑証明書を徴し、登記嘱託書（抵当権設定（様式例第16号の12））にこれらを添付して、所有権移転の登記嘱託書（様式例第15の6）と併せて所轄登記所に送付する。

②　不動産登記嘱託職員は、売払いの相手方が延納代金及び利息の一部を納入した後、担保の一部の解除を申し出た場合又は延納代金を完納した場合、登記嘱託書（抵当権登記抹消（様式例第16号の13））を管轄登記所に送付し、又は抵当権抹消同意書を相手方に交付して、抵当権の一部を抹消又は全部抹消の手続を行うものとする。なお、この場合の登録免許税は相手方の負担とする。

③　買戻し特約の登記

買戻し特約の登記については、農業目的の売払いの買戻し特約の登記（三四七頁の4の(2)）に準ずる。

6　台帳の整備及び報告（事務処理要領第16・5）

(1)　国有財産台帳・貸付簿の整理、売払いの報告及び用途指定台帳については、農業目的の台帳の整備及び報告（三四八頁の5）に準ずる。

(2)　延納台帳（様式例第16号の14）を備え、売払代金の延納の特約を行ったときは、遅滞なくこれに登載し、以後における代金の納入、延納の特約の解除等があったときは、その都度必要事項を記載する。

7　引継ぎ（事務処理要領第16・6）

地方農政局長は、国有農地等について、法第四十七条の規定による認定のあった国有農地等の引継については次により処理する。

(1)　地方農政局長は、財務省に引き継ぐことが適当と認めたときは、引継調書（様式例第16号の17）を作成し、財務省に対して引継の通知をする。

(2)　地方農政局長は、(1)の通知に対して引き継ぐ旨の通知を受けたときは、財務省に国有財産受渡証書（様式例第16号の16）を送付する。

8　計算書及び報告書

国有財産増減及び現在額計算書等並びに報告書（様式例第16号の18から16号の32）は、地方農政局長が作成するものとし、提出する報告書等の提出期限及び様式は、次のとおりとされている。

書類名	提出者	提出期限	様　　式
国有財産増減及び現在額計算書	地方農政局長	5月31日	計算証明規則（昭和27年会計検査院規則第3号）第8号書式
国有財産無償貸付状況計算書	地方農政局長	5月31日	計算証明規則第9号書式
国有財産増減及び現在額報告書（付、増減事由別調書）	地方農政局長	5月31日	国有財産法施行細則第2号様式 増減事由別調書は様式例第16号の33
国有財産見込現在額報告書（付、見込増減事由別調書）	地方農政局長	8月15日	国有財産法施行細則第3号様式 見込増減事由別調書は様式例第16号の34
国有財産無償貸付状況報告書	地方農政局長	5月31日	国有財産法施行細則第4号様式

また、地方農政局長は、毎年度の国有財産受渡証書の写しに様式例第16号の35による国有財産受渡証書一覧表を付したものを、翌年度4月10日までに農林水産大臣に提出する。

（公簿の閲覧等）

第四十八条　国又は都道府県の職員は、登記所又は市町村の事務所について、この法律による買収、買取り又は裁定に関し、無償で、必要な簿書を閲覧し、又はその謄本若しくは登記事項証明書の交付を受けることができる。

本条は、国又は都道府県の職員の登記所等での必要な簿書の閲覧等について規定している。

国又は都道府県の職員は、登記所又は市町村の事務所についてこの法律による買収（第七条、第十二条）、買取り（第二十二条、第二十三条）又は裁定（第三十九条）に関して、無償で、必要な簿書を閲覧し、又はその謄本若しくは登記事項証明書の交付を受けることができることとしている。

なお、農業委員会の委員、推進委員及び職員については、農業委員会等に関する法律第三十六条で農業委員会の所掌する事務を行うため必要な簿書の閲覧若しくは謄写又はその謄本若しくは抄本若しくは登記事項証明書の交付を求めることができることとしている。

（立入調査）

第四十九条　農林水産大臣、都道府県知事又は指定市町村の長は、この法律による買収その他の処分をするため必要があるときは、その職員に他人の土地又は工作物に立ち入つて調査させ、測量させ、又は調査若しくは測量の障害となる竹木その他の物を除去させ、若しくは移転させることができる。
2　前項の職員は、その身分を示す証明書を携帯し、その土地又は工作物の所有者、占有者その他の利害関係人にこれを提示しなければならない。
3　第一項の場合には、農林水産大臣、都道府県知事又は指定市町村の長は、農林水産省令で定める手続に従い、あらかじめ、その土地又は工作物の占有者にその旨を通知しなければならない。ただし、通知をすることができない場合その他特別の事情がある場合には、公示をもつて通知に代えることができる。
4　第一項の規定による立入は、工作物、宅地及びかき、さく等で囲まれた土地に対しては、日出から日没までの間でなければしてはならない。
5　国又は都道府県等は、第一項の土地又は工作物の所有者又は占有者が同項の規定による調査、測量又は物件の除去若しくは移転によつて損失を受けた場合には、政令で定めるところにより、その者に対し、通常生ずべき損失を補償する。
6　第一項の規定による立入調査の権限は、犯罪捜査のために認められたものと解してはならない。

本条は、農林水産大臣、都道府県知事又は指定市町村の長が、買収その他の処分をするために必要があるときの立入調査について規定している。

1　農林水産大臣、都道府県知事又は指定市町村の長は、この法律による買収その他の処分をするために必要があるときは、その職員に他人の土地又は工作物に立ち入って調査、測量又は調査・測量の障害となる竹木その他の物を除去させ、移転させることができることとしている（第一項）。

2 1の職員は、身分証明書を携帯し、その土地又は工作物の所有者、占有者その他の利害関係人にこれを提示しなければならない（第二項）。

3 1の場合には、農林水産大臣、都道府県知事又は指定市町村の長は、次に掲げる事項を記載した書類であらかじめ、土地又は工作物の占有者にその旨を通知しなければならない。ただし、通知をすることができない場合その他特別の事情がある場合には、公示をもって通知に代えることができる（第三項、施行規則第九十八条）。

(1) 目的
(2) 調査若しくは測量の場所又は除去若しくは移転をすべき物件の種類及び所在の場所
(3) 調査及び測量の期間及び時間又は物件の除去若しくは移転を完了すべき期限

4 1による立入は、工作物、宅地及びかき、さく等で囲まれた土地に対しては、日出から日没までの間でなければしてはならない（第四項）。

5 1の土地又は工作物の所有者又は占有者が調査、測量又は物件の除去若しくは移転によって損失を受けた場合には、その者に通常生ずべき損失を補償する（第五項）。

この損失の補償は、次に掲げる処分に係るものにあっては、都道府県等が行う（施行令第三十三条）。

(1) 法第四条第一項の規定による都道府県知事等の処分（同一の事業の目的に供するため四ヘクタールを超える農地を農地

以外のものにする行為に係るものを除く。）

(2)　法第五条第一項の規定による都道府県知事等の処分（同一の事業の目的に供するため四ヘクタールを超える農地又はその農地と併せて採草放牧地について法第三条第一項本文に掲げる権利を取得する行為に係るものを除く。）

(3)　法第五十一条第一項又は第三項の規定による都道府県知事等の処分（(1)及び(2)に掲げる処分に係るものに限る。）

6　1の立入調査の権限は、犯罪捜査のために認められたものと解してはならない（第六項）。

なお、農業委員会の立入調査については、農業委員会等に関する法律第三十五条第一項によるほか、法第七条第一項の規定による買収をするために必要があるときについては、法第十四条で立入調査が規定されている。

（報告）

第五十条　農林水産大臣、都道府県知事又は指定市町村の長は、この法律を施行するため必要があるときは、土地の状況等に関し、農業委員会又は農業委員会等に関する法律第四十四条第一項に規定する機構から必要な報告を求めることができる。

本条は、農林水産大臣、都道府県知事又は指定市町村の長が農地法を施行するために必要があるときに、農業委員会等から報告を徴することができることを規定している。

農林水産大臣、都道府県知事又は指定市町村の長は、農地法を施行するために必要があるときは、土地の状況等に関して、農業委員会又は農業委員会ネットワーク機構から必要な報告を求めることができることとしている。

なお、農業委員会は、その所掌事務を行うため必要があるときは、農地等の所有者、耕作者その他の関係人に対して、出頭を求め、若しくは必要な報告を徴し、又は委員、推進委員若しくは職員に農地等に立ち入らせて必要な調査をさせることができることとしている（農業委員会等に関する法律第三十五条第一項）。

（違反転用に対する処分）

第五十一条　都道府県知事等は、政令で定めるところにより、次の各号のいずれかに該当する者（以下この条において「違反転用者等」という。）に対して、土地の農業上の利用の確保及び他の公益並びに関係人の利益を衡量して特に必要があると認めるときは、その必要の限度において、第四条若しくは第五条の規定によつてした許可を取り消し、その条件を変更し、若しくは新たに条件を付し、又は工事その他の行為の停止を命じ、若しくは相当の期限を定めて原状回復その他違反を是正するため必要な措置（以下この条において「原状回復等の措置」という。）を講ずべきことを命ずることができる。

一　第四条第一項若しくは第五条第一項の規定に違反した者又はその一般承継人

二　第四条第一項又は第五条第一項の許可に付した条件に違反している者

三　前二号に掲げる者から当該違反に係る土地について工事その他の行為を請け負つた者又はその工事その他の行為の下請人

四　偽りその他不正の手段により、第四条第一項又は第五条第一項の許可を受けた者

2　前項の規定による命令をするときは、農林水産省令で定める事項を記載した命令書を交付しなければならない。
3　都道府県知事等は、第一項に規定する場合において、次の各号のいずれかに該当すると認めるときは、自らその原状回復等の措置の全部又は一部を講ずることができる。この場合において、第二号に該当すると認めるときは、相当の期限を定めて、当該原状回復等の措置を講ずべき旨及びその期限までに当該原状回復等の措置を講じないときは、自ら当該原状回復等の措置を講じ、当該措置に要した費用を徴収する旨を、あらかじめ、公告しなければならない。
一　第一項の規定により原状回復等の措置を講ずべきことを命ぜられた違反転用者等が、当該命令に係る期限までに当該命令に係る措置を講じないとき、講じても十分でないとき、又は講ずる見込みがないとき。
二　第一項の規定により原状回復等の措置を講ずべきことを命じようとする場合において、相当な努力が払われたと認められるものとして政令で定める方法により探索を行つてもなお当該原状回復等の措置を命ずべき違反転用者等を確知することができないとき。
三　緊急に原状回復等の措置を講ずる必要がある場合において、第一項の規定により原状回復等の措置を講ずべきことを命ずるいとまがないとき。
4　都道府県知事等は、前項の規定により同項の原状回復等の措置の全部又は一部を講じたときは、当該原状回復等の措置に要した費用について、農林水産省令で定めるところにより、当該違反転用者等に負担させることができる。
5　前項の規定により負担させる費用の徴収については、行政代執行法第五条及び第六条の規定を準用する。

本条は、違反転用に対する都道府県知事等の処分について規定している。

1　都道府県知事等は、次に該当する者に対して、土地の農業上の利用の確保及び他の公益並びに関係人の利益を衡量して特に必要があると認めるときは、その必要の限度において許可を取り消し、許可の条件を変更し、若しくは新たに条件を付し、又は工事等の停止を命じ、若しくは相当の期限を定めて原状回復等違反を是正するのに必要な措置をとることを命ずる（命令書の交付）ことができることとされている（第五十一条第一項）。

この場合の処分又は命令は、法第四条第一項又は第五条第一項の許可に付した条件に違反している者及びその者から当該違反に係る土地について工事その他の行為を請け負った者又はその工事その他の行為の下請人並びに偽りその他不正の手段によりこれらの許可を受けた者に対してはその許可をした都道府県知事等が行い、その他の無断転用者等に対しては都道府県知事等が行う（施行令第三十四条）。

この命令に違反した者は、三年以下の懲役又は三百万円以下の罰金、法人にあっては一億円以下の罰金に処せられることとなっている（法第六十四条、第六十七条）。

(1)　法第四条第一項又は第五条第一項の規定に違反した者又はその一般承継人

(2)　転用許可を受けた農地等を許可申請書に記載された事業計画に従って転用目的に供していない者（例えば、事業を行わず空き地のまま放置し、又は土地の用途を住宅用地から工場用地に変えて使用し、あるいは用排水の処理について周辺農業への影響を防止するための必要な措置を怠っている者）等許可に付した条件に違反している者

(3)　(1)又は(2)に該当している者すなわち違反転用者から、その違反に係る土地について工事等を請負った者又はその工事等の下請け人

(4)　偽りその他不正の手段により、法第四条第一項又は第五条第一項の許可を受けた者

2　法第五十一条第一項の規定による処分の基準

(1)　処分の基準（運用通知第2・7(2)）

①　1の「土地の農業上の利用の確保及び他の公益並びに関係人の利益を衡量して特に必要があると認める」か否かの判断をするに当たっては、当該違反転用に係る土地の現況、その土地の周辺における土地の利用の状況、違反転用により農地等以外のものになった後においてその土地に関し形成された法律関係、農地等以外のものになった後の転得者が詐偽その他不正の手段により、許可を受けた者からその情を知ってその土地を取得したかどうか、過去に違反転用を行ったことがあるかどうか、是正勧告を受けてもこれに従わないと思われるかどうか等の事情を総合的に考慮することが適当と考えられる。

なお、農振法第八条第二項第一号に規定する農用地区域内にある土地については、一般的には「特に必要がある」と認められると解される。

また、高度化施設用地が違反転用に該当する場合には、法第四条第一項の規定に違反することとなるため、当該高度化施設用地に設置された農作物栽培高度化施設の設置者が処分の対象となることに留意する。

②　1の(2)の「許可に付した条件に違反している者」には、法第四条第一項又は第五条第一項の許可を受けた者の一般承継人であって当該許可に付された条件に違反している者は含まれるが、当該許可を受けた者の特定承継人は含まれないものと解される。

③　1の(4)の「偽りその他不正の手段により、法第四条第一項又は第五条第一項の許可を受けた者」には、偽りその他不正の手段により許可を受けた者の一般承継人は含まれないものと解される。

(2)　処分の取扱い（事務処理基準第15・1）

第一項の規定により、違反転用に対する処分を行うに当たっては、法令の定めによるほか、次による。

なお、都道府県知事等は、農作物栽培高度化施設において農作物の栽培が行われないことが確実となった場合で、農業委員会から高度化施設用地が違反転用に該当する旨の報告があったときには、他の違反転用の事案と同様に処分を行う。

①　農地転用許可及び高度化施設用地の記録の整理及び保存

都道府県知事等は、法第四条第一項若しくは第五条第一項の規定による許可又は農業委員会から高度化施設用地が違反転用に該当する旨の報告があった場合には、次のように記録を整理・保存する。

ア　事案ごとに、その概要を整理した台帳を作成・保存し、工事の進捗状況の把握及び事業計画に従った事業執行についての催告等に資する。

イ　高度化施設用地が違反転用に該当する事案にあっては、農作物栽培高度化施設に係る施行規則第八十八条の二の規定に基づく届出、当該農作物栽培高度化施設に対する法第四章の遊休農地に関する措置又は法第四十四条の規定に基づく勧告等、現在までに行った取組を農業委員会から聴取し、これを整理した台帳を作成・保存し、違反転用を是正するための必要な措置に資する。

②　農業委員会からの報告の徴収

都道府県知事等は、違反転用の事実を知り、又はその疑いがあると認められる場合は、法第五十条（報告の徴収）の規定に基づき、必要に応じ農業委員会に対して土地の状況その他違反転用に係る事情等の調査及び報告を求める。

③　違反転用者等に対する勧告

都道府県知事等は、違反転用事案があった場合には、法第五十一条第一項の規定による処分を行う前に、違反転用者等に対し工事その他の行為の停止等を書面により勧告する。

また、勧告を行った場合には、当該勧告に係る農地の所在する市町村の区域を管轄する農業委員会にその旨を通知する。

④　処分に当たっての考慮事項

都道府県知事等は、法第五十一条第一項の規定による処分を行うに当たっては、違反転用事案の内容及び違反転用者等からの聴聞又は弁明の内容を検討するとともに、当該違反転用事案に係る土地の現況、その土地の周辺における土地の利用の状況、違反転用により農地等以外のものになった後においてその土地に関し形成された法律関係、農地等以外のものになった後の転得者が詐偽その他不正の手段により許可を受けた者からその情を知ってその土地を取得したかどうか、過去に違反転用を行ったことがあるかどうか、是正勧告を受けてもこれに従わないと思われるかどうか等の事情を総合的に考慮して処分の内容を決定する。

⑤　農業委員会に対する通知等

都道府県知事等は、法第五十一条第一項の規定に基づく処分を行った場合には、その旨をこれらの処分に係る農地等の所在する市町村の区域を管轄する農業委員会に通知するとともに、その履行状況等につき法第五十条の規定により当該農業委員会に報告を求める。

3　1の命令をするときは、次に掲げる事項を記載した命令書を交付しなければならない（法第五十一条第二項、施行規則第九十九条）。

(1)　停止すべき工事その他の行為又は講ずべき原状回復等の措置の内容

(2)　命令の年月日及び原状回復等の措置を講ずべき旨の命令をするときは、その履行期限

(3)　命令を行う理由

(4)　法第五十一条第三項第一号に該当すると認められるときは、同項の規定により原状回復等の措置の全部又は一部を都道府県知事等が自ら講ずることがある旨及び当該原状回復等の措置に要した費用を徴収することがある旨

4　都道府県知事等は、第一項に規定する場合において、次のいずれかに該当すると認めるときは、自らその原状回復等の措置の全部又は一部を講ずることができることとされている（法第五十一条第三項）。また、この場合は、相当の期限を定めて、当該原状回復等の措置を講ずべき旨及びその期限までに当該原状回復等の措置を講じないときは、自ら当該原状回復等の措置を講じ、当該措置に要した費用を徴収する旨を、あらかじめ、公告しなければならない（法第五十一条第三項）。

(1)　第一項の規定により原状回復等の措置を講ずべきことを命ぜられた違反転用者等が、当該命令に係る期限までに当該命令に係る措置を講じないとき、講じても十分でないとき、又は講ずる見込みがないとき。

(2)　第一項の規定により原状回復等の措置を講ずべきことを命じようとする場合において、相当な努力が払われたと認められるものとして施行令第二十条において準用する施行令第十八条に定める方法（二〇三頁参照）により探索を行ってもなお当該原状回復等の措置を命ずべき違反転用者等を確知することができないとき。

「違反転用者等を確知することができないとき」としては、土地の所有者に無断で転用している場合等で、当該土地所有者等に確認しても違反転用者等が判明しないときや違反転用業者が既に実態のない会社となっているとき等が想定される（運用通知第２・７(3)ア）。

なお、都道府県知事等は、施行令で定める方法により、違反転用者等であって確知することができないものに関する情報の探索を行ってもなお違反転用者等を特定できない場合には、第三項の規定による公告を行う（運用通知第２・７(3)ア）。

(3)　緊急に原状回復等の措置を講ずる必要がある場合において、第一項の規定により原状回復等の措置を講ずべきことを命ずるいとまがないとき。

「緊急に原状回復等の措置を講ずる必要がある場合」としては、例えば、建設残土が撤去されていないため、その後、台風等の自然災害の発生により当該建設残土が流出し、周辺の営農条件に著しい支障が生ずるおそれがある場合等が想定される（運用通知第２・７(3)イ）。

第三項の規定による処分の基準（処理基準第15・2）

都道府県知事等は、第三項の規定による処分を行うに当たっては、法令の定めによるほか、行政代執行法第四条の規定の例により、当該処分のために現場に派遣される執行責任者に対し、本人であることを示す証明書を携帯させ、要求があるときは、いつでもこれを提示させる。

5　都道府県知事等は、原状回復等の措置の全部又は一部を講じたときは、当該原状回復等の措置に要した費用について、当該違反転用者等に対し、その者に負担させようとする費用の額を算定基礎を明示して、当該違反転用者等に負担させることができる（法第五十一条第四項、施行規則第百条）。

6　５により負担させる費用の徴収の方法については、行政代執行法第五条（費用の徴収）及び第六条の規定を準用する。費用の徴収は、実際に要した費用の額及びこれを納付すべき期日を定め、違反転用者等に対し、文書をもってその納付を命じなければならないとともに、代執行に要した費用は、当該期日までに納付されない場合には、国税徴収法に規定する国税滞納処分の例により、これを徴収することができる（運用通知第２・７(4)）。

(1)　国税滞納処分の手続においては、徴収職員は、滞納者の財産を差し押さえた上で、差押財産を公売に付すこととされているが、滞納者の所在が不明である場合には、これらの手続に際し、公示送達が認められること（国税徴収法第五章及び国税通則法第十四条）から、都道府県知事等は、違反転用者等の所在が不明である場合には、当該違反転用者等に対して差押書を公示送達の手続により送達することによって、その財産を差し押さえ、公売を行い、代執行に要した費用を徴収することができることとなり、公売価格から代執行に要した費用を差し引いた額は、法務局に供託することとなる（運用通知第２・７⑷ア）。

(2) 代執行に要した費用よりも著しく高い価格の財産や差押え可能な財産の価格が代執行に要した費用よりも少ない場合の当該財産については、差し押えることはできないが、差押え可能な財産がある場合には、差押えを行うことにより時効中断を行っておき、その間に違反転用者等を捜すなどして、できる限り当該違反転用者等から直接徴収することが望ましい（運用通知第２・７⑷イ）。

７　違反転用に対する処分の事務処理（事務処理要領第４・６⑴）

(1) 農業委員会の処理

① 違反転用者等に係る違反転用事案を知ったときは、速やかに、その事情を調査し、遅滞なく様式例第４号の11による報告書（一六五頁の２⑴による事業実施の勧告をした事案又は農作物栽培高度化施設において農作物の栽培が行われないことが確実となった場合において農業委員会から高度化施設用地が違反転用に該当する旨の報告があった事案を除く。）を都道府県知事等に提出する。また、その報告書の写しを保管する。

② 農業委員会は、法第五十二条の四の規定による都道府県知事等に対する要請を行う場合には、都道府県知事等が講ずべき法第五十一条第一項の規定による命令その他必要な措置の内容を示して行う。

③ 処分又は命令について都道府県知事等の通知があったときは、その処分等が遵守履行されるよう違反転用者等を指導する。

④　違反転用者等に対して都道府県知事等の通知に係る処分又は命令の履行を完了したときは、遅滞なくその旨を書面により届け出るよう（届出書の部数は二部）指導する。

⑤　処分又は命令の履行を完了した旨の届出があったときは、その旨を都道府県知事等に報告する。

なお、再び農作物栽培高度化施設と認められる事案については、当該施設が施行規則第八十八条の三（農作物栽培高度化施設の基準）各号の要件（三一六頁参照）を満たしているかを農業委員会が確認した上で、都道府県知事等に報告する。

⑥　違反転用者等が都道府県知事等の通知に係る処分又は命令の履行を遅滞していると認められる場合には、直ちに、その理由及び処分又は命令の履行状況を報告すべきことを書面により督促し、漫然と日時を経過させないよう留意することとし、その処理経過を都道府県知事等に報告する。また、その報告の写しを保管する。

⑦　違反転用事案の処理経過を明確にし、事後の指導の便に資するため違反転用事案処理簿を作成し、これを保管する。この処理簿は、事案ごとに、①、④及び⑥、次の(2)の①及び③に関する書類を合綴（がってつ）し、整理番号を付す。

(2)　都道府県知事等の処理

①　違反転用を知り、又は(1)の①による農業委員会からの報告書の提出があったときは（高度化施設用地が違反転用に該当することについては、農業委員会からの報告により確知する）、必要に応じて人工衛星、無人航空機等により得られる動画若しくは画像を活用すること等による調査又は実地調査を行い、違反転用者等に対し、期限を定めて是正するよう指導を行う。その指導に応じない場合には、違反転用者等に工事その他の行為の停止等を書面（様式例第4号の12）により勧告するとともに、農業委員会にその旨を通知する。また、その勧告書の写しを保管する。

なお、この勧告に従わないため、法第五十一条第一項の規定による処分又は命令をしようとする場合には、行政手続法に基づき聴聞又は弁明の手続をとることが適当と考えられるとされている。

② 違反転用者等が、①の指導に従わない場合には、刑事訴訟法第二百三十九条第二項の規定により、検察官又は司法警察員に対して告発をするかどうかを検討する。

なお、この場合、書類の作成など告発するための手続等について、あらかじめ、検察官又は司法警察員と十分に調整を行うことが適当と考えられるとされている。

③ 違反転用事案の内容及び聴聞又は弁明の内容を検討するとともに、当該違反転用事案に係る土地の周辺における土地の利用の状況、その土地の現況、違反転用により農地等以外のものになった後においてその土地に関し形成された法律関係、農地等以外のものになった後の転得者が偽りその他不正の手段により農地転用許可を受けた者から情を知ってその土地を取得したかどうか、過去に違反転用を行ったことがあるかどうか、是正勧告を受けてもこれに従わないと思われるかどうか等の事情を総合的に考慮して、処分又は命ずべき措置の内容を決定する。この場合、当該違反転用事案に係る土地が農振法第八条第二項第一号に規定する農用地区域内の土地であるときは、特段の事情がない限りこれらの処分又は命令を行うことが適当と考えられるとされている。

当該処分の内容を決定した場合、命ずべき措置の内容を決定した場合には、それぞれ違反転用者等に通知するとともに、その写しを関係農業委員会に送付する。また、その命令書の写しを保管する。

なお、処分書又は命令書は、配達証明郵便により送付することが適当と考えられるとされている。

④ 都道府県知事が必要な処分をし、又は措置を命ずる場合、法第六十三条第一項第十九号（四ヘクタール以下の農地転用に係る事務）に該当する場合又はそれ以外に該当する場合の事務区分に応じ、それぞれ許可処分等の指令書に付す教示文と同様の教示文を指令書又は命令書に記載する。

⑤ 違反転用事案処理簿を作成し、これを保管する。この処理簿は、事案ごとに、(1)の①、③並びに(2)の①、③に関する書類を合綴し、整理番号を付す。

(3)　その他

①　都道府県知事等は、違反転用者等に対して(2)の③による処分又は命令をしようとする場合であって、農地転用許可と開発許可との調整の内容を変更することとなるものであるときは、あらかじめ当該処分又は命令の内容並びに当該処分又は命令をする理由及び時期を開発許可権者に連絡することが適当と考えられるとされている。

②　都道府県知事等は、違反転用者等に対して(2)の③による処分又は命令の履行を完了したときは、遅滞なくその旨を書面により関係農業委員会を経由して届け出るよう指導することが適当と考えられるとされている。

③　都道府県知事等は、違反転用者等が(2)の③による処分又は命令の履行を遅滞していると認めるときは、当該違反転用者等に対してその理由及び処分又は命令の履行状況の報告を関係農業委員会を経由して提出させることが適当と考えられるとされている。

8　違反転用に対する行政代執行（事務処理要領第4・6(2)）

(1)　法第五十一条第三項の規定による公告

都道府県知事等は、法第五十一条第三項第二号に該当するときに同項の規定により行政代執行を行う場合には、同項の規定による公告を行う。なお、当該違反転用者が確知できないときは、確知するための必要な情報を取得するための措置をとる必要がある。

(2)　事前準備

都道府県知事等は、法第五十一条第三項の規定により行政代執行を行う場合には、あらかじめ次に掲げる準備をすることが適当と考えられるとされている。

①　行政代執行に際し、違反転用者等による妨害等が予想される場合等には、必要に応じ、警察の協力を得るための手

続をとること。

② 行政代執行の内容、方法、工程、要する経費等を記載した代執行計画を作成すること。

③ 行政代執行に係る工事を業者に発注する場合には、時間的に余裕をもって会計担当部局と調整すること。

④ 開発許可がなされた土地において行政代執行を行う場合には、その内容及び実施時期等を開発許可権者に連絡すること。

(3) 行政代執行の実施

都道府県知事等は、行政代執行の実施に当たっては、後日違反転用者等から説明を求められる場合等に備えて、代執行前、代執行作業中、代執行後の写真を撮影するなど、代執行の実施状況、経過等が分かる記録を必ず残すことが適当と考えられるとされている。

また、都道府県知事等は、行政代執行の実施に当たっては、行政代執行法第四条の規定の例により、当該処分のために現場に派遣される執行責任者に対し、本人であることを示す証明書を携帯させ、要求があるときは、いつでもこれを提示させることが適当と考えられるとされている。

(4) 行政代執行に要する費用の徴収

都道府県知事等が行政代執行を行ったことにより違反転用者等に負担させる費用の徴収については、行政代執行法第五条及び第六条の規定を準用することとされていることから、実際に要した費用の額及びこれを納付すべき期日を定め、違反転用者等に対し、文書をもってその納付を命ずることが適当と考えられるとされている。なお、当該文書には、都道府県知事の申請の却下等の教示文を記載することが適当と考えられるとされている。

9　違反転用の防止及び早期発見・是正のための取組（運用通知第2・7(1)）

(1)　都道府県又は指定市町村の取組

違反転用の防止及び早期発見・是正を図るため、都道府県又は指定市町村においては、次に掲げる取組を行うことが適当と考えられるとされている。

①　違反転用を防止するためには、まず、地域住民・農業者に対する啓発を図ることが重要であることから、都道府県又は指定市町村自ら啓発活動に取り組むとともに、地域住民・農業者により身近である農業委員会において、啓発活動が活発に行われるよう助言・指導を行うこと。

②　違反行為が生じた場合には、時間が経過するほど原状回復が難しくなる傾向があることから、早期に発見し是正指導に着手することが重要である。このため、農業委員会が違反転用を把握した場合における都道府県知事等に対する報告が迅速になされるよう、日ごろから農業委員会との情報連絡体制を密にするとともに、農業委員会において違反転用に対する情報収集体制が整備されるよう助言・指導を行うこと。

③　違反転用を把握した場合には、優良農地の確保を図る観点から、原状回復を求める必要性について十分に検討を行うこと。

なお、違反転用に係る農地について、仮に法第四条第一項又は第五条第一項の許可の申請が行われていれば許可をすることができるような場合であってもその取扱いは同様であり、原状回復を求める必要性について検討を行う必要があることに変わりはないことに留意すること。

④　産業廃棄物等の投棄による違反転用については、都道府県又は指定市町村の環境担当部局や地元警察との情報連絡体制を密にし、これらの機関との連携により違反転用の早期発見・早期是正に努めること。

(2)　農業委員会の取組

違反転用の防止及び早期発見・早期是正を図るため、農業委員会においては、次に掲げる取組を行うことが適当と考えられるとされている。

①　日ごろから農地パトロールを行うこととし、効率的に農地パトロールを行うことができるよう、農地の利用の状況を記載した図面を整備すること。また、違反転用の防止に向けた地域住民に対する啓発を図るため、市役所若しくは町村役場や公民館等における農地転用許可制度に関するポスターの掲示又はリーフレットの配布、市町村の広報誌等における同制度の紹介等の取組みを積極的に行うこと。

②　国、都道府県、市町村、土地改良区、農業協同組合等関係機関との連携の下で、違反転用に関する情報の効率的な収集体制及び関係機関相互間の情報連絡体制の整備に努めること。

③　農業委員会は、必要があると認めるときは、都道府県知事等に対し、法第五十一条の規定による命令その他必要な措置を講ずべきことを要請することができるが、この要請は、原則として書面によることが適当と考えられる。

10　違反転用の是正に係る取組の強化等（平成二十六年一月十日　二十六農振第一八一四号農林水産省農村振興局長通知）

(1)　違反転用の是正に係る取組の強化について

①　違反転用に対する処分等の適切かつ厳格な実施の確保

ア　都道府県又は指定市町村の取組

(ア)　違反転用者等（農地法第五十一条第一項各号のいずれかに該当する者）に対する是正の指導は、是正の履行期限を三か月以内を目途に定めて行うこと。ただし、違反事案の内容からみて、直ちに工事その他の行為を停止させないと当該違反事案に係る土地を農地等として利用することが困難となるおそれがある場合、周辺農地等に土砂が流出し、周辺の営農条件に著しい支障を生ずるおそれがある場合等には、当該工事その他の行為を直ちに中止し、適切な措置を講ずるよう違反転用者等を指導すること。

(ｲ) 違反転用者等が指導に従わない場合には、速やかに、違反転用者等に工事その他の行為の停止等を書面により勧告すること。この場合、是正の履行期限を三か月以内を目途に定めて行うこと。

(ｳ) 違反転用者等が勧告に従わない場合には、速やかに、法第五十一条第一項の規定による処分又は命令の内容を決定すること。

この際、当該処分又は命令は、農地法第五十一条第一項において「土地の農業上の利用の確保及び他の公益並びに関係人の利益を衡量して特に必要があると認めるとき」に行うとされていることから、違反転用を把握した場合には、優良農地の確保を図る観点から原状回復等を求めるか否かについて、全ての事案について十分に検討を行い、決定する必要があることに留意すること。なお、検討の結果、原状回復等を求めないことを決定をした場合、その理由を整理すること。

また、農振法第八条第二項第一号に規定する農用地区域内における違反転用は、農振法第十五条の二第一項の規定に違反する行為である場合もあることから、農業振興地域制度担当部局と十分な連絡調整を行い対応するとともに、当該区域内の土地について法第五十一条第一項に基づく処分又は命令を行う場合には、必要に応じて農振法第十五条の三の規定による開発行為の中止命令等と同時に行うこと。

(ｴ) 違反転用者等が当該処分又は命令に従わない場合には、法第五十一条第三項に基づく行政代執行により原状回復を図るとともに、刑事責任を追及するために告発する等厳正に対処すること。

(ｵ) 管内の違反転用の状況については、定期的に地方農政局長（北海道にあっては農村振興局長、沖縄県にあっては内閣府沖縄総合事務局長。以下同じ。）に報告すること。

なお、当該報告は、毎年三月末、六月末、九月末及び十二月末時点の違反転用事案について、それぞれ同年四月末日、七月末日、十月末日及び翌年一月末日までに地方農政局長に報告すること。

イ　地方農政局の取組

アの(オ)の報告を受けた地方農政局長は、報告内容を取りまとめるとともに、必要に応じて、都道府県知事等に対して助言を行うこと。

②　違反転用事案の的確な把握の徹底

ア　農業委員会が違反転用を把握した場合には、7の(1)の①（三六九頁）において、その事情を調査し、違反転用事案報告書を都道府県知事に提出することとしているが、当該報告書の提出は、違反転用を把握した日から一か月以内に行うこと。

なお、総務省の「農地の保全及び有効利用に関する行政評価・監視の結果（勧告）」によると、農業委員会の指導によって是正が可能と判断されるものについては、都道府県知事に報告しないという運用がなされている農業委員会が見受けられたとのことであり、このような運用は、結果として都道府県知事等への報告がなされないまま違反転用状態の長期化を招く傾向にあることから、農業委員会の指導による是正の可否にかかわらず、速やかに都道府県知事等に報告すること。

イ　都道府県知事等及び農業委員会は、違反転用事案の処理経過の明確化及び事後の適切な対応に資する観点から、7の(1)の⑦（三七〇頁）及び(2)の⑤（三七一頁）に基づく違反転用事案処理簿の作成及び保管を徹底すること。

(2)　事業計画どおり進捗していない転用事業に係る取組の徹底について

①　地方農政局長及び都道府県知事等は、農地転用後の転用事業の促進措置（第四条Ⅶ一六五頁）に基づき、農地転用許可後の転用事業の進捗状況等について、事業進捗状況管理表（様式例第4号の15）を作成することにより把握・管理するとともに、事業実施の指導・勧告等を適切に実施すること。

②　都道府県知事等は、管内の農地転用許可後の転用事業の進捗状況等について、毎年十二月末の状況を翌年一月末日までに地方農政局長に報告（指定市町村の長は情報共有を図るため都道府県知事に写しを送付）すること。

（**農地に関する情報の利用等**）

第五十一条の二　都道府県知事、市町村長及び農業委員会は、その所掌事務の遂行に必要な限度で、その保有する農地に関する情報を、その保有に当たつて特定された利用の目的以外の目的のために内部で利用し、又は相互に提供することができる。

2　都道府県知事、市町村長及び農業委員会は、その所掌事務の遂行に必要な限度で、関係する地方公共団体、農地中間管理機構その他の者に対して、農地に関する情報の提供を求めることができる。

本条は、農地に関する情報の利用等について次の規定をしている。

①　第一項で、都道府県知事、市町村及び農業委員会が保有している農地に関する情報を、保有目的以外の目的のために内部で利用し、相互に提供することができること。

②　第二項で、前述の者が、その所掌事務の遂行に必要な限度で、関係する地方公共団体、農地中間管理機構その他の者に対して、農地に関する情報の提供を求めることができること。

（**情報の提供等**）
第五十二条　農業委員会は、農地の農業上の利用の増進及び農地の利用関係の調整に資するほか、その所掌事務を的確に行うため、農地の保有及び利用の状況、借賃等の動向その他の農地に関する情報の収集、整理、分析及び提供を行うものとする。

本条は、農業委員会が行う情報の提供等について規定している。

農業委員会が行う農地の保有及び利用の状況、借賃等の動向その他の農地に関する情報の収集、整理、分析及び提供については、次の事項に留意することとされている。

1　賃借料情報の提供（**運用通知第5⑴**）

農地の賃貸借契約を締結する場合の目安となるよう地域の実勢を踏まえた賃借料情報を提供すること。

⑴　賃借料情報を提供する区分の決定

賃借料情報の提供に当たっては、まず、農業生産及び農地貸借の状況を考えて、どのような作物（例えば、水稲、露地野菜、りんご）について情報を提供するのかを決定する。さらに、中山間地、平坦地等の地理的条件、ほ場整備事業済みの地区かどうか等の基盤整備状況、他の地区に比べて単位当たりの収量が高いかどうか等の収量水準等を踏まえてどのような区分で提供するのかを決定する。その際、区分の決定等について、形式的にならずに地域の実情に応じて柔軟に取り組む。

(2)　賃借料データの収集

賃借料に係るデータの収集は、法第三条の許可申請書、農地中間管理事業法第十八条第七項に規定する農用地利用集積等促進計画の公告の写し等の資料から整理する。

(3)　賃借料データの区分

(2)で収集した賃借料に係るデータを、(1)で決定した作物及び地理的な区分に従い分類する。

(4)　賃借料水準の計算

賃借料に係るデータの中には、親類間の取引又は特殊な作物（例えば、高麗人参）を前提とした取引に係るもの等、明らかに特別の事情の下で行われ、地域の平均に比べて著しく低額あるいは高額なものがあることから、賃借料情報の信頼性を高めるために、当該特殊な取引に係るデータは取り除いた上で、賃借料水準（平均額、最高額及び最低額）を求める。

(5)　賃借料情報の提供

(4)で求めた賃借料水準を賃借料情報として農業委員会のホームページ、農業委員会だより等の広報媒体を活用して広く提供する。

その際、算出した賃借料水準を(3)の区分ごとに地図上に示す等により利用者に分かりやすい情報提供に努める。

また、集計に用いたデータ数は参考として記載し、賃借料を物納支給と定めている場合には価格換算している旨も記載する。

2　農地の権利移動等の状況把握（運用通知第5(2)）

本法及び農地中間管理事業法による農地の権利移動及び転用の状況等について、その面積、動向等の基礎的な情報を把握することは重要であることから、この基礎的な情報として次の事項について把握すること。

(1)　耕作目的の権利の設定、移転
法第三条又は第三条の三の規定による許可又は届出、農用地利用集積等促進計画の公告に係る農地等の権利移動の状況
(2)　貸借の終了
法第十八条の規定による許可に係る賃貸借の終了、同条の規定により許可を要しない場合の農業委員会への通知に係る賃貸借の終了、農用地利用集積等促進計画の公告による賃借権又は使用貸借による権利の終了の状況
(3)　農地等の転用
法第四条第一項又は法第五条第一項の許可、法第四条第一項第七号又は第五条第一項第六号の規定による届出及び法第四条第八項又は第五条第四項の規定による協議に係る農地等の転用並びに法第四条第一項又は法第五条第一項の許可を要しない農地等の転用（例えば、農用地利用集積等促進計画の公告に係るもの）の状況

（農地台帳の作成）

第五十二条の二　農業委員会は、その所掌事務を的確に行うため、前条の規定による農地に関する情報の整理の一環として、一筆の農地ごとに次に掲げる事項を記録した農地台帳を作成するものとする。

一　その農地の所有者の氏名又は名称及び住所

二　その農地の所在、地番、地目及び面積

三　その農地に地上権、永小作権、質権、使用貸借による権利、賃借権又はその他の使用及び収益を目的とする権利が設定されている場合にあつては、これらの権利の種類及び存続期間並びにこれらの権利を有する者の氏名又は名称及び住所並びに借賃等（第四十一条第二項において読み替えて準用する第三十九条第一項の裁定において定めら

れた補償金を含む。）の額

四　その他農林水産省令で定める事項

2　農地台帳は、その全部を磁気ディスク（これに準ずる方法により一定の事項を確実に記録しておくことができる物を含む。）をもつて調製するものとする。

3　農地台帳の記録又は記録の修正若しくは消去は、この法律の規定による申請若しくは届出又は前条の規定による農地に関する情報の収集により得られた情報に基づいて行うものとし、農業委員会は、農地台帳の正確な記録を確保するよう努めるものとする。

4　前三項に規定するもののほか、農地台帳に関し必要な事項は、農林水産省令で定める。

本条は平成二十五年の法改正で設けられたものであり、農業委員会による農地台帳の作成について規定している。農地台帳は、本規定が設けられる以前においても農業委員会の業務の執行に関する基礎資料として整備していたものであるが、電子地図情報まで整備すれば、①耕作者別の経営農地を色分けで示したり、②遊休農地を色分けで示したりすることができ、農地利用の効率化及び高度化等を進めるための、地域での話し合いを円滑に進めるのに役立つことから、法定化し、地図を含めて公表することとされた。

1　本条の規定に基づき農業委員会が作成する農地台帳の作成について、次の留意事項が通知されている（運用通知第6・1(1)）。

(1)　地目及び面積は、登記簿に記載されている内容を記録するとともに、これと異なる現況にあることを把握している場合には、当該現況も併せて記録する。

(2)　借賃等は当該農地の一年間の借賃の額を記録するとともに、これを十アール当たりに換算した額も併せて記録する。

(3)　当該農地が共有状態にある場合には、共有持分を有する全ての者に関する情報を記録するとともに、各自の持分割合が判明している場合には、さらにその持分割合を記録する。

2　農地台帳に記録された事項の提供（運用通知第6・1(2)）

施行規則第百三条の二の規定に基づく市町村長への農地台帳に記録された事項の提供に当たっては、次の事項に留意するほか、メール等により電子媒体を送付することとされている。

(1)　農業委員会は、勧告を行った農地及び勧告の撤回を行った農地について、当該勧告又は勧告の撤回後、速やかに、市町村税務部局に対して当該農地の所有者名（所有者と勧告を受けた者が異なる場合には勧告を受けた者の氏名を含む。）、所在、地番、面積、勧告又は勧告の撤回を行った期日及び理由その他必要な事項を提供すること。

(2)　農業委員会は、その所有する全農地（十アール未満の自作地を除く。）について新たに存続期間が十年以上ある農地中間管理権を設定した者がいる場合には、当該設定後、速やかに、市町村税務部局に対して、当該者の氏名、当該農地中間管理権が設定された農地の所在、地番及び面積、当該農地中間管理権が設定された日、当該農地中間管理権の存続期間その他必要な事項を提供すること。

(3)　農業委員会は、(2)に該当する者が所有する農地について、農地中間管理機構から当該者に対して賃借権又は使用貸借による権利の設定が行われた場合には、当該設定後、速やかに、市町村税務部局に対して、当該者の氏名、当該権利が設定された農地の所在、地番及び面積、当該権利が設定された日その他必要な事項を提供すること。

(4)　農業委員会は、(1)～(3)の事項に変更があった場合には、速やかに、市町村税務部局に対して、当該変更後の事項を提供することと。

(5)　農業委員会は、毎年一月一日時点の(1)～(4)に掲げる事項をとりまとめた一覧表を作成し、当該年の一月末までに市町村税務部局に対し、提供すること。

（農地台帳及び農地に関する地図の公表）

第五十二条の三　農業委員会は、農地に関する情報の活用の促進を図るため、第五十二条の規定による農地に関する情報の提供の一環として、農地台帳に記録された事項（公表することにより個人の権利利益を害するものその他の公表することが適当でないものとして農林水産省令で定めるものを除く。）をインターネットの利用その他の方法により公表するものとする。

2　農業委員会は、農地に関する情報の活用の促進に資するよう、農地台帳のほか、農地に関する地図を作成し、これをインターネットの利用その他の方法により公表するものとする。

3　前条第二項から第四項までの規定は、前項の地図について準用する。

本条は、前条で農業委員会が作成した農地台帳に記載された事項の公表の方法及び農地に関する地図の作成並びに公表の方法について規定している。

本条に基づき農業委員会が果たすべき公表義務について、次の留意事項が通知されている（運用通知第６・２）。

(1)　本規定に基づく公表は、公表することが適当でないものとして施行規則第百四条第一項で定められている次のものを除き、各市町村で定めている個人情報保護条例等の規定に係わらず、必ず行わなければならない。

①　市街化区域内にある農地　全ての事項

②　①に掲げる農地以外の農地　法第五十二条の二第一項第一号及び第三号に規定する者の住所並びに同号に規定する借賃等の額並びに施行規則第百一条第二号、第六号及び第七号に掲げる事項

(2)　公表を行うに当たっては、各市町村の判断で、地方自治法に基づく条例を制定し、手数料を求めることを妨げるものではない。

（違反転用に対する措置の要請）

第五十二条の四　農業委員会は、必要があると認めるときは、都道府県知事等に対し、第五十一条第一項の規定による命令その他必要な措置を講ずべきことを要請することができる。

本条は、平成二十七年法律改正で設けられたものであり、農業委員会が、必要がある場合には違反転用に対する措置を都道府県知事等に対し要請できることを規定している。

農業委員会は、違反転用事案を知ったときは、速やかにその事情を調査し、遅滞なく報告書を都道府県知事等に提出しなければならない。この場合、必要があると認めるときは、法第五十一条第一項の規定による工事その他の行為の停止、原状回復等の必要な措置を講ずべきことを要請することができる。

この要請は、都道府県知事が講ずべき措置の内容を示して行う（処理基準第15・3）。

（不服申立て）

第五十三条　第九条第一項（第十二条第二項において準用する場合を含む。）の規定による買収令書の交付又は第三十九条第一項（第四十一条第二項において読み替えて準用する場合を含む。）の裁定についての審査請求においては、その対価、借賃又は補償金の額についての不服をその処分についての不服の理由とすることができない。ただし、第四十一条第二項において読み替えて準用する第三十九条第一項の裁定を受けた者がその裁定に係る農地の所有者等を確知することができないことにより第五十五条第一項の訴えを提起することができない場合は、この限りでない。

2　第四条第一項又は第五条第一項の規定による許可に関する処分に不服がある者は、その不服の理由が鉱業、採石業又は砂利採取業との調整に関するものであるときは、公害等調整委員会に対して裁定の申請をすることができる。

3　第七条第二項又は第六項の規定による公示については、審査請求をすることができない。前項の規定により裁定の申請をすることができる処分についても、同様とする。

4　行政不服審査法（平成二十六年法律第六十八号）第二十二条の規定は、前項後段の処分につき、処分をした行政庁が誤つて審査請求又は再調査の請求をすることができる旨を教示した場合に準用する。

本条は、この法律の処分に対しての不服申立てについて規定している。

1　不服申立て制度

行政庁のした公権力の行使に当たる処分に関して不服がある場合に、その処分の取消し等を求める方法としては、その処分が法令違反であるときには、裁判所に対して訴訟を提起することができるが、訴訟手続には費用も時間もかかるとともに、その処分が法令違反でないが不当であるときには、訴訟では救済を受けることができない。しかも一般国民にとっては、その処分が法令違反であるか、法令違反ではないが不当であるかの判断をすることが困難な場合が少なくない。そこで簡易迅速な手続によって国民の権利利益の救済と行政の適正な運営を確保するための制度として、行政不服審査法が設けられている。

行政不服審査法では、不服の申立てには、行政庁の処分又は不作為について行うもの（審査請求）と審査請求の裁決を得た後にさらに行うもの（再審査請求）とがあり、「審査請求」は処分庁及び不作為庁以外の行政庁（上級行政庁等）に対して行うものとしている（行政不服審査法第四条）。

不服申立てに関する事項については、法律によって審査請求をすることができない旨の定めがある処分以外についてはすべてその対象とすることができるという一般的概括主義の立場がとられている（行政不服審査法第一条第二項）。

農地法関係法令に基づいて、農業委員会、都道府県知事又は農林水産大臣がする許可、承認、指定などの処分又はこれらの処分の不作為についての不服申立てについては、法第五十三条に規定されている以外は行政不服審査法の定めるところによることとなる（行政不服審査法第一条第二項）。

2　買収令書の交付についての審査請求等

法第九条第一項（法第十二条第二項で準用する場合を含む。）の買収令書の交付又は法第三十九条第一項（第四十一条第二項において読み替えて準用する場合を含む。）の裁定についての審査請求においては、その対価、借賃又は補償金の額に

係る行政不服審査事務

不服申立ての種類	審　査　庁	再審査庁
審査請求	農林水産大臣（農林水産本省） （行政不服審査法第4条第3号）	
審査請求	農林水産大臣（農林水産本省） （行政不服審査法第4条第1号）	
審査請求	〈処分又は不作為についての審査請求〉 農林水産大臣（地方農政局） （地方自治法第255条の2第1項第1号） 〈不作為についての審査請求〉 都道府県知事 （地方自治法第255条の2第1項本文後段）	
審査請求	都道府県知事 （行政不服審査法第4条第４号）	農林水産大臣（地方農政局等） （地方自治法第255条の2第2項）
審査請求	都道府県知事 （地方自治法第255条の2第1項第2号）	農林水産大臣（地方農政局等） （地方自治法第252条の17の4第4項）
審査請求	都道府県知事 （地方自治法第255条の2第1項第2号）	農林水産大臣（地方農政局等） （地方自治法第252条の17の4第4項）
審査請求	都道府県知事 （地方自治法第255条の2第1項第2号）	
審査請求	都道府県知事 （地方自治法第255条の2第1項第2号）	
審査請求	都道府県知事 （地方自治法第255条の2第1項第2号）	
審査請求	都道府県知事 （地方自治法第255条の2第1項第2号）	
審査請求	都道府県知事 （地方自治法第255条の2第1項第2号）	
審査請求	都道府県知事 （地方自治法第255条の2第1項第2号）	
審査請求	都道府県知事 （行政不服審査法第4条第1号）	
審査請求	都道府県知事 （行政不服審査法第4条第4号）	
審査請求	市町村長 （行政不服審査法第4条第1号）	
審査請求	農業委員会 （行政不服審査法第4条第1号）	
審査請求	指定市町村の長 （行政不服審査法第4条第1号）	
審査請求	指定市町村の農業委員会 （行政不服審査法第4条第1号）	
審査請求	指定市町村の農業委員会 （行政不服審査法第4条第1号）	

合事務局を、それぞれ含む。

農地法に基づく主な処分に

		農　地　法	処　分　庁
国の直接執行事務		９条 買収令書の交付(公示を含む)	地方農政局長等 （農地法第62条、内閣府設置法第44条・第45条　権限の委任） 農林水産大臣 （農林水産本省）－北海道
法定受託事務	１号	４条・５条 許可（4ha超） １８条 許可（59条の2の場合を除く） ３９条 裁定 ５１条 違反転用に対する処分 （都道府県知事が処分したもののうち①以外の場合）	都道府県知事 地方事務所長等 （地方自治法第153条 委任） 市町村長 （地方自治法第252条の17の2 特例条例） 農業委員会 （地方自治法第180条の2 委任）
		4条・5条 許可（4ha超） 51条 違反転用に対する処分 （指定市町村の長が処分したもののうち②以外の場合）	指定市町村の長 農業委員会 （地方自治法第180条の2 委任）
		18条 許可 （59条の2の場合のみ）	指定都市の長（農地法第59条の2） 〈地方自治法第252条の19指定都市〉 農業委員会 （地方自治法第180条の2 委任）
		3条 許可 1項13号・1項14号の2 届出 3条の2 許可の取消 4条・5条 届出（4ha超） 18条 賃貸借の解除の届出 43条届出（4ha超）	農業委員会
	２号	４条・５条 届出（4ha以下） 43条届出（4ha以下）	指定市町村以外の農業委員会
自治事務		４条・５条 許可（4ha以下） ５１条 違反転用に対する処分 （都道府県知事が自治事務として処分した場合①）	都道府県知事 地方事務所長等 （地方自治法第153条 委任） 市町村長 （地方自治法第252条の17の2 特例条例） 農業委員会 （地方自治法第180条の2 委任）
		４条・５条 許可（4ha以下） ５１条 違反転用に対する処分 （指定市町村の長が自治事務として処分した場合②）	指定市町村の長 農業委員会 （地方自治法第180条の2 委任）
		４条・５条 届出（4ha以下） 43条届出（4ha以下）	指定市町村の農業委員会

（注）１　上記表中の地方農政局長は内閣府沖縄総合事務局長を、地方農政局は内閣府沖縄総

２　上記表中の指定市町村とは、農地法第4条第1項に規定する指定市町村をいう。

ついての不服をその処分についての不服の理由とすることができないこととされている（第一項）。

これは、行政不服審査法第七条第一項第五号で行政事件訴訟法上当事者訴訟で争うことが認められている処分については不服申立てをすることができないこととされていること及び法第五十五条でこれらの対価、借賃又は補償金の額に不服がある者は、買収令書の交付については国、遊休農地に係る農地中間管理権の設定の裁定については農地中間管理機構又は所有者等を被告として訴えをもってその増減を請求することができるとされていることからとられている措置である。

3　鉱業、採石業又は砂利採取業との調整に関する不服申立て

公害等調整委員会は、公害等調整委員会設置法に基づいて設置されている行政委員会で、公害に係る紛争の迅速かつ適正な解決を図るとともに、鉱業、採石業又は砂利採取業と一般公益等との調整を図るため、鉱業等のための土地利用に関する異議の裁定等を所掌している（同法第三条、第四条）。したがって、法第四条第一項又は法第五条第一項の規定による許可に関する処分に不服があり、かつ、その不服の理由が鉱業、採石業又は砂利採取業との調整に関するものであるときは、公害等調整委員会に対して裁定の申請をすることができることとされている（第二項）。

公害等調整委員会の裁定の手続については、鉱業等に係る土地利用の調整手続等に関する法律第二十五条以下に規定されており、裁定の拘束力については、行政不服審査法第五十二条と同じく処分庁その他の関係行政庁を拘束することとされている（鉱業等に係る土地利用の調整手続等に関する法律第四十四条）。

なお、公害等調整委員会に裁定の申請をすることができる処分については、不服申立てをすることができない（第三項）。しかし、処分庁が誤って審査請求又は異議申立てをすることができる旨を教示した場合には、行政不服審査法第二十二条（誤って教示をした場合の救済）の規定が準用されている（第四項）。

4　買収すべき土地等の公示に対する不服申立て

法第七条第二項（買収すべき土地の公示）又は第六項（農地所有適格法人の要件充足の届出が真実と認められないときの公示）の規定による農業委員会の公示については、不服申立てをすることができないこととされている（第三項）。

なお、農地法、農地法施行令及び農地法施行規則の規定に基づいて、農業委員会、都道府県知事又は地方農政局長等がする処分又はその不作為について、地方農政局長等に対して不服申立てがあった際の審査に関する事務処理が、円滑、かつ、適正に行われることを期するため農地法関係行政不服審査事務処理要領（平成二十八年七月十四日二八経営第一〇五四号農林水産省経営局長通知）が出されている。

第五十四条　削除

（**対価等の額の増減の訴え**）

第五十五条　次に掲げる対価、借賃又は補償金の額に不服がある者は、訴えをもつて、その増減を請求することができる。ただし、これらの対価、借賃又は補償金に係る処分のあつた日から六月を経過したときは、この限りでない。

一　第九条第一項第三号（第十二条第二項において準用する場合を含む。）に規定する対価

二　第三十九条第二項第四号に規定する借賃

三　第四十一条第二項において読み替えて準用する第三十九条第二項第四号に規定する補償金

2　前項第一号に掲げる対価の額についての同項の訴えにおいては国を、同項第二号に掲げる借賃の額についての同項の訴えにおいては農地中間管理機構又は第三十七条の規定による申請に係る農地の所有者等を、同項第三号に掲げる

補償金の額についての同項の訴えにおいては農地中間管理機構又は第四十一条第一項の規定による申請に係る農地の所有者等を、それぞれ被告とする。

3　第一項第一号に掲げる対価につきこれを増額する判決が確定した場合において、増額前の対価が第十条第二項（第十二条第二項において準用する場合を含む。）の規定により供託されているときは、国は、その増額に係る対価を供託しなければならず、また、この場合においては、第十条第三項の規定を準用する。

4　第十一条第二項の規定は、前項の規定により供託された対価について準用する。

本条は、対価の増額の訴えについて規定している。

1　行政事件訴訟法には、抗告訴訟、当事者訴訟、民衆訴訟及び機関訴訟があるが、最も一般的なものは抗告訴訟といわれる訴訟で、行政庁の公権力の行使に関する不服の訴訟であり、民衆訴訟又は機関訴訟は極めて特殊な訴訟である。当事者訴訟は、民衆訴訟又は機関訴訟ほど特殊な訴訟ではないが、当事者間の法律関係を確認し、又は形成する処分又は裁決に関する訴訟で、特に法令の規定によりその法律関係の当事者の一方を被告とするもの及び公法上の法律関係に関する訴訟であり、一般に認められている訴訟の形式ではない。

2　本法律では、次の①から③までに掲げる対価、借賃又は補償金の額に不服がある場合には、その不服がある者は、①に掲げる対価の額については国を、②に掲げる借賃の額については農地中間管理機構又は法第三十七条による裁定の申請に係る土地の所有者等を、③に掲げる補償金の額については農地中間管理機構又は法第四十一条第一項の規定による裁定の申請に係る農地の所有者等を、それぞれ被告として訴えをもってその増減を請求することができる旨定めている（第一項・第二項）。

①　法第九条第一項第三号（第十二条第二項において準用する場合を含む。）に規定する対価
②　法第三十九条第二項第四号に規定する借賃
③　法第四十一条第二項において読み替えて準用する第三十九条第二項第四号に規定する補償金

3　このように、対価、借賃又は補償金の額の当不当については、裁判所に当事者の一方が直接救済を求めることができるとして、その権利利益の保護を図ることとする一方、これらの訴えは対価、借賃又は補償金に係る処分のあった日から六月を経過したときには提起することができないこととし、その法律関係の安定についても特別の配慮をしており、この期間は不変期間としている（第一項ただし書、行政事件訴訟法第四十条）。

なお、①に掲げる対価についてこれを増額する旨の判決が確定した場合において、その増減前の対価が供託されているときは、国は、その増額に係る対価も供託しなければならないこととされ（第三項）、この場合には、法第十条第三項の対価の受領拒否等の場合の供託の規定が準用されている。また、この供託された対価に対して、第十一条第二項の規定が準用され、買収により消滅する先取特権、質権又は抵当権を有する者が供託された対価に対してその権利を行うことができることとされている（第四項）。

（土地の面積）
第五十六条　この法律の適用については、土地の面積は、登記簿の地積による。ただし、登記簿の地積が著しく事実と相違する場合及び登記簿の地積がない場合には、実測に基づき、農業委員会が認定したところによる。

本条は、本法の適用についての土地の面積について規定している。

農地法の適用については、土地の面積は原則として登記簿の地積によることとし、登記簿の地積が著しく事実と相違する場合及び登記簿の地積がない場合には、実測に基づき、農業委員会が認定したところによることとしている。

（換地予定地に相当する従前の土地の指定）
第五十七条　第七条第一項の規定による買収をする場合において、その買収の対象となるべき農地を明らかにするため特に必要があるときは、農林水産大臣は、旧耕地整理法（明治四十二年法律第三十号）に基づく耕地整理、土地区画整理施行法（昭和二十九年法律第百二十号）第三条第一項若しくは第四条第一項に規定する土地区画整理若しくは土地改良法に基づく土地改良事業に係る規約又は同法第五十三条の五第一項（同法第九十六条及び第九十六条の四第一項において準用する場合を含む。）若しくは第八十九条の二第六項若しくは土地区画整理法（昭和二十九年法律第百十九号）第九十八条第一項の規定によつて、換地処分の発効前に従前の土地に代えて使用又は収益をすることができるものとして指定された土地又はその土地の部分に相当する従前の土地又は土地の部分を地目、地積、土性等を考慮して指定することができる。
2　農林水産大臣は、前項の規定による指定をしたときは、その指定の内容を遅滞なく農業委員会に通知しなければならない。

本条は、換地処分前の農地等の取扱いについて換地予定地（一時利用地）が従前の土地のどの部分に当たるか不分明なため土地の表示の困難な場合における処理方法を定めた規定である。

1　農林水産大臣は、第七条第一項の規定による買収をする場合に、買収の対象となるべき農地を明らかにするため特に必要があるときは、旧耕地整理法による耕地整理、土地改良法による土地改良事業、土地区画整理法による土地区画整理事業等によって、換地処分発効前に従前の土地に代えて使用又は収益をすることができるものとして指定された土地又はその土地の部分に相当する従前の土地又は土地の部分を地目、地積、土性等を考慮して指定することができることとされている（第一項）。

2　1の規定による指定をしたときは、農林水産大臣はその指定の内容を遅滞なく農業委員会に通知しなければならないとされている（第二項）。

（指示及び代行）

第五十八条　農林水産大臣は、この法律の目的を達成するため特に必要があると認めるときは、この法律に規定する農業委員会の事務（第六十三条第一項第二号から第五号まで、第七号から第十一号まで、第十三号、第十四号、第十六号、第十七号、第二十号及び第二十一号並びに第二項各号に掲げるものを除く。）の処理に関し、農業委員会に対し、必要な指示をすることができる。

2　農林水産大臣は、この法律の目的を達成するため特に必要があると認めるときは、この法律に規定する都道府県知事又は指定市町村の長の事務（第六十三条第一項第二号、第六号、第八号、第十二号及び第十八号から第二十号までに掲げるものを除く。次項において同じ。）の処理に関し、都道府県知事又は指定市町村の長に対し、必要な指示をすることができる。

3　農林水産大臣は、都道府県知事又は指定市町村の長が前項の指示に従わないときは、この法律に規定する都道府県知事又は指定市町村の長の事務を処理することができる。

4　農林水産大臣は、前項の規定により自ら処理するときは、その旨を告示しなければならない。

本条は、この法律の目的を達成するため必要があると認めるときの農林水産大臣の農業委員会、都道府県知事又は指定市町村長への指示及び都道府県知事又は指定市町村長の事務の代行を規定している。

1　第一項及び第二項は、この法律の規定による農業委員会の事務（第六十三条第一項第二号から第五号まで、第七号から第十一号まで、第十三号、第十四号、第十六号、第十七号、第二十号及び第二十一号並びに第二項各号に掲げるものを除く。）又は都道府県知事又は指定市町村の長の事務（都道府県知事の事務のうち第六十三条第一項第二号、第六号、第八号、第十二号及び第十八号から第二十号までに掲げるものを除く。）の処理について、この法律の目的を達成するため特に必要があると認めるときは、農林水産大臣は、必要な指示をすることができることとしている（第一項・第二項）。

2　都道府県知事又は指定市町村の長が1の指示に従わないときは、農林水産大臣が処理することができることとしている（第三項）。

3　2で農林水産大臣が都道府県知事又は指定市町村の長の事務を自ら処理するときは、その旨を告示しなければならない（第四項）。

（是正の要求の方式）

第五十九条　農林水産大臣は、次に掲げる都道府県知事の事務の処理が農地又は採草放牧地の確保に支障を生じさせていることが明らかであるとして地方自治法第二百四十五条の五第一項の規定による求めを行うときは、当該都道府県知事が講ずべき措置の内容を示して行うものとする。

一　第四条第一項及び第八項の規定により都道府県知事が処理することとされている事務（同一の事業の目的に供するため四ヘクタールを超える農地を農地以外のものにする行為に係るものを除く。）

二　第五条第一項及び第四項の規定により都道府県知事が処理することとされている事務（同一の事業の目的に供す

るため四ヘクタールを超える農地と併せて採草放牧地について第三条第一項本文に掲げる権利を取得する行為に係るものを除く。）

2　農林水産大臣は、次に掲げる市町村の事務の処理が農地又は採草放牧地の確保に支障を生じさせていることが明らかであるとして地方自治法第二百四十五条の五第二項の指示を行うときは、当該市町村が講ずべき措置の内容を示して行うものとする。

一　第四条第一項及び第八項の規定により指定市町村の長が処理することとされている事務（同一の事業の目的に供するため四ヘクタールを超える農地を農地以外のものにする行為に係るものを除く。）

二　第五条第一項及び第四項の規定により指定市町村の長が処理することとされている事務（同一の事業の目的に供するため四ヘクタールを超える農地又はその農地と併せて採草放牧地について第三条第一項本文に掲げる権利を取得する行為に係るものを除く。）

三　前項各号に掲げる都道府県知事の事務を地方自治法第二百五十二条の十七の二第一項の条例の定めるところにより市町村が処理することとされた場合における当該市町村の当該事務

本条は、農林水産大臣が、都道府県知事の事務処理が農地等の確保に支障が生ずることが明らかなときに、是正を求める場合の方式を規定している。

1　都道府県知事の次に掲げる事務の処理が農地又は採草放牧地の確保に支障を生じさせていることが明らかであるとして地方自治法第二百四十五条の五第一項の規定による求めを農林水産大臣が行うときは、当該都道府県知事が講ずべき措置の内容を示して行うものとされている(第一項)。

(1)　第四条第一項及び第八項の規定により都道府県知事が処理することとされている事務(同一の事業の目的に供するため四ヘクタールを超える農地を農地以外のものにする行為に係るものを除く。)

(2)　第五条第一項及び第四項の規定により都道府県知事が処理することとされている事務(同一の事業の目的に供するため四ヘクタールを超える農地又はその農地と併せて採草放牧地について第三条第一項本文に掲げる権利を取得する行為に係るものを除く。)

この場合の「農地又は採草放牧地の確保に支障を生じさせていることが明らかである」場合としては、法第四条及び法第五条の許可基準に照らせば、本来、これらの許可をすることができないにもかかわらず、十分な検討がなされないままに当該許可がされ、これを受けて農地転用がなされた結果、農地又は採草放牧地のかい廃が進行している場合が想定される(運用通知第２・８(1))。

2　１の(1)及び(2)に掲げる都道府県知事の事務を、指定市町村の長又は、地方自治法第二百五十二条の十七の二第一項の条例の定めるところにより市町村が処理する場合において、当該市町村の当該事務の処理が農地又は採草放牧地の確保に支障を生じさせていることが明らかであるとして同法第二百四十五条の五第二項の指示を行うときは、当該市町村が講ずべき措置の内容を示して行う。

3　**農地転用許可事務に係る実態調査(運用通知第２・８(2))**

地方農政局長等は、毎年、都道府県知事等(都道府県知事の事務を地方自治法第二百五十二条の十七の二第一項の条例の定めるところにより市町村が処理することとされた場合にあっては、当該市町村。)の処理する農地転用許可事務について実態調査を行い、不適正な事務処理がなされていると認められる場合には、その改善を図るため、同法第二百四十五条の四第一項の助言若しくは勧告又は同法第二百四十五条の五第一項の規定による求め（都道府県知事の事務を同法第二百五十二条の十七の二第一項の条例の定めるところにより市町村が処理することとされた場合にあっては、同法第二百四十五条の四第二項又は第二百四十五条の五第二項の指示。）を行う。

なお、当該調査は、指定市町村の長による事務処理及び都道府県知事による二ヘクタールを超え四ヘクタール以下の農地転用に係る事務処理について重点的に行うほか、その都度、必要に応じて重点課題等を定めて行う。

4　情報の共有（運用通知第2・8⑶）

農村振興局長は、都道府県知事等に対して行った是正の要求等のうち、他の都道府県又は市町村において同様の事態が生ずることがないようにする観点から特に必要があると認められるものに係る情報を取りまとめ、公表する。

5　農地転用事務実態調査の事務処理（事務処理要領第4・7⑴）

実態調査は、都道府県知事等が行う農地転用許可事務（当該事務を地方自治法第二百五十二条の十七の二第一項の条例の定めるところにより市町村が処理することとされた場合にあっては、当該市町村が行う農地転用許可事務。）の適正な処理を確保するため、国が毎年、実施するものであり、本調査の結果、必要と認められる場合には、是正の要求等を行う。

調査は、次に掲げるところにより実施する。

なお、本調査のために行う都道府県知事等に対する資料の提供の要求は、地方自治法第二百四十五条の四の規定による。

(1)　実態調査の実施

①　調査対象

本調査は、都道府県知事等が行う農地転用許可事務を対象とする。

②　調査方法

i　毎年、重点課題を定めた上で実施する。

ii　都道府県知事等が行う農地転用許可事務に係る処分のうち一都道府県当たり平均五十件を抽出して調査する。

iii　各地方農政局等の農地転用担当者がiiにより抽出された処分に係る関係書類等を閲覧して行う。なお、必要に応じ、関係書類等の提供を求める。

③　調査事項

i　法第四条第六項又は第五条第二項に規定する農地転用許可の基準に適合しているか

ii　所要の添付書類が整っているか

iii　許可後の転用事業の進捗状況及びその完了が報告されているか

iv　その他

(2)　調査結果の取りまとめ

地方農政局長は、本調査の結果を基に農村振興局長と調整した上で、次に該当する事案を取りまとめる。

i　本来ならば農地転用の許可をすることができない事案であるにもかかわらず許可している等、農地等の確保に支障を生じさせていることが疑われる事案

ii　iについて、都道府県又は指定市町村に見解を求め、その見解を踏まえた上で、なお疑義が解消されない事案

(3)　調査結果の報告

地方農政局長は、(2)により取りまとめた結果を農村振興局長に報告する。

（4）　調査結果の公表

農村振興局長は、北海道において自ら行った本調査の結果及び(3)により報告を受けた調査結果を取りまとめ、公表する。

なお、地方農政局長は、本調査の実施に当たり、調査結果について公表される旨を都道府県又は指定市町村に通知する。

6　是正の要求等（事務処理要領第4・7(2)）

（1）　是正のための助言又は勧告

①　地方農政局長等は、5の調査の結果、都道府県知事等が行う農地転用許可事務に不適切事案がみられた場合には、その解消に向け都道府県知事等が将来講ずべき措置の内容を検討する。

②　地方農政局長等は、不適切事案がみられた都道府県又は指定市町村に対し、①により検討した都道府県知事等が講ずべき措置の内容を示して地方自治法第二百四十五条の四第一項の規定により、是正のための助言又は勧告を行うことができる。

この場合、期限を定めて対応方針についての回答を求める。

③　地方農政局長等は、②のほか、不適切事案がみられる指定市町村に対し、①により検討した当該指定市町村が講ずべき措置の内容を示して地方自治法第二百四十五条の四第二項の規定により、是正のための助言又は勧告を行うよう、都道府県知事に指示することができる。

この場合、期限を定めて対応方針についての回答を求める。

（2）　是正の要求

地方農政局長等は、(1)の②による是正のための助言又は勧告を受けた都道府県から期限までに対応方針についての回答がない場合、対応方針の回答が十分でない場合又は回答のあった対応方針どおりの対応がされていない場合には、地方自治法第二百四十五条の五第一項の規定により、当該都道府県に対して是正の要求を行うことができる。

(3)　是正の要求の指示

地方農政局長等は、(1)の③により是正のための助言又は勧告に関する指示を受けた都道府県経由で当該助言又は勧告を受けた指定市町村から期限までに対応方針についての回答がない場合、対応方針についての回答が十分でない場合又は回答のあった対応方針どおりの対応がされていない場合には、地方自治法第二百四十五条の五第二項の規定により、当該指定市町村に対して是正の要求を行うよう、都道府県知事に指示することができる。

(4)　その他の留意事項

地方農政局長は、(1)から(3)までにより是正のための助言若しくは勧告若しくは必要な指示又は是正の要求若しくは是正の要求の指示を行った場合には、農村振興局長に報告する。また、これらに対する都道府県又は指定市町村からの対応方針が提出された場合にも、農村振興局長に報告する。

(5)　情報の共有

農村振興局長は、自らが是正の要求等を行ったもの及び(4)による報告を受けたもののうち、他の都道府県又は市町村において同様の事態が生ずることのないようにする観点から特に必要があると認められるものに係る情報を取りまとめ、公表する。

（大都市の特例）

第五十九条の二　第十八条第一項及び第三項の規定により都道府県が処理することとされている事務並びにこれらの事

務に係る第四十九条第一項、第三項及び第五項並びに第五十条の規定により都道府県が処理することとされている事務のうち、指定都市の区域内にある農地又は採草放牧地に係るものについては、当該指定都市が処理するものとする。この場合においては、この法律中前段に規定する事務に係る都道府県又は都道府県知事に関する規定は、指定都市又は指定都市の長に関する規定として指定都市又は指定都市の長に適用があるものとする。

本条は、賃貸借の解約等の許可に係る都道府県又は都道府県知事に関する規定を指定都市又は指定都市の長に適用する場合を規定している。

法第十八条第一項に規定されている賃貸借の解約等の許可事務及び当該許可に係る事務（同条第三項、第四十九条第一項、第三項及び第五項並びに第五十条）については、都道府県が処理することとされているが、指定都市の区域内にある農地又は採草放牧地に係るものについては、当該指定都市が処理するものとしている。この際、これらの事務に係る規定中、都道府県又は都道府県知事に関する規定は、指定都市又は指定都市の長に関する規定として指定都市又は指定都市の長に適用があるものとしている。

なお、本条は、地域の自主性及び自立性を高めるための改革の推進を図るための関係法律の整備に関する法律（平成二十六年法律第五十一号。第四次分権一括法。）によって追加されたものであり、平成二十七年四月一日から施行された。

（農業委員会に関する特例）

第六十条　農業委員会等に関する法律第三条第一項ただし書又は第五項の規定により、農業委員会が置かれていない市町村についてのこの法律（第二十五条を除く。以下この項において同じ。）の適用については、この法律中「農業委員会」とあるのは、「市町村長」と読み替えるものとする。

2　農業委員会等に関する法律第三条第二項の規定により二以上の農業委員会が置かれている市町村についてのこの法律の適用については、この法律中「市町村の区域」とあるのは、「農業委員会の区域」と読み替えるものとする。

本条は、農業委員会が置かれていない市町村についてのこの法律の適用及び市町村に二つ以上の農業委員会が置かれている場合の特例について規定している。

1　農業委員会は、市町村単位に市町村の行政機関として置かれることとなっている（農業委員会等に関する法律第三条第一項）。したがって、農業委員会は市町村自体の機関として市町村長の統轄のもとに置かれている（地方自治法第百四十七条）が、市町村から独立して特定の行政執行権を与えられており、その職務の独立性を保障するために、地方自治法によって規則制定権が与えられている（地方自治法第百三十八条の四）。

農地法では、このような性格を有する農業委員会に多くの権限を与えて農地法の目的の達成を期しているが、農地がない又は農地面積が著しく小さいため市町村長が農業委員会を置かないこととした市町村には、農業委員会が置かれないことになるので、このような場合には、農地法で「農業委員会」とあるのは、「市町村長」と読み替えて農業委員会に行わせることとしている権限を市町村長に行わせることにしている（第一項）。

2　また、その区域が著しく大きい（二万四千ヘクタール超）市町村又はその区域内の農地面積が著しく大きい（七千ヘクタール超）市町村については、市町村長は、その区域を分けて二以上の農業委員会を置くことができることになっている（農業委員会等に関する法律第三条第二項、農業委員会等に関する法律施行令第三条）。このような市町村についての農地法の適用については、農地法では「市町村の区域」とあるのは「農業委員会の区域」と読み替えて農業委員会の区域を市町村の区域とみなして適用することとしている（第二項）。

（**特別区等の特例**）
第六十一条　この法律中市町村又は市町村長に関する規定（指定都市にあつては、第三条第四項を除く。）は、特別区のある地にあつては特別区又は特別区の区長に、指定都市（農業委員会等に関する法律第四十一条第二項の規定により区（総合区を含む。以下この条において同じ。）ごとに農業委員会を置かないこととされたものを除く。）にあつては区又は区長（総合区長を含む。）に適用する。

本条は、この法律中、市町村又は市町村長に関する規定の特別区等に適用する場合を規定している。

農地法の中で「市町村」又は「市町村長」に関する規定については、特別区のある地にあっては「特別区」又は「特別区の区長」に、地方自治法第二百五十二条の十九第一項の指定都市にあっては区又は区長に適用することとされている。

なお、指定都市については、法第三条第四項の規定（解除条件付き使用貸借による権利又は賃借権の設定について許可しようとするときに、あらかじめ、農業委員会が市町村長に通知し、市町村長が意見を述べることができることとしている）は特例の対象から除かれているので、この場合は原則どおり指定都市の長となる。

また、指定都市においては、区ごとに農業委員会を置くことが原則であるが、この特例として当該指定都市の区域内の農地面積が農林水産大臣の定める面積に満たない場合、その他農林水産大臣の定める特別の事情により区ごとに農業委員会を置かないことができるとされている（農業委員会等に関する法律第四十一条第二項）。このことに関連して区ごとに農業委員会を置かない指定都市に農地法を適用する場合には、指定都市の区を単位とするのではなく、指定都市を単位として適用することとなる。

（権限の委任）

第六十二条　この法律に規定する農林水産大臣の権限は、農林水産省令で定めるところにより、その一部を地方農政局長に委任することができる。

本条は、この法律の規定する農林水産大臣の権限の委任について規定している。

この法律及び政令に規定している農林水産大臣の権限は、法第四条第一項の農地転用許可及び指定市町村の指定と取消し、農林水産大臣の指示に都道府県知事が従わないときに自ら処理する権限（法第五十八条第四項）を除き、その他は地方農政局長に委任されている（施行規則第百五条）。

（事務の区分）

第六十三条　この法律の規定により都道府県又は市町村が処理することとされている事務のうち、次の各号及び次項各号に掲げるもの以外のものは、地方自治法第二条第九項第一号に規定する第一号法定受託事務とする。

一　第三条第四項の規定により市町村が処理することとされている事務（同項の規定により農業委員会が処理することとされている事務を除く。）

二　第四条第一項、第二項及び第八項の規定により都道府県等が処理することとされている事務（同一の事業の目的に供するため四ヘクタールを超える農地を農地以外のものにする行為に係るものを除く。）

三　第四条第三項の規定により市町村が処理することとされている事務（意見を付する事務に限る。）

四　第四条第三項の規定により市町村（指定市町村に限る。）が処理することとされている事務（申請書を送付する事務（同一の事業の目的に供するため四ヘクタールを超える農地を農地以外のものにする行為に係るものを除く。）に限る。）

五　第四条第四項及び第五項（これらの規定を同条第十項において準用する場合を含む。）の規定により市町村が処理することとされている事務

六　第四条第九項の規定により都道府県等が処理することとされている事務（意見を聴く事務（同一の事業の目的に供するため四ヘクタールを超える農地を農地以外のものにする行為に係るものを除く。）に限る。）

七　第四条第九項の規定により市町村が処理することとされている事務（意見を述べる事務に限る。）

八　第五条第一項及び第四項の規定並びに同条第三項において準用する第四条第二項の規定により都道府県等が処理することとされている事務（同一の事業の目的に供するため四ヘクタールを超える農地又はその農地と併せて採草放牧地について第三条第一項本文に掲げる権利を取得する行為に係るものを除く。）

九　第五条第三項において準用する第四条第三項の規定により市町村が処理することとされている事務（意見を付する事務に限る。）

十　第五条第三項において準用する第四条第三項の規定により市町村（指定市町村に限る。）が処理することとされている事務（申請書を送付する事務（同一の事業の目的に供するため四ヘクタールを超える農地又はその農地と併せて採草放牧地について第三条第一項本文に掲げる権利を取得する行為に係るものを除く。）に限る。）

十一　第五条第三項において読み替えて準用する第四条第四項及び第五項の規定並びに第五条第五項において読み替えて準用する第四条第十項において読み替えて準用する同条第四項及び第五項の規定により市町村が処理することとされている事務

十二　第五条第五項において準用する第四条第九項の規定により都道府県等が処理することとされている事務（意見を聴く事務（同一の事業の目的に供するため四ヘクタールを超える農地又はその農地と併せて採草放牧地について第三条第一項本文に掲げる権利を取得する行為に係るものを除く。）に限る。）

十三　第五条第五項において準用する第四条第九項の規定により市町村が処理することとされている事務（意見を述べる事務に限る。）

十四　第三十条、第三十一条、第三十二条第一項、同条第二項から第五項まで（これらの規定を第三十三条第二項において準用する場合を含む。）、第三十三条第一項、第三十四条、第三十五条第一項、第三十六条及び第四十一条第

一項の規定により市町村が処理することとされている事務

十五　第四十二条の規定により市町村が処理することとされている事務

十六　第四十三条第一項の規定により市町村（指定市町村に限る。）が処理することとされている事務（同一の事業の目的に供するため四ヘクタールを超える農地をコンクリートその他これに類するもので覆う行為に係るものを除く。）

十七　第四十四条の規定により市町村が処理することとされている事務

十八　第四十九条第一項、第三項及び第五項並びに第五十条の規定により都道府県等が処理することとされている事務（第二号、第八号及び次号に掲げる事務に係るものに限る。）

十九　第五十一条の規定により都道府県等が処理することとされている事務（第二号及び第八号に掲げる事務に係るものに限る。）

二十　第五十一条の二の規定により都道府県又は市町村が処理することとされている事務

二十一　第五十二条から第五十二条の三までの規定により市町村が処理することとされている事務

2　この法律の規定により市町村が処理することとされている事務のうち、次に掲げるものは、地方自治法第二条第九項第二号に規定する第二号法定受託事務とする。

一　第四条第一項第七号の規定により市町村（指定市町村を除く。）が処理することとされている事務（同一の事業の目的に供するため四ヘクタールを超える農地を農地以外のものにする行為に係るものを除く。）

二　第四条第三項の規定により市町村（指定市町村を除く。）が処理することとされている事務（申請書を送付する事務（同一の事業の目的に供するため四ヘクタールを超える農地を農地以外のものにする行為に係るものを除く。）に限る。）

三　第五条第一項第六号の規定により市町村（指定市町村を除く。）が処理することとされている事務（同一の事業の目的に供するため四ヘクタールを超える農地又はその農地と併せて採草放牧地について第三条第一項本文に掲げる権利を取得する行為に係るものを除く。）
四　第五条第三項において準用する第四条第三項の規定により市町村（指定市町村を除く。）が処理することとされている事務（申請書を送付する事務（同一の事業の目的に供するため四ヘクタールを超える農地又はその農地と併せて採草放牧地について第三条第一項本文に掲げる権利を取得する行為に係るものを除く。）に限る。）
五　第四十三条第一項の規定により市町村（指定市町村を除く。）が処理することとされている事務（同一の事業の目的に供するため四ヘクタールを超える農地をコンクリートその他これに類するもので覆う行為に係るものを除く。）

本条では、都道府県又は市町村が処理することとされている事務が地方自治法第二条第九項第一号に規定する法定受託事務でないものを規定、これ以外は同法定受託事務となる。

都道府県又は市町村が処理することとされている事務で次に掲げるもの以外のものは、地方自治法第二条第九項第一号に規定する第一号法定受託事務とする（第一項・施行令第三十八条第一項）。

法第六十三条第一項

(1)　第三条第四項の規定により市町村が処理することとされている事務（同項の規定により農業委員会が処理することとされている事務を除く。）

(2)　第四条第一項、第二項及び第八項の規定により都道府県等が処理することとされている事務（同一の事業の目的に供するため四ヘクタールを超える農地を農地以外のものにする行為に係るものを除く。）

(3)　第四条第三項の規定により市町村が処理することとされている事務（意見を付する事務に限る。）

(4)　第四条第三項の規定により市町村（指定市町村に限る。）が処理することとされている事務（申請書を送付する事務（同一の事業の目的に供するため四ヘクタールを超える農地を農地以外のものにする行為に係るものを除く。）に限る。）

(5)　第四条第四項及び第五項（これらの規定を同条第十項において準用する場合を含む。）の規定により市町村が処理することとされている事務

(6)　第四条第九項の規定により都道府県等が処理するこ

施行令第三十八条第一項

(1)　第三条第二項の規定により市町村（指定市町村に限る。）が処理することとされている事務（同一の事業の目的に供するため四ヘクタールを超える農地を農地以外のものにする行為に係るものを除く。）

(2)　第九条第一項の規定により市町村が処理することとされている事務

(3)　第九条第三項（同条第九項において読み替えて準用する場合を含む。）の規定により都道府県が処理することとされている事務

(4)　第九条第七項の規定により指定市町村が処理することとされている事務

(5)　第十条第二項の規定により市町村（指定市町村に限る。）が処理することとされている事務（同一の事業の目的に供するため四ヘクタールを超える農地又はその農地と併せて採草放牧地について法第三条第一項本文に掲げる権利を取得する行為に係るものを除く。）

(6)　第二十二条第二項の規定により市町村が処理することとされている事務（意見を付する事務に限る。）

とされている事務（意見を聴く事務（同一の事業の目的に供するため四ヘクタールを超える農地を農地以外のものにする行為に係るものを除く。）に限る。）

(7) 第四条第九項の規定により市町村が処理することとされている事務（意見を述べる事務に限る。）

(8) 第五条第一項及び第四項の規定並びに同条第三項において準用する第四条第二項の規定により都道府県等が処理することとされている事務（同一の事業の目的に供するため四ヘクタールを超える農地又はその農地と併せて採草放牧地について第三条第一項本文に掲げる権利を取得する行為に係るものを除く。）

(9) 第五条第三項において準用する第四条第三項の規定により市町村が処理することとされている事務（意見を付する事務に限る。）

(10) 第五条第三項において準用する第四条第三項の規定により市町村（指定市町村に限る。）が処理することとされている事務（申請書を送付する事務（同一の事業の目的に供するため四ヘクタールを超える農地又はその農地と併せて採草放牧地について第三条第一項本文に掲げる権利を取得する行為に係るものを除く。）に限る。）

(11)　第五条第三項において読み替えて準用する第四条第四項及び第五項の規定並びに第五条第五項において読み替えて準用する第四条第十項において読み替えて準用する同条第四項及び第五項の規定により市町村が処理することとされている事務

(12)　第五条第五項において準用する第四条第九項の規定により都道府県等が処理することとされている事務（意見を聴く事務（同一の事業の目的に供するため四ヘクタールを超える農地又はその農地と併せて採草放牧地について第三条第一項本文に掲げる権利を取得する行為に係るものを除く。）に限る。）

(13)　第五条第五項において準用する第四条第九項の規定により市町村が処理することとされている事務（意見を述べる事務に限る。）

(14)　第三十条、第三十一条、第三十二条第一項、同条第二項から第五項まで（これらの規定を第三十三条第二項において準用する場合を含む。）、第三十三条第一項、

第三十四条、第三十五条第一項、第三十六条及び第四十一条第一項の規定により市町村が処理することとされている事務

(15)　第四十二条の規定により市町村が処理することとされている事務

(16)　第四十三条第一項の規定により市町村（指定市町村に限る。）が処理することとされている事務（同一の事業の目的に供するため四ヘクタールを超える農地をコンクリートその他これに類するもので覆う行為に係るものを除く。）

(17)　第四十四条の規定により市町村が処理することとされている事務

(18)　第四十九条第一項、第三項及び第五項並びに第五十条の規定により都道府県等が処理することとされている事務（第二号、第八号及び次号に掲げる事務に係るものに限る。）

(19)　第五十一条の規定により都道府県等が処理することとされている事務（第二号及び第八号に掲げる事務に係るものに限る。）

(20)　第五十一条の二の規定により都道府県又は市町村が処理することとされている事務

(21)　第五十二条から第五十二条の三までの規定により市町村が処理することとされている事務

市町村が処理することとされている事務で次に掲げるものは、地方自治法第二条第九項第二号に規定する第二号法定受託事務とする（第二項・施行令第三十八条第二項）。

法第六十三条第二項

(1)　第四条第一項第八号の規定により市町村（指定市町村を除く。）が処理することとされている事務（同一の事業の目的に供するため四ヘクタールを超える農地を農地以外のものにする行為に係るものを除く。）

(2)　第四条第三項の規定により市町村（指定市町村を除く。）が処理することとされている事務（申請書を送付する事務（同一の事業の目的に供するため四ヘクタールを超える農地を農地以外のものにする行為に係るものを除く。）に限る。）

(3)　第五条第一項第七号の規定により市町村（指定市町

施行令第三十八条第二項

(1)　第三条第二項の規定により市町村（指定市町村を除く。）が処理することとされている事務（同一の事業の目的に供するため四ヘクタールを超える農地を農地以外のものにする行為に係るものを除く。）

(2)　第十条第二項の規定により市町村（指定市町村を除く。）が処理することとされている事務（同一の事業の目的に供するため四ヘクタールを超える農地又はその農地と併せて採草放牧地について法第三条第一項本文に掲げる権利を取得する行為に係るものを除く。）

村を除く。）が処理することとされている事務（同一の事業の目的に供するため四ヘクタールを超える農地又はその農地と併せて採草放牧地について第三条第一項本文に掲げる権利を取得する行為に係るものを除く。）

(4) 第五条第三項において準用する第四条第三項の規定により市町村（指定市町村を除く。）が処理することとされている事務（申請書を送付する事務（同一の事業の目的に供するため四ヘクタールを超える農地又はその農地と併せて採草放牧地について第三条第一項本文に掲げる権利を取得する行為に係るものを除く。）に限る。）

(5) 第四十三条第一項の規定により市町村（指定市町村を除く。）が処理することとされている事務（同一の事業の目的に供するため四ヘクタールを超える農地をコンクリートその他これに類するもので覆う行為に係るものを除く。）

なお、法第六十三条第一項各号及び第二項各号並びに施行令第三十六条第一項各号及び第二項各号に掲げる事務については、農地法関係事務に係る処理基準は適用しない（事務処理基準第1・(5)）。

（運用上の配慮）

第六十三条の二　この法律の運用に当たつては、我が国の農業が家族農業経営、法人による農業経営等の経営形態が異なる農業者や様々な経営規模の農業者など多様な農業者により、及びその連携の下に担われていること等を踏まえ、農業の経営形態、経営規模等についての農業者の主体的な判断に基づく様々な農業に関する取組を尊重するとともに、地域における貴重な資源である農地が地域との調和を図りつつ農業上有効に利用されるよう配慮しなければならない。

本条は、この法律の運用に当たっての配慮すべきことを規定している。

この法律の運用に当たっては、我が国農業は、家族経営及び農業生産法人（現・農地所有適格法人）による経営等を中心とする耕作者が農地に関する権利を有することが基本的な構造であり、これらの耕作者と農地が農村社会の基盤を構成する必要不可欠な要素であることを十分認識することが重要である（農地法等の一部を改正する法律案に対する附帯決議・平成二十一年六月十六日）。

このため、法第六十三条の二において、運用上の配慮規定が設けられている。

農地制度の運用については、平成二十一年の農地法等の一部を改正する法律の国会審議の際、衆・参両院で附帯決議がなされている。

第六章　罰　則

行政法規により罰を科せられる制裁としては、普通、行政刑罰といわれる刑法に刑名がある刑罰（死刑、懲役、禁錮、罰金、拘留、科料）と行政上の秩序罰としての過料とがあるが、農地法では、行政刑罰として懲役と罰金に、行政上の秩序罰として過料に処される場合が定められている。

なお、刑事罰については、刑事訴訟法第二百四十一条の規定により検察官又は司法警察員に対して告発ということになる。また、過料については、非訟事件手続法により次のような処理手続となり、農業委員会等は、裁判所に通知すればよいこととなる。

（参考）過料事件の処理手続

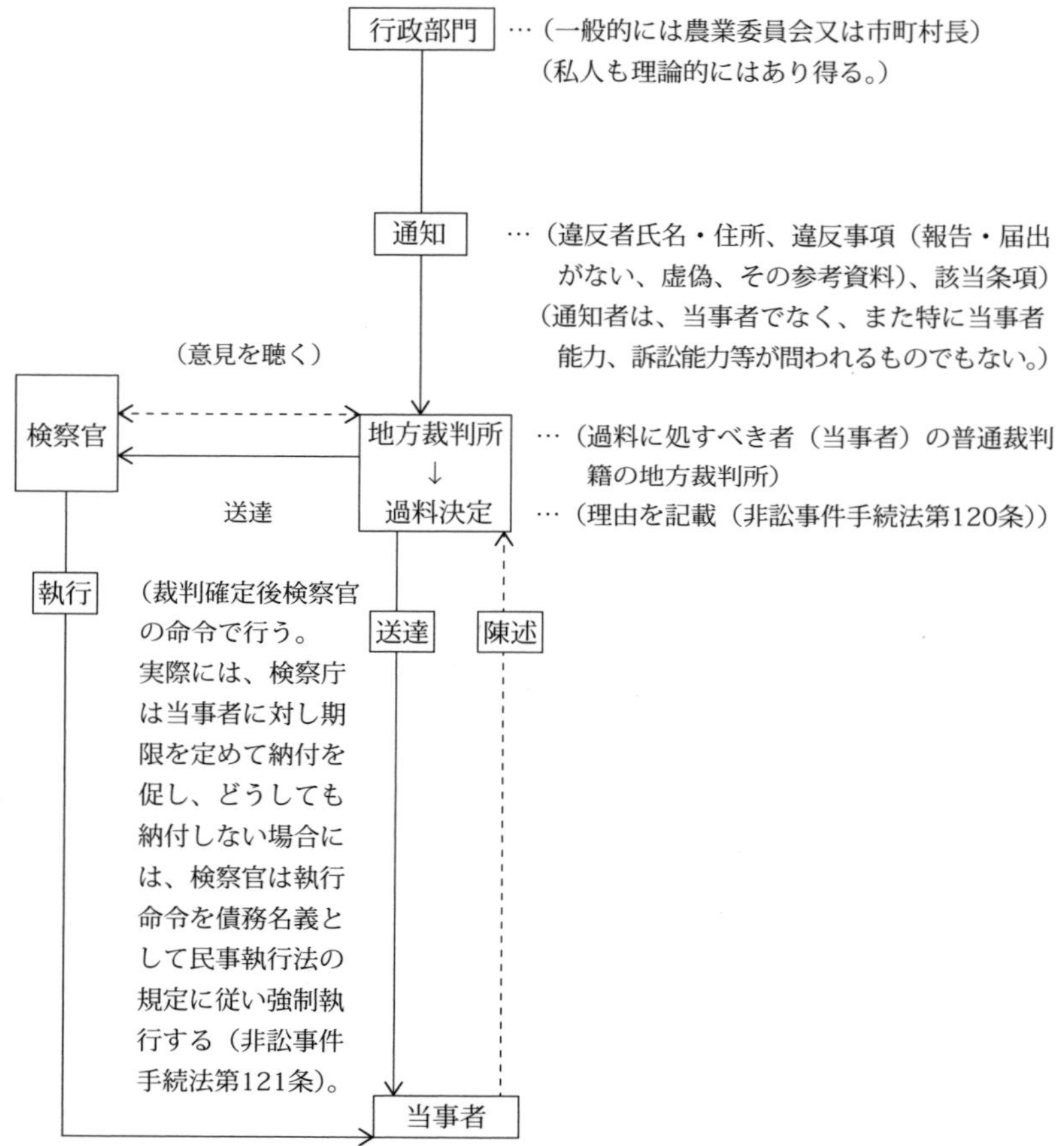

第六十四条　次の各号のいずれかに該当する者は、三年以下の懲役又は三百万円以下の罰金に処する。
一　第三条第一項、第四条第一項、第五条第一項又は第十八条第一項の規定に違反した者
二　偽りその他不正の手段により、第三条第一項、第四条第一項、第五条第一項又は第十八条第一項の許可を受けた者
三　第五十一条第一項の規定による都道府県知事等の命令に違反した者

本条は、農地等の権利移動及び転用の制限等の規定に違反した者に対する罰則を規定している。

本条で三年以下の懲役又は三百万円以下の罰金に処せられるのは、次に掲げる者となっている。
(1)　この法律の制限に違反した者
①　法第三条（農地又は採草放牧地の権利移動の制限）第一項に違反した者
②　法第四条（農地の転用の制限）第一項に違反した者
③　法第五条（農地又は採草放牧地の転用のための権利移動の制限）第一項の規定に違反した者
④　法第十八条（農地又は採草放牧地の賃貸借の解約等の制限）第一項の規定に違反した者
(2)　偽りその他不正の手段により、法第三条第一項、法第四条第一項、法第五条第一項又は法第十八条第一項の許可を受けた者
(3)　法第五十一条（違反転用に対する処分）第一項の規定による都道府県知事等の命令に違反した者

（参考一）

罰則の適用されたものに、次のようなものがある。

農業振興地域内の農用地区域に所在する農地について、都道府県知事の許可を受けることなく賃貸し、建物を建築させ、一部資材置場として利用させた事案について、農地法及び農振法の違反として懲役六月、執行猶予二年の罪とされた。

（参考二）

・農地法第九十二条（現第六十四条）が同法第五条第一項本文違反を処罰するのは、同条項所定の権利の設定移転のためになされる法律行為を対象とするものであって、その効力が生ずるか否かはこれを問わない。（最高二小、昭三八・一二・二七、三六（あ）九三九、刑集一七―一二―二五九五）

・農地法第九十二条（現第六十四条）の違反には、売主のみならず買主も含む。（最高二小、昭三八・一二・二七、三六（あ）九三九、刑集一七―一二―二五九五）

第六十五条　第四十九条第一項の規定による職員の調査、測量、除去又は移転を拒み、妨げ、又は忌避した者は、六月以下の懲役又は三十万円以下の罰金に処する。

本条は、立入調査を拒んだ場合等の罰則を規定している。

本条の六月以下の懲役又は三十万円以下の罰金に処せられるのは、法第四十九条（立入調査）第一項の規定による職員の調査、測量、除去又は移転を拒み、妨げ、又は忌避した者となっている。

第六十六条　第四十二条第一項の規定による市町村長の命令に違反した者は、三十万円以下の罰金に処する。

本条は、現に耕作の目的に供されておらず、かつ、引き続き耕作の目的に供されないと見込まれる等の農地に係る支障の除去等の市町村長の措置命令に違反した者に対する罰則を規定している。

本条により三十万円以下の罰金に処せられるのは、法第四十二条（措置命令）第一項の規定による市町村長の命令に違反した者となっている。

第六十七条　法人の代表者又は法人若しくは人の代理人、使用人その他の従業者が、その法人又は人の業務又は財産に関し、次の各号に掲げる規定の違反行為をしたときは、行為者を罰するほか、その法人に対して当該各号に定める罰金刑を、その人に対して各本条の罰金刑を科する。

一　第六十四条第一号若しくは第二号（これらの規定中第四条第一項又は第五条第一項に係る部分に限る。）又は第三号　一億円以下の罰金刑

二　第六十四条（前号に係る部分を除く。）又は前二条　各本条の罰金刑

本条は、法人等の罰則を規定している。

法人の代表者又は法人若しくは人の代理人、使用人その他の従業員がその法人又は人の業務又は財産に関し、次に掲げる規定の違反行為をしたときは、その行為をした者を罰することはもちろん、その法人又は人も、その行為をした者と同じように法人に対して当該各号の罰金刑を、その人に対して法第六十四条、法第六十五条及び第六十六条の罰金刑を科せられることになっている。

① 法第六十四条第一号若しくは第二号（法第四条（農地の転用の制限）第一項又は法第五条（農地又は採草放牧地の転用のための権利移動の制限）第一項に係る部分に限る。）又は第三号（法第五十一条（違反転用に対する処分）第一項）　一億円以下

② 法第六十四条（①に係る部分を除く。）又は法第六十五条、法第六十六条　各本条の罰金刑

第六十八条　第六条第一項の規定に違反して、報告をせず、又は虚偽の報告をした者は、三十万円以下の過料に処する。

本条は、農地所有適格法人が報告をしなかった場合等の罰則を規定している。

本条で三十万円以下の過料に処せられるのは、法第六条（農地所有適格法人の報告等）第一項の規定に違反して、報告をせず又は虚偽の報告をした者となっている。

第六十九条　第三条の三の規定に違反して、届出をせず、又は虚偽の届出をした者は、十万円以下の過料に処する。

本条は、農地等の権利取得の届出をしない場合等の罰則を規定している。
本条の十万円以下の過料に処せられるのは、法第三条の三（農地又は採草放牧地についての権利取得の届出）の規定に違反して届出をせず、又は虚偽の届出をした者となっている。

附　則（抄）

（施行期日）

1　この法律の施行期日は、公布の日から起算して六箇月を超えない期間内で政令で定める。〔昭和二七年政令第四四四号で同年一〇月二一日から施行〕

（農林水産大臣に対する協議）

2　都道府県知事等は、当分の間、次に掲げる場合には、あらかじめ、農林水産大臣に協議しなければならない。

一　同一の事業の目的に供するため四ヘクタールを超える農地を農地以外のものにする行為（農村地域への産業の導入の促進等に関する法律（昭和四十六年法律第百十二号）その他の地域の開発又は整備に関する法律で政令で定めるもの（第三号において「地域整備法」という。）の定めるところに従つて農地を農地以外のものにする行為で政令で定める要件に該当するものを除く。次号において同じ。）に係る第四条第一項の許可をしようとする場合

二　同一の事業の目的に供するため四ヘクタールを超える農地を農地以外のものにする行為に係る第四条第八項の協議を成立させようとする場合

三　同一の事業の目的に供するため四ヘクタールを超える農地又はその農地と併せて採草放牧地について第三条第一項本文に掲げる権利を取得する行為（地域整備法の定めるところに従つてこれらの権利を取得する行為で政令で定める要件に該当するものを除く。次号において同じ。）に係る第五条第一項の許可をしようとする場合

四　同一の事業の目的に供するため四ヘクタールを超える農地又はその農地と併せて採草放牧地について第三条第一項本文に掲げる権利を取得する行為に係る第五条第四項の協議を成立させようとする場合

本項は、四ヘクタールを超える農地転用許可に当たり、都道府県知事から農林水産大臣への協議について規定している。

1　平成十年の農地法の一部を改正する法律により、農地転用の許可権限が、それまでの同一事業の目的に供するため行われる二ヘクタールを超える農地の場合は、地方整備法に定めるところに従って行われる一定の場合を除き、農林水産大臣の権限とされていたものを、地方分権の推進を図るため、二ヘクタールを超え四ヘクタール以下の農地の転用の許可については、都道府県知事に移譲された。さらに、平成二十七年の第五次地方分権一括法による農地法改正では、四ヘクタールを超える農地転用の許可権限が農林水産大臣から都道府県知事に移譲された。これに伴い都道府県知事は、当分の間、四ヘクタールを超える農地の転用を許可しようとする場合には、あらかじめ、農林水産大臣に協議しなければならないこととされた（法附則第二項）。

この協議は、国民の食料の安定供給の基盤を確保するとともに生産性の高い農業構造を確立して行くために良好な営農

条件を備えている農地の確保を図ることが不可欠であり、このような大規模な農地の転用は、農業生産への影響を与えるおそれが大きいことから、農林水産大臣の全国的な視野に立った判断を反映させることが必要であるものとして措置されたものであり、農林水産大臣の同意まで求める趣旨のものではない。

2　都道府県知事の事務処理（事務処理要領第4・3(1)）

①　都道府県知事等は、法附則第二項各号の規定に基づき地方農政局長等に協議しようとするときは、法第四条第一項若しくは第五条第一項の規定による許可申請又は法第四条第八項若しくは第五条第四項の協議に係る事業の概要、許可申請書又は協議書の記載事項等につき検討した上で概要書（様式例第4号の7）を作成し、これに必要な資料等を添付し、速やかに地方農政局長等に提出する。

②　都道府県知事等は、地方農政局長等から協議の回答を受けた後に、速やかに許可若しくは不許可の処分又は協議の成立若しくは不成立の決定を行う。

3　地方農政局長の事務処理（事務処理要領第4・3(2)）

地方農政局長等は、都道府県知事等から協議を受けたときは、その内容を検討し、必要があると認められるときは、都道府県知事等に協議に係る内容等について確認を行い、速やかに検討結果を都道府県知事等に通知する。

附　則〔平成二一年六月二四日法律第五七号〕（抄）

（施行期日）

第一条　この法律は、公布の日から起算して六月を超えない範囲内において政令【平成二一年政令第二八四号で同年一二月一五日から施行】で定める日から施行する。ただし、次の各号で掲げる規定は、当該各号に定める日から施行する。

地域の自主性及び自立性を高めるための改革の推進を図るための関係法律の整備に関する法律

附　則〔平成二三年八月三十日法律第百五号〕（抄）

（施行期日）

第一条　この法律は、公布の日から施行する。ただし、〔以下略〕

農業の構造改革を推進するための農業経営基盤強化促進法等の一部を改正する等の法律

附　則〔平成二五年一二月一三日法律第百二号〕（抄）

（施行期日）

第一条　この法律は、公布の日から起算して九月を超えない範囲内において政令【平成二六年政令第四七号で同年四月一日から施行】で定める日から施行する。ただし、〔以下略〕

行政不服審査法の施行に伴う関係法律の整備等に関する法律

附　則〔平成二六年六月一三日法律第六九号〕

第一条　この法律は、行政不服審査法（平成二十六年法律第六十八号）の施行の日から施行する。

地域の自主性及び自立性を高めるための改革の推進を図るための関係法律の整備に関する法律

附　則〔**平成二七年六月二六日法律第五十号**〕（**抄**）

（**施行期日**）

第一条　この法律は、平成二十八年四月一日から施行する。ただし、〔以下略〕

農業協同組合法等の一部を改正する等の法律

附　則〔**平成二七年九月四日法律第六三号**〕（**抄**）

（**施行期日**）

第一条　この法律は、平成二十八年四月一日から施行する。ただし、〔以下略〕

民法の一部を改正する法律の施行に伴う関係法律の整備等に関する法律

附　則〔**平成二九年六月二日法律第四五号**〕

この法律は、民法改正法の施行の日【一部の規定を除き、平成三二年（令和二年）四月一日】から施行する。ただし、〔以下略〕

農村地域工業等導入促進法の一部を改正する法律

附　則〔平成二九年六月二日法律第四八号〕（抄）

（施行期日）

第一条　この法律は、公布の日から起算して二月を超えない範囲内において政令【平成二九年政令一九二号で同年七月二四日から施行】で定める日から施行する。

農業経営基盤強化促進法等の一部を改正する法律

附　則〔**平成三〇年五月一八日法律第二三号**〕（**抄**）

（**施行期日**）

第一条　この法律は、公布の日から起算して六月を超えない範囲内において政令【平成三〇年政令第三一〇号で同年一一月一六日から施行】で定める日から施行する。ただし、〔以下略〕

農地中間管理事業の推進に関する法律等の一部を改正する法律

附　則〔**令和元年五月二四日法律第一二号**〕（**抄**）

（**施行期日**）

第一条　この法律は、公布の日から起算して六月を超えない範囲内において政令【令和元年政令第一〇一号で同年一一月一日（同法附則第一条第二号に掲げる規定は令和二年四月一日）から施行】で定める日から施行する。ただし、〔以下略〕

農業経営基盤強化促進法等の一部を改正する法律
附　則〔令和四年五月二十七日法律第五六号〕（抄）

（施行期日）
第一条　この法律は、公布の日から起算して一年を超えない範囲内において政令【令和四年政令第三五六号で令和五年四月一日から施行】で定める日から施行する。ただし、〔以下略〕

（遊休農地に関する措置に関する経過措置）
第十二条　第五条の規定による改正後の農地法（次項において「新農地法」という。）第三十二条第三項の規定は、施行日以後にされる公示について適用し、施行日前にされた公示及び当該公示に係る農地法第四十一条の規定による通知、裁定の申請その他の行為については、なお従前の例による。
2　新農地法第三十九条第三項の規定は、施行日以後にされる農地法第三十六条第一項の規定による勧告に係る裁定について適用し、施行日前にされた同項の規定による勧告に係る裁定については、なお従前の例による。

農地制度の変遷

Ⅰ　戦前の農地制度
Ⅱ　戦時の農地制度
Ⅲ　戦後の農地制度

Ⅰ　戦前の農地制度

年次	施策・法律等	内容
一八六八（明元）	土地所有を公認	・「村々ノ地面ハ総テ百姓ノ地タル」の宣言（太政官布告一二月一八日）
一八七二（明五）	地所永代売買を解禁	・（二月一五日太政官布告第五〇号）
一八七三（明六）	地租改正法令公布	①土地の所有権の把握と所有者への地券の交付 ②地価の評価 ③地価の一〇〇分の三を地租として金納（収穫の三四％に相当）
一八七四（明七）	林野の官民有区分はじまる	・従来の公有地を廃止し、官有地と民有地に区分
一八九〇（明二三）	旧民法公布	・明治二六年一月一日施行予定、施行に至らず。
一八九六（明二九）	民法（旧民法廃止）	・明治三一年七月一六日施行 ・農地の小作関係は、債権たる賃貸借として位置づけられる。
一九二〇（大九）	小作制度調査委員会設置	・小作事情、小作制度に関する調査審議を行う。
一九二四（大一三）	小作調停法成立	↓民事調停法（昭和二六年） ・農商務省・小作官設置
一九二六（大一五）	自作農創設維持補助規則	・簡易生命保険積立金を財源として低利融資を行う。取得資金と維持資金の貸付利率三・五％、二四年償還
一九三七（昭一二）	自作農創設維持補助助成規則	・事業主体が農地等を取得し譲渡する。利率三・二％
一九三八（昭一三）	農地調整法制定	・農地の賃貸借の引渡しによる対抗力、法定更新等

Ⅱ 戦時の農地制度

年次	施策・法律等	内容
一九三九（昭一四）	小作料統制令制定	・昭和一四年九月一八日現在で停止統制
一九四一（昭一六）	臨時農地価格統制令制定	・賃貸価格×主務大臣の定める率（昭和一四年調査に基づく郡市別倍率）
	臨時農地等管理令制定	① 農地転用及び転用目的での農地の権利移動の許可制 ② 耕作放棄地の規制 ③ 作付統制 ④ 耕作目的での農地の権利移動の許可制（昭和一九年改正）
	小作料の金納化	・米の供出制と生産奨励金の交付の運用により金納化が実現

Ⅲ　戦後の農地制度

年　　次	施策・法律等	内　　容
一九四五～五〇（昭二〇～二五）	農地改革の実施 ・一九四五（昭二〇） GHQ「農地改革に関する覚書」を交付 ・一九四六（昭二一） 農地調整法改正 ・一九四六（昭二一） 自作農創設特別措置法制定	・農地調整法改正（第一次農地改革） ・実際上実施されないまま第二次農地改革へ ・第二次農地改革 ①政府による直接買収売渡 ア　在村地主の一町歩超過の所有小作地 イ　不在地主の全所有小作地 ウ　所有農地が三町歩を超える場合の超過面積相当の自作地を認定買収 ②未墾地の買収売渡 ③牧野の買収売渡（昭和二二年追加） 農地改革により一七四万町歩（昭和二五年八月一日現在）の農地が買収され、所管換農地を含む一九三万町歩の農地が解放された。これにより、改革前には四六％あった小作地率は、一〇％未満となった。
一九四九（昭二四）	土地改良法制定	・耕作者主義による土地改良事業の推進

年次	施策・法律等	内容
一九五〇（昭二五）	自作農創設特別措置法及び農地調整法の適用を受けるべき土地の譲渡に関する政令制定	・土地台帳法による賃貸価格制度の廃止に伴い農地買収が不可能になることに対する応急措置 ①買収もれ農地等の旧価格による買収 ②新規買収該当地の強制譲渡 ③競売・公売の特例
	農地価格統制失効	・（土地の賃貸価格制度が廃止されたため）
一九五一（昭二六）	農業委員会等に関する法律制定	
一九五二（昭二七）	農地法制定	・①農地の権利移動の統制　②農地転用統制　③小作地所有制限　④賃貸借の解約の制限　⑤小作料統制　⑥物納禁止　⑦農地の買収、売渡　⑧未墾地の買収、売渡
一九五五（昭三〇）	自作農維持創設資金融通法制定	・自作地取得資金、小作地取得資金
一九五九（昭三四）	農地転用許可基準制定（次官通達）	
一九六二（昭三七）	農地法改正・農協法改正	・①農業生産法人制度の導入　②農地信託制度の創設　③農地取得の上限の緩和
一九六四（昭三九）	農地管理事業団構想（四〇年第四八国会、四一年第五一国会提案→廃案）	・政府出資の特殊法人による農地・未墾地等の売買・あっせん、取得資金の貸付等農地移動の公的機関の介入により規模拡大、自立経営農家育成を企図
一九六九（昭四四）	農地法施行規則改正	・市街化区域内農地を転用する場合の届出手続
	農業振興地域の整備に関する法律制定	・農村地域における農業振興地域の指定と農業振興方策の策定

年次	施策・法律等	内容
一九七〇（昭四五）	農地法改正	・①賃貸借規制の緩和　②小作料規制の緩和　③農業生産法人の要件緩和　④経営規模拡大のための農地保有合理化法人による農地等の売買・貸借等の促進　⑤農協による経営受託事業の創設　⑥草地利用権の創設等
一九七五（昭五〇）	農業振興地域の整備に関する法律改正	・農用地利用増進事業の創設
一九八〇（昭五五）	農用地利用増進法制定 農地法改正	・農用地利用増進事業の拡充 ・売渡農地の貸付禁止の例外措置（世帯員への貸付）、小作地転貸禁止の例外措置（世帯員への転貸可）、農業生産法人の要件緩和、物納小作料の法認
一九八九（平元）	農用地利用増進法改正 特定農地貸付けに関する農地法等の特例に関する法律制定	・農用地の利用調整のための仕組みの追加 ・特定農地貸付け制度の創設
一九九〇（平二）	市民農園整備促進法制定	・農地と農機具収納施設等の附帯施設を総体として優良な市民農園の整備を促進するために、市民農園の認定制度等を創設
一九九一（平三）	行政事務に関する国と地方の関係の整理及び合理化に関する法律制定	・農村地域工業等導入促進法等地域整備法による農地転用は二ヘクタールを超える場合でも都道府県知事の許可
一九九二（平四）	農地法施行令改正	・農地保有合理化法人に市町村公社を加える。

年次	施策・法律等	内容
一九九三（平五）	農業経営基盤の強化のための関係法律の整備に関する法律制定 （農用地利用増進法改正（農業経営基盤強化促進法に改名） 農地法改正 農業協同組合法改正 土地改良法改正等）	・効率的かつ安定的な農業経営体を育成するとともに、これらの経営体が生産の相当部分を担うような農業構造を早急に確立するため、関係七法律を一括して改正
一九九五（平七）	農地法施行規則改正	・地方公共団体等が非常災害の応急対策又は復旧のために農地転用又は農地等の権利を取得する場合農地転用許可除外
一九九八（平一〇）	農業経営基盤強化促進法改正 農地法改正	・農地保有合理化法人に対する支援の強化、同法人による農用地の買入協議制の創設 ・地方分権の推進及び行政事務の基準の明確化を図るため、農地転用について農林水産大臣の権限を二ヘクタール超から四ヘクタール超に改正、許可基準を法定（平成一〇年一一月一日施行）
一九九九（平一一）	地方分権の推進を図るための関係法律の整備等に関する法律による農地法改正	・機関委任事務の廃止に伴い、法定受託事務、自治事務の区分を規定

年　次	施策・法律等	内　容
二〇〇〇（平一二）	農地法改正	・農業経営の法人化を推進し、地域農業の活性化を図るため、農業生産法人要件に株式会社（定款に株式の譲渡につき取締役会の承認を要する旨の定めがあるものに限る。）を追加、事業は主たる事業が農業であれば他の事業実施可能、下限面積の農林水産大臣の承認廃止等の措置を講ずる。
二〇〇二（平一四）	構造改革特別区域法制定 ・農地法の特例 ・特定農地貸付法及び市民農園整備促進法の特例	・特区内において ①　農業生産法人以外の法人に使用収益権の設定を認める。 ②　市民農園の開設者の範囲の拡大
二〇〇三（平一五）	農業経営基盤強化促進法改正	・認定農業者である農業生産法人の構成員要件の緩和、一定要件を満たす農作業受託組織に対する利用集積の促進
二〇〇五（平一七）	農業経営基盤強化促進法等の改正 〔・農業経営基盤強化促進法改正 ・農地法改正　等〕 特定農地貸付法改正	・構造改革特区制度の全国展開として、市町村等が農業生産法人以外の法人に農用地を貸し付ける特定法人貸付事業を創設 ・構造改革特区の特例措置の全国での実施、地方公共団体及び農業協同組合以外の者でも市民農園の開設を可能にした。

年次	施策・法律等	内容
二〇〇五（平一七）	会社法の施行に伴う関係法律の整備に関する法律制定	・会社法の制定に伴い、農業生産法人の組織要件が「農事組合法人、株式会社（公開会社でないものに限る。以下同じ。）又は持分会社」に改められ、平成一八年五月一日から施行
二〇〇九（平二一）	農地法等の改正 ・農地法改正	・優良農地確保のため学校・病院等の公共事業による農地転用を許可対象とし、効率利用を促進するため一般の法人の貸借による農地の権利取得の途を開く。また、小作地所有制限、標準小作料、未墾地の買収、売渡等の規定を廃止
	・農業協同組合法改正	・農業協同組合・同連合会も農業経営のための貸借による権利取得を可能にした。
	・農業経営基盤強化促進法改正	・農地利用の集積を促進する農地利用集積円滑化事業を創設
二〇一一（平二三）	・地域の自主性及び自立性を高めるための改革の推進を図るための関係法律の整備に関する法律による農地法の改正	・農地等の耕作目的での権利移動の許可権限をすべて農業委員会に移譲、平成二四年四月一日から施行
二〇一三（平二五）	・農地中間管理事業の推進に関する法律制定	・農地中間管理機構による農地中間管理権の取得及び農用地利用配分計画による貸し付け 農地保有合理化法人制度の廃止

年　次	施　策・法　律　等	内　容
二〇一三（平二五）	・農業の構造改革を推進するための農業経営基盤強化促進法等の一部を改正する法律	・農業経営基盤強化促進法の一部改正 ①農地中間管理機構に関する規定の整備 ②青年等の就農促進 ③法人化等の推進 ・農地法の一部改正 ①遊休農地対策の強化 ②農地台帳の法定化
二〇一四（平二六）	行政不服審査法の施行に伴う関係法律の整備等に関する法律	・農地法の一部改正 不服申立前置主義の廃止
二〇一五（平二七）	農業協同組合法等の一部を改正する等の法律 ・農地法改正	・農業生産法人の名称を農地所有適格法人に変更し、農外の議決権を二分の一未満まで拡大、理事等の農作業従事要件は一人以上に緩和。 ・都道府県知事の農地転用許可への農業委員会の意見送付と、農業委員会から都道府県農業委員会ネットワーク機構へ意見聴取を法定。
	・地域の自主性及び自立性を高めるための改革の推進を図るための関係法律の整備に関する法律（第五次地方分権一括法）	・農地転用は四ヘクタールを超える場合でも都道府県知事の許可 ・農地転用に係る事務・権限を移譲する指定市町村の創設

年次	施策・法律等	内容
二〇一六（平二八）	国家戦略特別区域法改正	・特区に限って、農地所有適格法人以外の法人が農地の所有権を取得できる仕組みの創設（五年間の時限措置）→二〇二一年（令三）の法改正で二年延長
二〇一七（平二九）	土地改良法等の一部を改正する法律〔・土地改良法改正 ・農地中間管理事業法改正 ・水資源機構法改正〕	・農地中間管理機構が借り入れている農地について、農業者からの申請によらず、都道府県営事業として、農業者の費用負担や同意を求めない基盤整備事業を実施できる制度の創設 ・防災及び減災対策の強化事業実施手続の合理化
	生産緑地法改正	・特定生産緑地制度の創設生産緑地地区の最低面積の変更（五百→三百㎡以上） ・生産緑地地区における建築規制の緩和
二〇一八（平三〇）	農業経営基盤強化促進法等の一部を改正する法律〔・農業経営基盤強化促進法改正 ・農地法改正〕	・所有者不明農地について、相続人の一人が農地中間管理機構に貸付けできるよう、農業委員会の探索・公示手続を経て、不明な所有者の同意を得たとみなすことができる制度の創設 ・農作物栽培高度化施設の設置に当たって、農地をコンクリート等で覆う行為を農地転用に該当しないものとして取り扱えるよう規定を整備
	土地改良法改正	・土地改良区の組合員資格ならびに体制の改善に関する措置
	都市農地の貸借の円滑化に関する法律制定	・生産緑地について相続税納税猶予を受けたままで農地を貸すことができる仕組みの創設

年次	施策・法律等	内容
二〇一九（令元）	農地中間管理事業の推進に関する法律等の一部を改正する法律 ・農地中間管理事業法改正 ・農業経営基盤強化促進法改正 ・農地法改正	・地域協議に関し、市町村は農地に関する地図を活用して必要な情報の提供に努めるとともに、農業委員会の役割を明確化 ・農地中間管理機構の仕組みの改善 ・農地利用集積円滑化事業を中間管理事業に統合一体化
二〇二二（令四）	農業経営基盤強化促進法等の一部を改正する法律 ・農地法改正 ・農業経営基盤強化促進法改正 ・農地中間管理事業法改正 ・農業委員会法改正 ・農業振興地域整備法改正	・認定農業者制度について市町村の認定事務を都道府県又は国が処理する仕組みの創設 ・市町村は関係者による協議の結果を踏まえ、農用地の効率的かつ総合的な利用に関する目標等を定めた地域計画を策定 ・農用地利用配分計画と農用地利用集積計画を統合し、農地中間管理機構が農用地利用集積等促進計画を定め都道府県知事が認可 ・農業委員会は、農地等の利用の最適化の推進に関する指針を作成 ・農用地等以外の用途に供することを目的とした農用地区域からの除外要件に「地域計画の達成に支障を及ぼすおそれがないこと」を追加 ・農地等の権利取得に当たっての下限面積の要件を廃止

年　次	施策・法律等	内　容
二〇二三（令五）	国家戦略特別区域法及び構造改革特別区域法の一部を改正する法律	・特区に限って農地所有適格法人以外の法人が農地の所有権を取得できる農地法の特例措置について、国家戦略特別区域法の規定を削除し、構造改革特別区域法に規定

参考

農地法施行令
農地法施行規則

農地法施行令

〔昭和二十七年十月二十日
政令第四百四十五号〕

最終改正　令和四年十一月二十八日政令第三百五十六号
（令和五年四月一日施行）

（農地又は採草放牧地の権利移動についての許可手続）

第一条　農地法（以下「法」という。）第三条第一項の許可を受けようとする者は、農林水産省令で定めるところにより、農林水産省令で定める事項を記載した申請書を農業委員会に提出しなければならない。

（農地又は採草放牧地の権利移動の不許可の例外）

第二条　法第三条第二項第一号に掲げる場合の同項ただし書の政令で定める相当の事由は、次のとおりとする。

一　その権利を取得しようとする者がその取得後において耕作又は養畜の事業に供すべき農地及び採草放牧地の全てについて耕作又は養畜の事業を行うと認められ、かつ、次のいずれかに該当すること。

イ　その権利を取得しようとする者が法人であつて、その権利を取得しようとする農地又は採草放牧地における耕作又は養畜の事業がその法人の主たる業務の運営に欠くことのできない試験研究又は農事指導のために行われると認められること。

ロ　地方公共団体（都道府県を除く。）がその権利を取得しようとする農地又は採草放牧地を公用又は公共用に供すると認められること。

ハ　教育、医療又は社会福祉事業を行うことを目的として設立された法人で農林水産省令で定めるものがその権利を取得しようとする農地又は採草放牧地を当該目的に係る業務の運営に必要な施設の用に供すると認められること。

ニ　独立行政法人農林水産消費安全技術センター、独立行政法人家畜改良センター又は国立研究開発法人農業・食品産業技術総合研究機構がその権利を取得しようとする農地又は採草放牧地をその業務の運営に必要な施設の用に供すると認められること。
二　耕作又は養畜の事業を行う者が所有権以外の権原（第三者に対抗することができるものに限る。ロにおいて同じ。）に基づいてその事業に供している農地又は採草放牧地につき当該事業を行う者及びその世帯員等以外の者が所有権を取得しようとする場合において、許可の申請の時におけるその者又はその世帯員等の耕作又は養畜の事業に必要な機械の所有の状況、農作業に従事する者の数等からみて、イ及びロに該当すること。
イ　許可の申請の際現にその者又はその世帯員等が耕作又は養畜の事業に供すべき農地及び採草放牧地の全てを効率的に利用して耕作又は養畜の事業を行うと認められること。
ロ　その土地についての所有権以外の権原の存続期間の満了その他の事由によりその者又はその世帯員等がその土地を自らの耕作又は養畜の事業に供することが可能となつた場合において、これらの者が耕作又は養畜の事業に供すべき農地及び採草放牧地の全てを効率的に利用して耕作又は養畜の事業を行うことができると認められること。

2　法第三条第二項第二号及び第四号に掲げる場合の同項ただし書の政令で定める相当の事由は、次のとおりとする。
一　農業協同組合、農業協同組合連合会又は農事組合法人（農業協同組合法（昭和二十二年法律第百三十二号）第七十二条の十第一項第二号の事業を行うものを除く。）がその権利を取得しようとする農地又は採草放牧地を稚蚕共同飼育の用に供する桑園その他これらの法人の直接又は間接の構成員の行う農業に必要な施設の用に供すると認められること。
二　森林組合、生産森林組合又は森林組合連合会がその権利を取得しようとする農地又は採草放牧地をその行う森林の経営又はこれらの法人の直接若しくは間接の構成員の行う森林の経営に必要な樹苗の採取又は育成の用に供すると認められること。
三　乳牛又は肉用牛の飼養の合理化を図るため、その飼養の事業を行う者に対してその飼養の対象となる乳牛若しくは肉用牛を育成して供給し、又はその飼養の事業を行う者の委託を受けてその飼養の対象となる乳牛若しくは肉用牛を育成する事業を行う一般社団法人又は一般財団法人で農林水産省令で定めるものが、その権利を取得しようとする農地又は採草放牧地を当該事業の運営に必要な施設の用に供すると認められること。

四　東日本高速道路株式会社、中日本高速道路株式会社又は西日本高速道路株式会社がその権利を取得しようとする農地又は採草放牧地をその事業に必要な樹苗の育成の用に供すると認められること。

五　前項第一号イから二までに掲げる事由

（市街化区域内にある農地を転用する場合の届出）

第三条　法第四条第一項第七号の届出をしようとする者は、農林水産省令で定めるところにより、農林水産省令で定める事項を記載した届出書を農業委員会に提出しなければならない。

2　農業委員会は、前項の規定により届出書の提出があつた場合において、当該届出を受理したときはその旨を、当該届出を受理しなかつたときはその旨及びその理由を、遅滞なく、当該届出をした者に書面で通知しなければならない。

（農地の転用の不許可の例外）

第四条　法第四条第六項第一号に掲げる場合の同項ただし書の政令で定める相当の事由は、次の各号に掲げる農地の区分に応じ、それぞれ当該各号に掲げる事由とする。

一　法第四条第六項第一号イに掲げる農地　農地を農地以外のものにする行為が次の全てに該当すること。

イ　申請に係る農地を仮設工作物の設置その他の一時的な利用に供するために行うものであつて、当該利用の目的を達成する上で当該農地を供することが必要であると認められるものであること。

ロ　農業振興地域の整備に関する法律（昭和四十四年法律第五十八号）第八条第一項又は第九条第一項の規定により定められた農業振興地域整備計画（以下単に「農業振興地域整備計画」という。）の達成に支障を及ぼすおそれがないと認められるものであること。

二　法第四条第六項第一号ロに掲げる農地　農地を農地

以外のものにする行為が前号イ又は次のいずれかに該当すること。

イ　申請に係る農地を農業用施設、農畜産物処理加工施設、農畜産物販売施設その他地域の農業の振興に資する施設として農林水産省令で定めるものの用に供するために行われるものであること。

ロ　申請に係る農地を市街地に設置することが困難又は不適当なものとして農林水産省令で定める施設の用に供するために行われるものであること。

ハ　申請に係る農地を調査研究、土石の採取その他の特別の立地条件を必要とする農林水産省令で定める事業の用に供するために行われるものであること。

ニ　申請に係る農地をこれに隣接する土地と一体として同一の事業の目的に供するために行うもの（当該農地の位置、面積等が農林水産省令で定める基準に適合するものに限る。）であつて、当該事業の目的を達成する上で当該農地を供することが必要であると認められるものであること。

ホ　申請に係る農地を公益性が高いと認められる事業で農林水産省令で定めるものの用に供するために行われるものであること。

ヘ　次のいずれかに該当するものであること。

(1)　農村地域への産業の導入の促進等に関する法律（昭和四十六年法律第百十二号）第五条第一項に規定する実施計画に基づき同条第二項第一号に規定する産業導入地区内において同条第三項第一号に規定する施設を整備するために行われるもの

(2)　総合保養地域整備法（昭和六十二年法律第七十一号）第七条第一項に規定する同意基本構想に基づき同法第四条第二項第三号に規定する重点整備地区内において同法第二条第一項に規定する特定施設を整備するために行われるもの

(3)　多極分散型国土形成促進法（昭和六十三年法律第八十三号）第十一条第一項に規定する同意基本構想に基づき同法第七条第二項第二号に規定する重点整備地区内において同項第三号に規定する中核的施設を整備するために行われるもの

(4)　地方拠点都市地域の整備及び産業業務施設の再

配置の促進に関する法律（平成四年法律第七十六号）第八条第一項に規定する同意基本計画に基づき同法第二条第二項に規定する拠点地区内において同項の事業として住宅及び住宅地若しくは同法第六条第五項に規定する教養文化施設等を整備するため又は同条第四項に規定する拠点地区内において同法第二条第三項に規定する産業業務施設を整備するために行われるもの

(5)　地域経済牽引事業の促進による地域の成長発展の基盤強化に関する法律（平成十九年法律第四十号）第十四条第二項に規定する承認地域経済牽引事業計画に基づき同法第十一条第二項第一号に規定する土地利用調整区域内において同法第十三条第三項第一号に規定する施設を整備するために行われるもの

(6)　その他地域の農業の振興に関する地方公共団体の計画（土地の農業上の効率的な利用を図るための措置が講じられているものとして農林水産省令で定めるものに限る。）に従つて行われるものであつて農林水産省令で定める要件に該当するもの

2　法第四条第六項第二号に掲げる場合の同項ただし書の政令で定める相当の事由は、農地を農地以外のものにする行為が前項第二号イ、ロ、ホ又はへのいずれかに該当することとする。

（良好な営農条件を備えている農地）

第五条　法第四条第六項第一号ロの良好な営農条件を備えている農地として政令で定めるものは、次に掲げる農地とする。

一　おおむね十ヘクタール以上の規模の一団の農地の区域内にある農地

二　土地改良法（昭和二十四年法律第百九十五号）第二条第二項に規定する土地改良事業又はこれに準ずる事業で、農業用用排水施設の新設又は変更、区画整理、農地の造成その他の農林水産省令で定めるもの（以下「特定土地改良事業等」という。）の施行に係る区域内にある農地

三　傾斜、土性その他の自然的条件からみてその近傍の標準的な農地を超える生産をあげることができると認

められる農地

第六条　法第四条第六項第一号ロの市街化調整区域内にある政令で定める農地は、次に掲げる農地とする。

一　前条第一号に掲げる農地のうち、その面積、形状その他の条件が農作業を効率的に行うのに必要なものとして農林水産省令で定める基準に適合するもの

二　前条第二号に掲げる農地のうち、特定土地改良事業等の工事が完了した年度の翌年度の初日から起算して八年を経過したもの以外のもの（特定土地改良事業等のうち農地を開発すること又は農地の形質に変更を加えることによつて当該農地を改良し、若しくは保全することを目的とする事業で農林水産省令で定める基準に適合するものの施行に係る区域内にあるものに限る。）

（市街地の区域内又は市街地化の傾向が著しい区域内にある農地）

第七条　法第四条第六項第一号ロ⑴の政令で定めるものは、次に掲げる区域内にある農地とする。

一　道路、下水道その他の公共施設又は鉄道の駅その他の公益的施設の整備の状況が農林水産省令で定める程度に達している区域

二　宅地化の状況が農林水産省令で定める程度に達している区域

三　土地区画整理法（昭和二十九年法律第百十九号）第二条第一項に規定する土地区画整理事業又はこれに準ずる事業として農林水産省令で定めるものの施行に係る区域

（市街地化が見込まれる区域内にある農地）

第八条　法第四条第六項第一号ロ⑵の政令で定めるものは、次に掲げる区域内にある農地とする。

一　道路、下水道その他の公共施設又は鉄道の駅その他の公益的施設の整備の状況からみて前条第一号に掲げる区域に該当するものとなることが見込まれる区域として農林水産省令で定めるもの

二　宅地化の状況からみて前条第二号に掲げる区域に該当するものとなることが見込まれる区域として農林水産省令で定めるもの

（地域における農地の農業上の効率的かつ総合的な利用の

（確保に支障を生ずるおそれがあると認められる場合）

第八条の二　法第四条第六項第五号の政令で定める場合は、申請に係る農地を農地以外のものにすることにより、地域の農業の振興に関する地方公共団体の計画（効率的かつ安定的な農業経営を営む者に対する農地の利用の集積を図るための措置その他の農地の農業上の効率的かつ総合的な利用の確保を図るための措置が講じられているものとして農林水産省令で定めるものに限る。）の円滑かつ確実な実施に支障を生ずるおそれがあると認められる場合として農林水産省令で定める場合とする。

（指定市町村の指定等）

第九条　法第四条第一項の規定による指定（以下この条において「指定」という。）は、農林水産省令で定めるところにより、市町村の申請により行う。

2　農林水産大臣は、前項の申請をした市町村が次に掲げる基準の全てに適合すると認めるときは、指定をするものとする。

一　当該市町村において確保すべき農地及び採草放牧地の面積の適切な目標を定めていること。

二　前号の目標を達成するために必要な農地又は採草放牧地の農業上の効率的かつ総合的な利用の確保に関する施策を適正に実施していること。

3　農林水産大臣は、指定をするため必要があると認めるときは、第一項の申請をした市町村の属する都道府県の知事の意見を聴くことができる。

4　農林水産大臣は、指定をしたときは、直ちに、その旨を、告示するとともに、第一項の申請をした市町村及び当該市町村の属する都道府県に通知しなければならない。

5　農林水産大臣は、指定をしないこととしたときは、遅滞なく、その旨及びその理由を、第一項の申請をした市町村に通知しなければならない。

6　指定があつた場合においては、その指定の際現に効力を有する都道府県知事が行つた許可等の処分その他の行為（以下この項において「処分等の行為」という。）又は現に都道府県知事に対してされている許可の申請その他の行為（以下この項において「申請等の行為」という。）で、当該指定により当該指定の日以後指定市町村の長が行うこととなる事務に係るものは、同日以後においては、当該指定市町村の長が行つた処分等の行為又は当該指定市町村の長に対してされた申請等の行為とみなす。

7　指定市町村の長は、農林水産省令で定めるところにより、第二項第一号の目標の達成状況及び指定により当該指定の日以後当該指定市町村の長が行うこととなつた事務の処理状況について、農林水産大臣に報告しなければならない。

8　農林水産大臣は、指定市町村が第二項各号に掲げる基準のいずれかに適合しなくなつたと認めるときは、当該指定を取り消すことができる。

9　第三項、第四項及び第六項の規定は、指定の取消しについて準用する。この場合において、第三項中「第一項の申請をした市町村」とあるのは「当該指定の取消しに係る指定市町村」と、第四項中「、告示するとともに、第一項の申請をした市町村」とあるのは「告示するとともに、その旨及びその理由を当該指定の取消しに係る市町村」と、第六項中「都道府県知事」とあるのは「指定市町村の長」と、「指定市町村の長」とあるのは「都道府県知事」と読み替えるものとする。

10　指定又はその取消しの日前にした行為に対する罰則の適用については、なお従前の例による。

11　前各項に規定するもののほか、指定及びその取消しに関し必要な事項は、農林水産省令で定める。

（市街化区域内にある農地又は採草放牧地の転用のための権利移動についての届出）

第十条　法第五条第一項第六号の届出をしようとする者は、農林水産省令で定めるところにより、農林水産省令で定める事項を記載した届出書を農業委員会に提出しなければならない。

2　農業委員会は、前項の規定により届出書の提出があつた場合において、当該届出を受理したときはその旨を、当該届出を受理しなかつたときはその旨及びその理由を、遅滞なく、当該届出をした者に書面で通知しなければならない。

（農地又は採草放牧地の転用のための権利移動の不許可の例外）

第十一条　法第五条第二項第一号に掲げる場合の同項ただし書の政令で定める相当の事由は、次の各号に掲げる農地又は採草放牧地の区分に応じ、それぞれ当該各号に掲げる事由とする。

一　法第五条第二項第一号イに掲げる農地又は採草放牧地　法第三条第一項本文に掲げる権利の取得が次の全てに該当すること。

イ　申請に係る農地又は採草放牧地を仮設工作物の設置その他の一時的な利用に供するために行うものであつて、当該利用の目的を達成する上で当該農地又は採草放牧地を供することが必要であると認められるものであること。

ロ　農業振興地域整備計画の達成に支障を及ぼすおそれがないと認められるものであること。

二　法第五条第二項第一号ロに掲げる農地又は採草放牧地　法第三条第一項本文に掲げる権利の取得が第四条第一項第二号ヘ、前号イ又は次のいずれかに該当すること。

イ　申請に係る農地又は採草放牧地を第四条第一項第二号イに掲げる施設の用に供するために行われるものであること。

ロ　申請に係る農地又は採草放牧地を第四条第一項第二号ロの農林水産省令で定める施設の用に供するために行われるものであること。

ハ　申請に係る農地又は採草放牧地を第四条第一項第二号ハの農林水産省令で定める事業の用に供するために行われるものであること。

ニ　申請に係る農地又は採草放牧地をこれらに隣接する土地と一体として同一の事業の目的に供するために行うもの（当該農地又は採草放牧地の位置、面積等が農林水産省令で定める基準に適合するものに限る。）であつて、当該事業の目的を達成する上で当該農地又は採草放牧地を供することが必要であると認められるものであること。

ホ　申請に係る農地又は採草放牧地を第四条第一項第二号ホの農林水産省令で定める事業の用に供するために行われるものであること。

2　法第五条第二項第二号に掲げる場合の同項ただし書の政令で定める相当の事由は、法第三条第一項本文に掲げる権利の取得が第四条第一項第二号ヘ又は前項第二号イ、ロ若しくはホのいずれかに該当することとする。

（良好な営農条件を備えている農地又は採草放牧地）

第十二条　法第五条第二項第一号ロの良好な営農条件を備えている農地又は採草放牧地として政令で定めるものは、次に掲げる農地又は採草放牧地とする。

一　おおむね十ヘクタール以上の規模の一団の農地又は採草放牧地の区域内にある農地又は採草放牧地

二　特定土地改良事業等の施行に係る区域内にある農地又は採草放牧地

三　傾斜、土性その他の自然的条件からみてその近傍の標準的な農地又は採草放牧地を超える生産をあげることができると認められる農地又は採草放牧地

第十三条　法第五条第二項第一号ロの市街化調整区域内にある政令で定める農地又は採草放牧地は、次に掲げる農地又は採草放牧地とする。

一　前条第一号に掲げる農地又は採草放牧地のうち、その面積、形状その他の条件が農作業を効率的に行うのに必要なものとして農林水産省令で定める基準に適合するもの

二　前条第二号に掲げる農地又は採草放牧地のうち、特定土地改良事業等の工事が完了した年度の翌年度の初日から起算して八年を経過したもの以外のもの（特定土地改良事業等のうち農地若しくは採草放牧地を開発すること又は農地若しくは採草放牧地の形質に変更を加えることによつて当該農地若しくは採草放牧地を改良し、若しくは保全することを目的とする事業で農林水産省令で定める基準に適合するものの施行に係る区域内にあるものに限る。）

（市街地の区域内又は市街地化の傾向が著しい区域内にある農地又は採草放牧地）

第十四条　法第五条第二項第一号ロ(1)の政令で定めるものは、第七条各号に掲げる区域内にある農地又は採草放牧地とする。

（市街地化が見込まれる区域内にある農地又は採草放牧地）

第十五条　法第五条第二項第一号ロ(2)の政令で定めるものは、第八条各号に掲げる区域内にある農地又は採草放牧地とする。

（地域における農地又は採草放牧地の農業上の効率的かつ総合的な利用の確保に支障を生ずるおそれがあると認められる場合）

第十五条の二　法第五条第二項第五号の政令で定める場合は、申請に係る農地を農地以外のものにすること又は申請に係る採草放牧地を採草放牧地以外のもの（農地を除く。）にすることにより、地域の農業の振興に関する地方公共団体の計画（効率的かつ安定的な農業経営を営む者に対する農地又は採草放牧地の利用の集積を図るための措置その他の農地又は採草放牧地の農業上の効率的かつ総合的な利用の確保を図るための措置が講じられているものとして農林水産省令で定めるものに限る。）の円滑かつ確実な実施に支障を生ずるおそれがあると認められる場合として農林水産省令で定める場合とする。

（報告を要しない農地又は採草放牧地）

第十六条　法第六条第一項の政令で定めるものは、次のとおりとする。

一　その法人が農地法の一部を改正する法律（昭和三十七年法律第百二十六号）の施行の日前から法第三条第一項本文に掲げる権利を有している土地

二　その法人が法第三条第一項本文に掲げる権利を取得した時に農地及び採草放牧地以外の土地であつた土地並びに前号に規定する土地（以下この号において「特定農地等」という。）につき土地改良法、農業振興地域の整備に関する法律、農住組合法（昭和五十五年法律第八十六号）、集落地域整備法（昭和六十二年法律第六十三号）又は市民農園整備促進法（平成二年法律第四十四号）による交換分合が行われた場合に、都道府県知事が、当該特定農地等に代わるべきものとして、農林水産省令で定める手続に従い、その交換分合により その法人が同項本文に掲げる権利を取得した土地で当該特定農地等と地目、地積等が近似するもののうちから指定した土地

（買収しない農地又は採草放牧地）

第十七条　法第七条第一項ただし書の政令で定める土地は、前条各号に掲げる土地とする。

（不確知所有者の探索の方法）

第十八条　法第七条第三項ただし書の政令で定める方法は、

同条第二項の規定による公示に係る農地又は採草放牧地の所有者の氏名又は名称及び住所又は居所その他の当該所有者であつて確知することができないものを確知するために必要な情報（以下この条において「不確知所有者関連情報」という。）を取得するため次に掲げる措置をとる方法とする。

一　当該農地又は採草放牧地の登記事項証明書の交付を請求すること。

二　当該農地又は採草放牧地を現に占有する者その他の当該農地又は採草放牧地に係る不確知所有者関連情報を保有すると思料される者であつて農林水産省令で定めるものに対し、当該不確知所有者関連情報の提供を求めること。

三　第一号の登記事項証明書に記載されている所有権登記名義人又は表題部所有者その他前二号の措置により判明した当該農地又は採草放牧地の所有者と思料される者（以下この号及び次号において「登記名義人等」という。）が記録されている住民基本台帳又は法人の登記簿を備えると思料される市町村の長又は登記所の登記官に対し、当該登記名義人等に係る不確知所有者関連情報の提供を求めること。

四　登記名義人等が死亡又は解散していることが判明した場合には、農林水産省令で定めるところにより、当該登記名義人等又はその相続人、合併後存続し、若しくは合併により設立された法人その他の当該農地若しくは採草放牧地の所有者と思料される者が記録されている戸籍簿若しくは除籍簿若しくは戸籍の附票又は法人の登記簿を備えると思料される市町村の長又は登記所の登記官その他の当該農地又は採草放牧地に係る不確知所有者関連情報を保有すると思料される者に対し、当該不確知所有者関連情報の提供を求めること。

五　前各号の措置により判明した当該農地又は採草放牧地の所有者と思料される者に対して、当該農地又は採草放牧地の所有者を特定するための書面の送付その他の農林水産省令で定める措置をとること。

（農地又は採草放牧地の対価の算定方法）

第十九条　法第九条第一項第三号の対価は、買収すべき農地又は採草放牧地の近傍の地域で自然的、社会的、経済的諸条件からみてその農業事情がその土地に係る農業事情と類似すると認められる一定の区域内における農地又は採草放牧地（所有権に基づいて耕作又は養畜の目的に供されているものに限る。以下この項において「近傍類似農地等」という。）についての耕作又は養畜の事業に供するための取引（農地を農地以外のものにするためその農地を売り渡した者がその農地に代わるべき農地を取得するために行う取引その他特殊な事情の下において行われる取引を除く。）の事例が収集できるときは、当該事例における取引価格にその取引が行われた事情、時期等に応じて適正な補正を加えた価格を基準とし、当該近傍類似農地等及び買収すべき農地又は採草放牧地に関する次に掲げる事項を総合的に比較考量し、必要に応じて次項各号に掲げる事項をも参考にして、算出するものとする。

一　位置

二　形状

三　環境

四　収益性

五　前各号に掲げるもののほか、一般の取引における価格形成上の諸要素

2　前項の対価は、同項に規定する事例が収集できないときは、次に掲げる事項のいずれかを基礎とし、適宜その他の事項を勘案して、算出するものとする。

一　借賃、地代、小作料等の収益から推定されるその土地の価格

二　買収すべき農地又は採草放牧地の所有者がその土地の取得及び改良又は保全のため支出した金額

三　その土地についての固定資産税評価額（地方税法（昭和二十五年法律第二百二十六号）第三百八十一条第一項又は第二項の規定により土地課税台帳又は土地補充課税台帳に登録されている価格をいう。第二十一条において同じ。）その他の課税の場合の評価額

（準用）

第二十条　第十八条の規定は、法第十条第三項第二号、第三十二条第二項及び第三項（これらの規定を法第三十三条第二項において準用する場合を含む。）、第四十二条第三項第二号並びに第五十一条第三項第二号の政令で定め

る方法について準用する。

（附帯施設の対価の算定方法）

第二十一条　法第十二条第二項において準用する法第九条第一項第三号の対価は、土地にあつてはその土地に係る固定資産税評価額とその土地の近傍の農地に係る固定資産税評価額との関係等を基礎とし、当該近傍の農地について第十九条の算定方法の例により算出される額に比準して算出するものとし、立木、工作物又は水の使用に関する権利にあつては同条の規定の例により算出するものとする。

（農地又は採草放牧地の賃貸借の解約等の許可手続）

第二十二条　法第十八条第一項の許可を受けようとする者は、農林水産省令で定めるところにより、農林水産省令で定める事項を記載した申請書を、農業委員会を経由して、都道府県知事に提出しなければならない。

2　農業委員会は、前項の規定により申請書の提出があつたときは、農林水産省令で定める期間内に、当該申請書に意見を付して、都道府県知事に送付しなければならない。

（和解の仲介の手続等）

第二十三条　仲介委員は、法第二十五条第一項の規定による和解の仲介を行う場合には、期日及び場所を定めて、申立人及び相手方の出頭を求めるものとする。

2　前項の規定により出頭を求められた当事者は、やむを得ない事由により自ら出頭することができないときは、代理人を出頭させることができる。

第二十四条　法第二十五条第一項の規定による和解の仲介による和解の結果について利害関係を有する者は、仲介委員の許可を受けて、仲介手続に参加することができる。

第二十五条　法第二十五条第一項の規定による和解の仲介により当事者間に和解が成立したときは、仲介委員及び当事者双方（前条の許可を受けて仲介手続に参加した者のうち当該和解の結果を容認した者を含む。）は、仲介委員がその内容を記載した調書に署名又は記名押印をするものとする。

2　仲介委員は、法第二十五条第一項の規定による和解の仲介により当事者間に相当と認められる内容の合意が成立する見込みがないと認めるときは、和解の仲介を打ち切ることができる。

第二十六条　法第二十五条第一項ただし書の規定による申出は、農業委員会がその紛争について和解の仲介をすることが困難又は不適当であると認めた理由を明らかにしてしなければならない。

第二十七条　第二十三条から第二十五条までの規定は、法第二十八条の規定による和解の仲介について準用する。

第二十八条　都道府県知事は、法第二十八条の規定による和解の仲介により和解が成立したとき、及び前条において準用する第二十五条第二項の規定により和解の仲介が打ち切られたときは、遅滞なく、その経過及び結果を関係農業委員会に通知しなければならない。

第二十九条　法第四十二条第一項の政令で定める事由は、次に掲げる事由とする。

一　農作物の生育に支障を及ぼすおそれのある鳥獣又は草木の生息又は生育

二　地割れ

三　土壌の汚染

（買収した土地等の貸付け）

第三十条　法第四十五条第一項の土地のうち農地又は採草放牧地の貸付けについては、農林水産省令で定めるところにより、その農地又は採草放牧地の借受け後において耕作又は養畜の事業に供すべき農地及び採草放牧地の全てを効率的に利用して耕作又は養畜の事業を行うと認められる者、農地中間管理事業の推進に関する法律（平成二十五年法律第百一号）第二条第四項に規定する農地中間管理機構その他の農林水産省令で定める者（農業経営基盤強化促進法（昭和五十五年法律第六十五号）第二十二条の四第一項に規定する地域計画の区域内にある農地又は採草放牧地の貸付けについては、当該農地中間管理機構）に行うものとする。ただし、公用、公共用又は国民生活の安定上必要な施設の用に供する緊急の必要がある農地又は採草放牧地を一時的に貸し付ける場合は、この限りでない。

2　法第十二条第一項の規定により前項の農地又は採草放牧地と併せて買収した附帯施設については、同項の農地又は採草放牧地を借り受ける者に併せて貸し付ける場合を除き、貸し付けることができない。

（買収した土地等についての国有財産台帳等）

第三十一条　法第四十五条第一項の土地、立木、工作物又は権利についての国有財産台帳及び貸付簿は、土地、立木、工作物及び権利ごとに区分して作成するものとする。

2　前項に定めるもののほか、同項の国有財産台帳及び貸付簿の記載事項その他これらの作成に関し必要な事項は、農林水産省令で定める。

（農業上の利用の増進の目的に供しない土地等の認定）

第三十二条　農林水産大臣は、次に掲げる土地等につき法第四十七条の認定をすることができる。

一　公用、公共用又は国民生活の安定上必要な施設の用に供する緊急の必要があり、かつ、その用に供されることが確実な土地等

二　洪水、地すべり、鉱害その他の災害により農地若しくは採草放牧地又はこれらの農業上の利用のため必要な土地等として利用することが著しく困難又は不適当となつた土地等

三　その他土地の農業上の利用の増進の目的に供しないことが相当である土地等

2　農林水産大臣は、前項第三号に掲げる土地等につき法第四十七条の認定をしようとするときは、あらかじめ、都道府県知事の意見を聴かなければならない。

（損失の補償）

第三十三条　法第四十九条第五項の規定による損失の補償は、次に掲げる処分以外の処分に係るものにあつては国が、次に掲げる処分に係るものにあつては都道府県等が行う。

一　法第四条第一項の規定による都道府県知事等の処分（同一の事業の目的に供するため四ヘクタールを超える農地を農地以外のものにする行為に係るものを除く。）

二　法第五条第一項の規定による都道府県知事等の処分（同一の事業の目的に供するため四ヘクタールを超える農地又はその農地と併せて採草放牧地について法第三条第一項本文に掲げる権利を取得する行為に係るものを除く。）

三　法第五十一条第一項及び第三項の規定による都道府

県知事等の処分（前二号に掲げる処分に係るものに限る。）

（違反転用者等に対する処分又は命令）

第三十四条　法第五十一条第一項の規定による処分又は命令は、法第四条第一項又は第五条第一項の許可に付した条件に違反している者及びその者から当該違反に係る土地について工事その他の行為を請け負つた者又はその工事その他の行為の下請人並びに偽りその他不正の手段によりこれらの許可を受けた者に対してはその許可をした都道府県知事等が、その他の者に対しては都道府県知事等がするものとする。

（大都市の特例）

第三十五条　第二十二条の規定により都道府県が処理することとされている事務のうち、指定都市の区域内にある農地又は採草放牧地に係るものについては、当該指定都市が処理するものとする。この場合においては、この政令中前段に規定する事務に係る都道府県知事に関する規定は、指定都市の長に関する規定として指定都市の長に適用があるものとする。

（農業委員会に関する特例）

第三十六条　農業委員会等に関する法律（昭和二十六年法律第八十八号）第三条第一項ただし書又は第五項の規定により農業委員会が置かれていない市町村についてのこの政令（第二十六条及び第二十八条を除く。以下この条において同じ。）の適用については、この政令中「農業委員会」とあるのは、「市町村長」とする。

（特別区等の特例）

第三十七条　この政令中市町村又は市町村長に関する規定は、特別区のある地にあつては特別区又は特別区の区長に、指定都市（農業委員会等に関する法律第四十一条第二項の規定により区（総合区を含む。以下この条において同じ。）ごとに農業委員会を置かないこととされたものを除く。）にあつては区又は区長（総合区長を含む。）に適用する。

（事務の区分）

第三十八条　この政令の規定により都道府県又は市町村が処理することとされている事務のうち、次の各号及び次項各号に掲げるもの以外のものは、地方自治法（昭和二十二年法律第六十七号）第二条第九項第一号に規定する第一号法定受託事務とする。
一　第三条第二項の規定により市町村（指定市町村に限る。）が処理することとされている事務（同一の事業の目的に供するため四ヘクタールを超える農地を農地以外のものにする行為に係るものを除く。）
二　第九条第一項の規定により市町村が処理することとされている事務
三　第九条第三項（同条第九項において読み替えて準用する場合を含む。）の規定により都道府県が処理することとされている事務
四　第九条第七項の規定により指定市町村が処理することとされている事務
五　第十条第二項の規定により市町村（指定市町村に限る。）が処理することとされている事務（同一の事業の目的に供するため四ヘクタールを超える農地又はその農地と併せて採草放牧地について法第三条第一項本文に掲げる権利を取得する行為に係るものを除く。）
六　第二十二条第二項の規定により市町村が処理することとされている事務（意見を付する事務に限る。）

2　この政令の規定により市町村が処理することとされている事務のうち、次に掲げるものは、地方自治法第二条第九項第二号に規定する第二号法定受託事務とする。
一　第三条第二項の規定により市町村（指定市町村を除く。）が処理することとされている事務（同一の事業の目的に供するため四ヘクタールを超える農地を農地以外のものにする行為に係るものを除く。）
二　第十条第二項の規定により市町村（指定市町村を除く。）が処理することとされている事務（同一の事業の目的に供するため四ヘクタールを超える農地又はその農地と併せて採草放牧地について法第三条第一項本文に掲げる権利を取得する行為に係るものを除く。）

附則

（施行期日）

この政令は、法の施行の日（昭和二十九年七月二十日）から施行する。

附則（令和四年一一月二八日政令第三五六号）

（施行期日）

この政令は、農業経営基盤強化促進法等の一部を改正する法律の施行の日（令和五年四月一日）から施行する。

農地法施行規則

〔昭和二十七年十月二十日
農林省令第七十九号〕

最終改正　令和五年八月二十五日農林水産省令第四十二号
（令和五年九月一日施行）

（世帯員とみなす事由）

第一条　農地法（以下「法」という。）第二条第二項第四号の農林水産省令で定める事由は、懲役刑若しくは禁錮刑の執行又は未決勾留とする。

（法人がその行う農業に関連する事業として行うことができる事業）

第二条　法第二条第三項第一号の農林水産省令で定めるものは、次に掲げるものとする。

一　農畜産物の貯蔵、運搬又は販売

二　農畜産物若しくは林産物を変換して得られる電気又は農畜産物若しくは林産物を熱源とする熱の供給

三　農業生産に必要な資材の製造

四　農作業の受託

五　農山漁村滞在型余暇活動のための基盤整備の促進に関する法律（平成六年法律第四十六号）第二条第一項に規定する農村滞在型余暇活動に利用されることを目的とする施設の設置及び運営並びに農村滞在型余暇活動を行う者を宿泊させること等農村滞在型余暇活動に必要な役務の提供

六　農地に支柱を立てて設置する太陽光を電気に変換する設備の下で耕作を行う場合における当該設備による電気の供給

（法人に農地又は採草放牧地の権利を移転した後その構成員となる者に係る一定期間）

第三条　法第二条第三項第二号イの農林水産省令で定める一定期間は、六月とする。

（一般承継人の範囲）

第四条　法第二条第三項第二号イの農林水産省令で定める一般承継人は、次に掲げるものとする。

一　その法人の構成員でその法人に農地又は採草放牧地について所有権又は使用収益権を移転したものの死亡した日の翌日から起算して六箇月以内にその法人の構成員となり、引き続き構成員となつているもの

二　前号又はこの号に規定する者の一般承継人で、当該各号に規定する者の死亡の日の翌日から起算して六月以内にその法人の構成員となり、引き続き構成員となつているもの

（法人の常時従事者となることが確実と認められる者に係る一定期間）

第五条　法第二条第三項第二号ホの農林水産省令で定める一定期間は、その法人の構成員となつた日の翌日から起算して六月とする。

（農作業の範囲）

第六条　法第二条第三項第二号への農林水産省令で定めるものは、農産物を生産するために必要となる基幹的な作業とする。

（使用人）

第七条　法第二条第三項第四号の農林水産省令で定める使用人は、その法人の使用人であつて、当該法人の行う農業（同項第一号に規定する農業をいう。次条、第九条、第十一条第一項第八号ホ、チ及びリ、第五十九条第七号、第十号、第十一号並びに第十二号ロ及びハ並びに付録第一及び付録第二において同じ。）に関する権限及び責任を有する者とする。

（農作業に従事する日数）

第八条　法第二条第三項第四号の農林水産省令で定める日数は、六十日（理事等（同項第三号に規定する理事等をいう。以下同じ。）又は使用人（同項第四号に規定する使用人をいう。第十一条第一項第六号、第五十九条第十二号ニ及び第百一条第二号を除き、以下同じ。）がその法人の行う農業に年間従事する日数の二分の一を超える日数のうち最も少ない日数が六十日未満のときは、その日数）とする。

（常時従事者の判定基準）

第九条　法第二条第三項第二号ホに規定する常時従事者であるかどうかの判定は、次の各号のいずれかに該当する者を常時従事者とすることによりするものとする。

一　その法人の行う農業に年間百五十日以上従事すること。

二　その法人の行う農業に従事する日数が年間百五十日に満たない者にあつては、その日数が年間付録第一の算式により算出される日数（その日数が六十日未満のときは、六十日）以上であること。

三　その法人の行う農業に従事する日数が年間六十日に満たない者にあつては、その法人に農地若しくは採草放牧地について所有権若しくは使用収益権を移転し、又は使用収益権に基づく使用及び収益をさせており、かつ、その法人の行う農業に従事する日数が年間付録第一の算式により算出される日数又は付録第二の算式により算出される日数のいずれか大である日数以上であること。

（農地又は採草放牧地の権利移動についての許可申請）

第十条　農地法施行令（以下「令」という。）第一条の規定により申請書を提出する場合には、当事者が連署するものとする。ただし、次に掲げる場合は、この限りでない。

一　その申請に係る権利の設定又は移転が強制競売、担保権の実行としての競売（その例による競売を含む。以下単に「競売」という。）若しくは公売又は遺贈その他の単独行為による場合

二　その申請に係る権利の設定又は移転に関し、判決が確定し、裁判上の和解若しくは請求の認諾があり、民事調停法（昭和二十六年法律第二百二十二号）により調停が成立し、又は家事事件手続法（平成二十三年法律第五十二号）により、審判が確定し、若しくは調停が成立した場合

2　令第一条の規定により申請書を提出する場合には、次に掲げる書類を添付しなければならない。

一　土地の登記事項証明書（全部事項証明書に限る。第三十条第一号を除き、以下同じ。）

二　権利を取得しようとする者が法人（独立行政法人通則法（平成十一年法律第百三号）第二条第一項に規定する独立行政法人及び令第二条第一項第一号ロに規定する法人を除く。）である場合には、その定款又は寄附行為の写し

三　権利を取得しようとする者が農地所有適格法人（農事組合法人又は株式会社であるものに限る。）である場合には、その組合員名簿又は株主名簿の写し
四　権利を取得しようとする者が農林漁業法人等に対する投資の円滑化に関する特別措置法（平成十四年法律第五十二号）第五条に規定する承認会社（以下「承認会社」という。）が構成員となつている農地所有適格法人である場合には、その構成員が承認会社であることを証する書面及びその構成員の株主名簿の写し
五　権利を取得しようとする者が令第二条第二項第三号に規定する法人である場合には、第十六条第二項の要件を満たしていることを証する書面
六　法第三条第三項の規定の適用を受けて同条第一項の許可を受けようとする者にあつては、同条第三項第一号に規定する条件その他農地又は採草放牧地の適正な利用を確保するための条件が付されている契約書の写し
七　権利を取得しようとする者が景観法（平成十六年法律第百十号）第九十二条第一項に規定する景観整備機構である場合には、同法第五十六条第二項の規定により市町村長の指定を受けたことを証する書面
八　構造改革特別区域法（平成十四年法律第百八十九号）第二十四条第一項の規定の適用を受けて法第三条第一項の許可を受けようとする者にあつては、同法第二十四条第一項第一号に規定する契約の契約書の写し
九　前項ただし書の規定により連署しないで申請書を提出する場合には、同項各号のいずれかに該当することを証する書面
十　その他参考となるべき書類

（農地又は採草放牧地の権利移動についての許可申請書の記載事項）

第十一条　令第一条の農林水産省令で定める事項は、次に掲げる事項とする。
一　権利の設定又は移転の当事者の氏名及び住所（法人にあつては、その名称及び主たる事務所の所在地並びに代表者の氏名）
二　申請に係る土地の所在、地番、地目（登記簿の地目と現況による地目とが異なるときは、登記簿の地目及

び現況による地目。以下同じ。）、面積及びその所有者の氏名又は名称

三　申請に係る土地に所有権以外の使用及び収益を目的とする権利が設定されている場合には、当該権利の種類及び内容並びにその設定を受けている者の氏名又は名称

四　権利を設定し、又は移転しようとする契約の内容

五　権利を取得しようとする者又はその世帯員等についての次に掲げる事項

イ　これらの者が現に所有し、又は所有権以外の使用及び収益を目的とする権利を有している農地及び採草放牧地の利用の状況

ロ　これらの者の耕作又は養畜の事業に必要な機械の所有の状況、農作業に従事する者の数等の状況

六　所有権が取得される場合（令第二条第一項第一号又は第二項に規定する相当の事由がある場合を除く。）には、所有権を取得しようとする者の国籍等（住民基本台帳法（昭和四十二年法律第八十一号）第三十条の四十五に規定する国籍等をいい、中長期在留者（出入国管理及び難民認定法（昭和二十六年政令第三百十九号）第十九条の三に規定する中長期在留者をいう。）及び特別永住者（日本国との平和条約に基づき日本の国籍を離脱した者等の出入国管理に関する特例法（平成三年法律第七十一号）に規定する特別永住者をいう。以下同じ。）にあつては、在留資格（出入国管理及び難民認定法第二条の二第一項に規定する在留資格をいう。）又は特別永住者である旨を含む。以下同じ。）（法人にあつては、その設立に当たつて準拠した法令を制定した国並びに理事等（構造改革特別区域法第二十四条第一項の規定の適用を受けて所有権を取得しようとする法人にあつては、役員）及び第十七条に規定する使用人（第五十九条第十二号ニ及び第百一条第二号において単に「使用人」という。）の氏名、住所及び国籍等）

七　所有権を取得しようとする者が法人である場合（令第二条第一項第一号又は第二項に規定する相当の事由がある場合を除く。）には、その総株主の議決権の百分の五以上を有する株主又は出資の総額の百分の五以

上に相当する出資をしている者（以下「主要株主等」という。）の氏名、住所及び国籍等（主要株主等が法人である場合には、その名称、設立に当たつて準拠した法令を制定した国及び主たる事務所の所在地）

八　権利を取得しようとする者が農地所有適格法人である場合には、次に掲げる事項

イ　農地所有適格法人が現に行つている事業の種類及び売上高並びに権利の取得後における事業計画

ロ　農地所有適格法人の構成員の氏名又は名称及びその有する議決権

ハ　農地所有適格法人の構成員からその農地所有適格法人に対して権利を設定し、又は移転した農地又は採草放牧地の面積

ニ　法第二条第三項第二号ニに掲げる者が農地所有適格法人の構成員となつている場合には、その構成員が農地中間管理機構（農地中間管理事業の推進に関する法律（平成二十五年法律第百一号）第二条第四項に規定する農地中間管理機構をいう。以下同じ。）に使用貸借による権利又は賃借権を設定している農地又は採草放牧地のうち、当該農地中間管理機構がその農地所有適格法人に使用貸借による権利又は賃借権を設定している農地又は採草放牧地の面積

ホ　農地所有適格法人の構成員のその農地所有適格法人の行う農業への従事状況及び権利の取得後における従事計画

ヘ　法第二条第三項第二号ヘに掲げる者が農地所有適格法人の構成員となつている場合には、その構成員がその農地所有適格法人に委託している農作業の内容

ト　承認会社が農地所有適格法人の構成員となつている場合には、その構成員の株主の氏名又は名称及びその有する議決権

チ　農地所有適格法人の理事等の氏名及び住所並びにその農地所有適格法人の行う農業への従事状況及び権利の取得後における従事計画

リ　農地所有適格法人の理事等又は使用人のうち、その農地所有適格法人の行う農業に必要な農作業に従事する者の役職名及び氏名並びにその農地所有適格

法人の行う農業に必要な農作業（その者が使用人である場合には、その農地所有適格法人の行う農業及び農作業）への従事状況及び権利の取得後における従事計画

九　信託の引受けにより法第三条第一項本文に掲げる権利が取得される場合には、当該信託契約の内容

十　権利を取得しようとする者が個人である場合には、権利を取得しようとする者又はその世帯員等のその行う耕作又は養畜の事業に必要な農作業への従事状況

十一　権利を取得しようとする者又はその世帯員等が権利の取得後においてその耕作又は養畜の事業に供する農地及び採草放牧地の面積

十二　所有権以外の使用及び収益を目的とする権利に基づいて耕作又は養畜の事業を行う者がその土地を貸し付け、又は質入れしようとする場合には、その事由

十三　権利を取得しようとする者又はその世帯員等の権利の取得後におけるその行う耕作又は養畜の事業が、権利を設定し、又は移転しようとする農地又は採草放牧地の周辺の農地又は採草放牧地の農業上の利用に及ぼすことが見込まれる影響

十四　権利を取得しようとする者が法第三条第三項の規定の適用を受けて同条第一項の許可を受けようとする場合には、次に掲げる事項

イ　地域の農業における他の農業者との役割分担の計画

ロ　その者が法人である場合には、その法人の業務執行役員等（法第三条第三項第三号に規定する業務執行役員等をいう。次号ロにおいて同じ。）のうち、その法人の行う耕作又は養畜の事業に常時従事する者の役職名及び氏名並びにその法人の行う耕作又は養畜の事業への従事状況及び権利の取得後における従事計画

十五　所有権を取得しようとする者が構造改革特別区域法第二十四条第一項の規定の適用を受けて法第三条第一項の許可を受けようとする法人である場合には、次に掲げる事項

イ　地域の農業における他の農業者との役割分担の計画

ロ　その法人の業務執行役員等のうち、その法人の行う耕作又は養畜の事業に常時従事する者の役職名及び氏名並びにその法人の行う耕作又は養畜の事業への従事状況及び所有権の取得後における従事計画

ハ　構造改革特別区域法第二十四条第一項第一号に規定する契約に係る農地又は採草放牧地の所有権の移転請求権の保全のための仮登記をすることについて、その法人が承諾をする旨

十六　その他参考となるべき事項

2　次のいずれかに該当する場合には、令第一条の農林水産省令で定める事項は、前項の規定にかかわらず、同項第一号から第四号まで及び第十六号に掲げる事項とする。

一　民法（明治二十九年法律第八十九号）第二百六十九条の二第一項の地上権又はこれと内容を同じくするその他の権利を取得しようとする場合

二　農業協同組合法（昭和二十二年法律第百三十二号）第十条第二項に規定する事業を行う農業協同組合若しくは農業協同組合連合会が農地若しくは採草放牧地の所有者から同項の委託を受けることにより法第三条第一項本文に掲げる権利を取得しようとする場合又は農業協同組合法第十一条の五十第一項第一号に掲げる場合において農業協同組合若しくは農業協同組合連合会が使用貸借による権利若しくは賃借権を取得しようとする場合

三　前条第二項第七号に規定する場合

（農地中間管理機構の届出）

第十二条　法第三条第一項第十三号の届出をしようとする農地中間管理機構は、前条第一項第一号から第四号までに掲げる事項を記載した届出書を農業委員会に提出しなければならない。

2　法第三条第一項第十四号の二の届出をしようとする農地中間管理機構は、前条第一項第一号から第四号までに掲げる事項を記載した届出書を農業委員会に提出しなければならない。

第十三条　前条第一項又は第二項の規定により届出書を提出する場合には、当事者が連署するものとする。ただし、第十条第一項各号に掲げる場合は、この限りでない。

2　前条第一項の規定により届出書を提出する場合には、

次に掲げる書類を添付しなければならない。ただし、第二号に掲げる書類にあつては、権利を取得する農地中間管理機構が、農業経営基盤強化促進法（昭和五十五年法律第六十五号）第八条第一項又は第九条第一項の承認を受けた後初めて当該農業委員会に前条第一項の届出書を提出する場合に限り添付するものとする。

一　土地の登記事項証明書

二　農業経営基盤強化促進法第八条第一項又は第九条第一項の都道府県知事の承認を受けた同法第八条第一項に規定する事業規程の写し

三　前項ただし書の規定により連署しないで届出書を提出する場合にあつては、第十条第一項各号のいずれかに該当することを証する書面

四　その他参考となるべき書類

3　前条第二項の規定により届出書を提出する場合には、次に掲げる書類を添付しなければならない。ただし、第二号に掲げる書類にあつては、権利を取得する農地中間管理機構が、農地中間管理事業の推進に関する法律第八条第一項の認可を受けた後初めて当該農業委員会に前条第二項の届出書を提出する場合に限り添付するものとする。

一　土地の登記事項証明書

二　農地中間管理事業の推進に関する法律第八条第一項の認可を受けた同項に規定する農地中間管理事業規程の写し

三　第一項ただし書の規定により連署しないで届出書を提出する場合にあつては、第十条第一項各号のいずれかに該当することを証する書面

四　その他参考となるべき書類

（農地中間管理機構の届出の受理）

第十四条　農業委員会は、第十二条第一項又は第二項の規定により届出書の提出があつた場合において、当該届出を受理したときはその旨を、当該届出を受理しなかつたときはその旨及びその理由を、遅滞なく、当該届出をした農地中間管理機構に書面で通知しなければならない。

2　前項の規定により届出を受理した旨の通知をする書面には、次に掲げる事項を記載するものとする。

一　当事者の氏名及び住所（法人にあつては、名称、主

たる事務所の所在地及び代表者の氏名）

二　土地の所在、地番、地目及び面積並びに権利の種類及び設定又は移転の別

三　届出書が到達した日及びその日に届出の効力が生じた旨

（農地又は採草放牧地の権利移動の制限の例外）

第十五条　法第三条第一項第十六号の農林水産省令で定める場合は、次に掲げる場合とする。

一　法第四十五条第一項の規定により農林水産大臣が管理することとされている農地又は採草放牧地の貸付けにより法第三条第一項本文に掲げる権利が設定される場合

二　土地収用法（昭和二十六年法律第二百十九号）、都市計画法（昭和四十三年法律第百号）又は鉱業法（昭和二十五年法律第二百八十九号）による買受権に基づいて農地又は採草放牧地が取得される場合

三　法第四十七条の規定による売払いに係る農地又は採草放牧地についてその売払いを受けた者がその売払いに係る目的に供するため法第三条第一項の権利を設定し、又は移転する場合

四　株式会社日本政策金融公庫又は沖縄振興開発金融公庫（以下「公庫」という。）が、公庫のための抵当権の目的となつている農地又は採草放牧地を競売又は国税徴収法（昭和三十四年法律第百四十七号）による滞納処分（その例による滞納処分を含む。）による公売によつて買い受ける場合

五　包括遺贈又は相続人に対する特定遺贈により法第三条第一項の権利が取得される場合

六　都市計画法第五十六条第一項又は第五十七条第三項の規定によつて市街化区域（同法第七条第一項の市街化区域と定められた区域（同法第二十三条第一項の規定による協議を要する場合にあつては、当該協議が調つたものに限る。）をいう。以下同じ。）内にある農地又は採草放牧地が取得される場合

七　電気事業法（昭和三十九年法律第百七十号）第二条第一項第十七号に規定する電気事業者（同項第三号に規定する小売電気事業者を除く。以下「電気事業者」という。）が送電用若しくは配電用の電線を設置する

ため、又は同項第十五号に規定する発電事業者がプロペラ式発電用風力設備のブレードを設置するため民法第二百六十九条の二第一項の地上権又はこれと内容を同じくするその他の権利を取得する場合

八　独立行政法人都市再生機構又は独立行政法人中小企業基盤整備機構が国又は地方公共団体の試験研究又は教育に必要な施設の造成及び譲渡を行うため当該施設の用に供する農地又は採草放牧地を取得する場合

九　電気通信事業法（昭和五十九年法律第八十六号）第百二十条第一項に規定する認定電気通信事業者（以下「認定電気通信事業者」という。）が有線電気通信のための電線を設置するため民法第二百六十九条の二第一項の地上権又はこれと内容を同じくするその他の権利を取得する場合

十　国有財産法（昭和二十三年法律第七十三号）第二十八条の二第一項の規定による信託（農地若しくは採草放牧地を農地及び採草放牧地以外のものにして売り渡すこと又は農地若しくは採草放牧地を農地及び採草放牧地以外のものにするため売り渡すことにより終了するものに限る。）の引受けによつて市街化区域内にある農地又は採草放牧地が取得される場合

十一　成田国際空港株式会社が公共用飛行場周辺における航空機騒音による障害の防止等に関する法律（昭和四十二年法律第百十号）第九条第二項又は特定空港周辺航空機騒音対策特別措置法（昭和五十三年法律第二十六号）第八条第一項若しくは第九条第二項の規定により農地又は採草放牧地を取得する場合

十二　東日本大震災復興特別区域法（平成二十三年法律第百二十二号）第四条第一項に規定する特定地方公共団体（以下「特定地方公共団体」という。）である市町村又は大規模災害からの復興に関する法律（平成二十五年法律第五十五号）第十条第一項に規定する特定被災市町村（以下「特定被災市町村」という。）が、東日本大震災又は同法第二条第一号に規定する特定大規模災害（以下「特定大規模災害」という。）からの復興のために定める防災のための集団移転促進事業に係る国の財政上の特別措置等に関する法律（昭和四十七年法律第百三十二号）第三条第一項に規定する

集団移転促進事業計画（以下「集団移転促進事業計画」という。）に係る同法第二条第一項に規定する移転促進区域（以下「移転促進区域」という。）内にある農地又は採草放牧地を、当該集団移転促進事業計画に基づき実施する同条第二項に規定する集団移転促進事業（以下「集団移転促進事業」という。）により取得する場合

十三　独立行政法人水資源機構が水路を設置するため民法第二百六十九条の二第一項の地上権又はこれと内容を同じくするその他の権利を取得する場合

（農地又は採草放牧地の権利移動の不許可の例外）

第十六条　令第二条第一項第一号ハの農林水産省令で定めるものは、学校法人、医療法人、社会福祉法人その他の営利を目的としない法人とする。

2　令第二条第二項第三号の一般社団法人又は一般財団法人で農林水産省令で定めるものは、次に掲げる法人とする。

一　その行う事業が令第二条第二項第三号に規定する事業及びこれに附帯する事業に限られている一般社団法人で、農業協同組合、農業協同組合連合会、地方公共団体その他農林水産大臣が指定した者の有する議決権の数の合計が議決権の総数の四分の三以上を占めるもの

二　地方公共団体の有する議決権の数が議決権の総数の過半を占める一般社団法人又は地方公共団体の拠出した基本財産の額が基本財産の総額の過半を占める一般財団法人

（使用人）

第十七条　法第三条第三項第三号の農林水産省令で定める使用人は、その法人の使用人であつて、当該法人の行う耕作又は養畜の事業に関する権限及び責任を有する者とする。

（農地又は採草放牧地についての権利取得の届出を要しない場合）

第十八条　法第三条の三の農林水産省令で定める場合は、次に掲げる場合とする。

一　法第五条第一項本文に規定する場合

二　特定農地貸付けに関する農地法等の特例に関する法

律（平成元年法律第五十八号）第三条第三項（都市農地の貸借の円滑化に関する法律（平成三十年法律第六十八号）第十一条において準用する場合を含む。次号において同じ。）の承認を受けて法第三条第一項本文に掲げる権利を取得した場合

三　市民農園整備促進法（平成二年法律第四十四号）第十一条第一項の規定により特定農地貸付けに関する農地法等の特例に関する法律第三条第三項の承認を受けたものとみなされて法第三条第一項本文に掲げる権利を取得した場合

四　都市農地の貸借の円滑化に関する法律第四条第一項の認定を受けて法第三条第一項本文に掲げる権利を取得した場合

五　第十五条各号（第五号を除く。）のいずれかに該当する場合

（農地又は採草放牧地についての権利取得の届出の方法）

第十九条　法第三条の三の届出は、次に掲げる事項を記載した書面を提出してしなければならない。

一　権利を取得した者の氏名及び住所（法人にあつては、その名称及び主たる事務所の所在地並びに代表者の氏名）

二　権利を取得した農地又は採草放牧地の所在、地番及び面積

三　権利を取得した事由及び権利を取得した日

四　取得した権利の種類及び内容

五　所有権を取得した場合には、所有権を取得した者の国籍等（法人にあつては、その設立に当たつて準拠した法令を制定した国）

第二十条から第二十四条まで　削除

（地域振興上又は農業振興上の必要性が高いと認められる施設）

第二十五条　法第四条第一項第二号の農林水産省令で定める施設は、国又は都道府県等が設置する道路、農業用用排水施設その他の施設で次に掲げる施設以外のものとする。

一　学校教育法（昭和二十二年法律第二十六号）第一条に規定する学校、同法第百二十四条に規定する専修学校又は同法第百三十四条第一項に規定する各種学校の

用に供する施設

二　社会福祉法（昭和二十六年法律第四十五号）による社会福祉事業又は更生保護事業法（平成七年法律第八十六号）による更生保護事業の用に供する施設

三　医療法（昭和二十三年法律第二百五号）第一条の五第一項に規定する病院、同条第二項に規定する診療所又は同法第二条第一項に規定する助産所の用に供する施設

四　多数の者の利用に供する庁舎で次に掲げるもの

イ　国が設置する庁舎であつて、本府若しくは本省又は本府若しくは本省の外局の本庁の用に供するもの

ロ　国が設置する地方支分部局の本庁の用に供する庁舎

ハ　都道府県庁、都道府県の支庁又は地方事務所の用に供する庁舎

ニ　指定市町村が設置する市役所、特別区の区役所又は町村役場の用に供する庁舎

ホ　警視庁又は道府県警察本部の本庁の用に供する庁舎

五　宿舎（職務上常駐を必要とする職員又は職務上その勤務地に近接する場所に居住する必要がある職員のためのものを除く。）

（市街化区域内の農地を転用する場合の届出）

第二十六条　令第三条第一項の規定により届出書を提出する場合には、次に掲げる書類を添付しなければならない。

一　土地の位置を示す地図及び土地の登記事項証明書

二　届出に係る農地が賃貸借の目的となつている場合には、その賃貸借につき法第十八条第一項の規定による解約等の許可があつたことを証する書面

（市街化区域内の農地を転用する場合の届出書の記載事項）

第二十七条　令第三条第一項の農林水産省令で定める事項は、次に掲げる事項とする。

一　届出者の氏名及び住所（法人にあつては、名称、主たる事務所の所在地及び代表者の氏名）

二　土地の所在、地番、地目及び面積

三　土地の所有者及び耕作者の氏名又は名称及び住所

四　転用の目的及び時期並びに転用の目的に係る事業又

は施設の概要
五　第三十一条第六号に掲げる事項

（市街化区域内の農地を転用する場合の届出の受理通知書の記載事項）

第二十八条　令第三条第二項の規定により届出を受理した旨の通知をする書面には、次に掲げる事項を記載するものとする。

一　届出者の氏名及び住所（法人にあつては、名称、主たる事務所の所在地及び代表者の氏名）
二　土地の所在、地番、地目及び面積
三　届出書が到達した日及びその日に届出の効力が生じた旨
四　届出に係る転用の目的

（農地の転用の制限の例外）

第二十九条　法第四条第一項第八号の農林水産省令で定める場合は、次に掲げる場合とする。

一　耕作の事業を行う者がその農地をその者の耕作の事業に供する他の農地の保全若しくは利用の増進のため又はその農地（二アール未満のものに限る。）をその者の農作物の育成若しくは養畜の事業のための農業用施設に供する場合
二　耕作の事業以外の事業に供するため、法第四十五条第一項の規定により農林水産大臣が管理することとされている農地の貸付けを受けた者が当該貸付けに係る農地をその貸付けに係る目的に供する場合
三　法第四十七条の規定による売払いに係る農地をその売払いに係る目的に供する場合
四　土地改良法（昭和二十四年法律第百九十五号）に基づく土地改良事業により農地を農地以外のものにする場合
五　土地区画整理法（昭和二十九年法律第百十九号）に基づく土地区画整理事業若しくは土地区画整理法施行法（昭和二十九年法律第百二十号）第三条第一項若しくは第四条第一項の規定による土地区画整理の施行により道路、公園等公共施設を建設するため、又はその建設に伴い転用される宅地の代地として農地を農地以外のものにする場合
六　地方公共団体（都道府県等を除く。）がその設置す

る道路、河川、堤防、水路若しくはため池又はその他の施設で土地収用法第三条各号に掲げるもの（第二十五条第一号から第三号までに掲げる施設又は市役所、特別区の区役所若しくは町村役場の用に供する庁舎を除く。）の敷地に供するためその区域（地方公共団体の組合にあつては、その組合を組織する地方公共団体の区域）内にある農地を農地以外のものにする場合

七　道路整備特別措置法（昭和三十一年法律第七号）第二条第四項に規定する会社又は地方道路公社が道路の敷地に供するため農地を農地以外のものにする場合

八　独立行政法人水資源機構がダム、堰せき、堤防、水路若しくは貯水池の敷地又はこれらの施設の建設のために必要な道路若しくはこれらの施設の建設に伴い廃止される道路に代わるべき道路の敷地に供するため農地を農地以外のものにする場合

九　独立行政法人鉄道建設・運輸施設整備支援機構又は全国新幹線鉄道整備法(昭和四十五年法律第七十一号)第九条第一項の規定による認可を受けた者が鉄道施設（当該認可を受けた者にあつては、その認可に係るものに限る。以下同じ。）の敷地又は鉄道施設の建設のために必要な道路若しくは線路若しくは鉄道施設の建設に伴い廃止される道路に代わるべき道路の敷地に供するため農地を農地以外のものにする場合

十　成田国際空港株式会社が、成田国際空港の敷地若しくは当該空港の建設のために必要な道路若しくは線路若しくは当該空港の建設に伴い廃止される道路に代わるべき道路の敷地に供するため農地を農地以外のものにする場合又は航空法（昭和二十七年法律第二百三十一号）第三十八条第一項若しくは第四十三条第一項の規定による許可に係る航空法施行規則（昭和二十七年運輸省令第五十六号）第一条に規定する航空保安無線施設若しくは航空灯火（以下「航空保安施設」という。）の設置予定地とされている土地（以下「航空保安施設設置予定地」という。）の区域内にある農地を航空保安施設を設置するため農地以外のものにする場合

十一　法第五条第一項第六号の届出に係る農地をその届

出に係る転用の目的に供する場合

十二　都市計画事業（都市計画法第四条第十五項に規定する都市計画事業をいう。以下同じ。）の施行者が市街化区域内において同法第五十六条第一項、第五十七条第三項若しくは第六十七条第二項の規定によつて又は同法第六十八条第一項の規定による請求によつて取得された農地を都市計画事業により農地以外のものにする場合

十三　電気事業者が送電用若しくは配電用の施設（電線の支持物及び開閉所に限る。）若しくは送電用若しくは配電用の電線を架設するための装置又はこれらの施設若しくは装置を設置するために必要な道路若しくは索道（以下「送電用電気工作物等」という。）の敷地に供するため農地を農地以外のものにする場合

十四　地方公共団体（都道府県等を除く。）、独立行政法人都市再生機構、地方住宅供給公社、土地開発公社（公有地の拡大の推進に関する法律（昭和四十七年法律第六十六号）に基づく土地開発公社をいう。以下同じ。）、独立行政法人中小企業基盤整備機構又は国（国が出資の額の全部を出資している法人を含む。）若しくは地方公共団体が出資の額の過半を出資している法人（国又は都道府県が作成した地域開発に関する計画で農林水産大臣が指定するもの（以下「指定計画」という。）に従つて工場、住宅又は流通業務施設の用に供される土地の造成の事業をその主たる事業として行うものに限る。）で農林水産大臣が指定するもの（以下「指定法人」という。）が市街化区域（指定法人にあつては、指定計画に係る市街化区域）内にある農地を農地以外のものにする場合

十五　独立行政法人都市再生機構が独立行政法人都市再生機構法（平成十五年法律第百号）第十八条第一項各号に掲げる施設（以下「特定公共施設」という。）又はその施設の建設のために必要な道路若しくはその施設の建設に伴い廃止される道路に代わるべき道路の敷地に供するため農地を農地以外のものにする場合

十六　認定電気通信事業者が有線電気通信のための線路、空中線系（その支持物を含む。）若しくは中継施設又はこれらの施設を設置するために必要な道路若しくは

索道の敷地に供するため農地を農地以外のものにする場合

十七　地方公共団体（都道府県等を除く。）又は災害対策基本法（昭和三十六年法律第二百二十三号）第二条第五号に規定する指定公共機関若しくは同条第六号に規定する指定地方公共機関が行う非常災害の応急対策又は復旧であつて、当該機関の所掌業務に係る施設について行うもののために必要な施設の敷地に供するため農地を農地以外のものにする場合

十八　ガス事業者（ガス事業法（昭和二十九年法律第五十一号）第二条第十二項に規定するガス事業者をいう。第五十三条第十七号において同じ。）が、ガス導管の変位の状況を測定する設備又はガス導管の防食措置の状況を検査する設備の敷地に供するため農地を農地以外のものにする場合

十九　農地を家畜伝染病予防法（昭和二十六年法律第百六十六号）第二十一条第一項又は第四項の規定による焼却又は埋却の用に供する場合

二十　地方公共団体（都道府県等を除く。）が文化財保護法（昭和二十五年法律第二百十四号）第九十九条第一項の規定による土地の発掘（同法第九十二条第一項に規定する埋蔵文化財の有無の確認又は埋蔵文化財を包蔵する土地の範囲、内容その他の事項の把握を行うことを目的とした土地の試掘に係るものに限る。第五十三条第十九号において同じ。）を行うため農地を一時的に農地以外のものにする場合

（農地を転用するための許可申請）

第三十条　法第四条第二項の規定により申請書を提出する場合には、次に掲げる書類を添付しなければならない。

一　申請者が法人である場合には、定款若しくは寄附行為の写し又は法人の登記事項証明書

二　土地の位置を示す地図及び土地の登記事項証明書

三　申請に係る土地に設置しようとする建物その他の施設及びこれらの施設を利用するために必要な道路、用排水施設その他の施設の位置を明らかにした図面

四　次条第五号の資金計画に基づいて事業を実施するために必要な資力及び信用があることを証する書面

五　申請に係る農地を転用する行為の妨げとなる権利を

有する者がある場合には、その同意があつたことを証する書面

六　申請に係る農地が土地改良区の地区内にある場合には、当該土地改良区の意見書（意見を求めた日から三十日を経過してもなおその意見を得られない場合には、その事由を記載した書面）

七　その他参考となるべき書類

（農地を転用するための許可申請書の記載事項）

第三十一条　法第四条第二項の農林水産省令で定める事項は、次に掲げる事項とする。

一　申請者の氏名及び住所（法人にあつては、名称、主たる事務所の所在地及び代表者の氏名）

二　土地の所在、地番、地目及び面積

三　転用の事由の詳細

四　転用の時期及び転用の目的に係る事業又は施設の概要

五　転用の目的に係る事業の資金計画

六　転用することによつて生ずる付近の農地、作物等の被害の防除施設の概要

七　その他参考となるべき事項

（申請書を送付すべき期間）

第三十二条　法第四条第三項の農林水産省令で定める期間は、申請書の提出があつた日の翌日から起算して四十日（同条第四項又は第五項の規定により都道府県機構の意見を聴くときは、八十日）とする。ただし、同条第三項の規定により農業委員会が当該申請書に同条第一項の許可をすることが相当であるとする内容の意見を付そうとする場合において都道府県機構が当該許可をしないことが相当であるとする内容の意見を述べたときその他の特段の事情がある場合は、この限りでない。

（地域の農業の振興に資する施設）

第三十三条　令第四条第一項第二号イの農林水産省令で定める施設は、次に掲げる施設（法第四条第六項第一号ロ又は第五条第二項第一号ロに掲げる土地にあつては、これらの土地以外の周辺の土地に設置することによつてはその目的を達成することができないと認められるものに限る。）とする。

一　都市住民の農業の体験その他の都市等との地域間交

流を図るために設置される施設
二　農業従事者の就業機会の増大に寄与する施設
三　農業従事者の良好な生活環境を確保するための施設
四　住宅その他申請に係る土地の周辺の地域において居住する者の日常生活上又は業務上必要な施設で集落に接続して設置されるもの（令第六条又は第十三条に掲げる土地にあつては、敷地面積がおおむね五百平方メートルを超えないものに限る。）

（市街地に設置することが困難又は不適当な施設）

第三十四条　令第四条第一項第二号ロの農林水産省令で定める施設は、次に掲げる施設（令第六条又は第十三条に掲げる土地以外の土地に設置されるものに限る。）とする。
一　病院、療養所その他の医療事業の用に供する施設でその目的を達成する上で市街地以外の地域に設置する必要があるもの
二　火薬庫又は火薬類の製造施設
三　その他前二号に掲げる施設に類する施設

（特別の立地条件を必要とする事業）

第三十五条　令第四条第一項第二号ハの農林水産省令で定める事業は、次のいずれかに該当するものに関する事業とする。
一　調査研究（その目的を達成する上で申請に係る土地をその用に供することが必要であるものに限る。）
二　土石その他の資源の採取
三　水産動植物の養殖用施設その他これに類するもの
四　流通業務施設、休憩所、給油所その他これらに類する施設で、次に掲げる区域内に設置されるもの
イ　一般国道又は都道府県道の沿道の区域
ロ　高速自動車国道その他の自動車のみの交通の用に供する道路（高架の道路その他の道路であつて自動車の沿道への出入りができない構造のものに限る。）の出入口の周囲おおむね三百メートル以内の区域
五　既存の施設の拡張（拡張に係る部分の敷地の面積が既存の施設の敷地の面積の二分の一を超えないものに限る。）
六　法第四条第六項第一号ロ又は第五条第二項第一号ロに掲げる土地に係る法第四条第一項若しくは第五条第一項の許可又は法第四条第一項第七号若しくは第五条

第一項第六号の届出に係る事業のために欠くことのできない通路、橋、鉄道、軌道、索道、電線路、水路その他の施設（令第六条又は第十三条に掲げる土地以外の土地に設置されるものに限る。）

（隣接する土地と同一の事業の目的に供するための農地の転用）

第三十六条　令第四条第一項第二号ニの農林水産省令で定める基準は、申請に係る事業の目的に供すべき土地の面積に占める申請に係る法第四条第六項第一号ロに掲げる土地の面積の割合が三分の一を超えず、かつ、申請に係る事業の目的に供すべき土地の面積に占める申請に係る令第六条に掲げる土地の面積の割合が五分の一を超えないこととする。

（公益性が高いと認められる事業）

第三十七条　令第四条第一項第二号ホの農林水産省令で定める事業は、次のいずれかに該当するものに関する事業とする。ただし、第一号、第三号、第六号、第七号及び第十二号から第十五号までに該当するものに関する事業にあつては、令第六条又は第十三条に掲げる土地以外の土地を供して行われるものに限る。

一　土地収用法その他の法律により土地を収用し、又は使用することができる事業（太陽光を電気に変換する設備に関するものを除く。）

二　森林法（昭和二十六年法律第二百四十九号）第二十五条第一項各号に掲げる目的を達成するために行われる森林の造成

三　地すべり等防止法（昭和三十三年法律第三十号）第二十四条第一項に規定する関連事業計画若しくは急傾斜地の崩壊による災害の防止に関する法律（昭和四十四年法律第五十七号）第九条第三項に規定する勧告に基づき行われる家屋の移転その他の措置又は同法第十条第一項若しくは第二項に規定する命令に基づき行われる急傾斜地崩壊防止工事

四　非常災害のために必要な応急措置

五　土地改良法第七条第四項に規定する非農用地区域（以下単に「非農用地区域」という。）と定められた区域内にある土地を当該非農用地区域に係る土地改良事業計画に定められた用途に供する行為

六　工場立地法（昭和三十四年法律第二十四号）第三条第一項に規定する工場立地調査簿に工場適地として記載された土地の区域（農業上の土地利用との調整が調つたものに限る。）内において行われる工場又は事業場の設置

七　独立行政法人中小企業基盤整備機構が実施する独立行政法人中小企業基盤整備機構法（平成十四年法律第百四十七号）附則第五条第一項第一号に掲げる業務（農業上の土地利用との調整が調つた土地の区域内において行われるものに限る。）

八　削除

九　集落地域整備法（昭和六十二年法律第六十三号）第五条第一項に規定する集落地区計画の定められた区域（農業上の土地利用との調整が調つたもので、集落地区整備計画（同条第三項に規定する集落地区整備計画をいう。第四十七条及び第五十七条において同じ。）が定められたものに限る。）内において行われる同項に規定する集落地区施設及び建築物等の整備

十　優良田園住宅の建設の促進に関する法律（平成十年法律第四十一号）第四条第一項の認定を受けた同項に規定する優良田園住宅建設計画（同法第四条第四項又は第五項に規定する協議が調つたものに限る。）に従つて行われる同法第二条に規定する優良田園住宅の建設

十一　農用地の土壌の汚染防止等に関する法律（昭和四十五年法律第百三十九号）第三条第一項に規定する農用地土壌汚染対策地域（以下単に「農用地土壌汚染対策地域」という。）として指定された地域内にある農用地（同法第二条第一項に規定する農用地をいう。この号、第四十七条及び第五十七条において同じ。）（同法第五条第一項に規定する農用地土壌汚染対策計画（以下単に「農用地土壌汚染対策計画」という。）において農用地として利用すべき土地の区域として区分された土地の区域内にある農用地を除く。）その他の農用地の土壌の同法第二条第三項に規定する特定有害物質（以下単に「特定有害物質」という。）による汚染に起因して当該農用地で生産された農畜産物の流通が著しく困難であり、かつ、当該農用地の周辺の土地の

利用状況からみて農用地以外の土地として利用することが適当であると認められる農用地の利用の合理化に資する事業

十二　東日本大震災復興特別区域法第四十六条第二項第四号に規定する復興整備事業であつて、次に掲げる要件に該当するもの

イ　東日本大震災復興特別区域法第四十六条第一項第二号に掲げる地域をその区域とする市町村が作成する同項に規定する復興整備計画に係るものであること。

ロ　東日本大震災復興特別区域法第四十七条第一項に規定する復興整備協議会における協議が調つたものであること。

ハ　当該市町村の復興のため必要かつ適当であると認められること。

ニ　当該市町村の農業の健全な発展に支障を及ぼすおそれがないと認められること。

十三　農林漁業の健全な発展と調和のとれた再生可能エネルギー電気の発電の促進に関する法律（平成二十五年法律第八十一号）第五条第一項に規定する基本計画に定められた同条第二項第二号に掲げる区域（農業上の土地利用との調整が調つたものに限る。）内において同法第七条第一項に規定する設備整備計画（当該設備整備計画のうち同条第二項第二号に掲げる事項について同法第六条第一項に規定する協議会における協議が調つたものであり、かつ、同法第七条第四項第一号に掲げる行為に係る当該設備整備計画についての協議が調つたものに限る。）に従つて行われる同法第三条第二項に規定する再生可能エネルギー発電設備の整備

十四　地球温暖化対策の推進に関する法律（平成十年法律第百十七号）第二十一条第五項第二号に規定する促進区域（農業上の土地利用との調整が調つたものに限る。）内において同法第二十一条の二第一項において読み替えて適用する農林漁業の健全な発展と調和のとれた再生可能エネルギー電気の発電の促進に関する法律第七条第一項の認定を受けた同項に規定する設備整備計画に従つて行われる同法第三条第二項に規定する再生可能エネルギー発電設備の整備

十五　農山漁村の活性化のための定住等及び地域間交流の促進に関する法律（平成十九年法律第四十八号）第五条第一項の規定により作成された活性化計画（当該活性化計画に記載された同条第二項第二号ニに規定する事項及び同条第四項各号に掲げる事項について同法第六条第一項に規定する協議会における協議が調つたものに限る。）に従つて行われる同法第五条第二項第二号ニに規定する事業

（地域の農業の振興に関する地方公共団体の計画に従つて行われる農地の転用）

第三十八条　令第四条第一項第二号ヘ(6)の農林水産省令で定める計画は、農業振興地域の整備に関する法律（昭和四十四年法律第五十八号）第八条第一項に規定する市町村農業振興地域整備計画（以下単に「市町村農業振興地域整備計画」という。）又は同計画に沿つて当該計画に係る区域内の農地の効率的な利用を図る観点から市町村が策定する計画とする。

第三十九条　令第四条第一項第二号ヘ(6)の農林水産省令で定める要件は、次のいずれかに該当する施設を前条に規定する計画に従つて整備するため行われるものであることとする。

一　前条に規定する計画（次号に規定するものを除く。）においてその種類、位置及び規模が定められている施設

二　農業振興地域の整備に関する法律施行規則（昭和四十四年農林省令第四十五号）第四条の五第一項第二十六号の二に規定する計画において当該計画に係る区域内の農用地等の保全及び効率的な利用を確保する見地から定められている当該区域内において農用地等以外の用途に供することを予定する土地の区域内に設置されるものとして当該計画に定められている施設

（特定土地改良事業等）

第四十条　令第五条第二号の農林水産省令で定める事業は、次に掲げる要件を満たしている事業とする。

一　次のいずれかに該当する事業（主として農地又は採草放牧地の災害を防止することを目的とするものを除く。）であること。

イ　農業用用排水施設の新設又は変更

ロ　区画整理

ハ　農地又は採草放牧地の造成（昭和三十五年度以前の年度にその工事に着手した開墾建設工事を除く。）

ニ　埋立て又は干拓

ホ　客土、暗きよ排水その他の農地又は採草放牧地の改良又は保全のため必要な事業

二　次のいずれかに該当する事業であること。

イ　国又は地方公共団体が行う事業

ロ　国又は地方公共団体が直接又は間接に経費の全部又は一部につき補助その他の助成を行う事業

ハ　農業改良資金融通法（昭和三十一年法律第百二号）に基づき公庫から資金の貸付けを受けて行う事業

ニ　公庫から資金の貸付けを受けて行う事業（ハに掲げる事業を除く。）

（農作業を効率的に行うのに必要な条件）

第四十一条　令第六条第一号の農林水産省令で定める基準は、区画の面積、形状、傾斜及び土性が高性能農業機械（農作業の効率化又は農作業における身体の負担の軽減に資する程度が著しく高く、かつ、農業経営の改善に寄与する農業機械をいう。）による営農に適するものであると認められることとする。

（土地の区画形質の変更等に係る特定土地改良事業等）

第四十二条　令第六条第二号の農林水産省令で定める基準は、申請に係る事業が次に掲げる要件を満たしていることとする。

一　第四十条第一号ロからホまでに掲げる事業のいずれかに該当する事業であること。

二　次のいずれかに該当する事業であること。

イ　国又は都道府県が行う事業

ロ　国又は都道府県が直接又は間接に経費の全部又は一部を補助する事業

（公共施設又は公益的施設の整備の状況の程度）

第四十三条　令第七条第一号の農林水産省令で定める程度は、次のいずれかに該当することとする。

一　水管、下水道管又はガス管のうち二種類以上が埋設されている道路（幅員四メートル以上の道及び建築基準法（昭和二十五年法律第二百一号）第四十二条第二項の指定を受けた道で現に一般交通の用に供されてい

るものをいい、第三十五条第四号ロに規定する道路及び農業用道路を除く。）の沿道の区域であつて、容易にこれらの施設の便益を享受することができ、かつ、申請に係る農地又は採草放牧地からおおむね五百メートル以内に二以上の教育施設、医療施設その他の公共施設又は公益的施設が存すること。

二　申請に係る農地又は採草放牧地からおおむね三百メートル以内に次に掲げる施設のいずれかが存すること。

イ　鉄道の駅、軌道の停車場又は船舶の発着場

ロ　第三十五条第四号ロに規定する道路の出入口

ハ　都道府県庁、市役所、区役所又は町村役場（これらの支所を含む。）

ニ　その他イからハまでに掲げる施設に類する施設

（宅地化の状況の程度）

第四十四条　令第七条第二号の農林水産省令で定める程度は、次のいずれかに該当することとする。

一　住宅の用若しくは事業の用に供する施設又は公共施設若しくは公益的施設が連たんしていること。

二　街区（道路、鉄道若しくは軌道の線路その他の恒久的な施設又は河川、水路等によつて区画された地域をいう。以下同じ。）の面積に占める宅地の面積の割合が四十パーセントを超えていること。

三　都市計画法第八条第一項第一号に規定する用途地域が定められていること（農業上の土地利用との調整が調つたものに限る。）。

（市街地化が見込まれる区域）

第四十五条　令第八条第一号の農林水産省令で定める区域は、次に掲げる区域とする。

一　相当数の街区を形成している区域

二　第四十三条第二号イ、ハ又はニに掲げる施設の周囲おおむね五百メートル（当該施設を中心とする半径五百メートルの円で囲まれる区域の面積に占める当該区域内にある宅地の面積の割合が四十パーセントを超える場合にあつては、その割合が四十パーセントとなるまで当該施設を中心とする円の半径を延長したときの当該半径の長さ又は一キロメートルのいずれか短い距離）以内の区域

第四十六条　令第八条第二号の農林水産省令で定める区域は、宅地化の状況が第四十四条第一号に掲げる程度に達している区域に近接する区域内にある農地の区域で、その規模がおおむね十ヘクタール未満であるものとする。

（申請に係る農地の全てを申請に係る用途に供することが確実と認められない事由）

第四十七条　法第四条第六項第三号の農林水産省令で定める事由は、次のとおりとする。

一　法第四条第一項の許可を受けた後、遅滞なく、申請に係る農地を申請に係る用途に供する見込みがないこと。

二　申請に係る事業の施行に関して行政庁の免許、許可、認可等の処分を必要とする場合においては、これらの処分がされなかつたこと又はこれらの処分がされる見込みがないこと。

二の二　申請に係る事業の施行に関して法令（条例を含む。第五十七条第二号の二において同じ。）により義務付けられている行政庁との協議を現に行つていること。

三　申請に係る農地と一体として申請に係る事業の目的に供する土地を利用できる見込みがないこと。

四　申請に係る農地の面積が申請に係る事業の目的からみて適正と認められないこと。

五　申請に係る事業が工場、住宅その他の施設の用に供される土地の造成（その処分を含む。）のみを目的とするものであること。ただし、次に掲げる場合は、この限りでない。

イ　農業構造の改善に資する事業の実施により農業の振興に資する施設の用に供される土地を造成するため農地を農地以外のものにする場合であつて、当該農地が当該施設の用に供されることが確実と認められるとき。

ロ　農業協同組合が農業協同組合法第十条第五項に規定する事業の実施により工場、住宅その他の施設の用に供される土地を造成するため農地を農地以外のものにする場合であつて、当該農地がこれらの施設の用に供されることが確実と認められるとき。

ハ　農地中間管理機構（農業経営基盤強化促進法第七

条第一号に掲げる事業を行う者に限る。第五十七条第五号ハにおいて同じ。）が農業用施設の用に供される土地を造成するため農地を農地以外のものにする場合であつて、当該農地が当該施設の用に供されることが確実と認められるとき。

ニ　第三十八条に規定する計画に従つて工場、住宅その他の施設の用に供される土地を造成するため農地を農地以外のものにする場合

ホ　非農用地区域内において当該非農用地区域に係る土地改良事業計画に定められた用途に供される土地を造成するため農地を農地以外のものにする場合であつて、当該農地が当該用途に供されることが確実と認められるとき。

ヘ　都市計画法第八条第一項第一号に規定する用途地域が定められている土地の区域（農業上の土地利用との調整が調つたものに限る。）内において工場、住宅その他の施設の用に供される土地を造成するため農地を農地以外のものにする場合であつて、当該農地がこれらの施設の用に供されることが確実と認められるとき。

ト　都市計画法第十二条の五第一項に規定する地区計画が定められている区域（農業上の土地利用との調整が調つたものに限る。）内において、同法第三十四条第十号の規定に該当するものとして同法第二十九条第一項の許可を受けて住宅又はこれに附帯する施設の用に供される土地を造成するため農地を農地以外のものにする場合であつて、当該農地がこれらの施設の用に供されることが確実と認められるとき。

チ　集落地域整備法第五条第一項に規定する集落地区計画が定められている区域（農業上の土地利用との調整が調つたものに限る。）内において集落地区整備計画に定められる建築物等に関する事項に適合する建築物等の用に供される土地を造成するため農地を農地以外のものにする場合であつて、当該農地がこれらの建築物等の用に供されることが確実と認められるとき。

リ　国（国が出資している法人を含む。）の出資によ

り設立された法人、地方公共団体の出資により設立された一般社団法人若しくは一般財団法人、土地開発公社又は農業協同組合若しくは農業協同組合連合会が、農村地域への産業の導入の促進等に関する法律（昭和四十六年法律第百十二号）第五条第一項に規定する実施計画に基づき同条第二項第一号に規定する産業導入地区内において同条第三項第一号に規定する施設の用に供される土地を造成するため農地を農地以外のものにする場合

ヌ　総合保養地域整備法（昭和六十二年法律第七十一号）第七条第一項に規定する同意基本構想に基づき同法第四条第二項第三号に規定する重点整備地区内において同法第二条第一項に規定する特定施設の用に供される土地を造成するため農地を農地以外のものにする場合であつて、当該農地が当該施設の用に供されることが確実と認められるとき。

ル　削除

ヲ　多極分散型国土形成促進法（昭和六十三年法律第八十三号）第十一条第一項に規定する同意基本構想に基づき同法第七条第二項第二号に規定する重点整備地区内において同項第三号に規定する中核的施設の用に供される土地を造成するため農地を農地以外のものにする場合であつて、当該農地が当該施設の用に供されることが確実と認められるとき。

ワ　地方拠点都市地域の整備及び産業業務施設の再配置の促進に関する法律（平成四年法律第七十六号）第八条第一項に規定する同意基本計画に基づき同法第二条第二項に規定する拠点地区内において同項の事業として住宅及び住宅地若しくは同法第六条第五項に規定する教養文化施設等の用に供される土地を造成するため又は同条第四項に規定する拠点地区内において同法第二条第三項に規定する産業業務施設の用に供される土地を造成するため農地を農地以外のものにする場合であつて、当該農地がこれらの施設の用に供されることが確実と認められるとき。

カ　地域経済牽引事業の促進による地域の成長発展の基盤強化に関する法律（平成十九年法律第四十号）第十四条第二項に規定する承認地域経済牽引事業計

画に基づき同法第十一条第二項第一号に規定する土地利用調整区域内において同法第十三条第三項第一号に規定する施設の用に供される土地を造成するため農地を農地以外のものにする場合であつて、当該農地が当該施設の用に供されることが確実と認められるとき。

ヨ　削除

タ　大都市地域における優良宅地開発の促進に関する緊急措置法（昭和六十三年法律第四十七号）第三条第一項の認定を受けた宅地開発事業計画に従つて住宅その他の施設の用に供される土地を造成するため農地を農地以外のものにする場合であつて、当該農地がこれらの施設の用に供されることが確実と認められるとき。

レ　地方公共団体（都道府県等を除く。）又は独立行政法人都市再生機構その他国（国が出資している法人を含む。）の出資により設立された地域の開発を目的とする法人が工場、住宅その他の施設の用に供される土地を造成するため農地を農地以外のものにする場合

ソ　電気事業者又は独立行政法人水資源機構その他国若しくは地方公共団体の出資により設立された法人が、ダムの建設に伴い移転が必要となる工場、住宅その他の施設の用に供される土地を造成するため農地を農地以外のものにする場合

ツ　事業協同組合等（独立行政法人中小企業基盤整備機構法施行令（平成十六年政令第百八十二号）第三条第一項第三号に規定する事業協同組合等をいう。以下同じ。）が同号に規定する事業の実施により工場、事業場その他の施設の用に供される土地を造成するため農地を農地以外のものにする場合

ネ　地方住宅供給公社、日本勤労者住宅協会若しくは土地開発公社又は一般社団法人若しくは一般財団法人が住宅又はこれに附帯する施設の用に供される土地を造成するため農地を農地以外のものにする場合であつて、当該農地がこれらの施設の用に供されることが確実と認められるとき。

ナ　土地開発公社が土地収用法第三条各号に掲げる施

設を設置しようとする者から委託を受けてこれらの施設の用に供される土地を造成するため農地を農地以外のものにする場合であつて、当該農地がこれらの施設の用に供されることが確実と認められるとき。

ラ　農用地土壌汚染対策地域として指定された地域内にある農用地（農用地土壌汚染対策計画において農用地として利用すべき土地の区域として区分された土地の区域内にある農用地を除く。）その他の農用地の土壌の特定有害物質による汚染に起因して当該農用地で生産された農畜産物の流通が著しく困難であり、かつ、当該農用地の周辺の土地の利用状況からみて農用地以外の土地として利用することが適当であると認められる農用地の利用の合理化に資する事業の実施により農地を農地以外のものにする場合

（農地の転用により地域の農業の振興に関する地方公共団体の計画の円滑かつ確実な実施に支障を生ずるおそれがあると認められる場合）

第四十七条の二　令第八条の二の農林水産省令で定める計画は、農業経営基盤強化促進法第十九条第一項に規定する地域計画（以下単に「地域計画」という。）又は市町村農業振興地域整備計画とする。

第四十七条の三　令第八条の二の農林水産省令で定める場合は、次の各号のいずれかに該当する場合とする。

一　農業経営基盤強化促進法第十九条第七項の規定による公告（以下この号及び第五十七条の三第一号において「地域計画案公告」という。）があつてから同法第十九条第八項の規定による公告（同号において「地域計画公告」という。）があるまでの間において、当該地域計画案公告に係る地域計画の案に係る農地を農地以外のものにすることにより、当該地域計画に基づく農地の効率的かつ総合的な利用に支障を及ぼすおそれがあると認められる場合

二　地域計画に係る農地を農地以外のものにすることにより、当該地域計画の達成に支障を及ぼすおそれがあると認められる場合

三　農用地区域（農業振興地域の整備に関する法律第八条第二項第一号に規定する農用地区域をいう。以下同じ。）を定めるための同法第十一条第一項（同法第

十三条第四項において準用する場合を含む。）の規定による公告（以下この号及び第五十七条の三第二号において「整備計画案公告」という。）があつてから同法第十二条第一項（同法第十三条第四項において準用する場合を含む。同号において同じ。）の規定による公告（同号において「整備計画公告」という。）があるまでの間において、当該整備計画案公告に係る市町村農業振興地域整備計画の案に係る農地（農用地区域として定める区域内にあるものに限る。）を農地以外のものにすることにより、当該計画に基づく農地の農業上の効率的かつ総合的な利用の確保に支障を生ずるおそれがあると認められる場合

（指定の申請）

第四十八条　令第九条第一項の申請（以下この条において「申請」という。）は、申請書に次に掲げる書類を添えて、これらを農林水産大臣に提出してしなければならない。

一　申請に係る市町村（以下「申請市町村」という。）における令第九条第二項第一号の目標（以下「面積目標」という。）及びその算定根拠を記載した書類

二　申請市町村が行つた申請の日の属する年の前年以前五年の期間（以下「過去五年間」という。）における次条第二項第一号イからハまで及びホに掲げる事務の処理の状況の概要を記載した書類

三　指定により当該指定の日以後申請市町村の長が行うこととなる事務（以下「農地転用許可事務」という。）に関する組織図及び体制図

四　前三号に掲げるもののほか、農林水産大臣が必要と認める事項を記載した書類

（指定の基準）

第四十九条　農林水産大臣は、次に掲げる要件の全てを満たす面積目標を定めている申請市町村を、令第九条第二項第一号に掲げる基準に適合すると認めるものとする。

一　農業振興地域の整備に関する法律第三条の二第一項に規定する基本指針及び同法第四条第一項の農業振興地域整備基本方針に沿つて、農地又は採草放牧地の面積のすう勢及び農地又は採草放牧地の農業上の効率的かつ総合的な利用の確保に関する施策の効果を適切に勘案していること。

二　地方公共団体が策定した土地利用に関する計画に基づき開発行為（農業振興地域の整備に関する法律第十五条の二第一項に規定する開発行為をいう。）が予定されていることその他の申請市町村として考慮すべき事情がある場合には、当該事情を適切に勘案していること。

2　農林水産大臣は、次に掲げる要件の全てを満たす申請市町村を、令第九条第二項第二号に掲げる基準に適合すると認めるものとする。

一　申請市町村が行つた過去五年間における次のイからホまでに掲げる事務の処理若しくは行為がそれぞれイからホまでに定める要件を満たしていること又は当該事務の処理若しくは行為が当該要件を満たしていない場合には、申請市町村が当該事務の処理若しくは行為について違反の是正若しくは改善を図つており、かつ、面積目標の達成に向けて農地若しくは採草放牧地の農業上の効率的かつ総合的な利用の確保に関する施策に取り組んでいると認められること。

イ　申請市町村が地方自治法（昭和二十二年法律第六十七号）第二百五十二条の十七の二第一項の条例の定めるところにより法第四条第一項及び第五条第一項又は農業振興地域の整備に関する法律第十五条の二第一項の許可に係る事務を処理することとされている場合における当該事務の処理　法、令及びこの省令又は農業振興地域の整備に関する法律、農業振興地域の整備に関する法律施行令（昭和四十四年政令第二百五十四号）及び農業振興地域の整備に関する法律施行規則に違反したことがないこと。

ロ　法第四条第三項（法第五条第三項において準用する場合を含む。）の規定による申請書の送付に係る事務の処理　当該申請書に付された意見の内容が法第四条第一項又は第五条第一項の許可をすることが相当であるとするものである場合に、都道府県知事が当該許可の申請に対して法、令及びこの省令に定める要件を満たしていないとして不許可の処分を行つたことがないこと（地方自治法第百八十条の二の規定により申請市町村（同法第二百五十二条の十七の二第一項の条例の定めるところにより法第四条第一項及び第五条第一項の許可に係る事務を処理することとされているものを除く。）の委任を受けて、指定の日以後、農業委員会が農地転用許可事務を行うこととなる場合に限る。）。

ハ　農業振興地域の整備に関する法律第十三条第一項の規定による農業振興地域整備計画の変更のうち、農用地等（同法第三条に規定する農用地等をいう。）以外の用途に供することを目的として農用地区域内の土地を農用地区域から除外するために行う農用地区域の変更に係る事務の処理　都道府県知事が当該変更に係る同法第十三条第四項において準用する同法第八条第四項の規定による協議において同法、農業振興地域の整備に関する法律施行令及び農業振興地域の整備に関する法律施行規則に定める要件を満たしていないとして同意しなかつたことがないこと。

ニ　第二十九条第六号の施設の敷地に供するため申請市町村の区域内にある農地を農地以外のものにする行為　当該施設の公益性を考慮してもなお当該行為が土地の農業上の利用の確保の観点から著しく適正を欠いていたと認められるものでないこと。

ホ　申請市町村が地方自治法第二百五十二条の十七の二第一項の条例の定めるところにより法第五十一条第一項の規定による処分若しくは命令又は農業振興地域の整備に関する法律第十五条の三の規定による命令に係る事務を処理することとされている場合における当該事務の処理　当該事務の処理が著しく適正を欠いていたと認められるものでないこと。

二　指定の日以後の農地転用許可事務の処理を行う体制（以下「事務処理体制」という。）が次に掲げる要件の全てを満たしていること。

イ　農地転用許可事務に従事する職員を二名以上（過去五年間における法第四条第一項又は第五条第一項の許可の申請の年間平均件数が二十件以下である申請市町村にあつては、一名以上）配置すること。

ロ　イの職員のうち前号イからハまでの事務に通算して二年以上従事した経験（以下「従事経験」という。）を有するものの人数が二名以上（過去五年間における法第四条第一項又は第五条第一項の許可の申請の年間平均件数が二十件以下である申請市町村にあつては、一名以上）であること又は次に掲げる者の人数がそれぞれ一名以上であること。

(1)　イの職員であつて、従事経験を有するもの

(2)　イの職員であつて、農地転用許可事務の適正な処理を図るための農林水産省、都道府県又は都道府県機構が実施する研修を受けることにより従事経験を有する者と同等の法、令及びこの省令並びに農業振興地域の整備に関する法律、農業振興地域の整備に関する法律施行令及び農業振興地域の整備に関する法律施行規則に関する理解を有すると認められるもの

ハ　イ及びロに掲げる要件を満たす事務処理体制を継続的に確保できると認められること。

（面積目標の達成状況等の報告）

第四十九条の二　指定市町村は、毎年四月一日から同月末日までの間に、報告書に次に掲げる書類を添えて、農林水産大臣に提出しなければならない。

一　面積目標の達成状況を記載した書類

二　前年の農地転用許可事務の処理の概要を記載した書類

2　前項の規定による場合のほか、指定市町村は、農林水産大臣の求めに応じ、農林水産大臣が必要と認める事項を記載した書類を提出しなければならない。

（指定の取消し）

第四十九条の三　令第九条第八項の規定による指定市町村が同条第二項各号に掲げる基準のいずれかに適合しなくなつたかどうかの判断は、指定市町村が次に掲げる場合のいずれかに該当する場合に行うものとする。

一　令第九条第七項の規定に違反した場合

二　法第五十八条第二項の指示に従わない場合

三　農地転用許可事務に係る地方自治法第二百四十五条の五第三項の規定による求めに応じない場合

（指定及びその取消しに関し必要な事項）

第四十九条の四　第四十八条から前条までに規定するもののほか、指定及びその取消しに関し必要な事項は、別に定めるところによる。

（市街化区域内の農地又は採草放牧地の転用のための権利

移動の届出）

第五十条　令第十条第一項の規定により届出書を提出する場合には、当事者が連署するものとする。ただし、第十条第一項各号に掲げる場合は、この限りでない。

2　令第十条第一項の規定により届出書を提出する場合には、次に掲げる書類を添付しなければならない。

一　第二十六条第一号に掲げる書類

二　届出に係る農地又は採草放牧地が賃貸借の目的となつている場合には、その賃貸借につき法第十八条第一項の規定による解約等の許可があつたことを証する書面

三　前項ただし書の規定により連署しないで届出書を提出する場合には、第十条第一項各号のいずれかに該当することを証する書面

（市街化区域内の農地又は採草放牧地の転用のための権利移動の届出書の記載事項）

第五十一条　令第十条第一項の農林水産省令で定める事項は、第十一条第一項第一号及び第四号、第二十七条第二号から第四号まで並びに第五十七条の五第三号に掲げる事項とする。

（市街化区域内の農地又は採草放牧地の転用のための権利移動の届出の受理通知書の記載事項）

第五十二条　令第十条第一項の規定により届出を受理した旨の通知をする書面には、次に掲げる事項を記載するものとする。

一　第二十八条各号に掲げる事項

二　届出に係る権利の種類及び設定又は移転の別

（農地又は採草放牧地の転用のための権利移動の制限の例外）

第五十三条　法第五条第一項第七号の農林水産省令で定める場合は、次に掲げる場合とする。

一　法第四十五条第一項の規定により農林水産大臣が管理することとされている農地又は採草放牧地を耕作及び養畜の事業以外の事業に供するために貸し付けることにより法第三条第一項本文に掲げる権利が設定される場合

二　法第四十七条の規定によつて所有権が移転される場合

三　法第四十七条の規定による売払いに係る農地又は採草放牧地についてその売払いを受けた者がその売払いに係る目的に供するため第一号の権利を設定し、又は移転する場合
四　土地改良法に基づく土地改良事業を行う者がその事業に供するため第一号の権利を取得する場合
五　地方公共団体（都道府県等を除く。）がその設置する道路、河川、堤防、水路若しくはため池又はその他の施設で土地収用法第三条各号に掲げるもの（第二十五条第一号から第三号までに掲げる施設又は市役所、特別区の区役所若しくは町村役場の用に供する庁舎を除く。）の敷地に供するためその区域（地方公共団体の組合にあつては、その組合を組織する地方公共団体の区域）内にある農地又は採草放牧地につき第一号の権利を取得する場合
六　道路整備特別措置法第二条第四項に規定する会社又は地方道路公社が道路の敷地に供するため第一号の権利を取得する場合
七　独立行政法人水資源機構がダム、堰せき、堤防、水路若しくは貯水池の敷地又はこれらの施設の建設のために必要な道路若しくはこれらの施設の建設に伴い廃止される道路に代わるべき道路の敷地に供するため第一号の権利を取得する場合
八　独立行政法人鉄道建設・運輸施設整備支援機構又は全国新幹線鉄道整備法第九条第一項の規定による認可を受けた者が鉄道施設の敷地又は鉄道施設の建設のために必要な道路若しくは線路若しくは鉄道施設の建設に伴い廃止される道路に代わるべき道路の敷地に供するため第一号の権利を取得する場合
九　成田国際空港株式会社が成田国際空港の敷地若しくは当該空港の建設のために必要な道路若しくは線路若しくは当該空港の建設に伴い廃止される道路に代わるべき道路の敷地に供するため、又は航空保安施設設置予定地の区域内にある農地若しくは採草放牧地について航空保安施設を設置するため第一号の権利を取得する場合
十　都市計画法第五十六条第一項、第五十七条第三項若しくは第六十七条第二項の規定によつて又は同法第

六十八条第一項の規定による請求によつて都市計画事業に供するため市街化区域内にある農地又は採草放牧地につき所有権が移転される場合

十一　電気事業者が送電用電気工作物等の敷地に供するため第一号の権利を取得する場合

十二　地方公共団体（都道府県等を除く。）、独立行政法人都市再生機構、地方住宅供給公社、土地開発公社、独立行政法人中小企業基盤整備機構又は指定法人が市街化区域（指定法人にあつては、指定計画に係る市街化区域）内にある農地又は採草放牧地につき第一号の権利を取得する場合

十三　独立行政法人都市再生機構が特定公共施設又はその施設の建設のために必要な道路若しくはその施設の建設に伴い廃止される道路に代わるべき道路の敷地に供するため第一号の権利を取得する場合

十四　認定電気通信事業者が有線電気通信のための線路、空中線系（その支持物を含む。）若しくは中継施設又はこれらの施設を設置するために必要な道路若しくは索道の敷地に供するため第一号の権利を取得する場合

十五　地方公共団体（都道府県等を除く。）又は災害対策基本法第二条第五号に規定する指定公共機関若しくは同条第六号に規定する指定地方公共機関が行う非常災害の応急対策又は復旧であつて、当該機関の所掌業務に係る施設について行うもののために必要な施設の敷地に供するため第一号の権利を取得する場合

十六　特定地方公共団体である市町村又は特定被災市町村が、東日本大震災又は特定大規模災害からの復興のために定める集団移転促進事業計画に係る移転促進区域内にある農地又は採草放牧地を、耕作及び養畜の事業以外の事業に供するため当該集団移転促進事業計画に基づき実施する集団移転促進事業により取得する場合

十七　ガス事業者が、ガス導管の変位の状況を測定する設備又はガス導管の防食措置の状況を検査する設備の敷地に供するため第一号の権利を取得する場合

十八　家畜伝染病予防法第二十一条第一項又は第四項の規定による焼却又は埋却の用に供するため第一号の権利を取得する場合

十九　地方公共団体（都道府県等を除く。）が文化財保護法第九十九条第一項の規定による土地の発掘を行うため、農地を一時的に農地以外のものにし、又は採草放牧地を一時的に採草放牧地以外のもの（農地を除く。第五十七条の三において同じ。）にするためこれらの土地につき使用及び収益を目的とする権利が設定される場合

（隣接する土地と同一の事業の目的に供するための農地又は採草放牧地の転用）

第五十四条　令第十一条第一項第二号ニの農林水産省令で定める基準は、申請に係る事業の目的に供すべき土地の面積に占める申請に係る法第五条第二項第一号ロに掲げる土地の面積の割合が三分の一を超えず、かつ、申請に係る事業の目的に供すべき土地の面積に占める申請に係る令第十三条に掲げる土地の面積の割合が五分の一を超えないこととする。

（農作業を効率的に行うのに必要な条件）

第五十五条　令第十三条第一号の農林水産省令で定める基準は、第四十一条に規定する要件を満たしていることとする。

（土地の区画形質の変更等に係る特定土地改良事業等）

第五十六条　令第十三条第二号の農林水産省令で定める基準は、申請に係る事業が第四十二条各号に掲げる要件を満たしていることとする。

（申請に係る農地又は採草放牧地の全てを申請に係る用途に供することが確実と認められない事由）

第五十七条　法第五条第二項第三号の農林水産省令で定める事由は、次のとおりとする。

一　法第五条第一項の許可を受けた後、遅滞なく、申請に係る農地又は採草放牧地を申請に係る用途に供する見込みがないこと。

二　申請に係る事業の施行に関して行政庁の免許、許可、認可等の処分を必要とする場合においては、これらの処分がされなかつたこと又はこれらの処分がされる見込みがないこと。

二の二　申請に係る事業の施行に関して法令により義務付けられている行政庁との協議を現に行つていること。

三　申請に係る農地又は採草放牧地と一体として申請に

係る事業の目的に供する土地を利用できる見込みがないこと。

四　申請に係る農地又は採草放牧地の面積が申請に係る事業の目的からみて適正と認められないこと。

五　申請に係る事業が工場、住宅その他の施設の用に供される土地の造成（その処分を含む。）のみを目的とするものであること。ただし、次に掲げる場合は、この限りでない。

イ　農業構造の改善に資する事業の実施により農業の振興に資する施設の用に供される土地を造成するため法第三条第一項本文に掲げる権利が設定され、又は移転される場合であつて、申請に係る農地又は採草放牧地が当該施設の用に供されることが確実と認められるとき。

ロ　農業協同組合が農業協同組合法第十条第五項に規定する事業の実施により工場、住宅その他の施設の用に供される土地を造成するため法第三条第一項本文に掲げる権利を取得する場合であつて、申請に係る農地又は採草放牧地がこれらの施設の用に供されることが確実と認められるとき。

ハ　農地中間管理機構が農業用施設の用に供される土地を造成するため法第三条第一項本文に掲げる権利を取得する場合であつて、申請に係る農地又は採草放牧地が当該施設の用に供されることが確実と認められるとき。

ニ　第三十八条に規定する計画に従つて工場、住宅その他の施設の用に供される土地を造成するため法第三条第一項本文に掲げる権利が設定され、又は移転される場合

ホ　非農用地区域内において当該非農用地区域に係る土地改良事業計画に定められた用途に供される土地を造成するため法第三条第一項本文に掲げる権利が設定され、又は移転される場合であつて、申請に係る農地又は採草放牧地が当該用途に供されることが確実と認められるとき。

ヘ　都市計画法第八条第一項第一号に規定する用途地域が定められている土地の区域（農業上の土地利用との調整が調つたものに限る。）内において工場、

住宅その他の施設の用に供される土地を造成するため法第三条第一項本文に掲げる権利が設定され、又は移転される場合であつて、申請に係る農地又は採草放牧地がこれらの施設の用に供されることが確実と認められるとき。

ト　都市計画法第十二条の五第一項に規定する地区計画が定められている区域（農業上の土地利用との調整が調つたものに限る。）内において、同法第三十四条第十号の規定に該当するものとして同法第二十九条第一項の許可を受けて住宅又はこれに附帯する施設の用に供される土地を造成するため法第三条第一項本文に掲げる権利が設定され、又は移転される場合であつて、申請に係る農地又は採草放牧地がこれらの施設の用に供されることが確実と認められるとき。

チ　集落地域整備法第五条第一項に規定する集落地区計画が定められている区域（農業上の土地利用との調整が調つたものに限る。）内において集落地区整備計画に定められる建築物等に関する事項に適合する建築物等の用に供される土地を造成するため法第三条第一項本文に掲げる権利が設定され、又は移転される場合であつて、申請に係る農地又は採草放牧地がこれらの建築物等の用に供されることが確実と認められるとき。

リ　国（国が出資している法人を含む。）の出資により設立された法人、地方公共団体の出資により設立された一般社団法人若しくは一般財団法人、土地開発公社又は農業協同組合若しくは農業協同組合連合会が、農村地域への産業の導入の促進等に関する法律第五条第一項に規定する実施計画に基づき同条第二項第一号に規定する産業導入地区内において同条第三項第一号に規定する施設の用に供される土地を造成するため法第三条第一項本文に掲げる権利を取得する場合

ヌ　総合保養地域整備法第七条第一項に規定する同意基本構想に基づき同法第四条第二項第三号に規定する重点整備地区内において同法第二条第一項に規定する特定施設の用に供される土地を造成するため法

第三条第一項本文に掲げる権利が設定され、又は移転される場合であつて、申請に係る農地又は採草放牧地が当該施設の用に供されることが確実と認められるとき。

ル　削除

ヲ　多極分散型国土形成促進法第十一条第一項に規定する同意基本構想に基づき同法第七条第二項第二号に規定する重点整備地区内において同項第三号に規定する中核的施設の用に供される土地を造成するため法第三条第一項本文に掲げる権利が設定され、又は移転される場合であつて、申請に係る農地又は採草放牧地が当該施設の用に供されることが確実と認められるとき。

ワ　地方拠点都市地域の整備及び産業業務施設の再配置の促進に関する法律第八条第一項に規定する同意基本計画に基づき同法第二条第二項に規定する拠点地区内において同項の事業として住宅及び住宅地若しくは同法第六条第五項に規定する教養文化施設等の用に供される土地を造成するため又は同条第四項に規定する拠点地区内において同法第二条第三項に規定する産業業務施設の用に供される土地を造成するため法第三条第一項本文に掲げる権利が設定され、又は移転される場合であつて、申請に係る農地又は採草放牧地がこれらの施設の用に供されることが確実と認められるとき。

カ　地域経済牽引事業の促進による地域の成長発展の基盤強化に関する法律第十四条第二項に規定する承認地域経済牽引事業計画に基づき同法第十一条第二項第一号に規定する土地利用調整区域内において同法第十三条第三項第一号に規定する施設の用に供される土地を造成するため法第三条第一項本文に掲げる権利が設定され、又は移転される場合であつて、申請に係る農地又は採草放牧地が当該施設の用に供されることが確実と認められるとき。

ヨ　削除

タ　大都市地域における優良宅地開発の促進に関する緊急措置法第三条第一項の認定を受けた宅地開発事業計画に従つて住宅その他の施設の用に供される土

地を造成するため法第三条第一項本文に掲げる権利が設定され、又は移転される場合であつて、申請に係る農地又は採草放牧地がこれらの施設の用に供されることが確実と認められるとき。

レ　地方公共団体（都道府県等を除く。）又は独立行政法人都市再生機構その他国（国が出資している法人を含む。）の出資により設立された地域の開発を目的とする法人が工場、住宅その他の施設の用に供される土地を造成するため法第三条第一項本文に掲げる権利を取得する場合

ソ　電気事業者又は独立行政法人水資源機構その他国若しくは地方公共団体の出資により設立された法人が、ダムの建設に伴い移転が必要となる工場、住宅その他の施設の用に供される土地を造成するため法第三条第一項本文に掲げる権利を取得する場合

ツ　事業協同組合等が独立行政法人中小企業基盤整備機構法施行令第三条第一項第三号に規定する事業の実施により工場、事業場その他の施設の用に供される土地を造成するため法第三条第一項本文に掲げる権利を取得する場合

ネ　地方住宅供給公社、日本勤労者住宅協会若しくは土地開発公社又は一般社団法人若しくは一般財団法人が住宅又はこれに附帯する施設の用に供される土地を造成するため法第三条第一項本文に掲げる権利を取得する場合であつて、申請に係る農地又は採草放牧地がこれらの施設の用に供されることが確実と認められるとき。

ナ　土地開発公社が土地収用法第三条各号に掲げる施設を設置しようとする者から委託を受けてこれらの施設の用に供される土地を造成するため法第三条第一項本文に掲げる権利を取得する場合であつて、申請に係る農地又は採草放牧地がこれらの施設の用に供されることが確実と認められるとき。

ラ　農用地土壌汚染対策地域として指定された地域内にある農用地（農用地土壌汚染対策計画において農用地として利用すべき土地の区域として区分された土地の区域内にある農用地を除く。）その他の農用地の土壌の特定有害物質による汚染に起因して当該

農用地で生産された農畜産物の流通が著しく困難であり、かつ、当該農用地の周辺の土地の利用状況からみて農用地以外の土地として利用することが適当であると認められる農用地の利用の合理化に資する事業の実施により法第三条第一項本文に掲げる権利が設定され、又は移転される場合

（農地又は採草放牧地の転用のための権利移動により地域の農業の振興に関する地方公共団体の計画の円滑かつ確実な実施に支障を生ずるおそれがあると認められる場合）

第五十七条の二　令第十五条の二の農林水産省令で定める計画は、地域計画又は市町村農業振興地域整備計画とする。

第五十七条の三　令第十五条の二の農林水産省令で定める場合は、次の各号のいずれかに該当する場合とする。

一　地域計画案公告があつてから地域計画公告があるまでの間において、当該地域計画案公告に係る地域計画の案に係る農地を農地以外のものにすること又は当該地域計画案公告に係る地域計画の案に係る採草放牧地を採草放牧地以外のものにすることにより、当該地域計画に基づく農地又は採草放牧地の効率的かつ総合的な利用に支障を及ぼすおそれがあると認められる場合

二　地域計画に係る農地を農地以外のものにすること又は地域計画に係る採草放牧地を採草放牧地以外のものにすることにより、当該地域計画の達成に支障を及ぼすおそれがあると認められる場合

三　整備計画案公告があつてから整備計画公告があるまでの間において、当該整備計画案公告に係る市町村農業振興地域整備計画の案に係る農地（農用地区域として定める区域内にあるものに限る。）を農地以外のものにすること又は当該整備計画案公告に係る市町村農業振興地域整備計画の案に係る採草放牧地（農用地区域として定める区域内にあるものに限る。）を採草放牧地以外のものにすることにより、当該計画に基づく農地又は採草放牧地の農業上の効率的かつ総合的な利用の確保に支障を生ずるおそれがあると認められる場合

（農地又は採草放牧地の転用のための権利移動についての

（許可申請）

第五十七条の四　法第五条第三項において準用する法第四条第二項の規定により申請書を提出する場合には、当事者が連署するものとする。ただし、第十条第一項各号に掲げる場合は、この限りでない。

2　法第五条第三項において準用する法第四条第二項の規定により申請書を提出する場合には、次に掲げる書類を添付しなければならない。

一　第三十条第一号から第四号までに掲げる書類（同条第一号の書類については、法第三条第一項本文に掲げる権利を取得しようとする者に係るものに限る。）

二　申請に係る農地又は採草放牧地を転用する行為の妨げとなる権利を有する者がある場合には、その同意があつたことを証する書面

三　申請に係る農地又は採草放牧地が土地改良区の地区内にある場合には、当該土地改良区の意見書（意見を求めた日から三十日を経過してもなおその意見を得られない場合には、その事由を記載した書面）

四　前項ただし書の規定により連署しないで申請書を提出する場合にあつては、第十条第一項各号のいずれかに該当することを証する書面

五　その他参考となるべき書類

（農地又は採草放牧地の転用のための権利移動についての許可申請書の記載事項）

第五十七条の五　法第五条第三項において準用する法第四条第二項の農林水産省令で定める事項は、次に掲げる事項とする。

一　第十一条第一項第一号から第四号までに掲げる事項

二　第三十一条第四号及び第五号に掲げる事項

三　転用することによつて生ずる付近の農地又は採草放牧地、作物等の被害の防除施設の概要

四　その他参考となるべき事項

（申請書を送付すべき期間）

第五十七条の六　法第五条第三項において準用する法第四条第三項の農林水産省令で定める期間は、申請書の提出があつた日の翌日から起算して四十日（法第五条第三項において準用する法第四条第四項又は第五項の規定により都道府県機構の意見を聴くときは、八十日）とする。

ただし、法第五条第三項の規定により農業委員会が当該申請書に法第五条第一項の許可をすることが相当であるとする内容の意見を付そうとする場合において都道府県機構が当該許可をしないことが相当であるとする内容の意見を述べたときその他の特段の事情がある場合は、この限りでない。

（農地所有適格法人の報告）

第五十八条　法第六条第一項の規定による報告は、毎事業年度の終了後三月以内に、次条に掲げる事項を記載した報告書を当該農地所有適格法人が現に所有し、又は所有権以外の使用及び収益を目的とする権利を有している農地又は採草放牧地の所在地を管轄する農業委員会に提出してしなければならない。

2　前項の報告書には、次に掲げる書類を添付しなければならない。

一　定款の写し

二　農事組合法人又は株式会社にあつてはその組合員名簿又は株主名簿の写し

三　承認会社が構成員となつている場合には、その構成員が承認会社であることを証する書面及びその構成員の株主名簿の写し

四　その他参考となるべき書類

第五十九条　法第六条第一項の農林水産省令で定める事項は、次のとおりとする。

一　農地所有適格法人の名称及び主たる事務所の所在地並びに代表者の氏名

二　農地所有適格法人が現に所有し、又は所有権以外の使用及び収益を目的とする権利を有している農地又は採草放牧地の面積

三　農地所有適格法人が当該事業年度に行つた事業の種類及び売上高

四　農地所有適格法人の構成員の氏名又は名称及びその有する議決権

五　農地所有適格法人の構成員からその農地所有適格法人に対して権利を設定又は移転した農地又は採草放牧地の面積

六　法第二条第三項第二号ニに掲げる者が農地所有適格法人の構成員となつている場合には、その構成員が農

地中間管理機構に使用貸借による権利又は賃借権を設定している農地又は採草放牧地のうち、当該農地中間管理機構がその農地所有適格法人に使用貸借による権利又は賃借権を設定している農地又は採草放牧地の面積

七　農地所有適格法人の構成員のその農地所有適格法人の行う農業への従事状況

八　法第二条第三項第二号へに掲げる者が農地所有適格法人の構成員となつている場合には、その構成員がその農地所有適格法人に委託している農作業の内容

九　承認会社が農地所有適格法人の構成員となつている場合には、その構成員の株主の氏名又は名称及びその有する議決権

十　農地所有適格法人の理事等の氏名及び住所並びにその農地所有適格法人の行う農業への従事状況

十一　農地所有適格法人の理事等又は使用人のうち、その農地所有適格法人の行う農業に必要な農作業に従事する者の役職名及び氏名並びにその農地所有適格法人の行う農業に必要な農作業（その者が使用人である場合には、その農地所有適格法人の行う農業及び農作業）への従事状況

十二　農地を所有する農地所有適格法人にあつては、次に掲げる事項

イ　翌事業年度における事業計画

ロ　農地所有適格法人の理事等及び構成員のその農地所有適格法人の行う農業への翌事業年度における従事計画

ハ　農地所有適格法人の理事等又は使用人のうち、その農地所有適格法人の行う農業に必要な農作業に従事する者のその農地所有適格法人の行う農業に必要な農作業（その者が使用人である場合には、その農地所有適格法人の行う農業及び農作業）への翌事業年度における従事計画

ニ　農地所有適格法人の理事等の国籍等並びに使用人の氏名、住所及び国籍等

ホ　主要株主等の氏名、住所及び国籍等（主要株主等が法人である場合には、その名称、設立に当たつて準拠した法令を制定した国及び主たる事務所の所在

地）

十三　その他参考となるべき事項

（報告を要しない農地又は採草放牧地の指定）

第六十条　令第十六条第二号の規定による指定は、交換分合計画につき土地改良法第九十八条第十項又は第九十九条第十二項（同法第百条第二項及び第百条の二第二項（同法第百十一条においてこれらの規定を準用する場合を含む。）並びに第百十一条、農業振興地域の整備に関する法律第十三条の五、農住組合法（昭和五十五年法律第八十六号）第十一条、集落地域整備法第十二条並びに市民農園整備促進法第六条において準用する場合を含む。）の規定による公告があつた日の翌日から起算して三月以内に、その所有者に対し、次に掲げる事項を記載した指定書を交付してするものとする。

一　土地の所有者の氏名又は名称及び住所

二　当該交換分合計画に基づき交換分合が行われた令第十六条第二号に規定する特定農地等及び同号の規定によりこれに代わるべきものとして指定する土地の所在、地番、地目及び面積

（利用状況の報告）

第六十条の二　法第六条の二第一項の規定による報告は、毎事業年度の終了後三月以内に、次に掲げる事項を記載した報告書を第一号の者が使用貸借による権利又は賃借権の設定又は移転を受けた農地又は採草放牧地の所在地を管轄する農業委員会に提出してしなければならない。

一　法第三条第三項の規定の適用を受けて同条第一項の許可を受けた者又は農地中間管理事業の推進に関する法律第十八条第五項第三号に規定する者の氏名及び住所（法人にあつては、その名称及び主たる事務所の所在地並びに代表者の氏名）

二　前号の者が使用貸借による権利又は賃借権の設定又は移転を受けた農地又は採草放牧地の面積

三　前号の農地又は採草放牧地における作物の種類別作付面積又は栽培面積、生産数量及び反収

四　第一号の者が行う耕作又は養畜の事業がその農地又は採草放牧地の周辺の農地又は採草放牧地の農業上の利用に及ぼしている影響

五　地域の農業における他の農業者との役割分担の状況

六　第一号の者が法人である場合には、その法人の業務執行役員等のうち、その法人の行う耕作又は養畜の事業に常時従事する者の役職名及び氏名並びにその法人の行う耕作又は養畜の事業への従事状況

七　その他参考となるべき事項

2　前項の報告書には、次に掲げる書類を添付しなければならない。

一　前項第一号の者が法人である場合には、定款又は寄附行為の写し

二　その他参考となるべき書類

3　法第六条の二第二項の農林水産省令で定める場合は、次に掲げる場合とする。

一　第一項第一号の者（農地中間管理事業の推進に関する法律第十八条第五項第三号に規定する者に限る。以下この項において同じ。）が同条第五項第二号に掲げる要件に該当しない場合

二　第一項第一号の者が同項第二号の農地又は採草放牧地を適正に利用していない場合

三　第一項第一号の者が正当な理由がなくて法第六条の二第一項の規定による報告をしない場合

（不確知所有者関連情報を保有すると思料される者）

第六十条の三　令第十八条第二号の農林水産省令で定めるものは、次の各号に定める者とする。

一　当該農地又は採草放牧地を現に占有する者

二　農地台帳に記録された事項に基づき、不確知所有者関連情報を保有すると思料される者

三　当該農地又は採草放牧地の所有者であつて知れているもの

（不確知所有者関連情報の提供を求める方法）

第六十条の四　農業委員会は、令第十八条第四号の規定により当該農地又は採草放牧地に係る不確知所有者関連情報の提供を求める場合には、次に掲げる措置をとる方法によるものとする。

一　令第十八条第三号に規定する登記名義人等（以下この条において「登記名義人等」という。）が自然人である場合にあつては、当該登記名義人等が記録されている戸籍簿又は除籍簿を備えると思料される市町村の長に対し、当該登記名義人等が記載されている戸籍謄

本文又は除籍謄本（以下この号において「戸籍謄本等」という。）の交付を請求し、戸籍謄本等に記載されている登記名義人等の相続人を確認すること。

二　前号において確認した相続人が記録されている戸籍の附票を備えると思料される市町村の長に対し、当該相続人の戸籍の附票の写し又は消除された戸籍の附票の写しの交付を請求すること。

三　登記名義人等が法人であり、合併により解散した場合にあつては、合併後存続し、又は合併により設立された法人が記録されている法人の登記簿を備えると思料される登記所の登記官に対し、当該法人の登記事項証明書の交付を請求すること。

四　登記名義人等が法人であり、合併以外の理由により解散した場合にあつては、当該登記名義人等の登記事項証明書に記載されている清算人に対して、書面の送付その他適当な方法により当該農地又は採草放牧地に係る不確知所有者関連情報の提供を求めること。

（所有者を特定するための措置）

第六十条の五　令第十八条第五号の農林水産省令で定める措置は、当該農地又は採草放牧地の所有者と思料される者に宛てて送付すべき書面を書留郵便その他配達を試みたことを証明することができる方法によつて送付する措置とする。ただし、当該農地又は採草放牧地の所在する市町村内においては、当該措置に代えて、所有者と思料される者を訪問する措置によることができる。

（農地所有適格法人の要件を満たすに至つた旨の届出）

第六十一条　法第七条第五項の届出は、法第二条第三項に掲げる農地所有適格法人の要件の全てを満たすためにとつた措置の概要その他参考となるべき事項を記載した書面でしなければならない。

（農地所有適格法人が農地所有適格法人でなくなつた場合における賃貸借の解約の申入れ）

第六十二条　法第七条第八項の規定による賃貸借の解約の申入れは、その申入れの翌日から起算して一年を経過した時にその賃貸借が終了するものでなければならない。

（担保権者等への通知）

第六十三条　法第八条第二項の規定による通知は、次に掲げる事項を記載した通知書でしなければならない。

一　買収すべき土地の所有者の氏名又は名称及び住所
二　買収すべき土地の所在、地番、地目及び面積
三　法第八条第二項に規定する先取特権、質権若しくは抵当権又は所有権に関する仮登記上の権利若しくは仮処分の執行に係る権利を有する者は、この通知が発せられた日の翌日から起算して二十日以内に対価の供託の要否を申し出るべき旨
四　その他必要な事項

（賃貸借の解約等の許可申請）

第六十四条　令第二十二条第一項の規定により合意による解約に係る申請書を提出する場合には、当事者が連署するものとする。ただし、第十条第一項第二号に掲げる場合は、この限りでない。

2　令第二十二条第一項の申請書は、賃貸借の解除をし、解約の申入れをし、合意による解約をし、又は賃貸借の更新の拒絶の通知をしようとする日の三月前までに農業委員会に提出しなければならない。

3　令第二十二条第一項の規定により申請書を提出する場合には、次に掲げる書類を添付しなければならない。

一　土地の登記事項証明書
二　第一項ただし書の規定により連署しないで申請書を提出する場合には、第十条第一項第二号に掲げる場合に該当することを証する書面
三　その他参考となるべき書類

（賃貸借の解約等の許可申請書の記載事項）

第六十五条　令第二十二条第一項の農林水産省令で定める事項は、次に掲げる事項とする。

一　賃貸人及び賃借人の氏名及び住所（法人にあつては、その名称及び主たる事務所の所在地並びに代表者の氏名）
二　土地の所在、地番、地目及び面積
三　賃貸借契約の内容
四　賃貸借の解除若しくは解約又は賃貸借の更新の拒絶をしようとする事由の詳細
五　賃貸借の解除をし、解約の申入れをし、合意による解約をし、又は賃貸借の更新をしない旨の通知をしようとする日
六　賃借人の生計（法人にあつては経営）の状況及び賃

貸人の経営能力
七　賃貸借の解除若しくは解約又は賃貸借の更新の拒絶に伴い支払うべき給付の種類及び内容
八　その土地の引渡しの時期
九　その他参考となるべき事項

（申請書を送付すべき期間）
第六十五条の二　令第二十二条第二項の農林水産省令で定める期間は、申請書の提出があつた日の翌日から起算して四十日とする。

（賃貸借の解除の届出）
第六十六条　法第十八条第一項第四号の届出は、次に掲げる事項を記載した届出書を提出してしなければならない。
一　賃貸人及び賃借人の氏名及び住所（法人にあつては、その名称及び主たる事務所の所在地並びに代表者の氏名）
二　土地の所在、地番、地目及び面積
三　賃貸借契約の内容
四　解除をしようとする賃貸借の目的となつている土地が適正に利用されていない状況の詳細
五　賃貸借の解除をしようとする日
六　その土地の引渡しの時期
七　その他参考となるべき事項
2　前項の届出書には、次に掲げる書類を添付しなければならない。
一　土地の登記事項証明書
二　法第三条第三項第一号に規定する条件その他農地又は採草放牧地の適正な利用を確保するための条件が付されている書面
三　その他参考となるべき書類

（賃貸借の解除の届出の受理）
第六十七条　農業委員会は、前条の規定により届出書の提出があつた場合において、当該届出を受理したときはその旨を、当該届出を受理しなかつたときはその旨及びその理由を、遅滞なく、当該届出をした者に書面で通知しなければならない。
2　前項の規定により届出を受理した旨の通知をする書面には、次に掲げる事項を記載するものとする。
一　当事者の氏名及び住所（法人にあつては、その名称

及び主たる事務所の所在地並びに代表者の氏名）
二　土地の所在、地番、地目及び面積
三　届出書が到達した日及びその日に届出の効力が生じた旨

（賃貸借の解約等の通知）
第六十八条　法第十八条第六項の規定による通知は、賃貸借の解約の申入れをし、合意による解約をし、又は賃貸借の更新をしない旨の通知をした日の翌日から起算して三十日以内に、次に掲げる事項を記載した通知書でしなければならない。
一　当該賃貸借の当事者の氏名又は名称及び住所
二　土地の所在、地番、地目及び面積
三　賃貸借の解約の申入れ又は賃貸借の更新をしない旨の通知にあつては、これらの行為をした日及び土地の引渡しの時期
四　合意による解約にあつては、その合意が成立した日、その合意による解約をした日及び土地の引渡しの時期
五　その他参考となるべき事項
2　合意による解約に係る前項の通知書には、当事者が連署するものとする。
3　第一項の通知書には、次に掲げる書類を添付しなければならない。
一　土地の登記事項証明書
二　賃貸借の解約の申入れ、合意による解約又は賃貸借の更新をしない旨の通知が、法第十八条第一項第一号に該当して同項の許可を要しないで行われた場合には、信託契約書の写し
三　合意による解約が行われた場合には、賃貸借の当事者間において法第十八条第一項第二号の規定による合意が成立したことを証する書面又は民事調停法による農事調停の調書の謄本
四　賃貸借の更新をしない旨の通知が、法第十八条第一項第三号に該当して同項の許可を要しないで行われた場合には、当該賃貸借契約書の写し
五　その他参考となるべき書類

（強制競売申立人又は競売申立人の買取りの申出）
第六十九条　法第二十二条第一項の規定による申出は、申出書に次に掲げる書類を添えてしなければならない。

一　民事執行規則（昭和五十四年最高裁判所規則第五号）第二十一条に規定する強制執行の申立書の謄本又は同規則第百七十条に規定する競売等の申立書の謄本
二　民事執行規則第二十三条（同規則第百七十三条第一項で準用する場合を含む。）に掲げる書類
三　裁判所の事件番号及び件名を証する書類
四　次の入札又は競り売りを実施すべき日を証する書類
五　民事執行法（昭和五十四年法律第四号）第六十条第三項（同法第百八十八条で準用する場合を含む。）に規定する買受可能価額を証する書類
六　民事執行法第六十一条（同法第百八十八条で準用する場合を含む。）の規定により不動産を一括して売却することが定められたときは、その定めを証する書類
七　民事執行法第六十二条第一項（同法第百八十八条で準用する場合を含む。）に規定する物件明細書の謄本
八　民事執行規則第二十九条（同規則第百七十三条第一項で準用する場合を含む。）に規定する現況調査報告書の謄本

（滞納処分を行う行政庁の買取りの申出）

第七十条　法第二十三条第一項の行政庁の申出は、次に掲げる事項を記載した申出書を提出してしなければならない。
一　行政庁の名称及び所在地
二　滞納者の氏名又は名称及び住所
三　公売に付された農地又は採草放牧地の所在、地番、地目及び面積
四　その土地の上に留置権、先取特権、質権若しくは抵当権又は地上権、永小作権、使用貸借による権利、賃借権若しくはその他の使用及び収益を目的とする権利があるときはその権利の種類及び設定の時期並びにその権利を有する者の氏名又は名称及び住所
五　買受人がなかつた事由
六　代金納付の期限

（和解の仲介の申立手続）

第七十一条　法第二十五条第一項の申立ては、次に掲げる事項を記載した申立書を農業委員会に提出して、又は次に掲げる事項を農業委員会に陳述してしなければならない。

一　申立人及び紛争の相手方の氏名又は名称及び住所
二　紛争に係る土地の所在、地番、地目及び面積
三　申立ての趣旨
四　紛争の経過の概要
五　その他参考となるべき事項

2　前項の規定により陳述を受けた農業委員会は、その陳述の内容を録取しなければならない。

（利用状況調査）

第七十二条　法第三十条第一項の規定による利用状況調査は、当該調査の対象となる農地が法第三十二条第一項各号のいずれかに該当するかどうかについて行うものとする。

（農業委員会に対する申出を行うことができる団体）

第七十三条　法第三十一条第一項第一号の農林水産省令で定める農業者の組織する団体は、次に掲げる団体とする。

一　農業協同組合
二　土地改良区
三　農業共済組合及び農業保険法（昭和二十二年法律第百八十五号）第十条第一項に規定する全国連合会（同法第百条第一項から第三項までの規定により法第三十一条第一項第一号の市町村において共済事業を行うものに限る。）
四　農業経営基盤強化促進法第二十三条第一項の認定を受けた団体
五　農業経営基盤強化促進法第二十三条第四項に規定する特定農業法人又は特定農業団体

（利用意向調査）

第七十四条　法第三十二条第一項の規定による利用意向調査は、別記様式により行うものとする。

（遊休農地に係る探索の特例）

第七十四条の二　農業委員会が、法第三十二条第一項各号のいずれかに該当する農地について農地中間管理事業の推進に関する法律第二十二条の二第一項の規定による要請に係る探索を行つた場合には、当該農地について法第三十二条第二項及び第三項（これらの規定を法第三十三条第二項において準用する場合を含む。）の規定による探索を行つたものとみなす。

（所有者等を確知することができない場合における所有者

等からの申出手続）

第七十五条　法第三十二条第三項第三号の規定による申出は、次に掲げる事項を記載した申出書を提出してしなければならない。

一　当該申出を行う者の氏名及び住所（法人にあつては、その名称及び主たる事務所の所在地並びに代表者の氏名）

二　当該申出に係る農地の所在、地番、地目及び面積

（所有者等を確知することができない場合の公示事項）

第七十六条　法第三十二条第三項第四号の農林水産省令で定める事項は、同項の規定による公示の日から起算して二月以内に同項第三号の規定による申出がないときは、当該公示に係る農地について、法第四十一条第二項の規定により読み替えて準用する法第三十九条第一項の規定により都道府県知事が利用権を設定すべき旨の裁定をすることがある旨とする。

（利用意向調査の対象とならない農地）

第七十七条　法第三十二条第六項の農林水産省令で定める農地は、次の各号のいずれかに該当するものとする。

一　農地中間管理事業の推進に関する法律第二十条（第二号に係る部分に限る。）の規定により農地中間管理権に係る賃貸借若しくは使用貸借又は農業の経営の委託の解除がされたもの

二　土地収用法その他の法律により収用され、又は使用されることとなるもの

（耕作の事業に従事する者が不在となる農地）

第七十八条　法第三十三条第一項の農林水産省令で定める農地は、次の各号のいずれかに該当するものとする。

一　次に掲げる農地であつて、当該農地について耕作の事業に従事する者が不在となり、又は不在となることが確実と認められるもの

イ　その農地の所有者等（法第三十二条第一項に規定する所有者等をいう。以下同じ。）で耕作の事業に従事するものが死亡したもの

ロ　その農地の所有者等で耕作の事業に従事するものが遠隔地に転居したもの

二　その農地の所有者等で耕作の事業に従事するものから農業委員会に対し、その農地について耕作の事業の

継続が困難であり、かつ、法第三十三条第二項において読み替えて準用する法第三十二条第三項の規定による公示が必要である旨の申出があつたもの

三　その農地に係る農地中間管理権（農地中間管理事業の推進に関する法律第二条第五項第一号に掲げる権利に限る。）又は農業の経営の委託の期間の残存期間が一年以下であつて、農地中間管理機構が過失がなくてその農地の所有者（その農地が数人の共有に係る場合には、その農地について二分の一を超える持分を有する者）を確知することができないもの

四　法第三十九条第一項の規定による裁定により設定された農地中間管理権の残存期間が一年以下であるもの

五　法第四十一条第二項の規定により読み替えて準用する法第三十九条第一項の規定による裁定により設定された利用権の残存期間が一年以下であるもの

第七十九条　法第三十三条第三項の農林水産省令で定める農地は、第七十七条各号のいずれかに該当するものとする。

第八十条　削除

（農地中間管理権の設定に関する裁定の申請手続）

第八十一条　法第三十七条の規定による裁定の申請は、次に掲げる事項を記載した申請書を提出してしなければならない。

一　当該申請に係る農地の所有者等の氏名及び住所（法人にあつては、その名称及び主たる事務所の所在地並びに代表者の氏名）

二　当該申請に係る農地の所在、地番、地目及び面積

三　当該申請に係る農地の利用の現況

四　当該申請に係る農地についての申請者の利用計画の内容の詳細

五　希望する農地中間管理権の始期及び存続期間並びに借賃及びその支払の方法

六　その他参考となるべき事項

（裁定の申請の公告）

第八十二条　法第三十八条第一項の農林水産省令で定める事項は、前条各号に掲げる事項とする。

2　法第三十八条第一項の規定による公告は、前条各号に掲げる事項を都道府県の公報に掲載することその他所定

の手段によりするものとする。

（意見書において明らかにすべき事項）

第八十三条　法第三十八条第二項（法第四十一条第二項の規定により準用する場合を含む。）の農林水産省令で定める事項は、次に掲げる事項（法第四十一条第二項の規定により法第三十八条第二項の規定を準用する場合にあつては、第五号に掲げる事項を除く。）とする。

一　意見書を提出する者の氏名及び住所（法人にあつては、その名称及び主たる事務所の所在地並びに代表者の氏名）

二　意見書を提出する者の有する権利の種類及び内容

三　意見書を提出する者の当該農地の利用の状況及び利用計画

四　意見書を提出する者が当該農地を現に耕作の目的に供していない理由

五　意見書を提出する者が当該農地について農地中間管理機構との協議が調わず、又は協議を行うことができない理由

六　意見の趣旨及びその理由

七　その他参考となるべき事項

（農地中間管理権の裁定の通知等）

第八十四条　法第四十条第一項の規定による通知は、法第三十九条第二項各号に掲げる事項を記載した書面でするものとする。

2　法第四十条第一項の規定による公告は、第八十一条第一号に掲げる事項及び法第三十九条第二項各号に掲げる事項につき、都道府県の公報に掲載することその他所定の手段によりするものとする。

（所有者等を確知することができない場合における利用権の設定に関する裁定の申請手続）

第八十五条　法第四十一条第一項の規定による裁定の申請は、次に掲げる事項を記載した申請書を提出してしなければならない。

一　当該申請に係る農地の所在、地番、地目及び面積

二　当該申請に係る農地の利用の現況

三　当該申請に係る農地についての申請者の利用計画の内容の詳細

四　希望する利用権の始期及び存続期間並びに借賃に相

当する補償金の額

五　その他参考となるべき事項

（利用権の裁定の通知等）

第八十六条　法第四十一条第三項の規定による通知は、同条第二項において読み替えて準用する法第三十九条第二項各号に掲げる事項を記載した書面でするものとする。

2　法第四十一条第三項の規定による公告は、当該裁定に係る農地の所有者等に係る情報及び同条第二項において読み替えて準用する法第三十九条第二項各号に掲げる事項につき、都道府県の公報に掲載することその他所定の手段によりするものとする。

（措置命令書の記載事項）

第八十七条　法第四十二条第二項の農林水産省令で定める事項は、次に掲げる事項とする。

一　講ずべき支障の除去等の措置の内容

二　命令の年月日及び履行期限

三　命令を行う理由

四　法第四十二条第三項第一号に該当すると認められるときは、同項の規定により支障の除去等の措置の全部又は一部を市町村長が自ら講ずることがある旨及び当該支障の除去等の措置に要した費用を徴収することがある旨

2　法第四十二条第三項の規定による公告は、前項各号に掲げる事項を市町村の公報に掲載することその他所定の手段によりするものとする。

（支障の除去等の措置に係る費用負担）

第八十八条　市町村長は、法第四十二条第四項の規定により当該支障の除去等の措置に要した費用を負担させようとする場合においては、当該農地の所有者等に対し負担させようとする費用の額の算定基礎を明示するものとする。

（農作物栽培高度化施設を設置するための届出）

第八十八条の二　法第四十三条第一項の規定による届出は、次に掲げる事項を記載した届出書を提出してしなければならない。

一　届出者の氏名及び住所（法人にあつては、名称、主たる事務所の所在地、業務の内容及び代表者の氏名）

二　届出に係る土地の所在、地番、地目、面積及び所有

者の氏名又は名称
三　届出に係る施設の面積、高さ、軒の高さ及び構造
四　届出に係る施設を設置する時期
2　前項の届出書には、次に掲げる書類を添付しなければならない。ただし、第四号に掲げる図面については、農作物栽培高度化施設の底面とするために既存の施設の底面をコンクリートその他これに類するもので覆うときは、当該図面を添付することを要しない。
一　申請者が法人である場合には、法人の登記事項証明書及び定款又は寄附行為の写し
二　土地の登記事項証明書
三　届出に係る施設の位置、当該施設の配置状況及び次条第四号において掲げる標識の位置を示す図面
四　届出に係る施設の屋根又は壁面を透過性のないもので覆う場合には、周辺の農地に係る日照に影響を及ぼすおそれがないものとして農林水産大臣が定める施設の高さに関する基準に適合するものであることを明らかにする図面
五　農作物の栽培の時期、生産量、主たる販売先及び届出に係る施設の設置に関する資金計画その他当該施設で行う事業の概要を明らかにする事項について記載した営農に関する計画
六　次に掲げる要件の全てを満たすことを証する書面
イ　届出に係る施設における農作物の栽培が行われていない場合その他栽培が適正に行われていないと認められる場合には、当該施設の改築その他の適切な是正措置を講ずることについて同意したこと。
ロ　周辺の農地に係る日照に影響を及ぼす場合、届出に係る施設から生ずる排水の放流先の機能に支障を及ぼす場合その他周辺の農地に係る営農条件に支障が生じた場合には、適切な是正措置を講ずることについて同意したこと。
七　次の各号に掲げる区分に応じ、届出に係る施設の設置についてそれぞれ当該各号に定める者の同意があつたことを証する書面
イ　届出に係る施設から生ずる排水を河川又は用排水路に放流する場合　当該河川又は用排水路の管理者
ロ　届出に係る土地が所有権以外の権原に基づいて施

設の用に供される場合　当該土地の所有権を有する者

八　届出に係る施設の設置に当たつて、行政庁の許可、認可、承認その他これらに類するもの（以下この号及び次条において「許認可等」という。）を必要とする場合には、当該行政庁の許認可等を受けていること又は受ける見込みがあることを証する書面

九　前各号のほか、届出に係る施設が次条第二号ロに掲げるその他周辺の農地に係る営農条件に著しい支障を生ずるおそれがある場合において、当該支障が生じないことを証する書類

（農作物栽培高度化施設の基準）

第八十八条の三　法第四十三条第二項の農林水産省令で定める施設は、次の各号に掲げる要件の全てに該当するものをいう。

一　届出に係る施設が専ら農作物の栽培の用に供されるものであること。

二　周辺の農地に係る営農条件に支障を生ずるおそれがないものとして届出に係る施設が次に掲げる要件の全てに該当するものであること。

イ　周辺の農地に係る日照に影響を及ぼすおそれがないものとして農林水産大臣が定める施設の高さに関する基準に適合するものであること。

ロ　届出に係る施設から生ずる排水の放流先の機能に支障を及ぼさないために当該施設の設置について当該放流先の管理者の同意があつたことその他周辺の農地に係る営農条件に著しい支障が生じないように必要な措置が講じられていること。

三　届出に係る施設の設置に必要な行政庁の許認可等を受けていること又は受ける見込みがあること。

四　届出に係る施設が法第四十三条第二項に規定する施設であることを明らかにするための標識の設置その他適当な措置が講じられていること。

五　届出に係る土地が所有権以外の権原に基づいて施設の用に供される場合には、当該施設の設置について当該土地の所有権を有する者の同意があつたこと。

（買収した土地等の貸付け）

第八十九条　令第三十条第一項本文の規定による貸付けは、

次に掲げる基準に該当するものでなければならない。

一　当該貸付けの対象となる農地又は採草放牧地についての法第四十六条の規定による売払いが当分の間見込まれないこと。

二　当該貸付けが一時的なものであること。

第九十条　前条の貸付けに係る競争入札について、入札に参加することのできる者として次条第一号に掲げる者を定めた場合において、同号に掲げる者に該当するものとして入札に参加する旨の申込みを行う者があるときは、農林水産大臣は、当該申込者が同号に掲げる者に該当するかどうかについて農業委員会に意見を聴くものとする。

（貸付けの相手方）

第九十一条　令第三十条第一項の農林水産省令で定める者は、次に掲げる者（その者による農地についての権利の取得が法第三条第二項の規定により同条第一項の許可をすることができない場合に該当しない者に限る。）とする。

一　当該貸付対象となる農地又は採草放牧地を借り受けて当該農地又は採草放牧地について耕作又は養畜の事業を行うことが認められる者

二　農地中間管理機構

（買収した土地等についての国有財産台帳等）

第九十二条　法第四十五条第一項の土地、立木、工作物及び権利に係る国有財産台帳は、土地、立木、工作物及び権利ごとに区分して作成し、次に掲げる事項を市町村の区域（農業委員会等に関する法律（昭和二十六年法律第八十八号）第三条第二項の規定により二以上の農業委員会が置かれている市町村については、その農業委員会の区域）ごとに一括して記載するものとする。

一　種目

二　数量

三　価格

四　増減の期日

五　その他必要な事項

2　前項の国有財産台帳については、国有財産法施行細則（昭和二十三年大蔵省令第九十二号）第二条から第六条までの規定にかかわらず、財務大臣と協議して定めるものとする。

第九十三条　法第四十五条第一項の土地、立木、工作物及

び権利に係る貸付簿は、土地、立木、工作物及び権利ごとに区分して作成し、次に掲げる事項を記載するものとする。

一　種目
二　所在の場所
三　数量
四　価格
五　貸付けの始期及び期間
六　借賃
七　借賃の支払の方法
八　その他貸付の条件
九　相手方の氏名又は名称及び住所
十　その他必要な事項

（買収した土地等の売払い）

第九十四条　法第四十六条第一項の売払いに係る競争入札について、入札に参加することのできる者として次条第一号に掲げる者を定めた場合において、同号に掲げる者に該当するものとして入札に参加する旨の申込みを行う者があるときは、農林水産大臣は、当該申込者が同号に掲げる者に該当するかどうかについて農業委員会に意見を聴くものとする。

（売払いの相手方）

第九十五条　法第四十六条第一項の農林水産省令で定める者は、次に掲げる者（その者による農地についての権利の取得が法第三条第二項の規定により同条第一項の許可をすることができない場合に該当しない者に限る。）とする。

一　当該売払対象となる農地又は採草放牧地を取得して当該農地又は採草放牧地について耕作又は養畜の事業を行うことが認められる者
二　第九十一条第二号に掲げる者（農業経営基盤強化促進法第七条第一号に掲げる事業を行う者に限る。）

（売払いの手続）

第九十六条　法第四十七条の認定があつた土地、立木、工作物又は権利につき同項の売払いを受けようとする者は、その用途を明らかにしなければならない。

第九十七条　法第四十七条の所管換又は所属替の手続は、国有財産法の定めるところによる。

（立入調査の通知）

第九十八条　法第四十九条第三項の通知は、次に掲げる事項を記載した書類でするものとする。

一　目的

二　調査若しくは測量の場所又は除去若しくは移転をすべき物件の種類及び所在の場所

三　調査及び測量の期間及び時間又は物件の除去若しくは移転を完了すべき期限

（命令書の記載事項）

第九十九条　法第五十一条第二項の農林水産省令で定める事項は、次に掲げる事項とする。

一　停止すべき工事その他の行為又は講ずべき原状回復等の措置の内容

二　命令の年月日及び原状回復等の措置を講ずべき旨の命令をするときは、その履行期限

三　命令を行う理由

四　法第五十一条第三項第一号に該当すると認められるときは、同項の規定により原状回復等の措置の全部又は一部を都道府県知事等が自ら講ずることがある旨及び当該原状回復等の措置に要した費用を徴収することがある旨

（原状回復等の措置に係る費用負担）

第百条　都道府県知事等は、法第五十一条第四項の規定により当該原状回復等の措置に要した費用を負担させようとする場合においては、当該違反転用者等に対し、その者に負担させようとする費用の額の算定基礎を明示するものとする。

（農地台帳の記録事項）

第百一条　法第五十二条の二第一項第四号の農林水産省令で定める事項は、次に掲げる事項とする。

一　その農地の耕作者の氏名又は名称及びその者の整理番号

二　その農地の所有者の国籍等（法人にあつては、その設立に当たつて準拠した法令を制定した国並びに理事等（構造改革特別区域法第二十四条第一項の規定の適用を受けて当該農地を取得した法人にあつては、役員）及び使用人の氏名、住所及び国籍等）

三　その農地の所有者が法人である場合には、主要株主

等の氏名、住所及び国籍等（主要株主等が法人である場合には、その名称、設立に当たつて準拠した法令を制定した国及び主たる事務所の所在地）
四　その農地に使用貸借による権利、賃借権又はその他の使用及び収益を目的とする権利が設定されている場合にあつては、当該権利が次のいずれに該当するかの別
イ　法第三条第一項の許可を受けて設定又は移転されたもの
ロ　農地中間管理事業の推進に関する法律第十八条第七項の規定による公告があつた農用地利用集積等促進計画の定めるところによつて設定又は移転されたもの
ハ　特定農地貸付けに関する農地法等の特例に関する法律第三条第三項の承認に係る特定農地貸付けによつて設定又は移転されたもの
ニ　イからハまでに掲げるもの以外のもの
五　その農地に係る遊休農地に関する措置（法第四章に定める措置をいう。）の実施状況
六　その農地の所有者が当該農地について法第三条第一項本文に掲げる権利を設定し、又は移転する意思がある旨の表明があつた場合にあつては、その旨（その旨を法第五十二条の三第一項の規定により公表することについて当該所有者の同意がある場合に限る。）
七　その農地が次に掲げる地域又は区域内にある場合にあつては、その旨
イ　農業振興地域の整備に関する法律第六条第一項の規定により指定された農業振興地域
ロ　農業振興地域の整備に関する法律第八条第二項第一号に規定する農用地区域
ハ　都市計画法第四条第二項に規定する都市計画区域
ニ　市街化区域
ホ　都市計画法第七条第一項の規定により定められた市街化調整区域
ヘ　生産緑地法（昭和四十九年法律第六十八号）第三条第一項の規定により定められた生産緑地地区
ト　地域計画の区域
八　その農地が租税特別措置法（昭和三十二年法律第

二十六号）第七十条の四第一項本文又は第七十条の六第一項本文の規定の適用を受けているかどうかの別

九　その農地について農地中間管理機構が農地中間管理権又は経営受託権（農地中間管理事業の推進に関する法律第八条第三項第三号ロに規定する経営受託権をいう。以下この号において同じ。）を有する場合には、その旨及び当該農地についての賃借権若しくは使用貸借による権利又は経営受託権の設定又は移転の状況

十　その他必要な事項

（農地台帳の正確な記録を確保するための措置）

第百二条　農業委員会は、農地台帳の正確な記録を確保するため、毎年一回以上、農地台帳について、固定資産課税台帳（地方税法（昭和二十五年法律第二百二十六号）第三百四十一条第九号に掲げる固定資産課税台帳をいう。）及び住民基本台帳との照合を行うものとする。ただし、固定資産課税台帳との照合は、同法第二十二条の規定に違反しない範囲内で行うものとする。

（農地台帳に記録された事項の提供）

第百三条　農業委員会は、農地中間管理機構に対し、その求めに応じ、農地台帳に記録された事項（第百一条第二号及び第三号に掲げる事項を除く。）を提供するものとする。

2　農業委員会は、土地改良区に対し、その求めに応じ、農地台帳に記録された事項のうち、法第五十二条の二第一項第一号、第二号及び第三号に掲げる事項並びに第百一条第一号、第四号及び第九号に掲げる事項に該当するものを提供するものとする。

3　農業委員会は、前二項の規定により農地台帳に記録された事項を提供する場合には、当該事項の漏えい、滅失又は毀損の防止その他の当該事項の適切な管理のために必要な条件を付するものとする。

第百三条の二　農業委員会は、市町村長に対し、法第三十六条第一項の規定による勧告に係る農地及び農地中間管理権（農地中間管理事業の推進に関する法律第二条第五項第一号に掲げる権利に限る。）が設定された農地について農地台帳に記録された事項のうち、法第五十二条の二第一項第一号及び第二号に掲げる事項並びに第百一条第一号、第五号及び第九号に掲げる事項に該当す

るものを提供するものとする。

2　農業委員会は、前項の規定により提供した事項に変更があつた場合には、市町村長に対し、速やかに、当該変更後の事項を提供するものとする。

（公表することが適当でない事項等）

第百四条　法第五十二条の三第一項の農林水産省令で定める事項は、次の各号に掲げる区分に応じ、それぞれ当該各号に定める事項とする。

一　市街化区域内にある農地　全ての事項

二　前号に掲げる農地以外の農地　法第五十二条の二第一項第一号及び第三号に規定する者の住所並びに同号に規定する借賃等の額並びに第百一条第二号から第四号まで、第八号及び第九号に掲げる事項

2　法第五十二条の三第一項の規定による公表は、次に掲げる方法により行うものとする。

一　公表すべき事項を記載した書面を市町村の事務所に備え置き、公衆の閲覧に供すること。

二　公表すべき事項（法第五十二条の二第一項第一号及び第三号に規定する者の氏名又は名称並びに第百一条第一号に規定する者の氏名又は名称を除く。）をインターネットの利用その他の方法により提供すること。

（権限の委任）

第百五条　法及び令に規定する農林水産大臣の権限（法第四条第一項及び令第九条の規定による指定及びその取消しに係る権限並びに法第五十八条第四項の規定による権限を除く。）は、地方農政局長に委任する。

附則

（施行期日）

この省令は、法の施行の日（昭和二十七年十月二十一日）から施行する。

附則（令和四年一一月三〇日農林水産省令第六六号）

（施行期日）

第一条　この省令は、農業経営基盤強化促進法等の一部を改正する法律（以下「改正法」という。）の施行の日（令和五年四月一日）から施行する。

附則（令和五年八月二五日農林水産省令第四二号）

この省令は、令和五年九月一日から施行する。

付録第一

$$\frac{L}{N} \times \frac{2}{3}$$

Nは、その法人の構成員の数

Lは、その法人の行う農業に必要な年間総労働日数

付録第二

$$L \times \frac{a}{A}$$

Lは、その法人の行う農業に必要な年間総労働日数

Aは、その法人の耕作又は養畜の事業の用に供している農地又は採草放牧地の面積

aは、当該構成員がその法人に所有権若しくは使用収益権を移転し、又は使用収益権に基づく使用及び収益をさせている農地又は採草放牧地の面積

農地法の解説　改訂第４版

2012年５月　初　　　版　発行
2014年９月　改　訂　版　発行
2016年11月　改 訂 二 版　発行
2021年７月　改 訂 三 版　発行
2023年12月　改訂第４版　発行

定価 3,630 円（本体 3,300 円+税 10%）
送料別

発行　全国農業委員会ネットワーク機構
一般社団法人　全国農業会議所

〒102-0084　東京都千代田区二番町９−８
中央労働基準協会ビル　２階
電話　03-6910-1131　FAX　03-3261-5134

全国農業図書コード　R05-38